GRUNDLAGEN DER ARCHITEKTURTHEORIE

VON

KARL F. WIENINGER

DIPL.-ING., ARCHITEKT

WIEN

MIT 64 TEXTABBILDUNGEN

WIEN

SPRINGER-VERLAG

1950

ISBN 978-3-211-80182-6 ISBN 978-3-7091-5952-1 (eBook)
DOI 10.1007/ 978-3-7091-5952-1

„Denn nur durch beharrliches Wirken
mit den verliehenen Kräften verehrt das Geschöpf
den Schöpfer der unendlichen Natur."

Beethoven

Vorrede.

Als ich im ersten Semester meines Architekturstudiums vom sogenannten Triglyphenkonflikt hörte, war ich traurig und verwirrt. Wenn, so sagte ich mir, an der höchsten Höhe der Baukunst, im griechisch-dorischen Tempel, wesentliche Konflikte enthalten sind, so gibt es gar keine Baukunst und ich kann auch kein Architekt werden.

Während die jungen Musikstudenten in ein wohlbereitetes Erbe eintraten, das ihnen nicht allein die Mittel und ihren Gebrauch, sondern auch deren sinnvolle Anwendung zu einem geistigen Ziele wies, wurde dem Architekturstudenten über das rein technische Rüstzeug hinaus nur ein Anschauungsunterricht geboten. Die Frage aber, worauf überhaupt die Wirkung der Baukunst beruhe, ja was sie in ihrem innersten Wesen sei, wurde gerade an der Stelle, wo sie endlich unausweichlich wurde, mit dem Hinweis auf einen Konflikt belassen.

Da wußte ich, daß einer brechen werde; der Triglyphenkonflikt oder ich.

Das im jugendlichen Eifer so kraß gesehene Detail des für die Allgemeinheit doch gar nicht interessanten Triglyphenkonflikts war mir Anlaß, auf meine eigene Art Architektur zu studieren. Der Konflikt ist nämlich schon vorhanden, nur liegt er nicht in der Triglyphenteilung, welche ein Iktinos am Parthenon ausführte, sondern in der geistigen Entwicklung, welche die Menschheit seither nahm. Der Höhepunkt der Architektur ist nun einmal vom Höhepunkt der Musik um zweieinhalb Jahrtausende geschieden, die Talente ungleich verteilt, und das ist der Konflikt. Deshalb besitzen wir wohl eine ausgebaute Musiktheorie, aber keine lebendige Architekturtheorie.

Studiert man nun die uns überlieferten spärlichen Schriften zur Architekturtheorie, so fällt auf, daß, soweit es nicht überhaupt unzugängliche Geheimlehren geblieben sind, fast ausnahmslos nur unbegründete Faustregeln geboten werden. Ja, Vitruv, der älteste erhaltene Architekturtheoretiker, der mit der griechisch-dorischen Baukunst keine Versöhnung weiß, ist mit seinen spärlichen optischen Hinweisen noch derjenige, der am meisten psychologische Betrachtung kennt.

Die Architekturtheorie befindet sich also, gemessen an der Höhe der sonstigen Wissenschaft, in einem rückständigen Stadium, und so war zu hoffen, daß mit Hilfe der Nachbarwissenschaften der geistige Konflikt gemildert werden könnte.

Zu diesem Ziele mußte ich mich auf die Gebiete der Psychologie, Ophthalmologie und Philologie begeben, um mich dort eigentlich als ein Laie zu bewegen, einfach weil der Anschluß an die vergessene Architekturtheorie von den Nachbarn noch nicht gesucht worden ist. Ich glaube daher, die Fachleute der Nachbargebiete bitten zu dürfen, mir nicht den Vorwurf des Dilettantismus machen zu wollen. Ich bitte sie vielmehr, sich als eingeladen zu betrachten, mitzuarbeiten an der Schließung jener Kluft, die ich nun genauer zeigen werde.

Diese Bitte rechtfertigt sich aus der menschlichen Natur selbst. Mag es einem einzelnen auch gelingen, neue Grundlagen für die Wiedererweckung einer alten Wissenschaft zu geben, so ist es doch ganz menschenunmöglich, daß er allein eine Wissenschaft voll entfalte. Der Forscher hätte es gerne, daß man die vorhandene Leistung kritisiere und nicht das, was noch fehlt, enttäuscht vermisse. Immerhin glaube ich, unsere Wissenschaft in einen solchen Zustand gebracht zu haben, daß es für jeden bildenden Künstler nützlich ist, davon Kenntnis zu nehmen und den Gelehrten der Nachbargebiete manche brauchbare Anregungen geboten werden.

Ich mußte es erfahren, daß einen Beweis erbringen und denselben anbringen, zwei ganz verschiedene Dinge sind. Je größer der Gegensatz zwischen einem neuen Gedanken und der verbreiteten Meinung ist, desto heftiger ist auch die gefühlsmäßige Ablehnung.

Nun gibt es in der Kunstwissenschaft eine weitverbreitete Art, welche mit meinen Ergebnissen nicht versöhnt werden kann. Es ist ganz merkwürdig, wie weit manchen Kunsthistorikern, allen voran Alois Riegl, es gelungen ist, sich von der Kunst und vom Künstler zu emanzipieren. Diese Richtung kennt zur Verblüffung des Künstlers fast nichts als Raumprobleme und deren Behandlung in einer historisch ganz zwangsläufigen Weise. Deren Vertreter sind kenntlich am häufigen Gebrauch der Worte „Raumidee“ und „Raumgefühl“.

Der Raum, von den ihn füllenden Objekten abgezogen, kann gar nichts enthalten, was nicht schon in diesen gelegen ist. Es wären also die Ideen zu nennen, welche durch die primären Objekte dargestellt werden. Keineswegs bleiben nämlich Ideen vorhanden, nachdem der Raum von den Objekten abgezogen — gewissermaßen ausgeräumt worden ist. Die zu erwartende Ausflucht, daß ein derart abstrakter Raum gar nicht gemeint sei, ist unnütz und unfruchtbar. Jene, welche solche Worte gebrauchen, wollen gewiß damit etwas sagen, was sie für wirklich und wirksam halten, doch ist zu fordern, daß dies in definierten Begriffen geschehe. Man kann nicht Raumidee sagen, wenn man zum Beispiel die Summe der technischen und formalen Gedanken meint, welche zusammen die gotische Halle ergeben; dieses nämlich entspricht dem induktiven Vorgang beim Entwerfen und beim Betrachten, jenes aber spiegelt eine Deduktion vor, die nicht nur nicht stattfindet, sondern gar nicht denkbar ist.

Gleichermaßen ist „Raumgefühl" ein unbrauchbares Wort. Der Raum, ein extremes Abstraktum, kann nicht mit Gefühl gekoppelt werden, welches eine unbestimmte Summe nur teilweise bewußter und nicht völlig assoziierter Wahrnehmungen ist. Der Gebrauch solcher Wortungetüme erschwert die Verständigung und ist ein Kennzeichen halber Denkarbeit.

Ich bedaure die Raumgefühle kränken zu müssen, aber die Harmonie in der Baukunst ist vom Raum ebenso unabhängig, wie die Harmonie der Musik von der Zeit; das heißt natürlich nicht, daß nicht etwa beide des Raumes und der Zeit zu ihrem Vortrage bedürfen.

Als Techniker arbeiten wir nach einem Ordnungsschema, das dem euklidischen Raum mit seinen drei homogenen Dimensionen entspricht. Das Gesehene und Erlebte erfüllt dieses Schema aber nicht homogen, und so müssen wir als Architekten, da wir uns dennoch dieses Schemas verfahrensmäßig bedienen, gedankliche Vorbehalte machen und uns Behelfe schaffen, um von der künstlerischen Absicht zur baulichen Wirklichkeit zu finden.

Es ist nicht leicht für den Menschen von heute zu schreiben; unterschiedlicher als je ist die Vorbildung des Lesers. So wird es wahrscheinlich recht lange dauern, bis es offenkundig werden wird, wer aller hier als Architekt im allerweitesten Sinne angesprochen werden soll. Ist es nicht bald ein jeder, der als musikalisch gelten möchte? Gerade soviele will ich als architektonisch ansprechen und in ihnen das Selbstbewußtsein, das sich auf das Vertrauen in die menschliche Schaffenskraft gründet, bestärken. Die Krisis des menschlichen Geistes erscheint mir in einem Taumel gelegen, der zwischen dem finstersten Okkultismus und kaltem Rationalismus hin- und herschlägt, dabei jene Kräfte verbraucht oder beiseite läßt, welche dem einzelnen und der Menschheit zur Sicherung und Erhebung des geistigen Lebens dienen sollten. So will mit diesem Buch gesagt sein: Verzichte nicht auf den klugen Gebrauch der eigenen Kräfte und der deiner Mitmenschen.

Mein besonderer Dank gebührt meinem verehrten Lehrer, Professor Max Theuer, welcher vornehmlich durch seine Schriften auf mich eingewirkt hat. Es ist mir gar nicht denkbar, wie meine Arbeit ohne die seine geworden wäre. Leider kann ich dem Dahingegangenen meine fertige Arbeit nicht mehr überreichen; ich hatte gehofft, doch noch seine Anerkennung zu erringen. Die begriffliche Abstraktion von Schopenhauer und die mathematische von Theuer haben die wissenschaftliche Fassung unserer Probleme, darum sich über zwei Jahrtausende mit nur geringem Erfolg gemüht, endlich in greifbare Nähe gebracht.

Ich danke Herrn Minister a. D. Dr. Hans Pernter, der mich mit seinem erfahrenen Rat unterstützte, dem Verleger für seine bereitwillige Mühewaltung und meinem Freunde, Architekt Otto Katschenka für das Lesen von Korrekturen.

Wien, im November 1950.

Karl F. Wieninger.

Inhaltsverzeichnis.

I. Über das Wesen der Baukunst.

A. Der menschliche Geist ist zeitlich veränderlich.

Die alten Griechen leisteten auf dem Gebiete der Baukunst mehr als auf dem der Musik. Bei den Kulturträgern der neueren Zeit ist es entschieden umgekehrt.

Ganz gewiß wird dieses Bild nicht allein von rein geistigen Faktoren bestimmt, sondern auch von dem Umstande, daß die Baukunst unvergleichlich größeren Aufwandes zu ihrem Entstehen bedarf als die Musik. Mit den Mitteln, die einem Franz Schubert bei Lebzeiten durch die Hände gingen, konnten wohl musikalische Meisterwerke geschaffen werden, aber für einen Grabstein war es zum Ende bereits zu wenig. Es geht aber nicht an, dieses schwere Hemmnis, das den Architekten so sehr behindert, für ausschlaggebend zu halten, angesichts der vielen häßlichen Städte voll kostspieliger Gebäude, angesichts der Tatsache, daß unsere schönsten Städte doch zum Großteil aus mißratenen Bauten bestehen. Es wurden also die tatsächlich aufgewendeten Mittel keineswegs benützt, das mögliche damit zu leisten.

Daran ist nicht zu zweifeln; es werden heute viel mehr Menschen mit Verständnis für Musik gefunden, als solche die für Baukunst Verständnis haben.

Der einzelne Mensch und alle gesellschaftlichen Gebilde, schließlich die Menschheit selbst, sind andauernd geistigen Veränderungen unterworfen. Das uns vorausgegangene Jahrhundert hat dafür das Wort Fortschritt mit trügerischer Selbstsicherheit gebraucht; bei welcher Bezeichnung die Bedeutung einer positiven und stetigen Funktion mitgeht. Hingegen dürfte wohl eine Tendenz dieser Veränderungen nicht feststellbar sein; klar ist, daß das menschliche Wissen ständig erweitert und verbreitet werden kann, und wir erblicken darin eine hohe Aufgabe. Ob aber damit die Menschen auch weiser, besser und glücklicher zu machen sind, was wir doch alle erstreben möchten, das läßt sich nicht abnehmen. Wollen wir schon die auch unbeweisbare Annahme bestehen lassen, daß die Fähigkeiten des menschlichen Geistes der Qualität nach unveränderlich seien, so sind dann die Verschiedenheiten und Veränderungen quantitative, wozu noch kommt, daß dem Mehr keineswegs das Bewußte und dem Weniger das Unbewußte eigentümlich ist, und womit auch noch nichts über das Wirksamere gesagt ist.

Dasjenige von diesem Fragenkomplex, was hieher gehört, ist der Umstand, daß zum Beispiel gegenüber dem vorigen Jahrhundert das bloß Verstandesmäßige heute nicht mehr die damalige hegemonische Stellung innehat.

Wissenschaftlich gesehen, ist paradoxerweise durchaus der Verstand das Mittel der Veränderung, der Entthronung des Verstandes.

Systematisch gesehen, ist es die Betonung psychologischer Methoden. Forschungsobjekt ist zunehmend der Mensch selbst geworden.

Die krasseste aller Voraussetzungen, die Voraussetzungslosigkeit, ist gefallen, und der Forscher sieht sich selber über die Schulter genau bei der eigenen Arbeit zu.

Diese Einstellung ist nicht klassisch-griechisch, hat aber viel Gleiches mit jenem Verhältnis von geistigen Quantitäten, von Bewußtem und Unbewußtem der dorischen Klassik und damit möglicherweise dieselbe Wirkung.

Das Gleiche ist dieses, daß wir der größeren optischen Musikalität, der helleren Bewußtheit, mit der der Mensch der Dorik sah, unser besseres psychologisches Wissen an die Seite setzen können.

Die klassischen und vorklassischen Verfahren des Anlegens, das ist des mathematisch gebundenen Entwerfens, sind als eine rechnende Geometrie erkannt, und es ist beweisbar, daß dies zeitlos psychologisch gültig ist.

Die älteste Mathematik kennt eine Trennung von Arithmetik und Geometrie nicht, was vorerst durch die Unkenntnis und später durch die Ablehnung des Irrationalen ermöglicht wurde. Erst in der platonischen Zeit wird es, mit der Erforschung des Irrationalen und dem damit erst entstehenden modernen Begriff objektiver Genauigkeit, richtig klar, daß die Vorteile, welche einerseits die rechnenden und anderseits die zeichnerischen Verfahren bieten, am besten bei einer schärferen Trennung der beiden Methoden ausgenützt werden. Interessanterweise hat die moderne höhere Mathematik wieder die umgekehrte Tendenz; die höheren Rechenmethoden sind wieder eine Brücke zur Geometrie.

Mit Euklid ist dann die Trennung scharf vollzogen; der Geometer hat mit Zirkel und Lineal auszukommen und für den Arithmetiker ist die Zahl eine ausdehnungslose Stelle auf der Zahlenlinie geworden.

Seither sind der Punkt, die Fläche, der Körper und auf der anderen Seite die Zahl Produkte des Verstandes im eingeengten Sinne des Wortes geworden; sie haben an sinnenhafter Anschaulichkeit eingebüßt.

Diese Entwicklung ist keine geradlinige; bei Proklos Diadochos, dem ergiebigen Schriftsteller des Neuplatonismus, finden wir, er ist 410 nach Christus in Byzanz geboren, die archaische Plastik des Anschaulichen wieder angestrebt.

Es ist nicht gut denkbar, daß sich von Pythagoras bis Euklid allein die Mathematik durch die fleißige Bearbeitung verändert habe. Nein, auch der Mathematiker, der Mensch überhaupt hat sich verändert. Die Veränderung ist also nicht bloß eine zunehmende Klärung und Erweiterung mathematischer Kenntnisse, sondern eine Änderung der menschlichen Kräfte.

Diese Änderung der menschlichen Kräfte, und nicht der Fall Athens, nicht der Brand der alexandrinischen Bibliothek, noch irgend sonst ein äußerliches historisches Ereignis, kann das Abhandenkommen der klassischen Architekturtheorie erklären.

Sie wieder aufzusuchen. kann nur so weit gelingen; sie wieder zu verwerten hat nur so weit Sinn, als wir selber uns dem klassischen Menschen genähert haben. Ich sage: genähert haben; nicht etwa: nähern können; denn ich meine nicht Renaissance, weder die gewesene noch sonst eine, und auch keine Art von Klassizismus, überhaupt nichts Stilistisches, sondern die rein geistige Situation, die mit ihren Gleichheiten oder Ungleichheiten das Vergangene verwerten kann oder liegenlassen muß. Die Verwertung ist zunächst keine andere als die Suche nach Anschauungs- und Beweismaterial. Eine Architekturtheorie bleibt eine Unmöglichkeit, wir bleiben bei Viollet-le-Duc und seiner Klage (S. 25) stehen, solange wir den Parthenon nicht wissenschaftlich erfaßt haben.

Auf den ersten Blick scheint die zwischenliegende Zeit ein unüberschreitbarer Strom des Vergessens zu sein. Den Fühlenden weht ein Schauer an, wenn er liest, wie Sokrates den zur Türe eintretenden Kebes begrüßt mit den heiteren Worten: „*O Kebes, du bist wie eine Kuh, und das ist vier*“ od. Kallias, mit 4 bezeichnet [1]. Mathematisch gesehen ist das offenbar eine Ähnlichkeit und eine Gleichung:

$$\text{Kebes} \cong \text{Kuh} = 4.$$

Dafür gibt es in unserem Meter-Kilogramm-Sekunden-System keine passende Benennung, denn es sind darin keine materiellen Quantitäten, sondern allein ideelle Qualitäten enthalten [2], es wäre denn, man hält den Umstand, daß eine Kuh und ein Kebes und eine Zahl vorkommen, für bedeutsam.

Mit Recht sagt Julius Stenzel („Zahl und Gestalt bei Platon und Aristoteles“), daß wir die pythagoreische Mathematik nicht eher begreifen werden, als diese Stellen aufgehellt worden sind [3].

---

[1] Aristoteles (Metaphys. M 1083 a 18): Kallias = 4; wie Julius Stenzel zitiert a. a. O. Beide Stellen sind in den meisten Ausgaben fallen gelassen. Man wird an das puristische Vorurteil über die Polychromierung der dorischen Tempel erinnert, welches die wenigen originalen Farbreste für Schmutz nahm. Gleicherweise erschienen solche Hinweise auf pythagoreisches Denken als unerträglich dumm, so daß man sie nicht im Munde eines Platon und Sokrates dulden mochte, sie lieber aus dem Texte entfernte, statt einer späteren Generation zur allfälligen Verwertung zu vererben.

[2] Bei Aristoteles steht der Zahlbegriff etwa in der Mitte zwischen unserer modernen und der pythagoreischen Auffassung; er ist Begrenzung. Selbstverständlich geht in allen Zeiten der praktische, ich möchte sagen kaufmännische Zahlbegriff nebenher.

[3] Ich glaube die Richtung andeuten zu können, in der das Verständnis für diese Stelle gesucht werden soll: Dem zur Tür eintretenden Kebes wird grüßend vom Meister ein Lob gespendet. Kebes, wie wohl selbständiger philosophischer Schriftsteller, ist nicht gerade ein besonders hochfliegender Geist, also nicht etwa ein Falke, der aus der Höhe als erster die aufgehende Sonne erblickt. Er ist auch kein tiefer Weiser, was etwa, wie in Ägypten der Brauch, mit einem sitzenden Pavian zu vergleichen gewesen wäre. Er ist kein kraftvoller Denker, wie Hirsch oder Eber durch wirres Dickicht stürzend. Kein Redner, der wie ein brüllender Löwe die Tiere an der Wasserstelle erschauern macht. Er ist vielmehr wie eine Kuh, so freundlich, nützlich, lenksam, ergeben, voll warmer, stetiger Treue zu seinem Meister Sokrates. Und wie hoch der Meister diese heitere Treue schätzt, das zeigt die Zahl Vier, die ihm und der Kuh gleichermaßen zukommt. Diese ist das kleinste Quadrat, und somit eines der ursprünglichen Bilder. Es ist ein Bild der Unveränderlichkeit und Beständigkeit, denn in vier Einheitsquadrate zerlegt, zeigt es, daß seine inneren und äußeren Maße völlig gleich sind, vertauschbar sind, Offenheit und Truglosigkeit versinnbildlichen. Platon gilt es als ein Kennzeichen der Un-

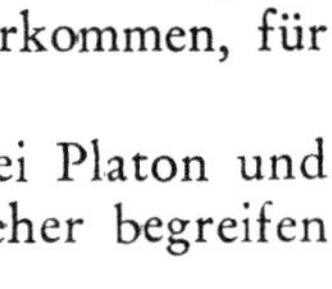

Abb. 1.

Von dieser Stelle ist vor allem abzunehmen, daß die aufzusuchenden Gedankengänge nicht an ihrer heutigen Geläufigkeit zu messen sind. Ferner ist aus den Namen der Beteiligten, Platon und Sokrates vor allen, zu schließen, daß trotz der sicherlich vorhandenen Tendenz der Pythagoreer zum Geheimnisvollen und trotz der uns dunklen Ausdrucksweise, es bestimmt abwegig ist, halbdurchdachte Phantasterei darin zu wähnen. Wir wären sonst veranlaßt, auch anzunehmen, daß der zeitgenössische Tempelbau derart voll von unauflösbaren kultisch mathematischen Bindungen sei, daß, wenn überhaupt wissenschaftlich Arbeit noch möglich wäre, dies kein Feld für den Architekten, sondern für den Ethnologen und Religionspsychologen wäre. Dem aber widerspricht der einzigartige Kunstwert der Denkmale und der unbestrittene geistige Anspruch, den die Architekten aller Zeiten auf ihre griechischen Vorgänger erhoben haben.

Ich möchte daher annehmen, daß die gewiß vorhandenen kultischen Bindungen den Künstler ebensowenig gehindert haben, als die vornehmsten zeitgenössischen Denker sich durch kultisches Erbe hindern ließen.

Der Künstler von heute hat bei Kultbauten auch liturgische Vorschriften zu beachten, die nicht als Zwang oder Hindernis empfunden werden.

Immerhin ist die Möglichkeit bei anderen Zeiten und anderen Kulturen als den eben genannten, daß kultische Vorschriften die Entwicklung der architektonischen Form hindern, im Gedächtnis zu behalten [1].

Da wir ein besonderes schriftliches Werk über Baukunst aus der klassischen Antike nicht besitzen, überdies die Philologen ihr Interesse auf die wenigen Hinweise nicht gerichtet haben, ist es für den Architekten sehr mühsam, einige Belege beizubringen.

Der Architekt kann auf eine gewisse Geltung der Idealzahlen nicht verzichten und ist gezwungen, diese vornehmlich aus der Polemik des Aristoteles kennenzulernen.

---

veränderlichkeit und Beständigkeit, wenn bei einem Wesen oder Gegenstand das Innere und das Äußere in irgendeiner Hinsicht gleich sind. Um ein Beispiel zu geben, ist ein Mauerwerk, welches durchaus aus Quadern besteht, beständiger als ein äußerlich gleich aussehendes, welches jedoch nur mit Steinplatten verkleidet ist, innerlich aber aus Lehmpatzen aufgeführt wurde. Die Quader sind untereinander vertauschbar, ohne Wesen und Aussehen des Mauerwerks zu verändern. Würden aber Lehmpatzen und Steinplatten vertauscht, so würde die Haltlosigkeit und der Trug offenbar; so ist das Beständige zugleich das Truglose.

Ins Metaphysische übertragen, ist jenes Wesen das allerbeständigste und daher ewige, bei dem das Innere mit dem Äußeren identisch ist. So können auf eine naivsinnenhafte Weise die Begriffe Wahrheit, Offenheit und Beständigkeit als Korrelativa aneinandergerückt werden und durch eine geometrische Figur, beziehungsweise durch die Quadratzahl Vier dargestellt werden. Um auf Kebes zurückzukommen, so schätzt vielleicht Sokrates dieses, was Goethe „Treuer Dienste tägliche Bewahrung“ nannte, höher ein als eine große Tat. Denn eine große Tat bringt nicht allein Ordnung, sondern schafft auch notwendigerweise durch ihre Polarität zum Bestehenden Wirrnis. Sie reißt, aus dem Transzendenten kommend, Chaotisches mit herein in die bestehende menschliche Ordnung. Möglicherweise besteht ein Zusammenhang mit Hathor, welche in Gestalt einer Kuh abgebildet wurde. Auch die hinduistische Auffassung über Kühe mag ein Verwandtes sein; sicherlich ist es vorschnell, jene auf wirtschaftliche Motive allein begründen zu wollen. Sowohl die Vier als auch die Kuh sind Symbole der Fruchtbarkeit und mütterlichen Fürsorge, Bestand und Dauerhaftigkeit verleihend. Vergl. S. 147 die Bemerkung des Proklos über die Zahl Vier als die Lebenspendende.

[1] Dies trifft erwiesenermaßen für Indien zu, wie die Culvasutras zeigen.

Aristoteles, der den Funktionsbegriff entwickeln will (Metaphysik B 4, 1000 a), kann Idealzahlen nicht verwerten, da in ihnen keine Ursache der Veränderung enthalten ist. Ferner ist ihm jedes Prinzip numerisch Eins (ebenda B 6, 1002 b), die Zahlen aber aus gleichen Einheiten bestehend, addierbar; also fällt die Idealzahl heraus. Die Schwierigkeit des Aristoteles, in den quantitativen Zahlen keine Brücke zur Qualität zu finden, ist von der modernen Physik beseitigt. Aber auch er hätte doch an der Musik erkennen können, daß ein quantitatives Verhältnis von Schwingungslänge oder Schwingungszahl eine verschiedene Tonqualität verursacht — nicht etwa nur begleitet. Auch aus seiner zögernden Wiedergabe (ebenda I 2, 1053 b) jener Farbentheorie, welche die Farben aus Schwarz und Weiß entstehen läßt, erhellt doch die Verschränkung von Quantität und Qualität. Das substantiell Seiende ist ihm (Λ 1, 1069 a) teils vergänglich, wie Pflanzen und Tiere, teils ewig; dieses Unbewegte sind nach verschiedenen Philosophen die Ideen und mathematischen Objekte, beziehungsweise nur letztere. Ausdrücklich ist (A 990 a) „... *den mathematischen Objekten, wenn man von den astronomischen absieht, Bewegung fremd.*“

(Vergleiche auch ⊙ 1052 a u. N 5, 1092 a.) Dieser Satz spricht ganze Bände, sowohl für den Historiker als für den Architekten. Aristoteles ist gar kein Mathematiker, sonst hätte er mit den Idealzahlen, als die funktionelle Bewegung hindernd, auch die starre planimetrische Mathematik, über die schon Platon mit seiner Würfelverdopplung hinausgewiesen (der allerdings die Würfelverdopplung des Helikon abgelehnt, weil sie ihm zu mechanistisch erschien), verwerfend, der späteren Mechanik bewußt den Weg geöffnet. Ihm ist aber mathematische Exaktheit nicht die Methode der realen, materiellen Welt (ebenda a 995 a).

Für den Architekten geht aber aus obigem hervor, daß eine berechnete Räumlichkeit in der griechischen Baukunst nicht enthalten ist; weder im Sinne einer dreidimensionalen Proportionierung, noch im Sinne eines in seiner Bewegung geführten Beschauers. Das einzelne Objekt kann nur lineare und flächenhafte Proportionen haben, der Beschauer hat einen bestimmten oder unbestimmten Standpunkt, aber keinen Weg, Städtebau existiert nur im strategischen oder merkantilen Sinne. Der erste Kult- oder Prunkbau an einem Orte nimmt bedenkenlos den besten Platz, und alle folgenden nützen rücksichtslos den jeweiligen Rest [1].

Fragt Aristoteles (M 8, 1083 a): „... *aus welchem Grunde denn jene (qualitative) Verschiedenheit notwendig angenommen werden muß*“, so ist zu sagen: aus der Polarität gegenüber dem Menschen. So wie zum Beispiel die objektiv kontinuierlichen Quantitäten von Lichtschwingungen subjektive Farbqualitäten erzeugen.

Allerdings werden damit Ideen untereinander relativiert, indem nicht allein die Objekte, sondern auch die Ideen mit dem letzten betrachtenden Wesen verschwänden. Eine solche Konsequenz läßt sich aus drei Gründen gegenüber der Antike vertreten:

---

[1] Das ergibt im nachhinein natürlich auch eine empirische Ordnung; etwa wie die antiken Götter im Laufe der Zeiten immer mehr wurden, die folgenden restliche oder abgespaltene Funktionen übernahmen, was aber von vornherein nicht abzusehen war.

Erstens deutet Aristoteles (B 6, 1003 a) selbst an, daß es noch Ursprünglicheres als seine Prinzipien geben könne, da diese als Gegenstände der Erkenntnis ein Allgemeines und als selbständige Wesenheiten ein Konkretes sein müssen.

Zweitens wurde der Mensch zumeist als gottähnlich betrachtet, womit einerseits eine Relativität der Idee Mensch und auch der Idee des einzelnen Menschen zu anderen Ideen möglich, andererseits für die ewigen Ideen der ewige Träger und Betrachter gegeben ist.

Drittens aber war der Begriff Idee niemals so straff definiert, als daß eine solche Auslegung nicht Platz fände.

Überdies ist die Zahl und die Form für die Pythagoreer nichts gesondert Existierendes, so wie für andere Philosophen; die Zahl ist ihnen vielmehr ein göttliches Werkzeug und die Dinge entstehen aus den Zahlen; ein Standpunkt, der in Anbetracht der modernen Physik zumindest als Metapher brauchbar ist.

Der Architekt muß gegen die Polemik des Aristoteles polemisieren, weil nicht bei Heron oder Archimedes, sondern eben bei den Pythagoreern die mathematischen Unterlagen für die klassische Baukunst zu suchen sind und weil der Architekt nicht zugeben kann, daß eine Stellung von vier Säulen aus drei Säulen plus noch einer besteht, weil er vielmehr täglich erfährt, daß vier Gleichstücke ganz grundsätzlich etwas anderes sind als drei, auch wenn die Stücke untereinander beliebig vertauschbar sind.

Aristoteles, der zwischen Potenz und Aktualität so wohl unterscheidet, hätte zugeben müssen, daß in der Einheit potentiell entgegengesetzte Ideen liegen können, welche erst in der Vielheit aktuell werden können: Wenn ich zehn völlig gleiche Flaschen voll Wein besitze, so enthält jede dieselben Potenzen, doch kann die erste die Idee der Fröhlichkeit aktualisieren, die zehnte aber die Idee der Betrübnis, ohne daß ich zugleich zehnmal so fröhlich geworden wäre, da Gegensätze sich ausschließen, dieses aber nur als Aktualitäten, nicht als Potenzen. Und wenn man die Begriffe Potenz und Aktualität nicht so fassen will, da Aristoteles nicht sagt: in der Arznei liege die Potenz, sondern im Arzte oder im Genesenden sagt er; so auch hier nicht im Weine, sondern im Trinkenden die Potenz zur Fröhlichkeit und zur Betrübnis, so werden doch solche Ideen aktualisiert nach Quantitäten, und ein solcher Fall fehlt bei ihm.

Die Sache ist unabsehbar wichtig. Heute weiß ein jeder, daß je nach Anzahl und Stellung derselben Atome einmal ein Gift und das andere Mal ein Nahrungsmittel, den Sinnen unterschiedlichste Qualitäten, herauskommen. Es bedurfte aber nicht der modernen Naturwissenschaft; schon Demokrit lehrte die Atome und die alten Ägypter konstruierten die ganze Welt aus Dreiecken. Aber auch dessen bedarf es nicht, das einfachste Leben zeigt den Übergang von der Quantität zur Qualität: Wie etwa ein Mensch, der ein Geldstück besitzt, zunächst Brot kauft, hat er aber zehn Geldstücke, so wird er nicht die zehnfache Menge dafür einkaufen, sondern weitere Bedürfnisse stillen, die nach seiner Sättigung die nächst drängenden geworden sind. Ein solcher stufenweiser Aufbau der menschlichen Psyche muß aber das typisch Pythagoreische gewesen sein; freilich phantastisch, und philosophisch in einem Satz von Sokrates und Platon überholt, indem diese das Sittliche und Gute selbst und deren Lehrbarkeit darlegten.

Zwischen den Pythagoreern und Sokrates stehen geistesgeschichtlich die Sophisten, Lehrer auf dem Markte wie dieser. Ob es nun gerecht ist, sie der Mehrzahl nach als gesinnungslos zu bezeichnen oder nicht, jedenfalls hatten sie mehr dialektische Technik als geistige Größe und machten mit griechischer Spielwut davon jeden Gebrauch. Man kann die Sophisten historisch als Episode auffassen, ihre Technik ist im guten wie im schlechten Sinne Sieger geblieben bis heute. Pythagoreische Einfalt war vorbei; Euklid schrieb seine Elemente als Abwehr gegen die Sophisten, aber wie sophistisch mußte er dabei zu Werke gehen; alles auf die verfahrensmäßige Konstruierbarkeit statt auf die sinnenmäßige Anschaulichkeit gründen. Plötzlich waren die scharfsinnigen Methoden zur Quadratur des Zirkels, zur Dreiteilung eines Winkels, zur Konstruktion eines beliebigen Vieleckes falsch. Wo sind die Götter geblieben, die alles dieses eifersüchtig gehütet?

Damals ging die Architekturtheorie zurück. Nach ihren schriftlichen Zeugnissen zu fragen hat nicht mehr Aussicht, als nach der Lehre des Pythagoras zu fragen. Vom Standpunkte des Künstlers sind Platon und Aristoteles nicht die Vollender der Antike, sondern die Retter des Restes, der dialektisch damals zu halten war. Den Gedanken, daß, was wir Wissenschaftlichkeit nennen, der Menschheit auch schon Erkenntnisse gekostet haben könnte, hätte man vor einem Menschenalter noch gar nicht aussprechen dürfen; neue Götter wären beleidigt worden. Die neueren psychologischen Methoden geben aber Hoffnung, daß so manches wieder gewonnen werden kann, das einst nur intuitiv ohne Beweis vorhanden war. Die Situation ist dabei gar nicht neu, sagt doch Aristoteles selbst: (Λ 8, 1074 a) *„Ist doch aller Wahrscheinlichkeit nach jede Art von Kunstfertigkeit und wissenschaftlicher Einsicht, soweit es jedesmal möglich war, wiederholt entdeckt worden und wieder verlorengegangen."*

Die Lehrmeinung der letzten zwei Jahrhunderte aber, daß nämlich Kunst so frei sei, daß nur ein Teil der menschlichen Fähigkeiten, und zwar die unberechenbarsten, diese leisteten, die Ratio aber wegbleiben müsse, diese in einem doch sonst so rationalen Zeitalter verblüffende Ansicht hat in der Antike keinen Platz.

Die neuere Psychologie hat sich dazu vereinigt, daß der Mensch entweder von seiner Umwelt oder von seiner Innenwelt ausgeht, um sich in einer Ordnung zu begreifen. Beide Wege sind echt, aber es sind eben Wege und nicht ausschließende, dauernd haltbare Standpunkte. Weder die bloße Materie noch der bloße Geist sind Architektur, sondern allein ihr Mittleres: die Form. Die Formfindung wurde nun in den letzten Generationen fast ausschließlich von der materiellen Seite her versucht und dabei vorzügliche technische Methoden entwickelt. Das ist aber, wie gesagt, nur der eine Weg, und wenn man einen Primat des Geistes annimmt, keineswegs der näherliegende. Die Griechen aber sind bis in das Zeitalter des Perikles den Weg von der geistigen Seite her gegangen, der gewiß rascher ans Ziel führt, allerdings schwerer unter den Füßen zu halten ist.

Es mag die Vielheit und Vielfalt der in späteren Zeiten kompetent auftretenden Völker und Kulturzentren gewesen sein, was eine Verständigung auf diesem Wege ausschloß. Nur eine archaische Geschlossenheit oder eine vielleicht zukünftige weltoffene Einhelligkeit ermöglicht auch einen praktischen Primat des Geistes.

Der erste, der die unterschiedene Grundlage der griechischen Kultur zu seiner zeitgenössischen wohl erkannte, war Friedrich Nietzsche, der in seiner „Geburt der Tragödie" das namenlose Entsetzen des Griechen vor der Umwelt schildert, die nur durch eine geistige Ordnung, durch das „Apollinische" zu bannen war. So ist es völlig undenkbar, daß ein Tempel, dem Heiligsten geweiht, nur mit ehrfurchtsvollster Andacht zu betreten, ein Produkt halber Zufälligkeiten gewesen ist.

Ist dem uns voraufgegangenen Jahrhundert die Freiheit des Menschen in der Kunst ein Ziel, das fliehend vor der Ordnung des Materiellen erreicht werden kann, so ist dem Hellenen die geistige Freiheit nur durch Ordnung gegen das chaotische Materielle abschirmbar. Den Griechen untersützte hiebei die gesunde Kraft seiner Sinne, die, auf dem halben Wege zwischen Geist und Materie, das die Form schöpfende Prinzip an sich haben.

Das den Heutigen Ungewöhnliche der griechischen Denkweise soll also nicht ins Okkulte verwiesen und schließlich ins Obskure abgedrängt werden, wie es jene getan haben, die eine Architekturtheorie auf Sechseck- und Zehnecksterne aufbauen wollten. Vielmehr ist das Gegenteil der Wahrheit näher, daß nämlich die lebendigste Sinnenhaftigkeit der visuellen Vorstellungskraft, zusammen mit einem ausgesprochen homozentrischen Denken, zu solchen uns überraschenden Assoziationen führte.

Seit Beginn der Neuzeit bis vor wenige Forschungsgenerationen wurde der Mensch durch die Ausweitung der Naturwissenschaft aus dem Zentrum des Schöpfungsbildes verdrängt. Das psychische Wohlbefinden der Menschheit hat bestimmt darunter gelitten. Die neuere Naturwissenschaft läßt den Menschen wieder in die Mitte treten. Es ist recht wahrscheinlich, daß er auch um etwas glücklicher wird dabei. Hier aber ist die Feststellung wichtig, daß er dabei auch dem klassischen Griechen ähnlicher wird.

B. Umwege zur Baukunst.

Es ist in der Psychologie, wie in den anderen Wissenschaften vom Lebendigen auch, ein erprobtes Verfahren, an Ausfallserscheinungen die gesunde Funktion zu erforschen.

Es sei daher hier das krasseste Beispiel von pathologischer Architektur, das ich beobachtet habe, erzählt.

Vor etwa zehn Jahren — 1929 — fuhren einige Männer mit einem Handwagen durch mehrere europäische Länder. Auf dem Handwagen befand sich ein großes Modell des Mailänder Doms aus lauter Streichhölzern zusammengeklebt. Eine Aufschrift belehrte die staunende Menge, wie viele Jahre sie daran gearbeitet und wie viele Zehntausende von Streichhölzern sie dabei verklebt haben wollten. Viele Tage war in den Straßen Wiens dieser Handwagen mit dem Streichholzdom zu sehen. Immer von Neugierigen umringt, die fleißig die Ansichtskarten mit dem Bild und einer Beschreibung des Wunders kauften und auch in die Blechbüchsen, welche am Handwagen angebracht waren, Kleingeld hineinwarfen. Mehrmals traf ich auf diese merkwürdige Gruppe und blieb immer stehen, weil mich die Reden der Zuschauer interessierten. Ein Arbeiter warf eine Münze in eine der Blechbüchsen, ohne das Schaustück selbst anzusehen, und sagte: „Das sind arme Leute.“ Er hielt die Aussteller wohl für materiell arm, was bestimmt nicht derart der Fall war, und hatte Mitleid mit ihnen. Die meisten Beschauer waren restlos begeistert von dem Kunstwerk, besahen es von allen Seiten und stellten Fragen an die einsilbigen Künstler aus Norddeutschland.

Der Fall ist in mehr als einer Hinsicht von traurigem Interesse. Der mitleidige Arbeiter hatte, abgesehen davon, daß er meinte, diese Wanderburschen hätten weniger Geld als er selbst, gefühlsmäßig das richtige Urteil. Es waren arbeitslose, junge Menschen voll Schaffensdrang, Geltungstrieb und Wanderlust und es war kein Platz für sie, zumindest kein vernünftiger, in der menschlichen Gesellschaft. Sie waren das typische Abbild Europas, das durch die Hemmung seines Arbeitswillens das Mögliche vom Unmöglichen nicht mehr recht zu scheiden wußte.

Mit der Wahl eines gotischen Domes zum Vorwurf für ihr Zündholzgebilde hatten sie genau den Geschmack ihres Publikums getroffen. Sie kamen aus einer geistig verarmten Schichte und sprachen zu derselben Schichte und nichts konnte dies besser ausdrücken als eine große Menge von Zündhölzchen.

Der vollendete Kitsch war ein so wohlgelungener Ausdruck ihrer geistigen Situation, daß eine ganze Reihe von stichhältigen Definitionen des Begriffes Kunst darauf paßte.

Der degenerierte Begriff [1] Baukunst des Durchschnittsmenschen läßt sich durch folgende Postulate darstellen [2]:

1. Zwecklosigkeit oder Zweckfremdheit des Objektes;
2. nicht alltäglicher Vorwurf;
3. offensichtlich mit großer Handfertigkeit und vieler Mühe hergestellt;
4. mit sichtlich großen Kosten verbunden;
5. von bedeutender Größe oder ziemlichem Gewicht oder von besonderen technischen Schwierigkeiten;
6. hohes Alter.

Dieses ist nicht allein aus dem einen Erlebnis mit dem Streichholzdom, sondern aus dem laufenden Verkehr mit kunstfremden Personen abgezogen.

Eine Begriffsbestimmung, nach der Kunst lediglich die Auseinandersetzung des Künstlers mit seiner Umgebung sei und eine Rücksicht auf den Beschauer ausschließe, ist unsozial und widerspricht dem christlichen

---

[1] Der Ausdruck „degeneriert“ soll hier nicht bedeuten „mit der Zeit heruntergekommen“, sondern: „falscherweise zu niedrig gefaßt“.

[2] Nicht enthalten in dieser Zusammenstellung ist die Forderung nach Reizung des Verstandes, weil diese durchaus negativ ist, und obwohl von großer Bedeutung, doch kaum bewußt wird. Es wird noch an passender Stelle darüber gehandelt werden.

Begriff vom apostolischen Auftrag an den geistig höher begabten Menschen. Das wirkliche Kunstwerk und seine Beschauer sind langlebiger als der Künstler. Als Nachwelt fühlen wir uns den ererbten Geistesschätzen verpflichtet. In gleicher Weise ist der Künstler geistig und handwerklich der Menschheit verpflichtet. Dem großen Hunger zur Kunst der Menschen aller Bildungsgrade nach Kräften zu entsprechen, ist der göttliche Auftrag an den Künstler; dem sich zu entziehen, ein Mißbrauch seines Talents.

Eine Analyse des unverständigen Beschauers ist daher angebracht[1]. Die einzelnen obigen Forderungen sind in der Reihenfolge angeführt, welche etwa der Häufigkeit ihres Lautwerdens entspricht. Die beiden ersten und die letzte der Forderungen bezeichnen das Bedürfnis nach Distanzierung vom eigenen alltäglichen Willensbereich. Negativ betrachtet, ist dies als Sensationslust, das ist Projektion des eigenen Willens ins Außerordentliche, zu bezeichnen. Doch hier soll die positive Seite herausgeholt werden und diese ist das Streben nach reiner, möglichst willensfreier Anschauung im Sinne Schopenhauers.

Die restlichen drei Forderungen sind Ausdruck des Bedürfnisses, Kunstwerte mit den eigenen, subjektiven Wertmaßen zu vergleichen. Die Baukunst hat den Vorteil, daß erotische Wunschbilder in einem viel geringeren Umfang Wertmaßstab werden können als bei den Werken aller anderen bildenden Künste. Um von allen kleineren, in ihrer Fülle ja niemals analysierbaren Komponenten noch die wirksamsten zu fassen, sind deren zwei zu beachten; nämlich erstens der Machtwille, sei er patriotisch, politisch, religiös oder ganz persönlich, der darin zum Ausdruck kommt, daß der Beschauer das bejaht, worin er selbst sich bejaht wähnt; und dann noch zweitens dieses, worauf es mir besonders ankommt, weil diese Komponente durch ihre sittliche Reinheit dienen kann, den unverständigen Beschauer zum wahren Kunstverständnis zu leiten: nämlich des Beschauers Arbeitsethik. Wieder ist die Baukunst gegenüber den anderen Künsten in einem glücklichen Vorteil. Wohl kann der Architekt seine Arbeit im Rausche des Schaffens mit einer wilden Skizze beginnen, doch bis zum fertigen Bau bleibt ihm noch viel Arbeit, die nur mit kluger Nüchternheit getan werden kann. Er muß, bevor sein Werk fertig dasteht, sei seine geistige Tat noch so groß, ein braver Kebes werden. Seine Arbeitsethik ist also dieselbe, die der Mann haben muß, der sein Leben lang nur einen Schaufelstiel in der Hand hat, soll er dieses sein Leben erträglich finden.

Etwa in der Malerei gibt es Fälle, wo diese Art handwerklicher Arbeitsethik gar keinen Platz hat oder, wenn sie vorhanden ist, gar nicht zum Ausdruck kommen kann. Phantastische und traumhafte Themen, zumal von extremer Stimmungslage, wie düstere Traurigkeit, heiterer Witz, Wut, Ekel, vertragen kaum die glatte Linie, die schöne Fläche, den Ausdruck gediegenen Handwerks, ohne kitschig zu werden.

Es ist außerordentlich wichtig, zu beobachten, wie etwas, das zunächst

[1] Der Gedanke an sich ist nicht neu. Er wurde, allerdings mit anderer Absicht, schon von Albrecht Dürer ausgesprochen, indem er den Malern empfahl, ihre Gemälde unverständigen Leuten zu zeigen, weil diese das „Allerdümst weisen" könnten, das dem Maler selbst am eigenen Werk gar nicht auffällt.

eine bloße Formfrage zu sein scheint, zu gesellschaftlicher Bedeutung gelangt. Eine jede gesellschaftliche Veränderung geht einher mit einer Änderung der Arbeitsethik. Das Kunstwerk, oder das, was für ein solches gehalten wird, suggeriert die an ihm sichtbare Arbeitsethik dem Beschauer und wirkt so festigend oder lockernd auf die gesellschaftliche Struktur, welche Tatsache ja von der alten chinesischen Musik bis zur neueren Kulturpolitik Gebrauch und Mißbrauch gefunden hat. Während nun die geistig niedrigeren Themen, im Schopenhauerschen Sinne stark willensgebundenen Themen, recht gut mit einer flüchtigeren und skizzenhafteren Darstellung angenommen werden, ja mit einer gediegen handwerklichen Durcharbeitung oft eine ausgesprochen kitschige Wirkung erzielt wird, neigt der Beschauer dazu, höhere Ideen in einer Weise dargestellt zu wünschen, daß ihm die Arbeitsethik dabei parallel mitgehend erscheint.

Während die moderne Graphik, Malerei und Plastik auf diesen Parallelismus weitgehend verzichten will und es ruhig dem Beschauer überläßt, zuzusehen, wie er damit fertig werden mag, ist die Architektur aus politischen oder religiösen Gründen nicht in der Lage, so weitgehend das Urteil der Menge zu verachten. Es fällt dies um so leichter, als dies mit den technischen Erfordernissen zusammengeht. Eine Kirche, welche nichts als glatte Putzflächen dem Beschauer zeigt, mag in ihren Proportionen noch so wohlgelungen sein, ihre materielle Armut ruft nicht nur den Spott des Durchschnittsmenschen hervor; auch der Fachmann muß zugeben, daß eine Mauer, die nicht stärker als ein Ziegelstein ist, mit Mörtel aus jungem Kalk geputzt, ganz besonders in der Großstadt zu rasch unansehnlich wird, um als monumentales Ausdrucksmittel zu gelten[1].

Ist also das heutige Urteil des unverständigen Beschauers vornehmlich dadurch bedingt, daß die Behandlung und das Aussehen der Oberfläche eines Bauwerkes seinen Begriffen von sorgfältiger Arbeit entspricht, so sind frühere Generationen von nicht weniger massiven Begriffen über die Baukunst geleitet worden.

Durch die Fortschritte der Baumechanik ist eine zunehmende Ausnützung der Tragfähigkeit von Baustoffen und Bauformen ermöglicht worden. Gleichzeitig hat der Mensch ein solches Vertrauen zur Technik gefaßt, daß weder der Konstrukteur noch der Beschauer oder Benützer sich beim Hochbau im Normalfall von statischen Problemen bedrängt fühlen. Nicht so unsere Vorfahren. Obwohl die Geschichte der Baumechanik als Theorie bis auf Leonardo da Vinci zurückreicht, hat sie als Praxis erst etwa 150 Jahre aufzuweisen.

Die Sorge über die Standfestigkeit seiner Konstruktionen mag den Künstler oft gehemmt haben. Doch auch der Beschauer und Benützer eines Bauwerkes kann nicht zu jener Beruhigung gelangen, welche die Voraussetzung zum Genuß eines Kunstwerkes ist, wenn er sich oder seinen Besitz gefährdet wähnt. Diese ästhetische Komponente hat heute ihre negative Wirkung ziemlich eingebüßt. Eine positive Wirkung ist uns noch

---

[1] Dasjenige, was einen Bau langlebig macht, ist auch die Dichte seiner Oberfläche und die Wärmestaufähigkeit der dahinter befindlichen Masse, die es verhindert, daß der Bauteil kurze Wärmeschwankungen der Umgebung mitmacht.

verblieben; wir fühlen uns besonders behaglich und heimelig unter kräftigen Gewölben, zwischen massiven Pfeilern und Säulen.

Es gab aber Zeiten, in denen diese Komponente so vordringlich war, daß sie mit dem Wesen der Baukunst selbst identifiziert wurde. So schreibt Jakob Burckhardt in seiner „Kulturgeschichte Griechenlands" (VI. 3, pag. 357) über griechische Tempel:

„Die Höhe und die Stärke der Säule endlich steht im reinsten Verhältnis zu der Größe der Intervalle und der zu tragenden Last. So vereinigen sich die höchste ästhetische und höchste mechanische Wahrheit, das Struktive zeigt sich in völlig ideal gewordenem Ausdruck."

Das Gegenteil trifft zu: Die Säulen, für den ungezwungenen Anblick alle gleich stark, tragen sehr unterschiedliche Lasten. Am meisten trägt das mittlere Paar an der Schmalansicht, da hier der Giebel seine höchste Erhebung hat und das Säulenintervall obendrein am größten ist. Am wenigsten trägt die Ecksäule. Diese ist aus optischen Gründen aber die stärkste und ihr benachbart sind die geringsten Intervalle. Von der Deckenlast bekommt die Ecksäule weniger als halb so viel wie eine Mittelsäule und da die Dachkonstruktion bei den meisten Tempeln wahrscheinlich auch die Giebel einbezog, verhält es sich mit den Dachlasten ebenso.

Von einem so hervorragenden Gelehrten ist der Umstand, daß ihm bei einer solchen Fülle von Behauptungen gar nicht das Bedürfnis nach einem rechnerischen Nachweis aufkam, doch höchst bemerkenswert. In dieser Stelle steckt eine ganz eigentümliche Hypothese darinnen, von der ich noch nicht weiß, wer sie eigentlich aufgebracht hat. Diese Hypothese ist noch nicht tot und hat ihre heutige Lebendigkeit von Gottfried Semper erhalten. Das ist die Zerteilung eines solchen Tempels in einen Lastteil, das sind alle Glieder oberhalb der Säulenkapitelle, also bis Architravunterkante von oben, und in einen sogenannten Tragteil, das ist alles unter der Architravunterkante, also Säulen und Cella und Unterbau.

Die ganze Hilflosigkeit des künstlichen Gedankens wird klar, wenn man sich vor Augen hält, daß doch jeder Bauteil eine Last darstellt und jeder Bauteil auch eine Last trägt, zumindest seine eigene. Diese ganze Denkweise steht im Schatten Schopenhauers, geht auf ihn zurück oder wird doch durch ihn mächtig bestärkt.

Jedenfalls ist ein gewisser Einfluß Winckelmanns auf Schopenhauers Meinung über Architektur im besonderen und die bildenden Künste im allgemeinen vorhanden, wenn auch weniger Winckelmanns Denken, sondern dessen Wissen den Einfluß ausmachte.

Schopenhauer schreibt (Welt als Vorstellung, § 43):

„Wenn wir nun die Baukunst, bloß als schöne Kunst, abgesehen von ihrer Bestimmung zu nützlichen Zwecken, in welchen sie dem Willen, nicht der reinen Erkenntnis dient, und also nicht mehr Kunst in unserem Sinne, betrachten, so können wir ihr keine andere Absicht unterlegen, als die, einige von jenen Ideen, welche die niedrigsten Stufen der Objektivität des Willens sind, zu deutlicher Anschaulichkeit zu bringen: nämlich Schwere, Kohäsion, Starrheit, Härte, diese allgemeinen Eigenschaften des Steines, diese ersten, einfachsten, dumpfesten Sichtbarkeiten des Willens, Grundbaßtöne der

Natur; und dann neben ihnen das Licht, welches in vielen Stücken ein Gegensatz jener ist. Selbst auf dieser tiefen Stufe der Objektivität des Willens sehen wir schon sein Wesen sich in Zwietracht offenbaren, denn eigentlich ist der Kampf zwischen Schwere und Starrheit der alleinige ästhetische Stoff der schönen Architektur; ihn auf mannigfaltige Weise vollkommen deutlich hervortreten zu lassen, ist ihre Aufgabe. Sie löst solche, indem sie jenen unvertilgbaren Kräften den kürzesten Weg zu ihrer Befriedigung benimmt und sie durch einen Umweg hinhält, wodurch der Kampf verlängert und das unerschöpfliche Streben beider Kräfte auf mannigfache Weise sichtbar wird."

Ohne verkennen zu wollen, welche bedeutsame Rolle jene Ideen, welche aus dem jeweiligen Baumaterial sprechen und deren deutliches Sichtbarmachen in der Baukunst und den übrigen bildenden Künsten zu spielen haben, muß diese Definition als viel zu enge und insoferne als falsch bezeichnet werden, als sie das Wesen der Baukunst nicht trifft.

Wäre diese Schopenhauersche Auffassung hinreichend, so müßte auch die Baumechanik hinreichen, das Wesen der Baukunst zu fassen (ebenda):

„Denn nur indem jeder Teil so viel trägt, als er füglich kann, und jeder gestützt ist gerade da und gerade so sehr, als er muß, entfaltet sich jenes Widerpiel, jener Kampf zwischen Starrheit und Schwere, welche das Leben, die Willensäußerungen des Steines ausmachen, zur vollkommensten Sichtbarkeit, und es offenbaren sich deutlich die tiefsten Stufen der Objektivität des Willens."

Und noch weiter unten:

„Dem Gesagten gemäß ist es zum Verständnis und ästhetischen Genuß eines Werkes der Architektur unumgänglich nötig, von seiner Materie, nach ihrem Gewicht, ihrer Starrheit und Kohäsion, eine unmittelbare, anschauliche Kenntnis zu haben, und unsere Freude an einem solchen Werke würde plötzlich sehr verringert werden durch die Eröffnung, daß Bimsstein das Baumaterial seie: denn da würde es uns wie eine Art Scheingebäude vorkommen."

Demgegenüber muß gesagt werden, daß auch die gezeichnete und gemalte Architektur, abgesehen von der etwa möglichen Wiedergabe der Materialidee, Baukunst ist. Dies nicht allein, weil auch die Zeichnung und die Malerei imstande sind, das Widerspiel von Schwere und Starrheit darzustellen, sondern weil allen bildenden Künsten auch jene Potenz innewohnt, welche Schopenhauer allein der Musik zuschreibt, worüber der nächste Abschnitt Aufschluß geben soll. Vollkommen ausgeschlossen ist es, vom Beschauer eine „anschauliche Kenntnis" einer Materie nach ihrem Gewicht usw. zu verlangen. Eine solche besitzt nicht einmal der Architekt, sondern nur der Steinmetz oder der jeweils zuständige Handwerker, beziehungsweise der auf ein Spezialfach eingearbeitete Statiker. Jede andere Person irrt sich ganz gewaltig bei der Beurteilung von Gewicht und Festigkeit nach dem bloßen Augenschein oder läßt es, durch Erfahrung gewitzigt, bleiben, solche Urteile abzugeben.

Solange Metall und kombinierte Konstruktionen nicht als tragende Elemente in die Baupraxis eingedrungen waren, solange fast ausschließlich

Naturstein, Ziegel und Holz verwendet wurden und auch diese sichtbar waren, mochte sich der Beschauer eine anschauliche Kenntnis noch zumuten. Diese aber zog er aus der empirischen Erfahrung, und es muß doch gerade bei Schopenhauer auffallen, daß eine solche zur „*anschaulichen Kenntnis*" und schließlich zur reinen Anschauung eines Kunstwerkes führen soll. Tatsächlich ist die Verwendung des Wortes „*anschaulich*" wie hier für Schopenhauer nicht gewöhnlich.

Ein Beispiel, wie sehr diese mechanistische Betrachtungsweise abirren kann, bieten das jonische Kapitell und die historisch vorausgehenden Spiralformen. Manche übersehen vollständig den pflanzlichen Charakter der Voluten. Schubert-Soldern schreibt (S. 90, a. a. O.): „*Man wird wohl annehmen können, daß das Vorbild dieser Voluten tatsächliche Metallspiralen waren, auf welche die Polster gelegt wurden.*" Ein schlagender Gegenbeweis findet sich in dem Salbgefäß aus dem Grabe Tut-ench-Amuns (um 1350 v. Chr.), Abb. 2. Dieses wird von zwei Nilgöttern flankiert, deren einer als Zeichen Oberägyptens Lilien führt, während der andere als Zeichen Unterägyptens Papyrusblüten hält. Besonders in der Rückansicht sieht man an dem einen Feldzeichen Voluten, die der jonischen Form sehr nahekommen. Man braucht also in einem Kapitell keineswegs eine konstruktive Form zu sehen wie in einem Abakus, vielmehr ist ursprünglich ein heraldisches Zeichen zu erblicken, welches dann eben zur üblichen bekrönenden Schmuckform wird. Mit dem Ausdruck „heraldisch" will ich es offen lassen, ob ein solches Zeichen ein Totem oder Fetisch gewesen ist; dies ist keine architektonische Frage; wichtig ist, daß aus einem geistigen Grunde, nicht aus einer konstruktiven Ursache, die von der Natur angeregte Form akquiriert wurde. Erst war die Form da in der Pflanze; der sehende Mensch fand diese seinem Geiste adäquat, belegte die Form mit einem Symbol, dieses wurde mit der Zeit entleert, aber es blieb die Adäquation zwischen Menschengeist und Form — und das ist Architektur.

Während aber die oben nach Burckhardt zitierte Stelle nichts enthält als Behauptungen, von denen allein das Gegenteil erweislich ist, bringt Schopenhauer noch einen weiteren Gedanken, den er allerdings unentwickelt läßt, mit seiner Bemerkung über das Licht und seine Gegensätzlichkeit zu den „*Grundbaßtönen der Natur*". Wirklich ist alles das, was zur Erklärung des wahren Wesens der Baukunst erforderlich ist, bei Schopenhauer zu finden, wenn auch verstreut und nicht auf diese abzielend.

Wäre obige, rein statische Architekturtheorie richtig, so dürften allein die feinsten Spitzen, nicht aber waagrechte oder mäßig geneigte Glieder einen Bau nach oben abschließen und begrenzen, was immer für „Umwege" weiter unten am Bau, sobald einmal eine zu tragende Last vorhanden, für die dann vorhandenen Kräfte gewählt würden. Dies aber steht im Widerspruch mit einem Großteil der vorhandenen Monumente, welcher Widerspruch eben mit der gekünstelten Hypothese vom Tragteil und Lastteil hinwegdisputiert werden soll; so als wäre zunächst eine gehörige Last anzuordnen, mit welcher dann das Tragen deutlich gemacht werden könnte; als hätte ein Teil die Schwere und ein anderer die Starrheit darzustellen.

Abb. 2. Salbgefäß aus dem Grabe Tut-ench-Amuns (nach Howard Carter), flankiert von Nilgöttern, welche als Symbole Ober- und Unterägyptens Lilie und Papyros tragen.

C. Die Baukunst, eine Schwester der Musik.

„Außerdem aber bin ich der Meinung, daß die Baukunst, sowie Schwere und Starrheit, auch zugleich das diesen ganz entgegengesetzte Wesen des Lichtes zu offenbaren bestimmt ist. Indem nämlich das Licht von den großen, undurchsichtigen, scharf begrenzten und mannigfach gestalteten Massen aufgefangen, gehemmt, zurückgeworfen wird, entfaltet es seine Natur und Eigenschaften am reinsten und deutlichsten, zum großen Genuß des Beschauers, da das Licht das Erfreulichste der Dinge ist, als die Bedingung und das objektive Korrelat der vollkommensten anschaulichen Erkenntnisweise.“ (Schopenhauer, Welt als Vorstellung, § 43.)

Dieses ist die gesamte Schopenhauersche Ausführung über die Leistung des Lichtes zur Baukunst. Kaum eine Seite später findet sich ein weiterer, eigentlich ungenützter Gedanke, der in einer Hinsicht schon die Baukunst an die Seite der Musik rückt:

„Die Baukunst hat von den bildenden Künsten und der Poesie das Unterscheidende, daß sie nicht ein Nachbild, sondern die Sache selbst gibt: Nicht wiederholt sie, wie jene, die erkannte Idee, wodurch der Künstler dem Beschauer seine Augen leiht; sondern hier stellt der Künstler dem Beschauer bloß das Objekt zurecht, erleichtert ihm die Auffassung der Idee dadurch, daß er das wirkliche individuelle Objekt zum deutlichen und vollständigen Ausdruck seines Wesens bringt."

Insoferne es nun gelingen wird, zu beweisen, daß die Baukunst doch noch mehr als die Darstellung, wenn auch so selbständige Darstellung, der Schwere und damit verwandter Fassungen derselben Idee ist, wird auch der Schritt an die Seite der Musik vollzogen und wir müssen auch für die Baukunst gelten lassen, was Schopenhauer (ebenda, § 52) über jene sagt:

„Wir erkennen in ihr nicht die Nachbildung, Wiederholung irgendeiner Idee der Wesen in der Welt."

Und weiter:

„Daß sie zur Welt, in irgendeinem Sinne, sich wie Darstellung zum Dargestellten, wie Nachbild zum Vorbilde verhalten muß, können wir aus der Analogie mit den übrigen Künsten schließen, denen allen dieser Charakter eigen ist, und mit deren Wirkung auf uns die ihrige im ganzen gleichartig, nur stärker, schneller, notwendiger, unfehlbarer ist. Auch muß jene ihre nachbildliche Beziehung zur Welt eine sehr innige, unendlich wahre und richtig treffende sein, weil sie von jedem augenblicklich verstanden wird und eine gewisse Unfehlbarkeit dadurch zu erkennen gibt, daß ihre Form sich auf ganz bestimmte, in Zahlen auszudrückende Regeln zurückführen läßt, von denen sie gar nicht abweichen kann, ohne gänzlich aufzuhören, Musik zu sein."

Um zusammenzufassen: Es stellt die Baukunst ihre Objekte selber vor. Nicht wiederholt sie in irgendeiner Weise in der Natur schon gebotene Objekte — sofern sie dies doch zu tun scheint, ist dies eben nicht Baukunst, sondern Plastik, Malerei oder Graphik. Dazu wird auch noch umgekehrt zu sagen sein, daß Plastik, Malerei und Graphik dann auch als Baukunst bezeichnet werden müssen, soweit sie die Darstellung des Gegenständlichen verlassend oder auflösend, variierend, Proportion, Rhythmus, Harmonie der Farben, kurze jede Art von Stilisierung anwendet, wovon ja selbst die allernaturalistischeste Weise nicht ganz ledig sein kann, wenn sie mehr als Reportage bringt. Gleicherweise stellt auch die Musik ihr Objekt selbst vor. Wenn auch stellenweise die Nachahmung von Naturlauten verwendet wird, so ist dies doch nicht das Wesen der Musik; nach Schopenhauer durchaus zu verwerfen, was auch ziemlich der allgemeinen Ansicht gleichkommt. Nicht zu verwerfen ist jedoch die Verwendung musikalischer Elemente etwa deshalb, weil sie auch in der Natur vorkommen.

Dieses käme einer Ablehnung des organischen Weges von der menschlichen Rede zur Singstimme und von dieser zur Oper gleich; welcher Weg nicht allein der historische gewesen sein mag, sondern auch dem Arbeitsgang etlicher Komponisten, allen voran Richard Wagners, entspricht[1].

Ein Paralleles ist von der Baukunst zu sagen; die Nachbildung von Naturformen ist ihr nicht wesentlich, deren naturalistische Nachahmung zu verwerfen; dennoch aber kann jeder Übergang vom Tanz zur plastischen, malerischen, graphischen Darstellung und von dieser zu architektonischen Formen nicht ausgeschlossen werden, da alle diese Darstellungsweisen architektonische Elemente enthalten; ebenso wie gerade bei der Musik erläutert.

Architektur wie Musik stellen also ihre Objekte wesentlich selbst vor, der Unterschied zwischen beiden ist nach Schopenhauer der, daß die Architektur die Ideen der Schwere, der Starrheit usw. zur Anschaulichkeit bringt, während die Musik keine Ideen, sondern unmittelbar den allen Ideen gemeinsamen Willen selbst, mit Umgehung der Ideen, zum Ausdruck bringt (ebenda, § 52):

„Diesem allen zufolge können wir die erscheinende Welt oder die Natur und die Musik als zwei verschiedene Ausdrücke derselben Sache ansehen, welche selbst daher das allein Vermittelnde der Analogie beider ist, dessen Erkenntnis erfordert wird, um jene Analogie einzusehen. Die Musik ist demnach, wenn als Ausdruck der Welt angesehen, eine im höchsten Grad allgemeine Sprache, die sich sogar zur Allgemeinheit der Begriffe ungefähr verhält wie diese zu den einzelnen Dingen. Ihre Allgemeinheit ist aber keineswegs jene leere Allgemeinheit der Abstraktion, sondern ganz anderer Art, und ist verbunden mit durchgängiger deutlicher Bestimmtheit. Sie gleicht hierin den geometrischen Figuren und den Zahlen, welche als die allgemeinen Formen aller möglichen Objekte der Erfahrung und auf alle a priori anwendbar, doch nicht abstrakt, sondern anschaulich und durchgängig bestimmt sind.“

Diese ist die Stelle, von der ich behaupte, daß Schopenhauer hier selbst zu einem höheren metaphysischen Anwert der Baukunst gelangt wäre, diese der Musik ebenbürtig an die Seite gesetzt hätte, wenn sich nur die Architekten und besonders die Architekturtheoretiker ihren Kollegen von der Musik auch als ebenbürtig dem Philosophen vorgestellt hätten; wenn, sage ich, die Architekturtheoretiker nicht allein unbegründete Faustregeln geboten hätten, sondern imstand gewesen wären, zu zeigen, daß der auditiv-arithmetischen Bestimmtheit der Musik eine visuell-geometrische der Baukunst entspricht; die Baukunst also nicht allein die Ideen ihres Materials auszusprechen hat, als welche ja auch in der Musik durch die materiell bestimmte Klangfarbe sprechen, sondern gerade wie die Musik „*... die Freude, die Betrübnis, den Schmerz, das Entsetzen, den Jubel, die Lustigkeit, die Gemütsruhe selbst, gewissermaßen in abstracto, das Wesentliche derselben, ohne alles Beiwerk, also auch ohne die Motive dazu*“ ausdrücken kann und nur dadurch beengt ist, daß allein für den Jubel, die Freude, die Lustigkeit, die Trauer und weniges mehr,

[1] Schopenhauer lobt im übrigen Rossini, weil dessen Musik „deutlich und rein ihre eigene Sprache“ habe (§ 52). Eben deswegen greift ihn R. Wagner an, da Wort und Musik einander bei Rossini fremd seien.

nicht aber für das Entsetzen und den Schmerz Baukapital vorhanden ist; derartige unerwünschte Seiten des Lebens darzustellen also jenen bildenden Künsten überlassen werden muß, welche geringeren materiellen Aufwand erfordern.

Derart bleiben durch die mangelnden Gelegenheiten auch die Fähigkeiten weniger entwickelt, was aber nicht zur Leugnung der Möglichkeiten führen sollte.

Die vorliegende Schrift hat also die Aufgabe, zu beweisen, daß alles, was Schopenhauer in seiner „Welt als Vorstellung" über die Musik darlegt, sachlich analog und metaphysisch vollständig gleich auch für die Baukunst gilt. Welcher Beweis als gelungen angesehen werden muß, sobald gezeigt sein wird, daß eine visuelle, geometrische Gesetzmäßigkeit vorhanden ist außerhalb aller statischen Beziehungen, welche gemäß der materiellen Wirklichkeit gewiß niemals unterschritten werden können, jedoch zu allen Zeiten, wenn auch nicht in allen Fällen aus architektonischen Gründen überschritten worden sind. Gemäß dieser Auffassung geben Architektur wie Musik die *„universalia ante rem"*; unterscheiden sich allein nach dem ihnen zugeordneten Sinn und der diesem entsprechenden Denkweise, wonach die eine durchaus im Raume bestimmt ist, hinsichtlich der Zeit jedoch ungebundener, also unbestimmt ist; die andere aber durchaus in der Zeit bestimmt, hinsichtlich des Raumes unbestimmt ist, so sehr auch beide als reale Erscheinungen jedesmal ihre räumlichen und zeitlichen Begrenzungen als untrennbare Korrelativa haben.

Beide stellen ihre Objekte selbständig dar und geben als bloße Musik und bloße Architektur unmittelbar ein Abbild des Willens im Schopenhauerschen Sinne. Diese beiden sind die ungemischten Künste; alle übrigen sind gemischte, was besagen will, daß sie, obwohl Ideen darstellend, immer auch einen Anteil am bloß Architektonischen oder bloß Musikalischen haben, oder auch von beiden einen Anteil besitzen, je nachdem sie visuell oder auditiv oder auch beides sind.

Dabei kann, wie aus obigem schon logisch folgt, die Unvermischtheit von Musik oder Architektur nicht gefordert werden. Symphonische Musik und ein recht zweckferner Bau, etwa ein griechischer Tempel, zeigen beide universalia ganz knapp ante rem schon um der besseren Verständlichkeit willen; sie bedienen sich dabei ornamentaler Reminiszenzen, nahezu zeigen sie untermischt animalische, menschliche Laute, das Grollen von Donner und Wasserstürzen usw., beziehungsweise Ranken und Blattwerk, ornamentierte tierische Formen, tanzende, schreitende, thronende, kurz stilisierte menschliche Leiber. Möge solches historisierend tausendmal als das Ursprüngliche der Musik oder Architektur angesehen werden, metaphysisch ist es dies nicht, sondern gerade umgekehrt; sie sind nicht stilisiert, sondern noch nicht so weit naturalisiert, aus dem Urgrund des Schopenhauerschen Willens, der Werkstatt alles Schaffens noch nicht so weit entlassen, die Stufen der Individuation noch nicht so weit herabgestiegen, der schöpferischen Einheit näher, um das, was an ihnen absolute Form ist, als die alltägliche Natürlichkeit.

Die objektiven, geistigen Bestandteile eines Kunstwerkes sind daher drei; deren niedrigster und deren zweiter stellen Ideen dar, der höchste, dritte, die universalia ante rem, nämlich:

1. die Idee des Materials, welche aus der gemäßen Anwendung des jeweiligen Stoffes, etwa Marmor, Holz, Bronze, Ölfarbe, Aquarell usw. in den visuellen, und der Instrumentierung in den auditiven Künsten spricht.

2. die Ideen, welche in den verschiedenen daseienden Gestalten, den zahlreichen Objektivationen des Willens auf allen ihren Stufen sich bieten; als da sind Pflanzen, Landschaften, Tiere, Menschen und deren Charaktere. Dieser zweite Bestandteil fehlt bei der absoluten Musik und der absoluten Architektur.

3. die reine Form, welche das eigentlich Schöpferische trägt und die Würde der Kunst ausmacht, denn außer der Zeugung eines neuen Menschen vermag allein durch sie etwas völlig Neues, noch nie Dagewesenes zu entstehen; ganz allein in diesen beiden Weisen nimmt der Mensch aktiven Anteil an der Schöpfung.

Kann der erste objektive Bestandteil, die Materialidee, bis zur Verleugnung unterdrückt werden, der zweite Bestandteil, die Idee aus der natürlichen Gestalt übergangen werden, so darf dieser dritte Bestandteil, die reine Form, bei keinem echten Kunstwerk fehlen, denn sonst bliebe es Reportage wie etwa die Photographie, welche in ihren besten Stücken die ersten beiden Bestandteile sehr gut zu bringen imstande ist.

Die reine Form ist konkrete Mathematik und daher mit mathematischen Mitteln analysier- und konstruierbar. Sie ist jedoch nicht bestimmbar im Sinne einer eindeutigen mathematischen Bestimmtheit, sondern mathematisch überbestimmt.

Dieser Umstand darf den Praktiker nicht entmutigen, ist doch auch die gesamte Technik voll von mathematischen Überbestimmungen, welche mit Arbeitshypothesen und gewohnheitsmäßigen Verfahren überbrückt werden müssen.

Diese Tatsache muß jedoch von Theoretiker gar wohl durchdacht werden, verhüllt sie doch eines der tiefsten Rätsel der Welt und das Wissen um die Existenz dieses Rätsels verhütet eine große Torheit.

(Welt als Vorstellung, § 52):

„Sehr merkwürdig ist noch folgende Analogie (zwischen der Musik und der erscheinenden Welt): Wir haben ... gesehen, daß, ungeachtet des Sichanpassens aller Willenserscheinungen zueinander in Hinsicht auf die Arten, welches die teleologische Betrachtung veranlaßt, dennoch ein nicht aufzuhebender Widerstreit zwischen jenen Erscheinungen als Individuen bleibt, auf allen Stufen derselben sichtbar ist und die Welt zu einem beständigen Kampfplatz aller jener Erscheinungen des einen und selben Willens macht, dessen innerer Widerspruch mit sich selbst dadurch sichtbar wird. Auch diesem sogar ist etwas Entsprechendes in der Musik. Nämlich ein vollkommen reines, harmonisches System der Töne ist nicht nur physisch, sondern sogar schon arithmetisch unmöglich. Die Zahlen selbst, durch welche die Töne sich ausdrücken lassen, haben unauflösbare Irrationalitäten: keine

Skala läßt sich auch nur ausrechnen, innerhalb welcher jede Quint sich zum Grundton verhielte wie 2 zu 3, jede große Terz wie 4 zu 5, jede kleine Terz wie 5 zu 6 usw. Denn, sind die Töne zum Grundton richtig, so sind sie es nicht mehr zueinander; indem ja zum Beispiel die Quint die kleine Terz der Terz sein müßte usw.: denn die Töne der Skala sind Schauspielern zu vergleichen, welche bald diese, bald jene Rolle zu spielen haben. Daher also läßt eine vollkommen richtige Musik sich nicht einmal denken, geschweige ausführen; und dieserhalb weicht jede mögliche Musik von der vollkommenen Reinheit ab: Sie kann bloß die wesentlichen Dissonanzen, durch Verteilung derselben an alle Töne, das ist durch Temperatur, verstecken."

Stäke die Welt nicht voll solcher Temperaturen, irrationaler Ausgleiche, welches die notwendige Folge widersprechender Bedingungen, mathematisch gesagt, von Überbestimmungen ist, so hätten die empirischen Naturwissenschaften niemals die Zahlenmystik eines Pythagoras oder der alten Chinesen überholen können. Es hätten im Laufe der Zeiten nicht immer neue Kosmogonien, Alchimistereien und Astrologien entstehen können. Weltanschauungen und Wissenschaften wären nie in Konflikte miteinander geraten. Die meisten Kriege und Revolutionen hätten nie stattgefunden. Die Geschichte der Menschheit wäre von mehr Weisheit und Einsicht gelenkt, ruhigere Bahnen der Entwicklung gegangen, als ihr dies vergönnt war zu tun.

Die geschichtlichen Anfänge von Architekturtheorie und Musiktheorie gehen mit Zahlenmystik und Kosmogonien einher. Sicherlich waren da auch Erkenntnisweisen und Erkenntnisse vorhanden, die uns heute abgehen. Diese sind aber durch keine Kosmogonie mehr zu erwecken, weil unsere Wissenssphäre viel zu dicht mit einzelnen Erkenntnissen besetzt worden ist, so daß die Induktion nicht mehr gelingen kann.

Träger der alten Kosmogonien ist der Demiurg, und es ist immerhin eine wichtige geistesgeschichtliche Feststellung, daß man bestrebt war, das Schöpferische in Musik und Baukunst durch mathematische Verfahren, welche man dem Weltbildner zuschrieb, zu sichern, die höchsten Kunstwerke also als originale Schöpfung betrachtete.

Als ein objektiver Bestandteil des Kunstwerkes ist die reine Form erkannt worden, diese als konkrete Mathematik.

Eine nähere Bestimmung der reinen Form, von der Definition des Begriffes über die Festlegung von geeigneten mathematischen Verfahren bis zur fertigen Bauform wird schon in Urzeiten nicht allein deduktiv von einer Kosmogonie her, sondern untrennbar auch induktiv, das heißt psychologisch, erfolgt sein; d i e r e i n e F o r m i s t n i c h t n u r o b j e k t i v e r, s o n d e r n a u c h s u b j e k t i v e r B e s t a n d t e i l des Kunstwerkes. Die nähere Bestimmung der reinen Form wird also die Anwort auf die Frage sein, was und wie eigentlich der Mensch hört und sieht.

Der Nachweis, daß der Bau eines Sinnesorganes und die Funktion der zugehörigen Gehirnpartien zu denselben Formen führt wie die Untersuchung von Monumenten oder Entwürfen, soll niemals aufgefaßt werden als Versuch, das Schöne als eine Funktion des Organes hinzustellen; es ist vielmehr als eine Parallelerscheinung anzusehen, welche denselben Gesetzen unterworfen ist; weder ist die schöne Form eine Funktion des Sinnesorgans in weitester Bedeutung, noch ist etwa das Sinnesorgan als aus dem Willen zur Schönheit entwickelt anzusehen. Beide sind vielmehr Manifestationen einer Potenz, deren Erkenntnis die Naturwissenschaft nur vor sich herschieben kann; gleichsam die ungefähre Richtung von Strahlen eines Büschels feststellend, ohne doch deren Pol fixieren zu können.

D. Entwicklung der reinen Form aus ihren subjektiven Bedingungen.

Die subjektiven Bedingungen eines Kunstwerkes sind alles das, was man Ästhetik genannt hat. Diese sind in mehr sinnenhaft perzipierende Tätigkeiten, welche mathematisch analysierbar, Gegenstand naturwissenschaftlicher Methode sein können, und in mehr cerebral assoziierende Tätigkeiten, welche als logische Gegenstand geisteswissenschaftlicher Methode sind, einzuteilen.

Alle übrigen, außerästhetischen Bedingungen sind als objektive zu fassen, auch dann, wenn deren Träger das künstliche Subjekt ist, weil sie, seien es geistige oder materielle, als außerhalb des Künstlers und Beschauers bestehend gedacht werden können; wofür als Beispiel etwa eine jahrtausendalte Plastik gelten mag, deren politische und symbolische Bedingtheit uns ohne besonderes Studium unbekannt und unwirksam bleibt, wiewohl sie dem zeitgenössischen Subjekte geläufig war und mit etlichen Assoziationsbrücken noch zusätzliche ästhetische Werte lieferte.

Eine solche Aufteilung fließend ineinander übergehender Funktionen ist pragmatisch erforderlich, um das Gebiet der Architekturtheorie abzusondern, wofür einen historischen Beleg deren wiederholte schädliche Vermischung mit Magischem, Symbolischem, Allegorischem liefert. Dabei möchte ich aber nicht so weit gehen, Architekturtheorie auf eine optische Hedonik zu beschränken, welche lediglich durch Sinnfälligkeit bestimmt werde; vielmehr eignen der Zahl und Größe nicht nur quantitative, sondern auch qualitative Wirkungen von bannender Gewalt, welche der Künstler nicht verkennen darf. Zahlenmagie war keine unsinnige Verleimung heterogener Dinge, sondern eine ungebührliche Sinnverlagerung; unverzeihlich, aber psychologisch verständlich: die Zahl ist wie eine Katze; sie wohnt im Hause des Menschen, unterwirft sich aber nicht.

Gleicherweise teile ich nicht die Ansicht etlicher Gelehrten, wonach die analytische Tätigkeit des Ästhetikers und die betrachtende des Ästheten toto genere verschieden seien. Das könnte kein schaffender Künstler psychisch durchhalten. Der Ästhetiker und der Ästhet unterscheiden sich erstens durch den Grad des Bewußtseins und zweitens durch eine methodische Objektmetamorphose, welche bei der grundsätzlich gleichen Tätigkeit modifizierend auftreten. Unter Objektmetamorphose will ich den Ersatz des gehörten Musikstückes durch die gelesene Partitur, den Ersatz des Bauwerkes durch die Zeichnung und ähnliches verstehen. Gleichermaßen verschiebt der Ästhetiker das freie Objekt zur Versuchsanordnung oder die Fülle der Eindrücke zu einer Begriffsgruppe, ohne daß er dabei als Ästhet entbehren müßte, sonst hätte er ja keine Kontrolle und Gewähr, daß das Ästhetische in der Versuchsanordnung, in der Begriffsgruppe, in der Partitur und Zeichnung bewahrt bliebe[1]. Da die Subjekte, das sind Künstler und Beschauer, praktisch zahllose sind und einander dauernd ablösen, ist eine vollständige Ästhetik, insbesondere eine Wertordnung ihrer einzelnen Teile gar nicht menschenmöglich; ja es beruht sogar die Möglichkeit der Existenz der verschiedenen Stile, welche verschiedene Menschen in verschiedenen Zeiten und Räumen gebildet haben, auf dieser Unmöglichkeit einer starren Wertordnung und auf der Unmöglichkeit, die möglichen Werte auch nur vollständig zu nennen.

Ästhetik ist eine empirische Wissenschaft, ist daher wesentlich unvollständig, sie ist aus praktischen Erfahrungen abgezogen, eine Theorie für die Praxis. Sie ist eine echte Wissenschaft, nicht weil sie die Grenzen oder die Größe ihres Gebietes anzugeben wüßte, sondern weil sie über einzelne Teile innerhalb ihres Gebietes wissenschaftliche Aussagen machen kann.

Verfahrensmäßig ist das geschickte Heraustrennen des zu untersuchenden Teilgebietes, freilich ohne dabei den möglich weitesten Überblick zu vernachlässigen, eine Voraussetzung für erfolgreiche Arbeit.

Für die Musik hat dieses, wie man sagt, Pythagoras geleistet, indem er vom Gebrauch der Saiteninstrumente ausgehend, die Längen schwingender Saiten maß und von der Schwingungslänge auf die Schwingungszahl in der

---

[1] Ich finde die Sache von ganz grundsätzlicher Wichtigkeit. Die Zeiten sind vorbei, da einer sich in Königsberg abschließen und die kategorische Trennung von Denken und Fühlen vornehmen konnte. Man kann heute immer wieder lesen, daß die neuere Mathematik und Physik zunehmend unanschaulich werde, womit diese Kantsche Spaltung belegt erscheint. In Wahrheit bleibt der Mensch geistige Einheit und kann gar nicht unanschaulich denken, was gerade dadurch bewiesen wird, daß er mit anschaulichen Formeln ins Gebiet des Unsichtbaren und Unhörbaren vorgedrungen, Unanschauliches regiert. Ein einfaches Beispiel: Vor mir stehe ein Faß, ein durchaus anschauliches Objekt, dessen Rauminhalt ich wissen will. Der Anblick des Fasses ist aber gerade in dieser Hinsicht zu wenig anschaulich, um den Inhalt ohne besondere empirische Übung hinreichend genau zu schätzen. Mit dem Ziele, diese Anschaulichkeit zu steigern, nehme ich eine Metamorphose des betrachteten Objekts vor und setze an die Stelle des Fasses einen Rotationskörper. Von diesem leite ich eine mathematische Formel ab, dies ist eine zweite Metamorphose, die ihre eigene Anschaulichkeit besitzt, welche nun hinreicht, das Volumen zu ermitteln. Den Vorgang hat man Abstraktion genannt und behauptet, diese zerstöre die Anschaulichkeit. Aber es war doch das Ziel, die Anschaulichkeit im Hinblick auf das Volumen zu steigern, und das ist doch gelungen. Richtig ist allein, daß das Faß jedermann anschaulich ist, die Formel aber nur wenigen.

Wenn nun einzelne Theoretiker auf ihnen durchaus anschaulichen Wegen wandeln, ohne mir ein zugehöriges Faß vorzeigen zu können, habe ich noch kein Recht, an der Kontinuität des menschlichen Geistes zu zweifeln. Noch keiner hat die Diskontinuität von Denken und Fühlen bewiesen, alle haben sich aus ihren Prämissen diese deduziert und (vergl. S. 12 usf.) sind wie Schopenhauer und Burckhardt dabei in der Luft hängengeblieben. Damit hoffe ich einigermaßen dargelegt zu haben, daß, entgegen den Einwänden gefühlvoller Ästheten, eine kategorische Ablehnung abstrahierender Metamorphose, der Forscherarbeit im Wege stehend, die Probleme scheut und Kriterium nur die Zweckmäßigkeit der Verfahren, die Brauchbarkeit der gewählten Metamorphose sein kann.

Die ganze uferlose philosophische Kunstliteratur ist für den Architekten unfruchtbar geblieben, sie hat weder die wenigen Dokumente verwerten können, noch hat sie im Anblick der Monumente etwas anderes als schwärmerische Ausbrüche gefunden; die Nöte der Schaffenden hat sie gar nicht gemerkt. Umgekehrt haben die Schaffenden die Wissenschaften vernachlässigt. Beide sind so ratlos wie die Delier über das delphische Orakel und beide verdienen den platonischen Tadel.

Zeiteinheit schloß. Er stellte dabei fest, daß die Schwingungszahl des Grundtones zu der der Oktave, wie wir es heute nennen, sich wie eins zu zwei verhält, und Entsprechendes für weitere untersuchte Intervalle. Seine geistige Leistung bestand also aus zwei Teilen; erstens aus der Anordnung des Versuches, das ist die geschickte Heraustrennung des zu untersuchenden Teilgebietes aus dem Gesamtphänomen Musik und zweitens aus der Durchführung des Versuches, das ist die systematische, physikalisch mathematische Untersuchung, die Beobachtung am tauglichen Objekt.

Dieses selbst ist für die Architektur längst erkannt; es sind dies in erster Linie die griechischen Tempel, an die wir uns zu halten haben. Durchaus mit der Absicht, zu der Lösung des Problems der Harmonie in der Architektur beizutragen — man leugne das doch nicht; wozu denn sonst? —, haben Institute aller Kulturstaaten sich mit der genauen Aufnahme dieser Monumente befaßt. Allein die griechisch-dorischen Tempel bieten uns mehr als 20 Lösungen ein und derselben, eng gefaßten Bauaufgabe in unübertroffener handwerklicher Vollendung aus der geistigen Blütezeit eines der begabtesten Völker. Wozu noch die historische Tatsache kommt, daß die Erkenntnisse der kulturell vorangegangenen Völker Mesopotamiens und Ägyptens wahrscheinlich vollständig darin verarbeitet worden waren und alle späteren Kulturen unseres Kreises von den Griechen empfangen haben.

Nach der Lehre der statistischen Physik gehorchen selbst die Naturgesetze einer Wahrscheinlichkeit nach der Formel

$$w = n - \sqrt{n},$$

worin n die Anzahl der Fälle bezeichnet. Nur die Winzigkeit und große Anzahl der das Gesetz tragenden Elemente, der Atome und Moleküle, gegenüber den vorkommenden einzelnen materiellen Objekten, rückt die Wahrscheinlichkeit an die Grenze der Gewißheit. Daraus ist verfahrensmäßig für die Architekturtheorie abzunehmen, daß der Forscher bei der zahlreichsten Gruppe gleichartiger Monumente zu beginnen hat, um das Verhältnis von $n / \sqrt{n}$ möglichst groß zu halten und singuläre Zufälle vom Wesentlichen zu unterscheiden. Am Verkennen dieses Umstandes sind viele Forscher auf unserem Gebiete gescheitert und haben den Kredit der Architekturtheorie geschmälert.

Das erstere, das zu untersuchende Teilgebiet nämlich, ist hier nun die r e i n e F o r m, worunter das rein Augenmäßige, also Optische, der Architektur verstanden werden soll, das ist Architektur im allerengsten Sinne; nämlich dasjenige, was überbleibt, wenn alles Verstandesmäßige möglichst abgetrennt worden ist. Verstandesmäßig aber ist jede Assoziation, also das Materialgerechte, Stilmäßige, Zweckmäßige, Symbolische.

Aus der praktischen Arbeit des Entwerfenden, der Analyse von Monumenten und dem leider in dieser Hinsicht recht verworrenen Schrifttum, ist folgende Zerlegung der reinen Form in Teilbegriffe und Arbeitsvorgänge gegeben:

D i e A n s i c h t e n o d e r R i s s e — der Raum ist als verstandesmäßig bereits eliminiert[1] — bestehen aus Teilflächen und Gleichstücken.

Diese beiden Arten optischer Bauelemente können selbständig, minder selbständig oder unselbständig sein.

Eine selbständige Teilfläche ist zum Beispiel ein Giebel —
ein selbständiges Gleichstück ist eine Säule oder ein Pfeiler.

Eine minder selbständige Fläche ist zum Beispiel eine Metope —
ein minder selbständiges Gleichstück eine Triglyphe.

Eine unselbständige Fläche ist zum Beispiel die Spiegelansicht einer einzelnen Stufe aus einem ganzen Treppenlauf heraus —
ein unselbständiges Gleichstück ist ein Blatt in einem Blätterornament.

Die Austeilung der Teilflächen und die Reihung der Gleichstücke ist nun das, was die Griechen Symmetria genannt haben.

Dasjenige aber, was bei den Griechen Eurythmia hieß, sind Vorkehrungen zur Sicherung der Symmetria[2]. Das menschliche Auge ist nämlich ein komplizierter Apparat, dessen Eigenheiten durch besondere Vorkehrungen berücksichtigt werden müssen, weil sonst die Symmetrie nur in den Gedanken des Entwerfenden, nicht aber auch in den Augen des Beschauers vorhanden wäre.

Solche Sicherungsvorkehrungen gibt es zweierlei. Die erste Art darf niemals fehlen; die zweite Art kommt nur bei den raffiniertesten Monumenten vor.

Erstens ist nämlich das Auge an der Ansicht zu führen in einer Weise, welche den Vergleich der Teile besonders erleichtert. Und zweitens kann eine Ansicht so gestaltet werden, daß die Formen, dem Auge entgegenkommend, vermindert werden, wo sie größer wirken, und vermehrt werden, wo sie kleiner wirken.

Verfahrensmäßig wird das erstere durch einen Modulraster erzielt, dessen Teilungen deutlich sichtbar alle Abmessungen bestimmen. Bei der zweiten Weise ist das Verfahren dieses, daß ein solcher Raster nicht orthogonal verwendet wird, sondern so, als sei er längentreu auf eine Referenzfläche aufgetragen, in welcher Abänderung er dann orthogonal brauchbar geworden ist.

Dieses alles in seinen Grundlagen — wenn auch nicht in allen denkbar möglichen Varianten — aufzuzeigen, reichen die griechisch-dorischen Tempel durchaus hin.

---

[1] Vergl. auch S. 26, 65.

[2] Dieses Verhältnis der beiden Begriffe Symmetria und Eurythmia hat schon O. Stein in seinem Werke „Die Architekturtheoretiker der italienischen Renaissance", 1914, erkannt. Vitruv, der im L. I. Kap. 2, Ziff. 3 und 4, die beiden Begriffe erklären will, bleibt leider zunächst unklar: „3. Eurythmia est venusta species commodusque in compositionibus membrorum aspectus. Haes efficitur, cum membra operis convenientia sunt, altitudinis ad latitudinem, latitudinis ad longitudinem et ad summam omnia respondent suae symmetriae. 4. Item symmetria est ex ipsius operis membris conveniens consensus ex partibusque seperatis ad universae figurae speciem ratae partis responsus:..." Erst wenn man weiß oder zu wissen glaubt, was gesagt werden soll, erscheinen die Sätze verständlich.

Die tauglichen Objekte liegen bereit, die anzuwendenden Untersuchungsverfahren werden kaum in die höhere Mathematik hineinreichen; es handelte sich also wesentlich nur um die treffende Anordnung des Versuches, um die richtige Fragestellung nach dem Problem der reinen Form, welche den Grundgedanken, ja die obige Antwort schon enthält.

In einem solchen Stadium befand sich unsere Wissenschaft nun schon seit *Viollet le Duc*, der die Situation treffend mit folgenden Worten bezeichnete: *„Mesurant cent fois le Parthénon avec des différences des quelques millimètres, à qui nous servira cette complication des documents, si nous n'en savons déduire le principe générateur des proportions?"* (Dict. VIII., pag. 560.)

Im Bereiche des Auditiven besteht dieses die Proportion erzeugende Prinzip zunächst in den am Objekt befundenen allereinfachsten Proportionen der Schwingungszahlen, beziehungsweise Schwingungszeiten und Schwingungslängen. Als Brücke zum Subjekt ist anzunehmen, daß Fasern im menschlichen Ohre mit den von außen ankommenden Schwingungen resonieren [1]. Bis hieher ist der Vorgang rechnerisch faßbar und bis hieher reicht das Sinnesorgan. Obwohl eine scharfe Abtrennung des Sinnesorganes vom Nervenstrang, und des Nervenstranges vom Gehirn nicht möglich ist, läßt sich doch mit hinreichender Genauigkeit angeben, wo die mechanische Schwingung in elektrische Schwingung umgesetzt wird. Wäre der pythagoreische Weg, angeregt vom Gebrauche der Saiteninstrumente, nicht beschritten worden, so hätte man vom Bau jener kritischen Stelle im Ohr die Anregung beziehen können, an gespannten Saiten die Schwingungsverhältnisse zu untersuchen. Die entsprechende kritische Stelle im Auge, wo die Lichtschwingungen in elektrische Schwingungen umgesetzt werden, ist die Retina. Obwohl die Retina nicht vom Sehnerven und dieser nicht vom Sehzentrum scharf geschieden werden kann, wird es im allgemeinen ausreichen, gerade wie beim Gehörsinn von dieser kritischen Stelle gegen das äußere Objekt zu blicken [2] und in der anderen Richtung, gehirnwärts, nur zu beachten, daß keine unlösbaren Widersprüche eintreten. Dieser Umstand, daß immerhin eine Stelle angegeben werden kann, an der in einer praktisch verwertbaren Art Objekt und Subjekt oder die äußere und die innere Seite des Geschehens auseinandergehalten werden können,

---

[1] Resonanztheorie nach Helmholtz, neben welcher noch die Ewaldsche Klangbildtheorie in erster Linie zu nennen ist. Diese will die Erscheinung der Konsonanzen, welche nach der Helmholtzschen Theorie nicht erklärt werden oder einer zentralen Funktion überlassen werden müssen, als stehende Klangfiguren deuten, da ja die einzelnen Fasern nicht voneinander frei, sondern miteinander häufig verbunden sind. Eine Synthese beider Theorien, die schon mehrfach versucht, doch noch nicht recht gelungen ist, dürfte den Tatsachen gerecht werden können.

[2] Dieser Gedanke ist an sich nicht neu; Penrose (An investigation of principles of Athenian architecture, London 1851) sagt beiläufig, daß er naheliegend und als das einzig Sichere erscheine. Er wendet aber dagegen ein, daß eine gerade Linie unter allen Umständen, ganz gleich, welche Lage sie zum Auge einnehme, immer als solche erkannt würde. Etliche Forscher, vor allem ein gewisser Garbet, hätten versucht, die Harmonien mit sphärischen Berechnungen zu erfassen, ihn, Penrose, aber nicht überzeugen können.

Von solchen englischen Versuchen ist mir allein der Pennethorne's (The geometry and the optics of ancient architecture) bekanntgeworden, worüber noch an geeigneter Stelle Erwähnung gemacht wird.

hat sein psychologisches Analogon in dem Umstand, daß die bei der Musik bekannte und bei der Architektur nun bekanntzumachende mathematische Gesetzmäßigkeit gar nicht als solche ins Bewußtsein eingeht; während nämlich am Objekte mathematisch nur Quantitäten faßbar sind, finden sich im Bewußtsein auch qualitative Unterschiede innerhalb der quantitativen Kontinuität.

Quint und Oktave oder Rot und Grün sind im Bewußtsein unterschiedliche Qualitäten, obgleich physikalisch nur Quantitäten.

Bestimmten objektiven Quantitäten entsprechen subjektiv keine Wahrnehmungen, entweder weil der ankommende Reiz unterschwellig ist oder weil die Schwingungszahl zu hoch oder zu niedrig ist, als daß sie im Organ Resonanz fände. Überdies lassen sich die subjektiven Farben auf einen Ring auftragen, indem jede der drei Grundfarben durch kontinuierliche Veränderung der Mischungsverhältnisse stufenlos in die beiden anderen übergeführt werden kann, während die Wellenlängen oder Schwingungszahlen zwischen Violett und Rot sich keineswegs einander annähern, sondern die entferntesten Extreme des sichtbaren Bereiches einnehmen.

Ist die Retina diese kritische Stelle einer so radikalen Verwandlung, so ist sie auch die letzte Gelegenheit, den Bau zu beobachten, und die erste Gelegenheit, den Beschauer zu beobachten, also die einzige Gelegenheit, Objekt und Subjekt an einem Orte anzutreffen; überhaupt die Stelle und der Ort, auf dem das Wesentliche der Architektur abnehmbar ist.

In dieser Auffassung des Problems ist auch schon die Antwort auf die Frage nach dem Proportion erzeugenden Prinzipe enthalten. Sie lautet: die reine Form ist weder räumlich noch linear, sondern flächenhaft, weil allein die Fläche Träger des Lichtes ist. Die Linie entsteht erst als Begrenzung der Fläche, und der Raum wird erst aus Umriß und Beleuchtung der Fläche erschlossen. Weiter oben habe ich behauptet, daß dieser entscheidende Gedanke eigentlich schon bei Schopenhauer zu finden ist. (Über die vierfache Wurzel des Satzes vom zureichenden Grunde, 4. Kap., Abs. 63):

„*Während nämlich die Objekte den Raum in allen drei Dimensionen füllen, können sie auf das Auge nur mit zweien wirken. Die Empfindung beim Sehn ist, in der Folge der Natur des Organes, bloß planimetrisch, nicht stereometrisch. Alles Stereometrische der Anschauung wird vom Verstande allererst hinzugethan: seine alleinigen Data hiezu sind die Richtung, in der das Auge den Eindruck erhält, die Gränzen desselben und die verschiedenen Abstufungen des Hellen und des Dunkeln, welche unmittelbar auf ihre Ursache deuten und wonach wir erkennen, ob wir zum Beispiel eine Scheibe oder eine Kugel vor uns haben. Auch diese Verstandesoperation wird, gleich den vorhergehenden, so unmittelbar und schnell vollzogen, daß von ihr nichts als das bloße Resultat ins Bewußtseyn kommt*[1].“

---

[1] Diese Schopenhauersche Darstellung ist physiologisch nicht vollständig, die wichtigsten Data zur Raumwahrnehmung liefert nach der heutigen Auffassung die Organisation der Retina (Tschermak-Seysenegg). Es soll nur im Sinne einer wenigstens geistigen Universitas litterarum aufgezeigt werden, wo die membra disjecta unserer Kultur zusammengelesen werden müssen.

Als einem Laien in der Physiologie ist es mir gar nicht möglich, den Stand des

Tatsächlich brachte mich diese Stelle im Verein mit dem Umstande, daß weder in der Musik noch in der Architektur die mathematischen Gesetze sich im Bewußtsein finden, zu meinem Schluß [1].

Es ist ganz merkwürdig, daß noch keiner der bekanntgewordenen Architekturtheoretiker diesen Gedanken niedergeschrieben hat, vielmehr haben alle noch ernstzunehmenden Schriftsteller mit Worten nur lineare Faustregeln gegeben. Es gibt aber sowohl aus der griechischen Klassik wie aus der Zeit der deutschen Renaissance je ein durchschlagendes Beispiel, daß der Gedanke der flächenhaften Harmonie bestanden hat. Vermutlich werden sich mit der Zeit noch mehr solche Beispiele finden lassen. Jene beiden Beispiele sind jedoch so deutlich und den weitesten Gelehrtenkreisen der verschiedensten Fachrichtungen, wenigstens als Objekte, längst geläufig, so daß es eigentlich zum Verwundern ist, daß nicht vom rein Historischen her schon der Versuch mit flächenhaften Harmonien unternommen worden ist.

Die erste Stelle findet sich bei Plutarch (De exilio cap. XVII) und betrifft Anaxagoras von Klazomene, den Freund und Lehrer Perikles', welcher im Zusammenhange mit dessen Sturz eingekerkert wurde. Anaxagoras hat danach sich mit Fragen der Proportionen in der bildenden Kunst befaßt und dabei die Quadratur des Zirkels gezeichnet oder beschrieben ‚ἀλλ' Ἀ. μὲν ἐν τῷ δεςμοτηρίῳ τὸν τοῦ κύκλου τετραγωνιςμὸν ἔγραφε".

Ich bin auf diese Stelle durch Gino Loria aufmerksam geworden, welcher in seiner „Histoire des Sciences Mathématiques dans l'Antiquité Hellenique" (Paris 1929) ebenso richtig wie dürftig bemerkt: *„Ce problème prouve que dés le Ve siècle av. J.-C. la science géométrique etait employée pour résondre des problèmes relatifs à l'art."* Mochte für den Mathematiker

Wissens auf diesem Gebiete zu ermessen; ich will nur mit Zitaten meinen Gedankengang begleiten.

Immerhin vermag ich eine Selbstbeobachtung beizubringen, von der ich annehmen kann, daß sie den Fachmann interessieren wird: Als vierjähriges Kind vergnügte ich mich zusammen mit meiner um ein Jahr älteren Schwester mit künstlichem Herbeiführen von Mikropsie. Durch Einwärtsschielen und allmähliches Wieder-Gradausstellen der Augenachsen machten wir „alles ganz klein und nah". Wir tappten im Zimmer umher und belustigten uns an der Inkongruenz des Tastraumes mit den, wohl wegen Mangels an Gewohnheit rein flächenhaften, mikroptischen Gesichtswahrnehmungen. Der Akt gelang nur gegen das helle Fenster und lieferte Bilder, welche anscheinend nur fingerlang bis eine halbe Armlänge vom Auge abstanden. Das so gewonnene Gesichtsfeld riß dann fleckenweise zum normal großen und räumlichen Eindruck durch und verschwand so allmählich stückweise oder auch schlagartig auf einmal.

Beim letzten solchen Spiel blieben mir die Augen in Schielstellung stecken und lösten sich erst Stunden später. Dabei erlitt ich einen gelinden Schock, welcher vielleicht zu der guten Erinnerung an dieses Spiel beitrug. Heute mühe ich mich vergebens, auf gleiche Weise Mikropsie zu erzielen; das Gehirn ist offenbar schon zu sehr eingespielt, um durch bloßes Schielen in Teilfunktionen zu fallen, wohl aber gelingt es mir, bei ganz nahen Objekten willkürlich flächenhaft zu sehen.

Es ist also nicht nur in der perspektivischen Darstellung auf der Zeichenebene, sondern auch im praktischen Raum möglich, sich durch Ausschaltung einzelner Gehirnfunktionen dem nur Sinnenhaften anzunähern.

[1] Eine gewisse Priorität will ich gerne dem Wiener Schriftenmeister Rudolf v. Larisch zugestehen, der seit der Jahrhundertwende die Flächengleichheit der Buchstabenzwischenräume forderte. Als Lehrbeispiel schrieb er auf einem Raster kleiner Quadrate, an welchem man durch Abzählen der zwischen zwei Bustaben eingeschlossenen Quadratchen von der Richtigkeit seiner Forderung sich überzeugen konnte.

das Interesse an dieser Stelle rein historisch sein, für den Architekten ist es ein sachliches und unbedingt gegenwärtiges.

Das zweite Beispiel bringt genau dasselbe in der Zeichnung, was das erste in Worten sagte, und stammt von Albrecht Dürer, ist also zwei Jahrtausende jünger als Anaxagoras (Abb. 3).

Es muß gleich gesagt werden, daß der Wert, den Dürer selbst dieser Konstruktion beimaß, nicht bekannt ist. Auch ist nicht bekannt, woher die Konstruktion stammt. Das Pferd in Seitenansicht ähnelt den Skizzen Lionardo da Vincis zum Reiterstandbild des Sforza und zum Trivulziomonument. Das Blatt ist also von diesem beeinflußt oder doch überhaupt italienisch beeinflußt, so daß die Vermutung, daß dies auch für die Proportionseinzeichnungen zutrifft, naheliegt [1].

Auf der rechten Seite des Blattes befinden sich zwei geometrische Figuren ohne jede Darstellung eines Gegenstandes.

Die untere der beiden Figuren setzt ein Quadrat und einen Kreis gleich; also eine Quadratur des Zirkels oder Zirkulatur des Quadrats. Dabei ist das Längenverhältnis von Quadratseite zu Kreisdurchmesser gleich 7 zu 8, welches Verhältnis, schriftlich niedergelegt, sich zum ersten Male um 100 n. Chr. in den indischen Tempelbauvorschriften, den Culvasutras, findet. Das Verfahren selbst ist jedoch viel älter; findet es sich doch mit dem Zahlenverhältnis von 8 zu 9, also mit einer Variante des vorhergehenden Verhältnisses, im sogenannten Rechenbuch des Ahmes (Papyrus Rhind-Eisenlohr) in Ägypten nach 2000 v. Chr.

Der Dürersche Verhältniswert wird $\pi_1 = \frac{4 \cdot a^2}{d^2} = (7/4)^2 = 3{,}0625$ und

der entsprechende ägyptische Wert $\pi_2 = (16/9)^2 = 3{,}1605$.

Die obere, zweite der beiden Konstruktionen vergleicht ein gleichseitiges Dreieck mit einem Kreise. Und zwar sind die beiden Figuren mit gleicher Mittelpunktlage gezeichnet, was in Hinblick auf gewisse Probleme in der Gotik hier besonders betont werden muß [2]. Außer dem Kreise und dem Triangel enthält diese Konstruktion noch drei Elemente; die seitlich angeschriebene Zahl 29 (ganz deutlich von Dürers Hand, im Gegensatz zur Nummer 81, am anderen Blattende, die wohl eine bibliothekarische Numerierung vor-

[1] Jene Proportionsstudie Lionardos in der venezianischen Akademie, darstellend einen stehenden Mann mit doppelten Armen und Beinen, in einen Kreis und ein Quadrat eingezeichnet, kann nicht als hieher gehörig betrachtet werden, da nur Lagebeziehungen, jedoch keine Flächenbeziehungen damit dargestellt oder untersucht worden sind.

[2] Wie ich in „Eine Betrachtung über Bauhüttengeheimnisse" a. a. O. darlegte, sind in Übereinstimmung mit Cesare Cesariano an gotischen Domfassaden Scharen von gleichseitigen Dreiecken und von Kreisen je paarweise als flächengleich zugeordnet. Die gleichseitigen Dreiecke haben eine gemeinsame Lage ihrer Grundlinien und die Kreise einen gemeinsamen Mittelpunkt; woraus erhellt, daß maximal ein Kreis mit einem Dreieck in gleicher Mittelpunktlage sich befinden kann, alle übrigen Dreiecksmittelpunkte höher oder tiefer liegen müssen. Da aber dieses Schema noch durch Lagebeziehungen überbestimmt wird, ist ein Gleiten des π-Wertes erforderlich, um die Überbestimmung zu überbrücken.

Abb. 3. Skizzenblatt Albrecht Dürers aus der Sammlung der Stadt Nürnberg.

stellt), ferner eine schräge Strecke innerhalb des Dreieckes, eine Dreieckspitze mit einem unter der nächsten Dreieckspitze liegenden Punkt der Kreisperipherie verbindend, und schließlich einen Kreisbogen vom Radius der halben linken Dreieckseite, unexakt neben der linken unteren Dreieckspitze einsetzend. Letzteres Element ist eine nicht ganz gelungene Kontrolle und kann weiter außer Betracht bleiben. Der ganze Vorgang ist nun folgender:

Zuerst wird der Kreis gezeichnet, dessen Radius gleich 2 angenommen wird. Durch Herumtragen des Radius an der Peripherie werden die Sechseckpunkte markiert; die nicht gezeichneten Strahlen durch diese Punkte werden die Dreieckspitzen tragen.

Sodann wird, was auf dem Blatt nicht darauf oder nicht mehr sichtbar ist, aus $2^2 + 5^2 = 29$ in Form eines rechtwinkeligen Dreieckes die Strecke $a = \sqrt{29}$, das ist die gesuchte Länge einer Triangelseite, als Hypotenuse gewonnen.

Hiemit ist die Kreisfläche gleich der Dreieckfläche gesetzt, gleich: $r^2 . \pi = \frac{a^2 . \sqrt{3}}{4}$; mit $r = 2$ und $a^2 = 29$ wird daraus: $4 . \pi = \frac{29 . \sqrt{3}}{4}$, woraus $\pi = 3{,}13934$; ein ganz vorzüglicher Wert.

Daß Dürer auf einem Skizzenblatt zwei so verschieden genaue Werte für π bietet, darf zum Ausklang der Gotik nicht wundernehmen. Außerdem sind Fehler von etwa 2% an einem Bauwerk psychologisch durchaus erträglich.

Nun ist das Triangel noch an seine Stelle zu setzen, wozu eine weitere Nebenkonstruktion dient, von der nur jene genannte schräge Strecke auf der Zeichnung sichtbar ist. Diese ist nämlich die Diagonale eines gleichschenkeligen Trapezes mit der Grundlinie von $a = \sqrt{29}$, Basiswinkeln je 30^0 und der Oberlinie in der Länge einer kleinen Sechseckdiagonale aus dem vorgegebenen Kreis. Diese Trapezdiagonale wird, wie in der Zeichnung ersichtlich, eingetragen, womit die linke, untere Dreieckspitze gefunden ist und damit auch das ganze Dreieck. Umgekehrt ist diese Näherungskonstruktion nicht gangbar, da die $\sqrt{29}$ als dekadisch irrational nicht vom Maßstab gestochen werden kann; man könnte sie nur, einmal gewonnen, nach der Ähnlichkeit verkleinern oder vergrößern.

Zweck dieser beiden Figuren war entweder Notiz; dies im Falle das Blatt die erste diesbezügliche Information Dürers dargestellt hätte, was schon deshalb nicht sehr wahrscheinlich ist, weil diese Notiz recht unvollständig wäre. Zu einer vollständigen Notiz wären noch weitere Zahlangaben über Abmessungen erforderlich gewesen.

Oder der Zweck der beiden Figuren war Veranschaulichung zur Unterstützung der eigentlichen Proportionsstudien. Dieser Fall erscheint mir als der wahrscheinlichere. Ist nämlich der Vergleich von rechteckig begrenzten oder doch umreißbaren Flächen gar nicht schwierig, indem sie ganz leicht zu berechnen sind und auch die unmittelbare Anschauung sich genügend sicher fühlt, das Verhältnis zu beurteilen, so ist dies bei krummlinig begrenzten Flächen oder bei Figuren mit irrationalen Abmessungen schon schwieriger.

Mensch und Pferd haben krummlinige Umrisse; um deren Überschießen und Zurückbleiben an der geradlinigen Richtbegrenzung besser beurteilen zu können, hat sich Dürer wohl am Blattrand das geometrische Vorbild angerissen.

Dürer setzt nun in der Blattmitte ein Pferd von der Seite, eines von hinten und eines schräg von hinten gesehen, jedesmal in ein Quadrat, das zur Seitenlänge die Widerristhöhe des Pferdes hat. Dieses Quadrat ist in neun kleinere Quadrate gerastert, und solche kleinere Quadrate werden nach Bedarf dem großen noch angefügt. Das ganze System zeigt augenscheinlich, daß — von unten nach oben — das erste Pferd gleich ist dem großen Quadrat, das zweite die Hälfte, das dritte zwei Drittel der Fläche des großen Quadrates. Das ist aber nicht alles; die Gestalten der Pferde lehnen sich an den Quadratraster in vielen ausgeprägten Punkten und Stellen ihrer Körper, ihrer Umrisse an. Es besteht nicht allein ein flächenhaftes Verhältnis, sondern es bestehen auch Lagebeziehungen. Ermöglicht wird dieses dadurch, daß das Maß dem Körper des Pferdes entnommen ist. Nicht ist das Einheitsmaß eine Elle, ein Klafter oder irgendein absolutes Meter, sondern ein Modulus, der dem Pferd morphologisch und teleologisch paßt. In der richtigen Wahl der Modulatio liegt bereits Erkenntnis und Leistung.

Das oberste der drei Pferde kündet eine ganz wesentliche Eigenschaft der reinen Form. Während nämlich die Pferde, das von der Seite und das von hinten gesehene, noch als orthogonale Ansichten gelten können, ist das dritte Pferd entschieden völlig freie Perspektive; dennoch ist der Raster aber nicht mit dem Pferde verdreht worden, sondern er bleibt orthogonal zum Beschauer stehen und das Pferd dreht sich in ihm. Der Raster ist also, obwohl morphologisch dem Pferde angepaßt, kein Bestandteil des Pferdes, sondern Bestandteil des Beschauers. Die reine Form ist zunächst eine Figur auf der Retina, dann eine Figur auf einer praktisch ebenen, begrenzten Fläche orthogonal vor dem Beschauer, dargestellt durch die Zeichenebene oder durch die Fassade eines Gebäudes, deren dritte Dimension keine andere Funktion für die reine Form hat als die Erzeugung des Schattens [1].

Das Dürersche Blatt ist nicht ohne Tradition. Das gleichseitige Dreieck hat zumindest auf diesem Blatte keine Anwendung gefunden, dennoch geht es mither, was auf die Verwandtschaft mit gotischen Verfahren hin-

[1] In manchen Fällen ist mehr als eine kontinuierliche Fläche vorzustellen; was zum Beispiel bei einigen Genueser Palästen der Fall ist, deren Gesimse auf eine steile Blickrichtung in enger Gasse Rücksicht nehmen.

Wie weit die Änderung der Blickrichtung auf die Formgebung in der Gotik von Einfluß war, ist noch nicht geklärt. Nach dem bisher untersuchten Material kommt ein solcher Gedanke nur für die Türme in Betracht. Vermutlich hat in solchen Überlegungen der sogenannte „goldene Schnitt“ eine seiner Quellen. Doch ist einzuwenden, daß weniger rasch konvergierende Reihen architektonisch brauchbarer sein werden und daß auf jeden Fall die Glieder einer Reihe nur auf einer stetigen Linie und nicht kreuz und quer über die ganze Fassade aufgetragen werden dürfen.

deutet[1]. Dabei taucht gleich eine bedeutsame Frage auf: Wäre es nicht vielleicht rationeller, das gleichseitige Dreieck unmittelbar mit dem Quadrat zu vergleichen; überhaupt alle Figuren auf das Quadrat, beziehungsweise einen Quadratraster zu beziehen? In welcher Rangordnung stehen die drei einfachsten geometrischen Figuren: Quadrat, gleichseitiges Dreieck und Kreis?

Der Modulraster geht literarisch auf Vitruv zurück[2]. Die Regeln, welche er bringt, stammen von Hermogenes oder doch so ziemlich aus dessen Zeit, doch geht aus dem Texte einwandfrei hervor, daß das Verfahren der Modulatio altgriechisch (Liber IV, 3, 3) ist (s. S. 23). Die Kenntnis der Modulatio ist das Wertvollste, vielleicht auch das einzig unveränderlich Gültige von dem, was uns durch Vitruv überliefert ist. Mochten die Architekturtheoretiker der Renaissance neue Säulenordnungen empfehlen, so hielten sie sich an die Modulatio. Gewiß war dabei expressis verbis nicht immer von einer Rasterung die Rede, doch war der Maßstab des Modul immer auch waagrecht zu gebrauchen[3] und nicht allein senkrecht. Es muß sogar der Umstand, daß in den letzten Generationen vor uns die Architektur derart heruntergebracht worden ist, zu einem bedeutenden Teil darauf zurückgeführt werden, daß man vergaß, den Modul auch in der Waagrechten aufzutragen. Gefördert wurde diese Degeneration dadurch, daß es nicht gelang, den Vitruv auf die griechischen Tempel zu übertragen. Man reüssierte gerade noch anzugeben, daß die Säulenhöhe und die Gebälkhöhe beiläufig soundso viele Moduli, nämlich untere Säulendurchmesser, gehabt habe, ohne daß es gelungen wäre, einen griechischen Tempel selbst nach Moduli aufzumessen. Es ist einer der schlechtesten Scherze der Kulturgeschichte, daß man die ratio der modulatio fallen ließ und zugleich durch den Goldenen Schnitt und alle möglichen Sternkonstruktionen die wesentliche Irrationalität der Bauabmessungen selbst dartun wollte, wo sogar bei Vitruv eine Andeutung zu finden ist, daß der Modulmaßstab — nicht die modulatio als System — eine andere als lineare Funktion sein kann (L. III, 5, 8). (S. 24.)

Die Verwendung von Kreisen, Quadraten und gleichseitigen Dreiecken als Richtfiguren zum Flächenvergleich oder zur Herstellung von Lagebeziehungen ist außer der oben erwähnten Plutarchstelle über Anaxagoras noch historisch belegbar durch Protokolle vom Dombau zu Mailand aus dem Jahre 1392[4]; ferner durch das vielleicht vornehmste, erst richtig auszuwertende Dokument, den Vitruv-Kommentar des Cesare Cesariano,

---

[1] Vergl.: Wieninger Karl, „Eine Betrachtung über Bauhüttengeheimnisse" in „Kunst dem Volk". Februar 1941.

[2] Markus Vitruvius Pollio, De architectura libri decem; etwa 100 v. Chr.

[3] Philibert de l'Orme, Paris 1561, zeigt vollständige Modulationen mit Quadratrastern.

[4] Die Handskizze von Stornaloco, darstellend einen Querschnitt durch den Mailänder Dom, hat offensichtlich einen unmittelbar statischen Zweck (1391). Das heißt aber nicht, daß die dort als statisch zuverlässig erachtete Figur des gleichseitigen Dreieckes selbst ein wesentlich statischer Gedanke sei. Daß Baukunst und Bautechnik keineswegs in der Gotik als identisch betrachtet wurden, habe ich in „Eine Betrachtung über Bauhüttengeheimnisse" a. a. O. nachgewiesen.

verlegt zu Venedig im Jahre 1521[1]. In Anbetracht dieser historischen Zeugnisse kann gar nicht die Frage sein, ob man Kreise usw. ziehen kann; die Frage kann nur sein, wie und warum dies gemacht wurde und was für und wider dazu zu sagen ist.

Ist als das die Proportion erzeugende Prinzip der Vergleich von Flächen und Flächenteilen auf der Bildfläche, beziehungsweise der Fläche der Netzhaut erkannt worden, so ist vorschreitend zur Bestimmtheit nach jener Funktion des Auges zu forschen, welche, die Flächen begrenzend, deren Gestalt bestimmt.

Zwei oder mehrere völlig unregelmäßig begrenzte Flächen vermögen wohl im rein mathematischen Sinne, nicht jedoch im architektonischen proportional zu sein; sie sind nicht proportioniert, wenn man einen solchen Unterschied der Worte gelten lassen will. Die Proportion wird erst wirksam durch eine solche Leichtigkeit des Vergleiches, welche durch ein besonderes Ausnützen der Funktionsweise des Sinnesapparates hergestellt wird, und derart durch einen möglichst geringen Arbeitsaufwand die Lust möglichst wenig behindert. Es wäre ungerecht, wollte man eine solche Auffassung als grob materialistisch bezeichnen; sie enthält vielmehr die Voraussetzung, daß der Sinn für das Schöne dem Menschen eingeboren sei und das Wesen des Schönen daher aus der menschlichen Natur durch bloßes Ausscheiden des Unschönen darstellbar sei. Metaphysisch will dies besagen, daß das Unschöne nicht durch einen Mangel, sondern durch ein Allzuvieles hervorgebracht wird, das Schöne im menschlichen Bereiche hingegen als die hinreichende Form zur Darstellung eines geistigen Inhaltes bezeichnet werden kann. Dem entsprechend ist zu beobachten, daß die Werke der erhabensten Künstler noch allemal zu den einfachen gezählt haben; weshalb auch Platon sagt: Die Einfachheit mache die Seele vernünftig (Politeia III, XIII, 404).

Aus der Analyse der Funktionsweise des Gesichtssinnes wird auch die Begründung zu entnehmen sein, warum der flächenhafte Vergleich als das die Proportion erzeugende Prinzip zu bezeichnen ist, auch dann, wenn keineswegs zwei oder mehrere selbständige Flächen dem

---

[1] Hingegen ist den Ausführungen Leon Battista Albertis in „De re aedificatoria", L. I. F. III. usf., kein eindeutiger Sinn zu entnehmen, da wegen der Worte „Neque habet lineamentum in se ut materiam sequatur" der Grad der Ablösung und des Einflusses dieses „lineamentum" von der schließlichen Bauform unerkennbar bleibt. Es sind gerade ganz alltägliche Worte, wie ordo, angulus, linea, an deren Vieldeutigkeit der Wert einer jeden Übersetzung unbestimmt wird. So bleibt es auch gewagt, diese Stelle als dasselbe zu nehmen, was August Thiersch „Analogie" genannt hat. Beachtet muß werden, daß eines der besten Beispiele nach Thiersch, die Villa Farnese in Rom, nach einem Quadratraster entwickelt ist mit der Einheit eines unteren Säulendurchmessers als Modul, ist gleich ein Zehntel der Höhe der Säule vom Erdgeschoß. Verfahrensmäßig ist dieser Modulraster das erste, die „Analogie" eine der damit angestrebten Folgen. Es ist unwahrscheinlich, daß Alberti hier dasselbe gemeint hat wie Thiersch, da er ja von einem Verfahren spricht und nicht von einer Eigentümlichkeit eines ungenannten Verfahrens. Ein Gleiches wie Thierschs „Analogie" ist vielmehr in L. IX. (s. S. 90) zu finden, wo Alberti mahnt, man solle in einer einmal gewählten Zahlenfamilie verharren. Es ist klar, daß sich dadurch ebenfalls ähnliche Figuren mit parallelen Diagonalen, beziehungsweise sich in gleichen Winkeln schneidende Diagonalen ergeben können, wenn auch nicht müssen, da der Begriff nach Thiersch enger ist als der nach Alberti.

Beschauer zu einem solchen Vergleich sich objektiv darbieten. Bietet sich nur eine einzige Fläche dem Beschauer, welche auch nicht etwa selbständige Teile hat, so stellt nun nämlich die Retina selbst, beziehungsweise ein kreisförmiger Ausschnitt derselben, welcher das beschäftigte Gebiet umreißt, schon das zweite Vergleichsstück vor.

Vergleicht das Auge zwei aneinanderstoßende Längen AB und BC (Abb. 4), so wandert der Fixationspunkt mehrmals die ganze Strecke hin und her, wobei an den Punkten jeweils kurze Zeit stillgehalten wird. Das gilt nicht nur für die Waagrechte, sondern für sämtliche Richtungen.

Die Konzentrationsfähigkeit auf verschiedene Richtungen wird durch die zumeist bestehende sphärische Aberration unterstützt, wonach der vertikale Meridian der Hornhaut am stärksten brechend ist. Akkommodiert das Auge daher auf eine vertikale Schar von Geraden (Abb. 5), so ist es auf eine größere Entfernung eingestellt als bei jeder anderen Richtung, insbesondere der waagrechten. Die Akkommodation ist also zur Wahrnehmung geringerer Tiefenunterschiede keine Hilfe.

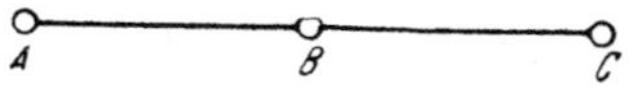

Abb. 4.

Durch die Bewegung des Fixationspunktes auf der Strecke ABC werden, falls der Beschauer auf der Streckensymmetralen steht und AB gleich BC ist, die Augen zweimal um gleiche Winkel gedreht, was erstens auf Grund der Stellungen der Augenmuskel wahrgenommen wird, zweitens aber auch dadurch, daß die Bilder der nacheinander fixierten Punkte auf der Retina gleiche Wege beschreiben, beziehungsweise die Punkte A und C bei Fixierung des im Mittel gelegenen Punktes B spiegelgleiche Bildlagen einnehmen. Ich bin nicht imstande, die Wirkung dieser verschiedenen Weisen kritisch vollständig zu sondern. Von den Ophtalmologen, welche ich studieren konnte, gibt insbesondere Tschermak-Seysenegg entschieden der Retina den Vorzug.

Dem Architekten ist eine gewisse Kritik dieser Faktoren unerläßlich. Eine vollständige Heraustrennung eines Faktors findet weder praktisch statt, noch wird sie natürlicherweise angängig sein. Das Bevorzugen eines der Faktoren auf Kosten der anderen wird aber als ein wirksames Kunstmittel erkannt werden können (S. 42, 51, 56). Ist auch diese maßnehmende Bewegung des Fixationspunktes am Objekt nach allen Richtungen hin möglich, so sind doch etliche Richtungen durch subjektive Leichtigkeit bevorzugt.

An erster Stelle steht die waagrechte Richtung; sie ist auch beim bewußten Abschätzen die tauglichste. Die nächste ist die senkrechte Richtung. Für die waagrechte Richtung ist — vorausgesetzt, daß die Medianebene lotrecht steht — immer nur jeweils ein einziger Muskel zur Bewegung des Augapfels tätig. Auch in der Anordnungsweise der Nervenfasern läßt sich eine Ursache für die Bevorzugung dieser beiden Richtungen abnehmen (Abb. 6, 7).

Auf der psycho-physischen Bevorzugung der waagrechten und senkrechten Richtung gründet sich das Verfahren des quadratischen Modulrasters zur Flächenanlegung. Infolge sphärischer Aberration kann auch dieser Raster die Tendenz haben, von der Quadratform zur Form liegender Rechtecke überzugehen.

Die architektonisch theoretischen Kenntnisse, oder besser gesagt, die Verfahren der barocken Baukünstler dürften das bis hieher Entwickelte kaum überstiegen haben. Die Gotiker sowohl als auch die Vitruvschen Mit-

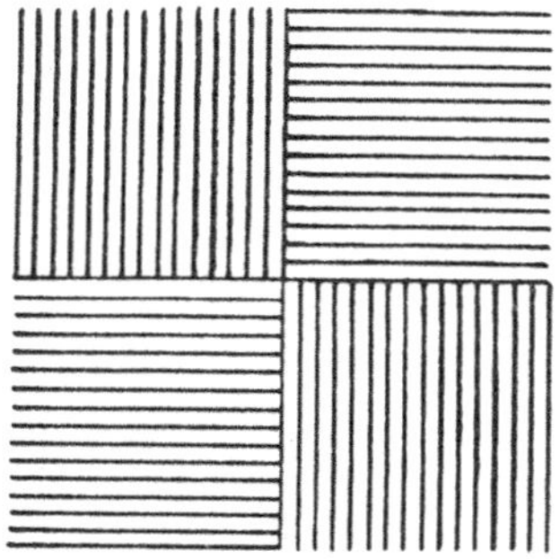

Abb. 5.

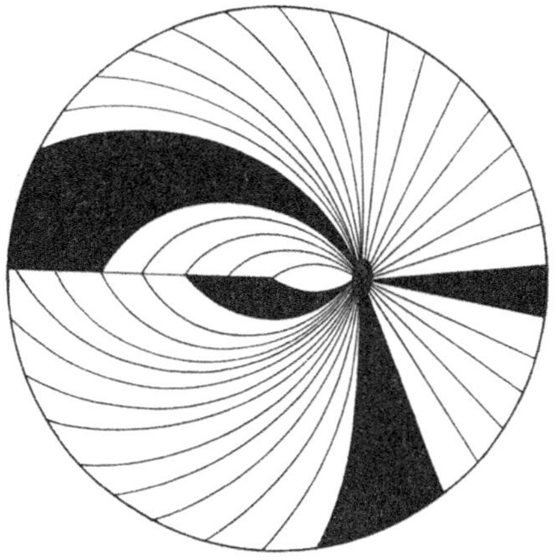

Abb. 6. Schematische Darstellung des Verlaufes der Nervenfasern in der Netzhaut des rechten Auges und der möglichen Nervenfaserausfälle, wie sie im Gesichtsfeld auftreten würden; nach Hans Lauber: Das Gesichtsfeld, Untersuchungsgrundlagen, Physiologie und Pathologie.

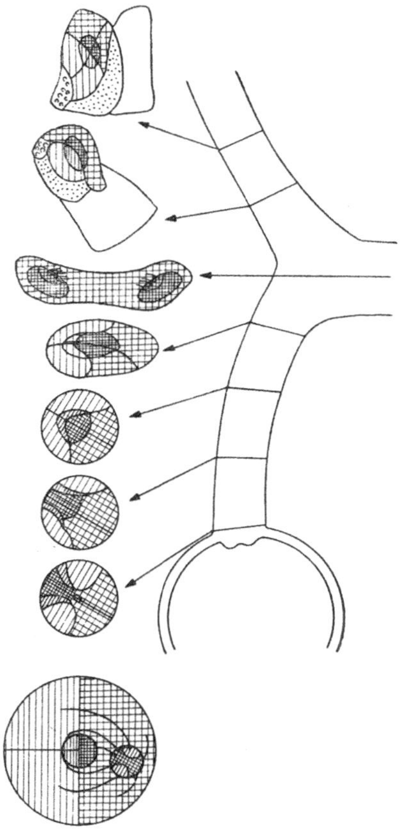

Abb. 7. Schema des Verlaufes der Nervenfasern von der Netzhaut bis zum äußeren Kniehöcker; nach Henschen-Traquair.

teilungen gehen nach zwei verschiedenen Richtungen darüber hinaus. Die Verfahren der Renaissancekünstler, literarisch am reichsten begleitet, wirken gerade dadurch verwirrend. Sicher ist, daß das feinste Wissen dieser Epoche keinen überlieferten und bekanntgemachten literarischen Niederschlag gefunden hat, hingegen viel Unsinniges erhalten blieb.

Die erfolgreiche Erforschung der Renaissance-, der gotischen und antiken Verfahren, die Aneignung solcher Kenntnisse bedeutet aber noch nicht deren restlose Verwertbarkeit in der Gegenwart und Zukunft, da die feinsten Verfahren an ganz bestimmten Bauaufgaben entwickelt wurden, wie es etwa der Peripteraltempel oder die gotische Basilika sind, und von diesen nicht einfach auf völlig andere Bauaufgaben übertragen werden können, ohne unerträgliche Disharmonien zu schaffen. Erscheint uns also etwa das theoretische Gedankengut der Barocke hinsichtlich der reinen Form als geringer, verglichen mit früheren Epochen, so darf das nicht einfach als Degeneration angesprochen werden, sondern es ist darin die Folge der Notwendigkeit zu erkennen, recht unterschiedliche Bauaufgaben einheitlich theoretisch zu fassen, wobei Gedankengänge, welche nicht mehr praktiziert wurden, bei dem Mangel wissenschaftlicher Denkweise auf unserem Gebiete leicht völlig verlorengehen konnten.

Der Quadratraster ist das gegebene Verfahren zur Flächenanlegung bei Bauten mit zusammengesetzterem Grundriß, welche in einer Ansicht mehrere gleichartige, deutlich voneinander geschiedene Teile zeigen, wie es etwa ein Haus mit einem Mittelteil und zwei seitlichen, vorspringenden Risaliten darstellt; ferner bei Bauten, welche aus mehreren von einander sehr verschiedenen Bauabschnitten bestehen, welche doch einheitlich harmonisch zusammenzustimmen sind: weiters bei Bauten, deren Breitenausdehnung mehr als die doppelte Höhe beträgt und schließlich beim gewöhnlichen Stockwerksbau, der in der Häuserzeile steht.

Um dasselbe in einer Betrachtungsweise vom Beschauer her auszudrücken, ist zu sagen: Bewegt und wendet sich der Beschauer bei der Betrachtung des Objekts hin und her, dreht er Kopf und Augen vornehmlich um deren lotrechte Achsen wegen der bedeutenden Breitenentwicklung oder weil mehrere gleiche Objekte oder mehrere gleiche Abschnitte eines Objekts in der Waagrechten aneinandergereiht zu beschauen sind, so ist die modulatio nach einem Quadratraster das hinreichende Verfahren.

Handelt es sich jedoch um einen freistehenden oder seine Umgebung durchaus beherrschenden Bau, welcher dem Beschauer eine einzige geschlossene Ansicht zu bieten vermag, deren Höhenentwicklung mehr als die halbe Breite beträgt, so reicht der Quadratraster allein kaum mehr aus, weil er den perspektivischen Gegebenheiten nicht mehr hinreichend entspricht; es wäre denn, die Fassade stellte den Raster ganz aufdringlich deutlich vor, so daß das Auge genügend Führung hätte; welches Verfahren auch bei modernen Hochhäusern beobachtet werden kann.

Die beiden Richtungen, in denen die Theorie über den Quadratraster hinausgehen kann, sind folgende:

Erstens die Herstellung besonderer Lagebeziehungen durch einfache geometrische Figuren, welche den Flächenvergleich erleichtern, und zweitens die Anpassung des Modulrasters an die angenäherte Kugelgestalt der Retina, oder genauer gesagt: Anpassung an die retinale Funktion, wobei heuristisch von der Kugelgestalt ausgegangen wird.

Historisch und auch psychologisch ist möglicherweise die Herstellung von Lagebeziehungen das erstere und Ursprünglichere gegenüber der Modulatio, denn dort, wo beides unvereinbar ist, wird jene vorgezogen. Überhaupt kann die Modulatio aufgefaßt werden als die Unterteilung einer

Figur durch gleiche Figuren kleineren Ausmaßes oder als Aufbau einer Figur aus gleichen, jedoch kleineren Figuren von derselben Gestalt.

Die Modulatio erfordert immerhin eine gewisse rechnerische Geschicklichkeit beim Entwerfen, während die einfachsten Figuren dem Primitiven und dem Kinde schon gebräuchlich sind, bevor sie noch weiter als bis dreißig zählen können.

Die Lagebeziehungen sind nach demselben Vorgang entstehend zu denken, welcher in Abb. 4 veranschaulicht ist. Wird der Fixationspunkt um den gleichen Betrag nach sämtlichen Richtungen verlagert, so entsteht auf dem Objekt ein Kreis als der geometrische Ort aller Lagen des Fixationspunktes, welche von einem Hauptpunkt durch gleiche Augendrehung erreicht werden, mit

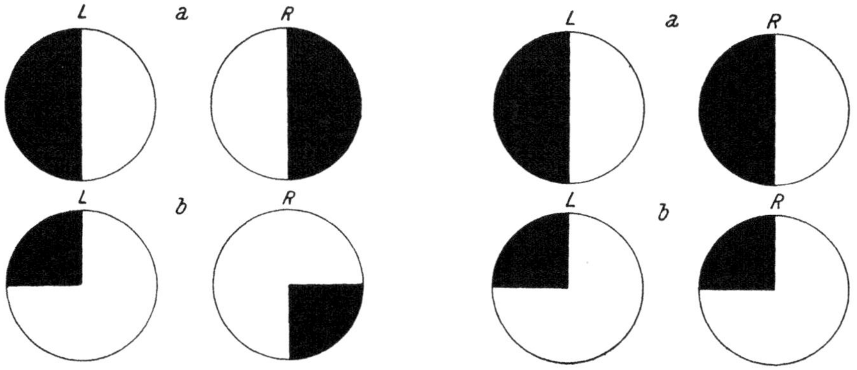

Abb. 8. Schematische Darstellung möglicher Hemianopsien, nach H. Lauber:

a Bitemporale Hemianopsie
b Gekreuzte bitemporale Quadrantenhemianopsie

a Linksseitige homonyme Hemianopsie
b Linksseitige homonyme Quadrantenhemianopsie

jenen Verfälschungen, welche durch die Akkommodation und Aberration bedingt sind. Nach Kundt erfolgt ein Überschätzen der im Gesichtsfeld temporal gelegenen Strecken gegenüber den nasal gelegenen beim einäugigen Sehen, nach Münsterberg kommt dieses Phänomen auch im entgegengesetzten Sinne vor. Im beidäugigen Gesichtsfeld ist die Abweichung paralysiert. Beim starren Auge, beziehungsweise bei dem auf den Hauptpunkt fixierten Auge liegen die Bilder der Kreispunkte auf der Retina auf Stellen, von denen ein gewisser Rapport anzunehmen ist. Wie weit dieser nur durch die Erfahrung eingeübt ist und wie weit er durch die Anordnung der Sinneszellen angeboren ist, bedarf noch der Klärung. Während in der Umgebung der Makula[1] die Sinneszellen ein regelmäßiges Mosaik sechseckiger Elemente, wie Bienenwaben, bilden, nimmt eine solche Regelmäßigkeit gegen die Randgebiete zu ab. Die Zusammenfassung der Sinneszellen unmittelbar an der Retina durch die Bündel der Nervenfasern zeigt Abb. 6 am Bilde des rechten Gesichtsfeldes.

---

[1] Makula oder gelber Fleck, auch Fovea centralis oder Sehgrube genannt, ist beim normalen Auge die Fixationsstelle an der Retina oder Netzhaut. An dieser Stelle entstehen bei guter Beleuchtung die deutlichsten Empfindungen.

Daraus ist nur die eindeutige Bevorzugung der Waagrechten und die eindeutige Festlegung der Makula als Mittelpunkt der Retina, beziehungsweise des Gesichtsfeldes zu erkennen. (Ausgangsstelle der Nervenfasern selbst ist der sogenannte blinde Fleck, an welchem der Sehnerv in die Retina eintritt.) Im weiteren Verlaufe des Sehnerven treten nun dauernd wechselnde Verflechtungen der Nervenfasern ein (Abb. 7). Daß aber jener Rapport anatomisch besteht und bestehen bleibt, zeigen Hemianopsien und Quadrantenausfälle bei Chiasmaschädigungen[1]. Abb. 8 zeigt Schemata solcher Fälle nach Lauber („Das Gesichtsfeld" 1944). Reine binasale, hemianoptische Ausfälle gibt es nicht, da die entsprechenden Nervenfasern nicht ungekreuzt vorkommen. Abb. 9 zeigt das Schema einer Kombination von drei Ausfällen. Wenn man noch betrachtet, daß solche zusammengesetzte Schäden in ihren einzelnen Teilen auch in bezug auf ihre Tüchtigkeit zur Farbwahrnehmung verschieden sein können, derart, daß zum Beispiel ein solcher Sektor rotblind ist, so ist ein Zusammenhang der Anordnung der Innervation des Gesichtssinnes mit dem Kubismus unabweislich.

Unter der Annahme, daß das Phänomen der reinen Form, welches so lange allein im Unbewußten gelegen, in unserer Zeit zum Bewußtsein drängt, möchte ich den radikalen Kubismus, der ja als Kunstrichtung schon vorbei ist, als Atelierversuche ansprechen, welche ohne überzeugendes Ergebnis geblieben sind, weil die Kubisten selbst nicht genügend bewußte Ein-

---

[1] Es soll damit keineswegs jene Verschiebung vorgenommen werden, gegen welche mit Recht Ed. v. Hartmann (Philosophie des Unbewußten, Bd. I, B, VIII, 288) auftritt: *„Eine kindlich unmittelbare Anschauungsweise betrachtete die Sinneseindrücke als Bilder der Dinge, die diesen völlig entsprächen, wie das Spiegelbild seinem Gegenstande. Als Locke und die moderne Naturwissenschaft die völlige Heterogenität der Empfindung und der Eigenschaft des Objektes zum wissenschaftlichen Gemeingute gemacht hatten, sollte das Retinabild, welches man an Augen fremder Wesen erblickte, die frühere Stelle des Dinges vertreten, und die Empfindung ihrem Inhalte nach jetzt so identisch mit dem Retinabilde als früher mit dem Dinge sein, eine Ansicht, die noch jetzt eine gewöhnliche ist."* Ein solcher Vorwurf kann mein Unternehmen nicht treffen, denn es handelt sich hier zunächst nicht um ein beliebiges Ding, sondern um ein Produkt des menschlichen Geistes, bei dessen Hervorbringen der Gesichtssinn maßgeblich beteiligt ist, welche Beteiligung nur nach den physiologischen Bedingungen möglich ist, und weiter ist ja nicht der *„Inhalt der Empfindung"*, sondern deren Form Gegenstand der Untersuchung; nicht eine bewußte Raumvorstellung, sondern die unbewußten Bedingungen der reinen Form stehen zur Rede. Im übrigen ist folgende Darlegung Hartmanns von der Anatomie bereits überholt (ebenda pag. 290): *„Wenn man nun auch noch das Objektbild auf der Netzhaut mit einem Mosaikbilde vergleichen kann, das dem Dinge selbst in seinen Proportionen ähnelt, so sind doch die isolierten Nervenprimitivfasern schon viel zu sehr verschlungen, als daß ein idealer Durchschnitt des Sehnerven bei seinem Eintritt in die Vierhügel noch eine dem Netzhautbilde entsprechende Anordnung und Lage der Fasern zeigen könnte, und noch viel weniger Boden würde die Annahme haben, daß im Centralorgan selbst eine räumlich so vertheilte Affection der Zellen stattfände, daß zwischen ihr und dem Retinabild eine ähnliche Proportionalität der extensiven Verhältnisse wie zwischen Retinaaffection und Ding stattfände. ... Es gibt keine Brücke zwischen realräumlicher Lage der empfindungserzeugenden materiellen Theile und idealräumlicher Lage der in extensive Anschauung geordneten bewußten Empfindungen, denn der Raum als reale Daseinsform und der Raum als bewußtideale Anschauungsform sind so incommensurabel wie der reelle und der imaginäre Teil einer complexen Zahl, wenngleich beide in sich denselben formellen Gesetzen unterworfen sind."* Mit diesem letzten Satze hat Hartmann wieder durchaus recht, doch betrifft diese Inkommensurabilität eben den Raum und nicht die reine flächenhafte Form, für welche eine durchgehende anatomische Bestimmtheit weitgehend erweislich ist.

sicht in ihre Ziele gehabt haben, so ihre Probleme vertändelten. Dies liefert einen Beweis mehr für die Notwendigkeit einer wissenschaftlichen Behandlung der Probleme der Kunst.

Abb. 10 bis 22 bringen eine Reihe spezieller Fälle nach L a u b e r, welche zeigen, wie weit obige Schemata sich realisieren, wobei natürlich zu beachten ist, daß die aufscheinenden Unregelmäßigkeiten nicht allein in Regellosigkeiten der Nervenbahnen, sondern in den krankhaften Ursachen, wie Pressung durch eine Geschwulst oder Schußverletzung, begründet sind.

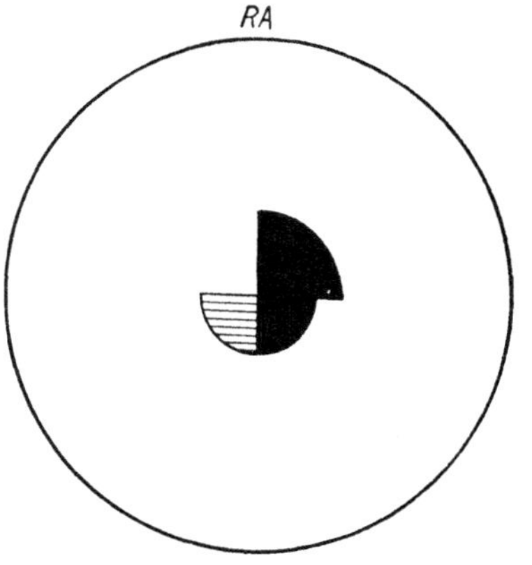

Abb. 9. Unvollständiges Zentralskotom, aus drei Quadrantenausfällen zusammengesetzt, nach H. L a u b e r.

Zeigen die Abb. 10 bis 18 Gesichtsfeldausfälle durch Schädigung von Sehnervenfasern, so zeigen die Abb. 19 bis 22 Gesichtsfeldausfälle, welche auf Schädigungen in Gebieten der Sehstrahlung und des Hinterhauptlappens zurückgehen. Die Abb. 23 zeigt schließlich den Rapport zwischen Gesichtsfeld und Sehrinde selbst. Man sieht insbesondere die Bevorzugung der Waagrechten, indem alles über dem waagrechten Meridian unterhalb der Fissura calcarina lokalisiert ist und umgekehrt alles unter dem waagrechten Meridian, ober der Fissura calcarina. Es ist weiter zu sehen, daß sowohl die Entfernung der gereizten Stelle von der Retinamitte als auch alle übrigen Meridiane ihren Rapport finden, indem je näher die Reizstelle der Makula liegt, je weiter rückwärts die betreffende Projektionstelle an der Sehrinde liegt, je mehr peripher im Gesichtsfeld und auf der Retina der Reiz liegt, desto weiter vorne die zugehörige Projektionsstelle sich fin-

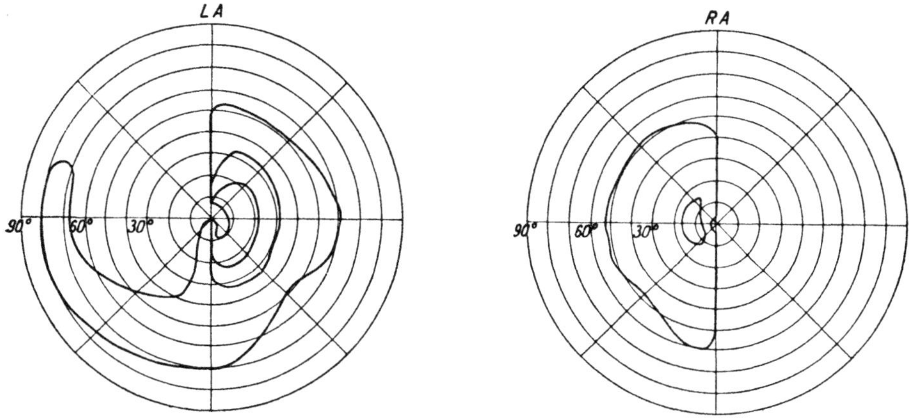

Abb. 10. Bitemporale Hemianopsie bei Akromegalie mit Zerstörung der Sella; verschiedene Stadien der Erkrankung.

det; je höher die Reizstelle über dem waagrechten Meridian liegt, desto tiefer liegt seine Projektionsstelle, et vice versa.

Zusammenfassend läßt sich daher sagen, daß die temporalen Hälften der Retinae (die Abb. 23 zeigt das zweiäugige Gesichtsfeld) im Regelfall keine gekreuzt verlaufenden Nervenfasern enthalten, und wiewohl mannigfache Verflechtungen der Fasergruppen im Verlaufe des Optikusstranges stattfinden, bleibt doch deren Rapport bis in die Sehrinde bewahrt.

Derart kann man sich das *Gesichtsfeld als ein ebenes Polarkoordinatensystem* vorstellen, die *Retina* als ein solches auf einer *Kugelschale* und die *Sehrinde* als ein *Koordinatensystem auf einer graphischen Fläche* mit der *Fissura calcarina als Abszisse*. Die *Längen der Radienvektoren* der *Polarkoordinatensysteme* sind dann *proportional den Abszissenwerten* und die *Amplituden mit umgekehrten Vorzeichen proportional den Ordinatenwerten*. Dieser Vergleichsweise entsprechend, nimmt auch das *Projektionsgebiet an der Sehrinde für die Makula eine weitaus größere Fläche* ein, als mehr periphere Retinateile beanspruchen.

Nach dem heutigen Stande des Wissens kommen andere Gehirnpartien für jene Funktionen, die den Architekten interessieren können, nicht in Betracht.

Wir stützen uns also bei der Beurteilung von *Lagebeziehungen* nicht allein auf den Augenmuskelsinn, sondern auch auf die *topographischen Eigenschaften der Retina*.

An der reinen Form sind zwei Kompenenten erkannt worden; ihr *relativer Flächenwert* und ihre *Gestalt*. Die *Flächenrelationen* sind deshalb das erstere, weil sie das *principium generandi* der Proportion darstellen, doch ist für den Verstand das Zunächstliegende die Gestalt. So wie in der Musik für den Verstand zunächst der Ton da ist, welcher erst durch dieses sein Dasein in der Relation zu anderen Tönen die Harmonie ermöglicht, dennoch die Harmonie die Musik ausmacht und somit dieser der Vorrang gebührt, so ist auch in der Architektur die flächenhafte Proportion an das Dasein der Gestalten gebunden.

So wie der einzelne Ton schön zu sein vermag, weil er seine Relation im menschlichen Ohre findet, so kann die einzelne Gestalt an sich nur schön sein als ein Relativum der Retina. So wie verschiedene Töne untereinander dieselbe Harmonie, denselben Akkord bilden können, so können auch verschiedene Gestalten zueinander in denselben Flächenverhältnissen stehen. Es sind die *Lagebeziehungen*, die topischen und tropischen Leichtigkeiten, welche die beiden Komponenten, *Flächenwert* und *Gestalt* der *reinen Form* miteinander verbinden.

Beim Betrachten eines beliebigen regelmäßigen Vieleckes dringt zunächst der Begriff der Gattung regelmäßiges Vieleck ins Bewußtsein, während die Anzahl der Seiten, beziehungsweise Ecken erst durch Abzählen festgestellt wird. Dies ist die Wirkung der Lagebeziehungen des Vielecks zu seinem Umkreis, dessen Gestalt im Bau der Retina vorgegeben ist.

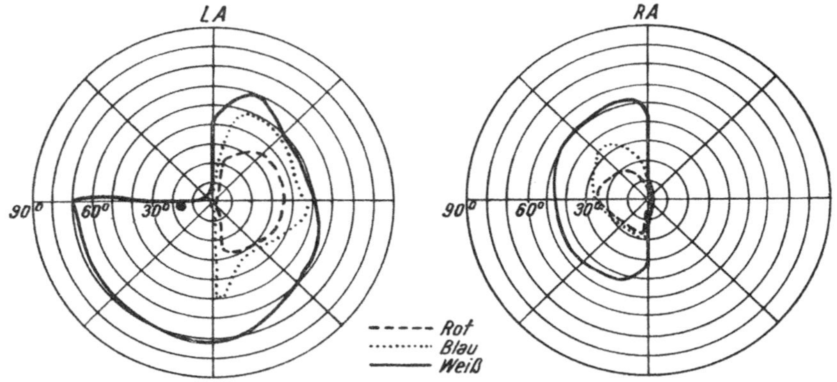

Abb. 11. Bitemporale Hemianopsie bei Hypophysengeschwulst. Weiß und Farben.

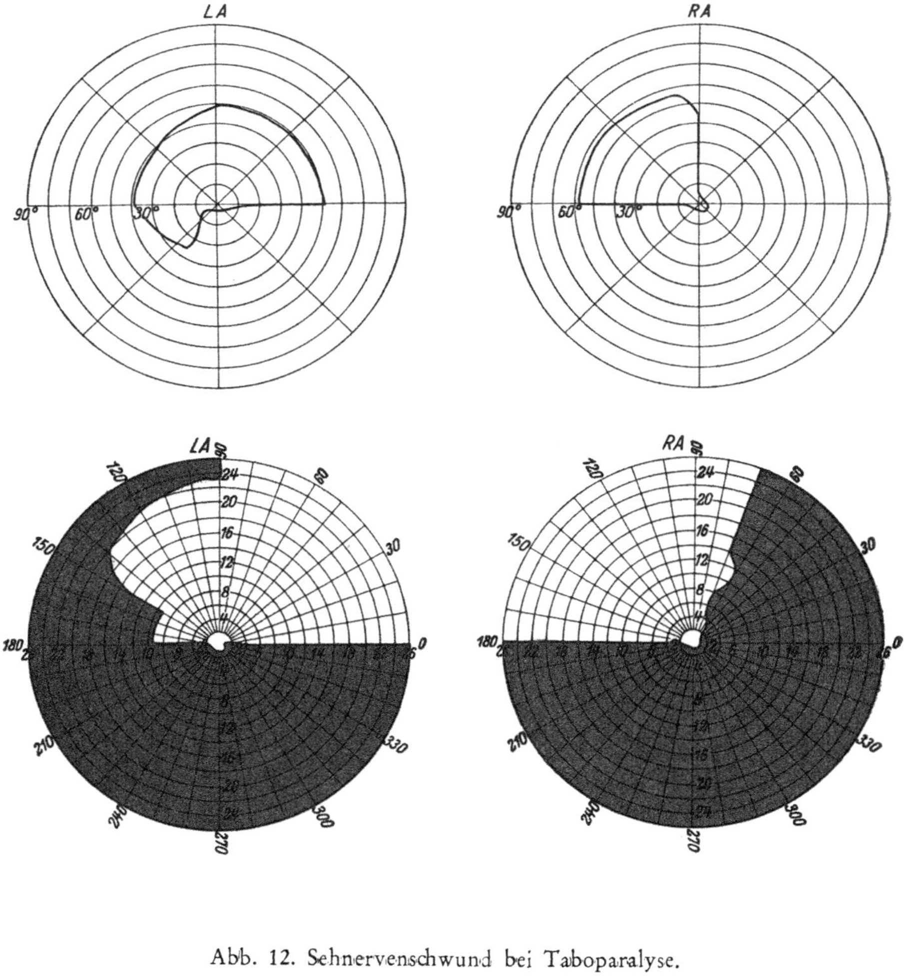

Abb. 12. Sehnervenschwund bei Taboparalyse.

Die Vielecke 3 n bis 6 n haben den Vorteil unmittelbarer Anschaulichkeit ihrer Ecken- und Seitenzahlen. Auch sind die Richtungen ihrer Seiten und Diagonalen als psychologisch bevorzugt zu bezeichnen. Beim regelmäßigen Sechseck kommt noch die Evidenz der Gleichheit von Seitenlänge und halber Diagonale gleich Radius des Umkreises hinzu, wenn auch diese Evidenz um etwas schwächer ist als die der Seitenanzahl.

Seine ganz besondere Verbreitung und Anwendung in der Architektur verdankt aber das regelmäßige Sechseck einer Eigenschaft, auf welche im heute bekannten Schrifttum noch nicht hingewiesen ist; nämlich dem Umstande, daß mit genügender Genauigkeit das Rechteck, bestehend aus zwei Sechseckseiten und zwei darauf senkrecht stehenden Diagonalen, gleich ist der halben Umkreisfläche (Abb. 32, 33, 34).

Daß die historischen Verfahren, Kreise und deren eingeschriebene oder zugeordnete Vielecke beim Entwerfen zu verwenden, mit dem Bau des menschlichen Sehapparates, insbesondere mit der Gestalt und Funktionsweise der Retina zusammenhängen, erscheint mir hinreichend belegt und damit bewiesen. Es ist lediglich das veränderliche Verhältnis zwischen der Sphäre des Bewußten und Unbewußten, das bewirkt, daß derartige Kenntnisse und Verfahren zeitweise entwickelt, dann wieder vertan und vergessen werden können, daß sie das einemal als kostbare Geheimlehre hoch geschätzt, das anderemal wütend abgelehnt oder geringschätzig beiseite geschoben werden. Gerade die dabei auftretende Leidenschaftlichkeit der Für und Wider kann eigentlich nicht allein aus einer rein quantitativen Verschieblichkeit der Bewußtseinsgrenzen erklärt werden. So wie in der Musik etwa die Sext lange Zeit als dissonant abgelehnt wurde, bis sie nach heftigem Streiten schließlich in der selbstverständlichsten Weise als Konsonanz verwendet und hingenommen wurde, ebenso finden wir bei Vitruv eine verächtliche Ablehnung der griechisch-dorischen Baukunst, in der Renaissance den Spott über die Gotik, welches Wort geradezu als Schimpfname erfunden wurde.

Solche Erscheinungen lassen sich nur erklären durch eine qualitative Veränderlichkeit, welche sich darin ausdrückt, daß von der kombinierten Funktionsweise des Sehapparates einzelne Faktoren zeitweise bevorzugt werden; wogegen nichts einzuwenden ist, wenn die Vernachlässigung und Beschränkung der übrigen Faktoren ein taugliches Kunstmittel ist. So ist zum Beispiel der griechisch-dorische Tempel überhaupt nur verständlich, wenn die Kugelgestalt der Retina beachtet wird, was jedoch ein starres Auge voraussetzt. Es wird also die Beweglichkeit des Beschauers vernachlässigt und beschränkt, und dieses kann als ein Kunstmittel bezeichnet werden, denn der Beschauer wird in die Spiegelebene des Objekts gedrängt und auch veranlaßt, eine gewisse, günstige Entfernung einzunehmen, wodurch die einheitliche und geschlossene Wirkung des Anblicks gefördert wird.

Bei Vitruv findet sich, wie schon gesagt, nur mehr andeutungsweise, daß die Modulatio auch noch anders aussehen könnte als ein Raster von Quadraten.

Geometrisch ist ein solcher als die Aneinanderfügung vieler Tangentialflächen als Projektionen der Makulagegend

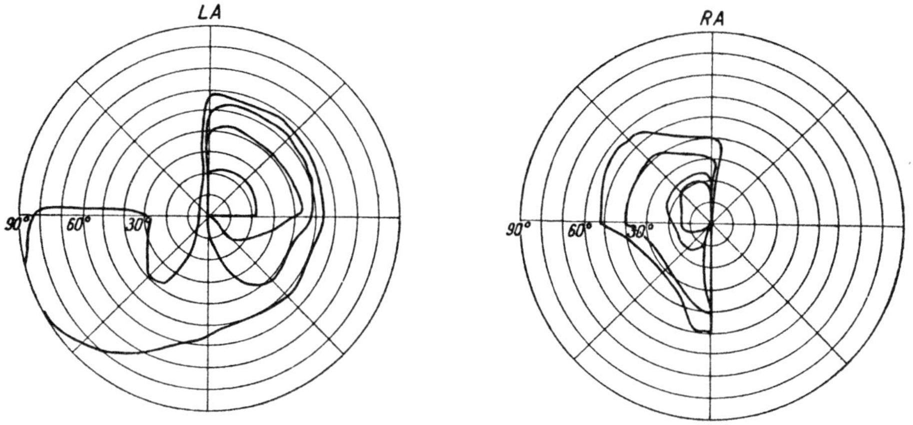

Abb. 13. Bitemporale Hemianopsie bei Hypophysengeschwulst.

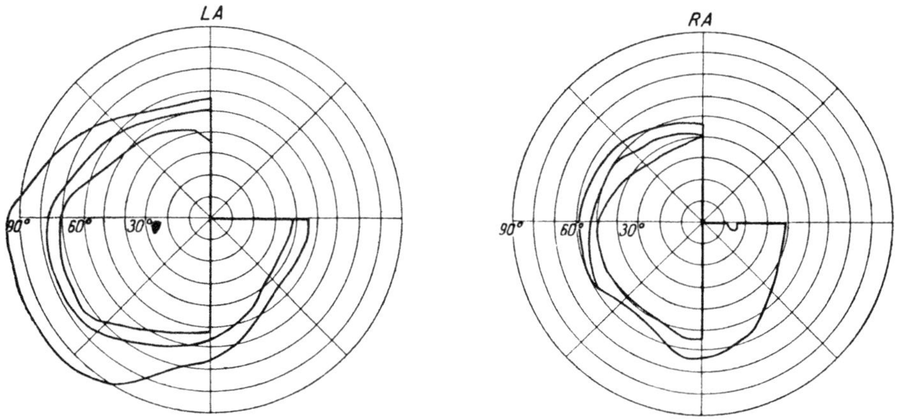

Abb. 14. Bitemporale, rechtsseitige Hemianopsie durch Traktusschädigung.

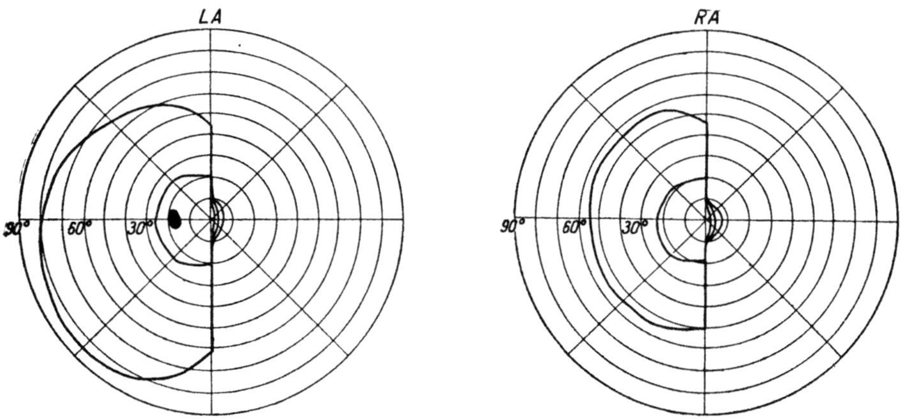

Abb. 15. Rechtsseitige, homonyme, inkongruente Hemianopsie infolge eines großen Glioms des Schläfenlappens.

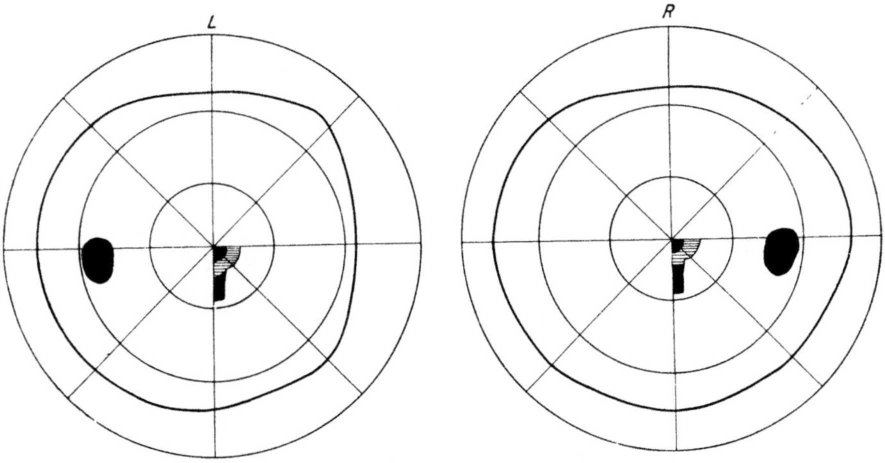

Abb. 16. Zentrales, homonymes, hemianopisches Quadrantenskotom, auf kleinste Schädigung der linken makularen Rinde zurückzuführen.

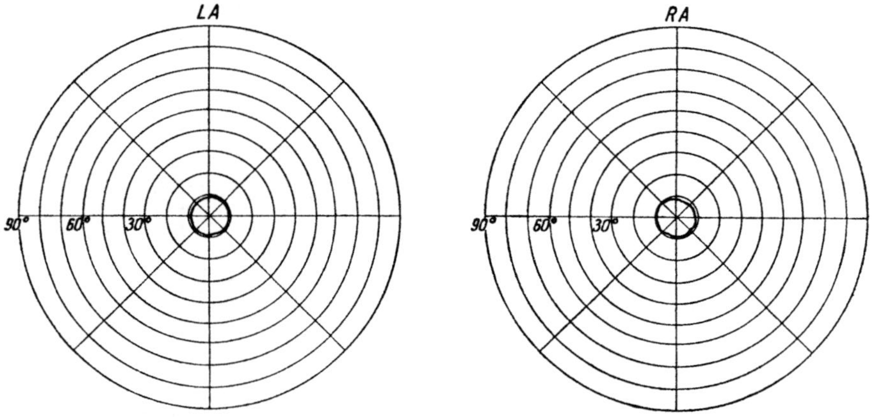

Abb. 17. Beiderseitige homonyme Hemianopsie.

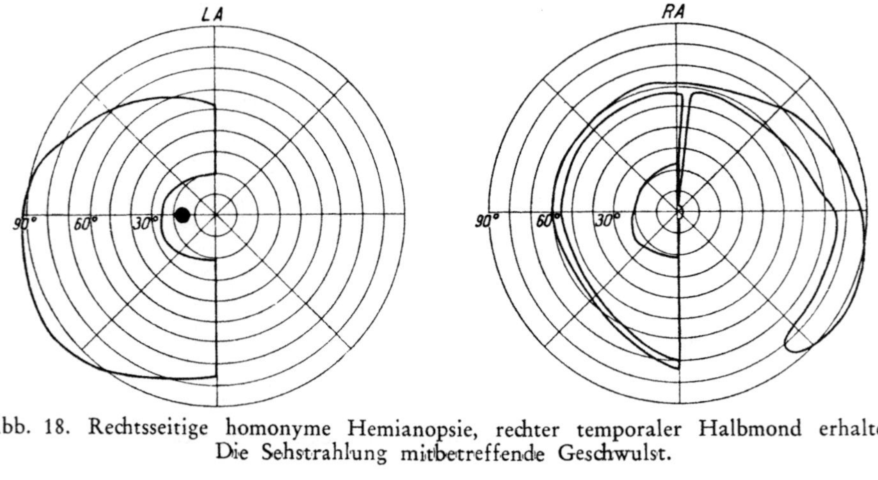

Abb. 18. Rechtsseitige homonyme Hemianopsie, rechter temporaler Halbmond erhalten. Die Sehstrahlung mitbetreffende Geschwulst.

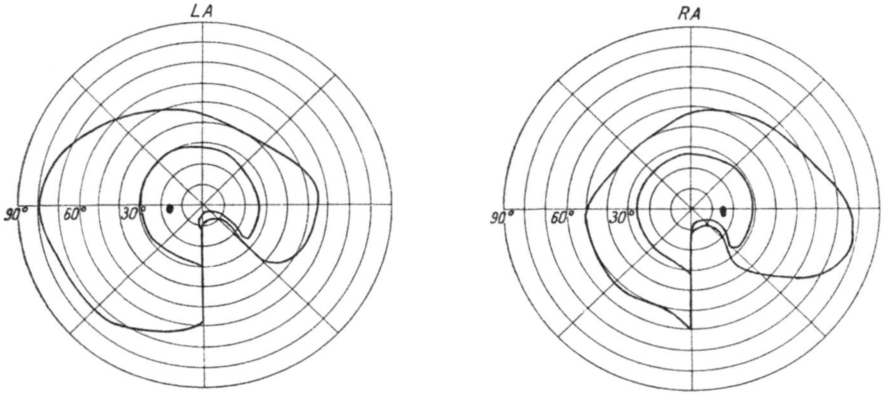

Abb. 19. Rechtsseitige, teilweise homonyme untere Quadrantenhemianopsie nach Schußverletzung der rechten oberen Hinterhauptgegend.

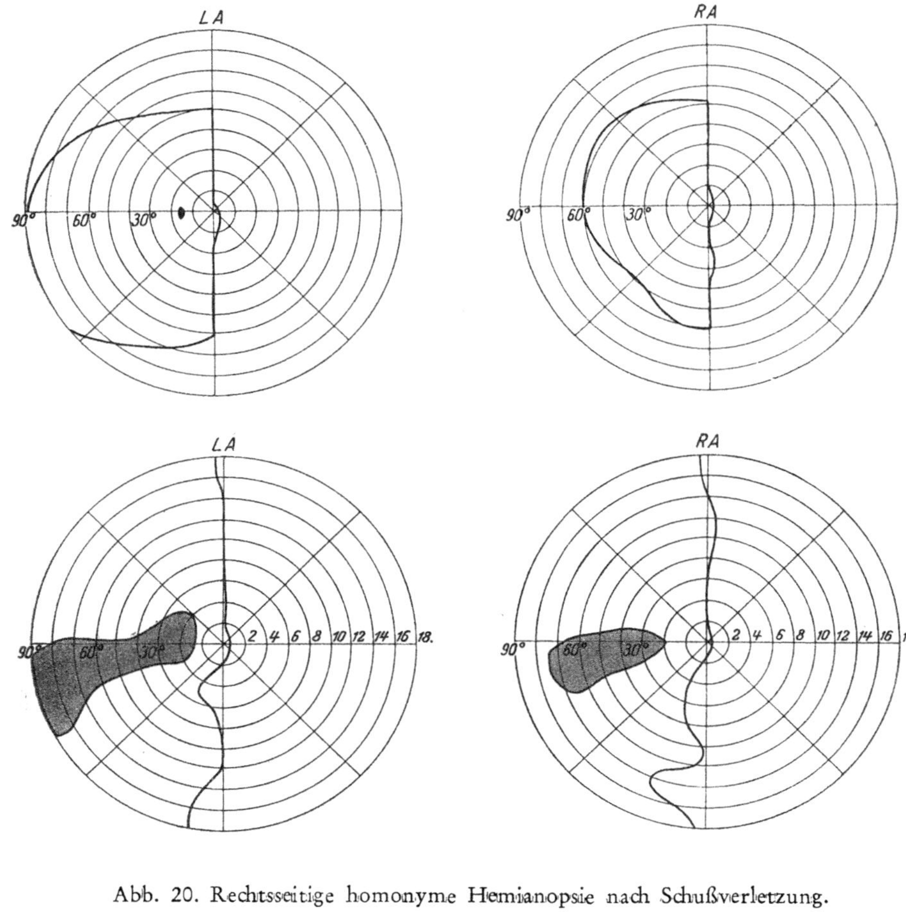

Abb. 20. Rechtsseitige homonyme Hemianopsie nach Schußverletzung.

zu betrachten, welche mit genügender Genauigkeit als eine einzige Ebene genommen werden können. Damit ist also umgekehrt wie beim griechisch-dorischen Tempel die Kugelgestalt der Retina vernachlässigt, dafür aber, die völlige Bewegungsfreiheit des Beschauers vorausgesetzt, was in der Waagrechten ohne weiteres den Tatsachen entspricht, für die Lotrechte jedoch den Beschauer eigentlich ins ungemessen Weite weist.

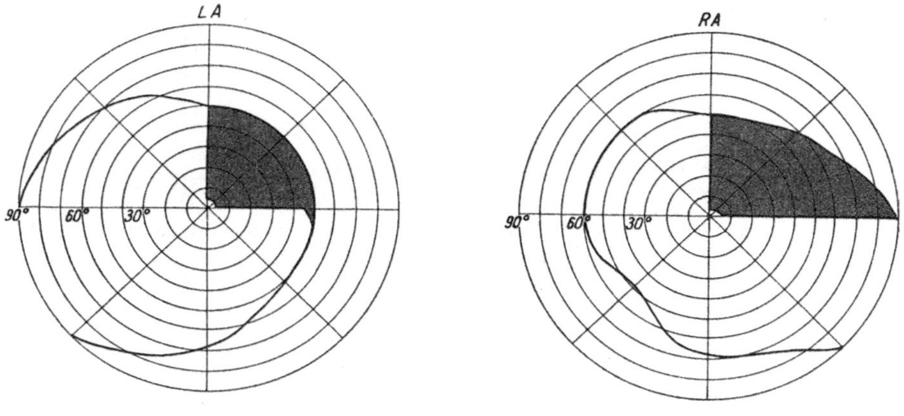

Abb. 21. Rechtsseitige homonyme obere Quadrantenhemianopsie nach Schußverletzung.

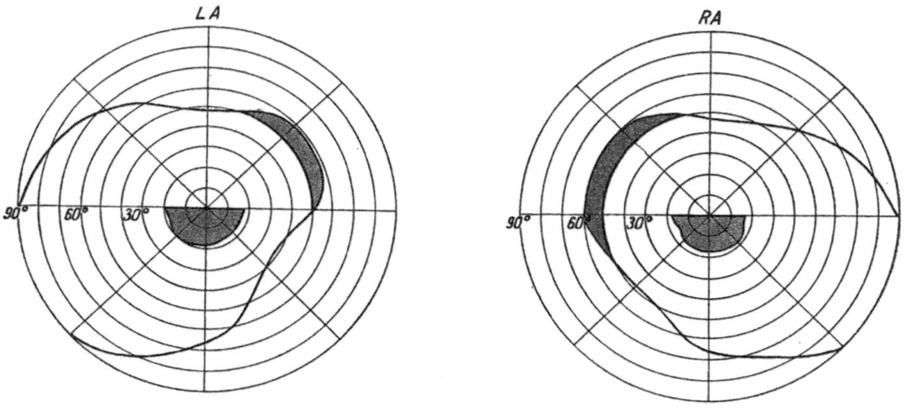

Abb. 22. Unteres hemianopisches Skotom nach Granatsplitterverletzung.

Auch dies kann als ein Kunstmittel gewertet werden, indem solchen Bauten dadurch ein stolzer, herrischer Zug eigen wird. Klar, daß dies kein Verfahren für hohe gotische Türme ist, welche den Menschen an sich ziehen wollen und auf steile Gesichtswinkel entworfen sind. Es werden daher bei der Erforschung solcher Verhältnisse Reihenentwicklungen zu erwarten sein, wie sie „Das Büchlein von der Fialen Gerechtigkeit" zeigt und auch Alhard v. Drach recht überzeugend dargelegt hat[1].

[1] Alhard v. Drach: „Das Geheimnis vom Gerechten Steinmetzen-Grund in seiner Entwicklung und Bedeutung für die kirchliche Baukunst des deutschen Mittelalters, dargelegt durch Triangulaturstudien an Denkmälern aus Hessen und den Nachbargebieten", Marburg 1896.

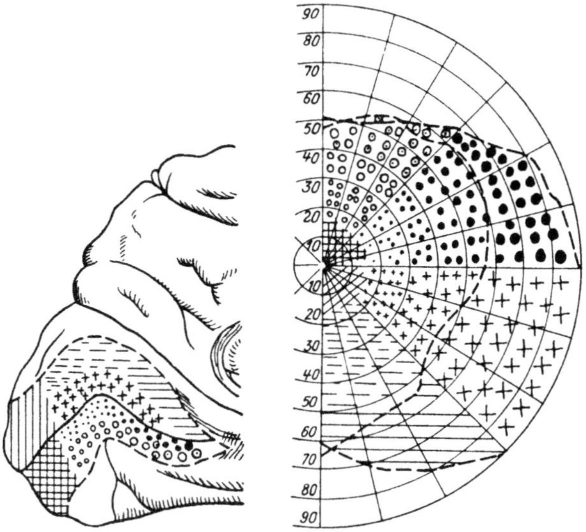

Abb. 23. Rapport zwischen Gesichtsfeld und Sehrinde (nach G o r d o n H o l m e s).

Z u s a m m e n f a s s u n g.

Jene g e o m e t r i s c h e n E l e m e n t e, welche unmittelbar aus der F u n k t i o n s w e i s e d e s m e n s c h l i c h e n G e s i c h t s s i n n e s gelesen werden können, sind der V e r g l e i c h v o n F l ä c h e n i n h a l t e n, welcher durch eine regelmäßige Formgebung ermöglicht wird und die A r t d i e s e r R e g e l u n g.

Diese Art ist zwiespältig, von zweierlei Weisen, die einander bedrängen können, indem sie mathematisch zu Überbestimmungen führen.

Die erste Weise ist rein geometrisch, die zweite rechnend geometrisch und bietet so den Übergang zu zahlentheoretischen Verfahren.

Die erste Weise hat das Ziel, mit Hilfe vom Kreis abgeleiteter L a g e b e z i e h u n g e n den Flächenvergleich möglichst einfach und mühelos zu gestalten.

Die zweite Weise, d i e M o d u l a t i o, hat das Ziel, mit Hilfe von Rasterungen den Flächenvergleich für Entwerfer und Beschauer einfach und mühelos zu machen.

Alle Verfahren, die jemals waren oder sein werden und Sinn haben, sind auf diese beiden Weisen entwickelt, außerhalb von denen es keine Möglichkeit gibt, seien es nun bewußte oder unbewußte, zur reinen Form zu gelangen.

E. Theorie der Verjüngung (Diminuatio).

Auf den ersten Blick scheint von den beiden oben genannten Weisen die Modulatio die selbstverständlichere zu sein und weniger Erklärungen zu bedürfen als die andere Weise, nämlich die der Lagebeziehungen. Beim näheren Zusehen ist aber gerade das Umgekehrte der Fall. Während nämlich die Lagebeziehungen nur soweit bestehen, als sie nicht durch perspektive Verzerrung aufgehoben werden, sich also entweder rein orthogonal abbilden oder gar nicht vorhanden sind, und es dabei dem Beschauer überlassen bleibt, eine solche Stellung einzunehmen, daß sie auf ihn mit ihrer Regelung wirksam werden, kann die Modulatio, wie wohl schon ihr Name etymologisch besagt, auf Perspektive eingehen. Das Thema ist geradezu uferlos, und es ist der Architektur im engen Sinne als Baukunst gar nicht möglich, solche Fülle auszuschöpfen, sie muß dies der Malerei überlassen, kann höchstens in der Zwischenstufe der Bühnenbildnerei sich von der verkehrssicheren Realität um etwas entfernen.

Es ist weder meine persönliche noch dieser Schrift wissenschaftliche Aufgabe, auch nur einen Überblick über die Möglichkeiten zu versuchen. Nicht einmal das bestehende Schrifttum über dieses Thema ist bei dem heutigen Zustand unserer Bibliotheken und unseres Bücherwesens zu übersehen. Sicher ist, daß eine ganze Reihe guter Gedanken erarbeitet worden sind und mit dem Buch „Cézanne und das Ende der wissenschaftlichen Perspektive“ von Fritz Nowotny, Wien 1938, nicht das Ende, sondern ein Ende und ein Anfang bezeichnet ist.

Wieder zeigt es sich, daß die Malerei, besonders die französische, als erste an die Lösung unserer Fragen gegangen ist und daß die Verschiebung vom Unbewußten zum Bewußten unserer Probleme zuerst in der Malerei merkbar wurde.

Hier soll nur ein charakteristisches Beispiel, an welchem die Tendenz des Problems klar wird, gebracht werden. Es ist am griechisch-dorischen Tempel entwickelt worden und zu dessen Verständnis unerläßlich.

Die Ansicht eines Bauwerkes sei, grob genommen, als eine einzige Ebene vorgestellt, welche durch die Zeichenfläche vertreten wird. Diese Ebene sei wegen der Schwerkraft als zumeist lotrecht angenommen. In dieser Ebene stellen wir die Begrenzung der Bauglieder als Linien, Umrisse dar. Die Mehrzahl dieser Linien lassen sich zumeist in einige wenige Scharen nach ihrer Richtung zusammenfassen.

Wieder ist es die Anpassung an die Schwerkraft, neben dem Bau des menschlichen Auges, beziehungsweise deren gemeinsame geopetale Ausrichtung, welche zwei Scharen daraus bevorzugen heißt; nämlich die von waagrechter und die von lotrechter Richtung.

Auf der Zeichenebene gehen diese beiden Scharen durch bloßes Drehen ineinander über, und es genügt daher eine für beide zu betrachten und deren geringfügige optische Unterschiede nachträglich zu nennen.

Es seien daher in der Abb. 24 die Geraden FGHIK Angehörige des waagrechten Strahlenbüschels, dessen Pol also im Unendlichen liegt. Dieser Pol hat psychologisch kein Wesen, wird aber konstruktiv dienen.

Betrachtet man dieses Büschel, indem man das Auge allein um seine senkrechte Achse bewegt, der Fixationspunkt gleite auf der Geraden H als Horizont, so tritt psychologisch folgendes ein:

Einzig der Horizont H bleibt unverändert. Alle anderen Strahlen des Büschels krümmen sich, und zwar derart, daß sie in der Mitte ein Maximum, beziehungsweise Minimum erhalten. Dieses liegt in der Spiegellinie Σ, welche durch die lotrechte Ebene[1] durch das Auge in der Bildebene bei Fixation des

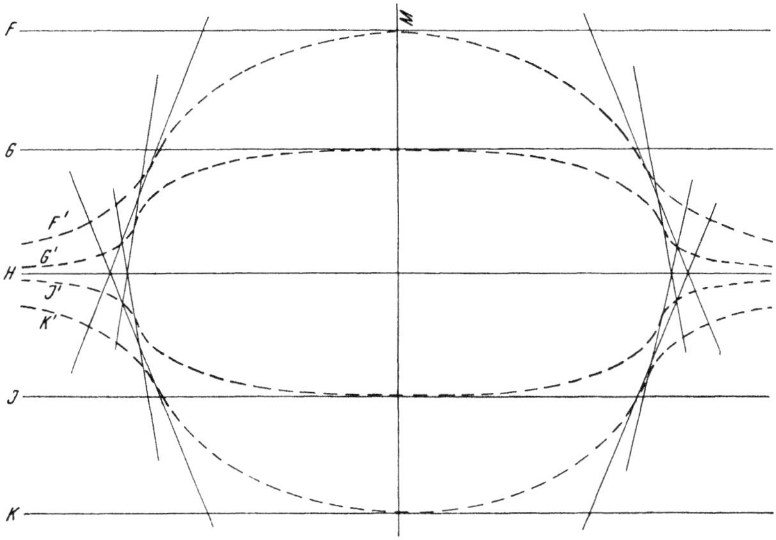

Abb. 24. Übertriebene Charakteristik der perspektiven Veränderung von Parallelen.

Hauptpunktes ausgeschnitten wird. Beiderseits der Spiegellinie nähern sich die ehemaligen Strahlen dem Horizont H und erreichen diesen im unendlichen Pol des ehemaligen Büschels; sind also Asymptote. Dieser theoretische Punkt, der Pol des ehemaligen Büschels ist nun auch Pol der Kurvenschar und ist der einzige Punkt der Kurven, außer den Maxima und Minima, der seine Lage nicht verändert hat, weil er eben auch dem Horizonte angehört, der seine Lage nicht ändert. Da die Maxima und Minima liegengeblieben sind, stellen die ehemaligen Strahlen durch diese deren Tangenten dar. Weil nun die Kurvenschar sich dem Horizonte asymptot nähert und dieser parallel den Maximatangenten ist, müssen noch paarweise, einander spiegelgleiche Wendetangenten vorhanden sein. Diese Wendetangenten begrenzen nach meinem Dafürhalten den psychologisch nützlichen Bereich[2].

[1] Wirklich steht die subjektiv senkrechte Hauptebene durch das Einzelauge nicht im Lot, sondern ist oben in nasaler, beziehungsweise unten in temporaler Richtung um etwas gedreht. Gleicherweise ist die subjektiv Horizontale für das Einzelauge nasal tiefer, temporal höher als die Waagrechte.

[2] Für die malerische Perspektive liegen die Wendepunkte noch im nützlichen Bereich, was man an Ackerfurchen beobachten kann; steht man davor oder bewegt sich nur langsam daran vorbei, so erscheinen sie durchaus gerade, befindet man sich jedoch in einem Fahrzeug um einiges erhoben und bewegt sich so schnell an den zum Beschauer laufenden Furchen vorbei, so ist Krümmung, Wendepunkt und Asymptote unverkennbar; die Kurven zeigen sich als dritten Grades.

Die Abb. 24 zeigt den ganzen Vorgang zur Deutlichkeit kraß übertrieben. Die gestrichelt gezeichneten Kurven F' G' J' K' zeigen nun das Ergebnis der Umwandlung.

Ein jeder, der sich selbst zu beobachten versteht, kann diesen Versuch etwa beim Betrachten der Scharen von Lagerfugen einer Mauer anstellen.

Der Umstand, daß waagrechte Linien unter dem Horizont in der Mitte durchgesunken erscheinen, oberhalb des Horizontes aber umgekehrt sich in ihrer Mitte anscheinend erheben, wird von Vitruv erwähnt und seine bauliche Berücksichtigung empfohlen. Liber III. Cap. IV/5:

„Stylobaten[1] ita oportet exaequari, uti habeat per medium adiectionem per scamillos impares. Si enim ad libellem dirigetur, alveolatum oculo videbitur. Hoc autem uti scamilli ad id convenientes fiant, item in extremo libro forma et demonstratio erit descripta."

„Die Stylobatoberfläche ist so anzulegen, daß sie in der Mitte eine Erhöhung durch Keilsteine erhält. Wenn sie nämlich in der Waage eingerichtet wird, erscheint sie für das Auge ausgehöhlt. Wie nun diese Keilsteine diesem Zweck angepaßt werden, deren Formgebung und Wirkung, wird im letzten Buch beschrieben werden."

Dieses letzte Buch, auf welches Vitruv mehrfach verweist, ist nicht bis auf uns gekommen.

Eine solche Ausführung wurde insbesondere beim Parthenon einwandfrei erwiesen, wo sie nicht als Fundamentsenkung bezeichnet werden kann, da gerade unter den tiefsten Stellen der Tempel auf gewachsenem Fels gegründet ist[2]. Die Erscheinung wurde erstmalig von Pennethorne und Penrose beobachtet und hat die verschiedensten Erklärungen gefunden. Zu deutsch wurde dies Kurvatur, auf englisch mit anderem refinements genannt.

Es ist also anzunehmen, daß der nützliche Mittelteil dieser Kurven dritten Grades den Griechen und Römern geläufig war, zunächst als eine optische Tatsache. Weiter wird aber auch aus der Analyse der einzelnen griechisch-dorischen Monumente zu erkennen sein, daß das Problem der Stylobatverkrümmung nicht allein steht, daß es mit dem Problem der Modulatio, der Verjüngung der Säulen und des ganzen Bauwerkes wenigstens theoretisch identisch ist und in der Form der Modulatio unbedingt konstruiert worden ist, von einem bloßen gefühls- und schätzungsmäßigen „refinement" zumindest hier nicht die Rede sein kann. Eine Konstruktion nun kann wohl gedankenlos angewendet werden, bei ihrer Erfindung aber muß schon überlegt worden sein. Insbesondere den alten Griechen muß eine ebenso sorgfältige Überlegung wie geistreiche Lösung zugemutet werden, der nachzuspüren nur auf Grund unseres reicheren wissenschaftlichen Erbes gewagt werden kann.

Um gleich auf die Modulatio abzuzielen, ergibt sich die richtige Konstruktion jener Kurven aus folgender Fragestellung:

---

[1] Nach anderer Lesart: *stylobatam, stylobatan.*

[2] Besonders E. Ziller: „Über die ursprüngliche Existenz der Kurvaturen des Parthenon", 1864.

Was muß geschehen, um mehreren aneinandergrenzenden Flächen gleicher Gestalt in derselben Ebene, etwa Quadraten, die subjektive Gleichwertigkeit zu geben?

Die Antwort ist für einen einzigen Sonderfall bald zur Stelle: Ist der Beschauer theoretisch unendlich — praktisch recht weit — entfernt, sollen — praktisch können — die einzelnen Quadrate gleich groß sein.

Der Satz ist umkehrbar: Macht ein Architekt Flächen, von denen er voraussetzt, sie sollen gleiche Wirkung haben, auch gleich groß, so weist er dem Beschauer einen sehr weit entfernten Standpunkt zu. Ist es aber nicht des Architekten Absicht, den Beschauer abzudrängen, und macht er dennoch gleichwertige Teile auch gleich groß, so verbleiben noch zwei Möglichkeiten dieses Verfahren zu rechtfertigen. Nämlich, erstens kann es sich eben nicht um einen Monumentalbau handeln, sondern etwa um ein städtisches Wohnhaus, vor dem der ganz unfreiwillige Beschauer vorbeigeht oder fährt. Da ist es genug getan, wenn ein solches Bauwerk bescheiden in der Reihe bleibt, die nirgends anfängt und nirgends aufhört; oder zweitens der Architekt vermeidet bewußt oder unbewußt ein Abgehen vom Quadratraster, obwohl es sich um ein selbständiges Kunstwerk handelt und trotz naher Sicht, so will er damit eine Wirkung innerlich achtunggebietender Entfernung erzielen. Wie etwa überhängende Felswände den Eindruck überlegener Majestät machen. Ist ein solcher Eindruck zu stark, so kann er Schwindelgefühl verursachen. Der Flachlandbewohner ist hiefür empfänglicher als der Mensch aus den Bergen.

Abgesehen von diesen Sonderfällen, ist, um so mehr wenn es sich um ein Gebäude von bedeutender absoluter Höhe handelt, die Verjüngung zu berücksichtigen.

Um nun diesen psychischen Vorgang geometrisch faßbar zu machen, bedarf es einer Reihe von Vernachlässigungen, welche schon im vorhergehenden Abschnitt angedeutet wurden, durch folgende Annahmen:

1. Daß die Retina im menschlichen Auge eine vollkommene Kugelfläche sei. Tatsächlich aber weichen die Durchmesser bis zu 5% voneinander ab.

2. Daß das Auge des Beschauers starr senkrecht auf die Ansichtsfläche gerichtet sei.

Die Einhaltung dieser letzteren Annahme läßt sich zum Teil erzwingen. So strebt der Verständnisvolle immer in die Achse einer Ansicht, wenn eine solche deutlich wird. Was die Augenhöhe betrifft, so liegt diese in den engen Grenzen zwischen 1.45 und 1.75 m. Bleibt noch die nicht zu erreichende Starrheit des Blickes. Von diesem ist zu sagen, daß einerseits der Haupteindruck zumeist durch ziemlich horizontalem Blick gewonnen wird und anderseits die Annahme als ein Kunstmittel brauchbar ist, wie schon oben angedeutet wurde und weiter unten genauer entwickelt werden wird. Durch ein Bewegen des Auges um seine waagrechte Achse, also durch das Heben und Senken des Blickes, wird auch der Horizont gehoben und gesenkt und damit die jeweils dem Horizont sich nähernden Kurven abgeflacht, die sich entfernenden stärker gekrümmt. Durch ein Bewegen des

Auges um seine senkrechte Achse wird das um den Horizont gescharte Kurvenbüschel verzerrt, die Kurven werden gleichsam in der Richtung der Bewegung mitgerissen, sie vollführen eine fortschreitende Wellenbewegung in der Drehrichtung des Auges. Das Gebäude selbst aber muß stehenbleiben; eine Vernachlässigung in der einen oder anderen Art ist daher unausweichlich.

3. Als dritte Vernachlässigung, um diese Kurven zeichnen zu können, muß von der Konvergenz der Augenachsen, ja von dem Vorhandensein zweier Augen, statt nur einem, abgesehen werden. Welche Vernachlässigung unabtrennbar ist von der Vernachlässigung der Akkommodation und von der Auffassung einer Ansicht als Ebene. Die Konvergenz der Augenachsen und besonders deren Wechsel liefert wichtige Data zur Raumwahrnehmung sowohl durch den Augenmuskelsinn als auch durch die verschiedenen und wechselnden Relationen der beschäftigten Stellen an der Retina, indem bei der Betrachtung zweier vom Beschauer gleich weit entfernter Punkte deren Bilder wechselweise auf korrespondierende Stellen der Retina fallen, bei der Betrachtung zweier Punkte von verschiedener Entfernung sich aber die Konvergenz ändern muß und dies daher nicht mehr der Fall ist. Um also die volle Wirksamkeit von Lagebeziehungen zu sichern, müßte die betrachtete Fassade eine hohle Kugel mit dem Radius der Entfernung des Beschauers sein, welcher geometrischen Form allerdings der Umstand entgegenwirkt, daß die optischen Elemente des Auges Randstrahlen stärker als Zentralstrahlen brechen und derart, der oben an zweiter Stelle angeführten Vernachlässigung entgegenkommend, eine Substitution der Tangentialfläche senkrecht auf den Hauptstrahl, anstatt der Kugelfläche, begünstigen[1]. Zugleich ist auch aus dieser Betrachtung zu entnehmen, daß die Räumlichkeit der reinen Form fremd, ja feindlich ist, ohne damit behaupten zu wollen, daß jene ohne ihre eigentümlichen ästhetischen Wirkungen sei, welche allerdings durchaus der viel wandelbareren Sphäre des bloß Verstandesmäßigen angehören und, wie ich immer wieder betonen will, gar nicht Gegenstand meiner Untersuchungen sind.

Liefern also die beiden Augen infolge der besonderen Stellung des Beschauers korrespondierende, ja spiegelgleiche Bilder, so kann auch das Vorhandensein zweier Augen vernachlässigt werden. Die um den Horizont gescharten Kurvenbüschel entsprechend Abb. 24 der beiden Augen haben die Spiegellinie gemeinsam und daher ihre Kurvenmaxima gemeinsam. Ist die Konvergenz der Augenachsen gering, so fallen die anschließenden Partien der Kurvenpaare praktisch zusammen. Da die peripheren Gebiete der Retina ohnedies infolge der stärkeren Brechkraft der peripheren Gebiete der Optik astigmatisch sind, verwischt sich die Abbildung der peripheren Kurvenpartien und erleichtert auch so das Absehen vom Vorhandensein zweier Augen.

Die voraufgeführten Vernachlässigungen schließen auch die Akkommodation ein. Aber auch völlig selbständig betrachtet, fällt sie kaum ins Gewicht. Um einen extrem ungünstigen Fall zu betrachten, sei angenommen,

[1] Vergl. S. 63 über die Beziehung von Referenzfläche und Horopter.

daß ein Bauwerk von nur 10 m Breite unter einem Gesichtswinkel von 90⁰ erscheine; demnach würde der Unterschied zwischen Mitten- und Randakkomodation etwa 0,059 Dioptrien[1], eine Differenz, welche zumeist zwischen den beiden Augen eines Beobachters besteht, ohne ihn am künst-

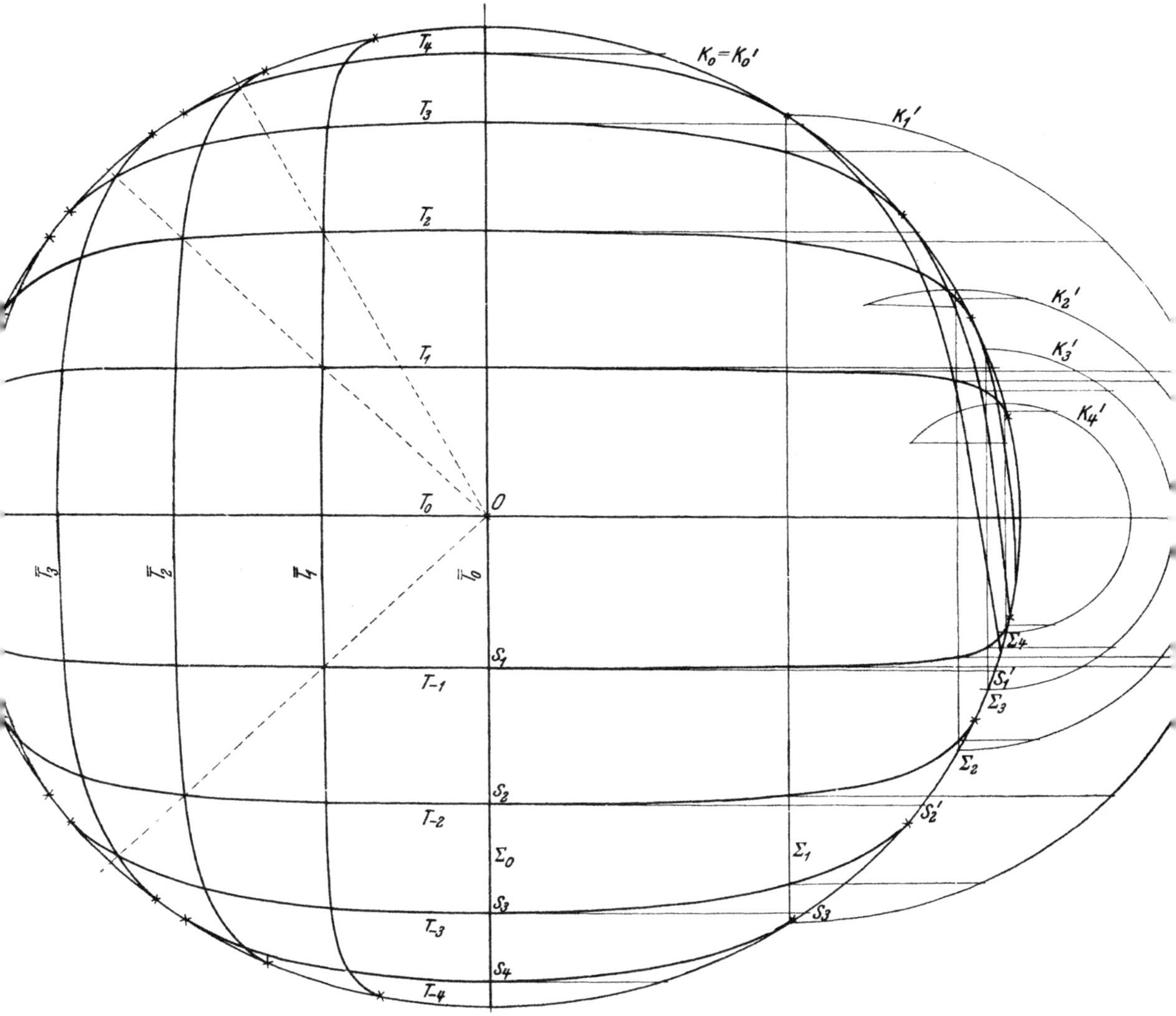

Abb. 25 a. Konstruktion der Verjüngungskurven unter der Annahme einer kugelförmigen Netzhaut bei starrem Auge.

lerischen Genuß zu behindern, ja, ohne daß er davon auch nur weiß. Im Durchschnittsfall ist überdies der periphere Astigmatismus groß genug, um jeden Konflikt aufzulösen.

[1] $\frac{1}{5} - \frac{1}{5.\sqrt{2}} = \frac{2}{10} - \frac{\sqrt{2}}{10} = 0.0586\,..\,\mathrm{D}.$

4. Die vierte Vernachlässigung betrifft das Absehen von Helligkeits- und Farbunterschieden. Da dieses Problem von ungleich einschneidenderer Bedeutung ist als die anderen, obengenannten Vernachlässigungen, werde dieses in einem eigenen, dem folgenden Abschnitt behandelt. Einstweilen sei hier vorausgesetzt, daß bei normaler Beleuchtung, welche sich also weder zusehr der Dämmerung noch der Blendung nähert, bei der im Gebrauche üblichen Farbgebung, von der Verfälschung der Flächenwerte abgesehen werden kann.

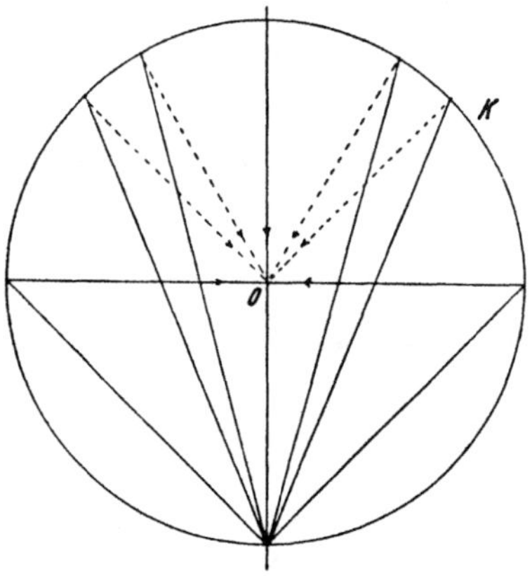

Abb. 25 b.

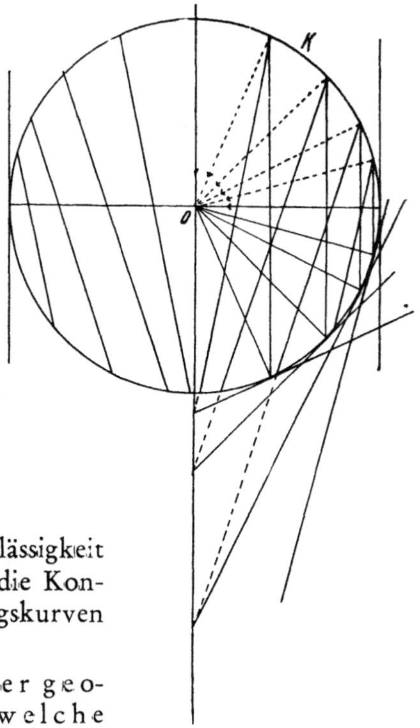

Abb. 25 c.

Unter der Voraussetzung der Zulässigkeit obiger vier Vernachlässigungen kann an die Konstruktion der Verjüngungs- oder Raffungskurven geschritten werden.

Eine Verjügungskurve ist der geometrische Ort aller Punkte, welche von einer Geraden im Gesichtsfelde gleichwertige Abstände haben.

Auf Abb. 25 a sind zwei Scharen solcher Kurven gezeichnet, wobei zwei aufeinander senkrecht stehende Gerade, der Horizont und die lotrechte Spiegellinie vorgegeben sind. Der von den Kurven gebildete Viereckraster zeigt den psychologischen Flächenwert aller Stellen im Gesichtsfeld an.

Die Retina nimmt mehr als eine halbe Kugelfläche im Innern des Auges ein, doch sind die Randgebiete nicht rundherum gleich tüchtig. Abb. 26 zeigt das einäugige Gesichtsfeld für Weiß und Farben. Nasal wird das einäugige Gesichtsfeld individuell sehr verschieden durch die Nase und anschließend nach oben durch die Braue beengt; temporal ist es am weitesten und beträgt bis zu 100° bei starrer Blickrichtung geradeaus. Der architektonisch nützliche Bereich kann mit maximal 60° nach allen Richtungen angenommen werden.

Der Kreis Ko in Abb. 25 a des Gesichtsfeldbildes ist der größte Kreis der Distanzkugel, dessen Ebene senkrecht zur Sehachse steht, welche sich im Kreismittelpunkt O abbildet.

Die Umklappung K_0', welche im Riß mit K_0 zusammenfällt, entspricht auch der Krümmung der Retina im Medianschnitt Σ.

Auf dem Querrisse K_0' werden nun eine Anzahl von ideellen Modullängen aufgetragen, und zwar vom Horizont aus nach oben und nach unten. Dies liefert die Risse s_1', s_2', s_3',... usw. Diese so gewonnenen Querrisse

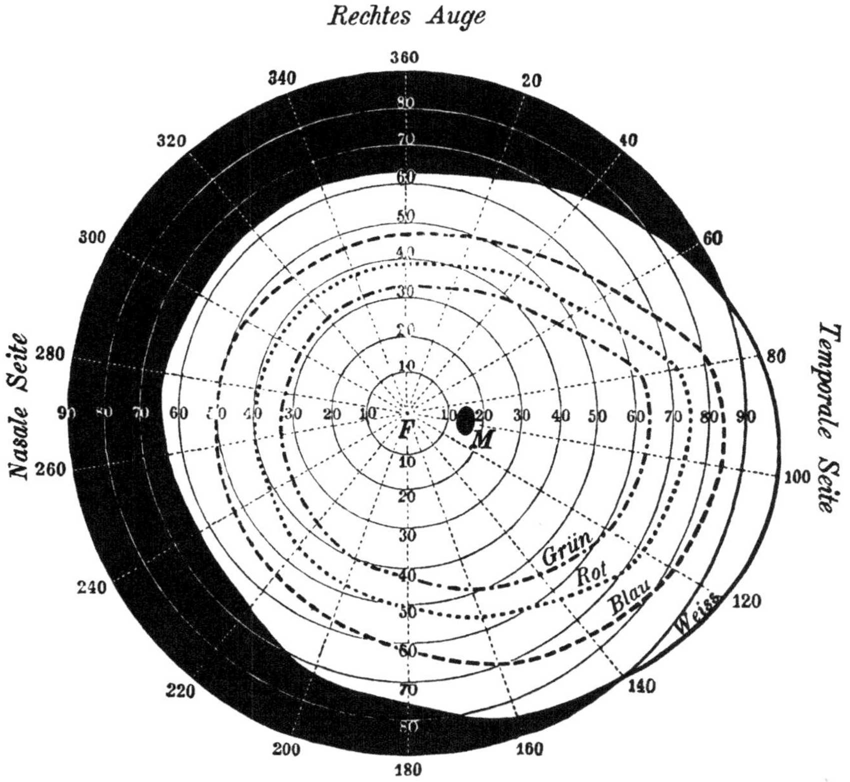

Abb. 26. Grenzen des Gesichtsfeldes für Weiß und Farben, nach F u c h s.

werden mit horizontparallelen Ordnungslinien in die Spiegellinie Σ_0 überführt und geben die Aufrisse in dieser; s_1, s_2, s_3,... usw., welche die Aufrisse der Maxima der Kurven T_1, T_2, T_3, ... usw. darstellen.

Hätte umgekehrt aus einer real gegebenen maximalen Modullänge die ideelle ermittelt werden sollen, so wäre ein horizontparalleler Ordner im Abstand Os_1 gegen die Peripherie zu ziehen gewesen, und die so erhaltene Sehnenlänge, beziehungsweise Bogenlänge vom Horizont bis s_1' in der erforderlichen Anzahl nach oben und unten aufzutragen gewesen, usw.

Weitere Punkte der Kurven werden gewonnen, indem weitere Schnitte Σ_1, Σ_2, Σ_3,... umgeklappt werden, und auf deren Rissen K_1', K_2', K_3',... wieder die ideelle Modullänge auf deren Peripherie — nicht als Sehnen —

aufgetragen werden. Mittels horizontparalleler Ordner werden dann wie vor die Punkte auf der Ansichtsfläche gewonnen.

Es gibt im Auge keinen eindeutigen Brennpunkt (vgl. Abb. 28) und daher ist jede Übersetzung in eine geometrische Konstruktion fiktiv. Die Abb. 25 a enthält nun zwei Elemente, welche die Kritik herausfordern müssen. Das ist die Darstellung des Randgebietes und die Parallelführung der Schnittebenen. Um auf diese Fragen eine architektonische Antwort zu finden, sind sie folgendermaßen zu formulieren: Wie könnten die Schnitte sonst noch gelegt werden und wie weit weichen die Ergebnisse solcher geometrischer Substitutionen voneinander ab. Jede dieser Konstruktionen wird nämlich in einem anderen Sinne richtiger oder brauchbarer sein, und wenn ihre Resultate im nützlichen Bereich nicht wesentlich voneinander abweichen, haben wir Wahlfreiheit und können bei der einfachsten nach Abb. 25 a bleiben. Nun erscheinen mir außer der obigen nur noch zwei Konstruktionen substituierbar, welche in Abb. 25 b und c gezeigt werden. Erstere geht von dem Vorschlag von Tschermak-Seysenegg aus, einen Knotenpunkt im Bereich der Pupille anzunehmen, wobei einer Schar von parallelen Schnitten nach Abb. 25 a hier nun ein Bündel von Ebenen mit der gemeinsamen Geraden als Tangente an den Distanzkreis entspricht. Die zweite Konstruktion nach Abb. 25 c berücksichtigt den Umstand, daß das Auge Randstrahlen stärker bricht als zentrale Strahlen, und rückt die gemeinsame Gerade nur je zweier, spiegelgleich stehender Schnittebenen im Rücken des Beschauers fort. Diese letztere Annahme ist eine Lösung zwischen den beiden vorhergehenden, und könnte dann als die beste bezeichnet werden, wenn die Brechkraft des Auges gegen den Rand zu kontinuierlich abnehmen würde und der Kreis K_0 allein endlichen Orten und Größen entspräche. Derart wird die Frage praktisch dahin reduziert, wie groß die Differenz der Ergebnisse nach Abb. 25 a und 25 b im nützlichen Bereich ausfallen. Diese beträgt bei einem Sehkegel von 60^0 Spitzenwinkel 0,9% und bei einem solchen von 80^0 2,7%. Somit sind beide Systeme, die ja den Bereich des Wahrscheinlichen begrenzen, architektonisch brauchbar. Graphisch bequemer, historisch wahrscheinlicher ist die Konstruktion nach Abb. 25 a, welche die stärksten Krümmungen liefert, was bei einem Kunstmittel, das eine gewisse Übertreibung durchaus verträgt, hingenommen werden kann.

Eine, in weniger durchsichtigen Fällen keineswegs fernliegende Fehlkonstruktion wäre es, die in der Umklappung gewonnenen Punkte in die Ansicht zurückführen zu wollen unter Verwendung von Strahlen durch den Mittelpunkt des Gesichtsfeldes O, anstatt durch horizontale Ordnungslinien. Diese Fehlkonstruktion würde die Meinung beinhalten, welche sich mit geringer Gewaltanwendung sogar bei Schopenhauer herauslesen lassen möchte, der menschliche Verstand projiziere die in einiger Entfernung wahrgenommenen Objekte auf Kugelschalen; wie Sonne, Mond und Sterne auf das scheinbare Himmelsgewölbe, weshalb eben von dem Hauptpunkte in der Zeichnung, welcher das Auge vertritt, Radialstrahlen nach der Umklappung zu ziehen seien, deren Durchstoße durch die Zeichenebene die gesuchten Bildpunkte ergäben.

Es findet hier überhaupt nichts statt, was als Projektion bezeichnet werden sollte, sondern eine reine Verwechslung, und dies ist eine bloße optische Leistung des Auges und eine einfache Wahrnehmung durch den Verstand, ohne weiter besondere Reflexionen.

Eine vorzügliche Darstellung von der Projektion gibt Schopenhauer (Über die vierfache Wurzel des Satzes vom zureichenden Grunde Kap. IV, *„Sooft Menschen uns irgendwie zu Gesicht kommen, daß das zwischen ihnen und uns Liegende großentheils verborgen bleibt, erscheinen sie uns auffallend klein.*

Theils dieser letzteren Schätzungsart (mittels dazwischenliegender bekannter Größen), sofern sie, gültig, nur auf irdische Objekte und in horizontaler Richtung anwendbar ist, theils der nach der Luftperspektive, die sich im selben Fall befindet, ist es zuzuschreiben, daß unser anschauender Verstand, nach dem Horizont hin, alles für entfernter, mithin für größer hält, als in senkrechter Richtung. Daher kommt es, daß der Mond am Horizont viel größer erscheint als im Kulminationspunkt, während doch sein wohlgemessener Sehwinkel, also das Bild, welches er ins Auge wirft, alsdann durchaus nicht größer ist; wie auch, daß das Himmelgewölbe sich abgeplattet darstellt, das heißt horizontal weiter, als perpendikular, ausgedehnt. Beides ist also rein intellektual oder cerebral; nicht optisch oder sensual.“

Hiemit ist wohl klar, was ausschließlich als Projektion bezeichnet werden soll: eine gewohnheitsmäßige und mithin oft falsche Auswertung der Empfindungen im Gehirn, was für den Architekten, mit wenigen Ausnahmen, wie etwa die scala regia des Bernini eine ist, keinerlei Entwurfsgrundlagen abgeben kann, wiewohl gerade solche Dinge am sichersten den Beifall der Menge finden, da das Kunststück ihrem Geiste näher ist als das Kunstwerk. Ganz und gar das Sinnenhafte, das Optische, die Vorgänge auf der Netzhaut, unterstützt noch vom Augenmuskelsinn mit größtmöglicher Entlastung des Verstandes, sind es, was die reine Form ausmacht. Es ist daher alles Räumliche ausgeschlossen; ebenso wie die Harmonie in der Musik unabhängig ist von der Zeit.

Es findet also hier keine Projektion im oben erläuterten Sinne statt, als welche ein räumlicher Vorgang ist, und es ist daher auch nicht mit Radialstrahlen zu konstruieren, sondern mit parallelen Ordnungslinien, welche die rein flächenhafte Art bewahren.

Dieses hat auch seine metaphysische Bedeutung: das Objekt der Kunst ist die Platonische Idee, die Vorstellung unabhängig vom Satze des Grundes (Schopenhauer: „Der Welt als Vorstellung zweite Betrachtung.“). Sein Objekt möglichst unbeschwert und vollständig in die Seele des Beschauers zu tragen, ist die Aufgabe des Künstlers. Der Verstand des die Kunst Genießenden soll möglichst wenig, sein Denkvermögen besser überhaupt nicht beansprucht werden[1]. Das letztere erspart der Künstler dem Genießenden

[1] Solches geschieht in der Allegorie, welche, je weiter sie geht, auch desto kürzer lebt, da die erforderlichen zeitbedingten Assoziationen abhanden kommen. Dürers „Melancolia I“ lebt nicht, weil das Blatt Allegorie ist, sondern trotzdem, weil es ein wirkliches Kunstwerk ist. Von der Allegorie über das Symbol zum Buchstaben geht ein Todesweg der bildenden Kunst, welchen zu meiden, das einzige Gegenmittel darstellt; sonst wird die Kunst langsam aber sicher zur Reportage.

durch sein Genie, welches ihn die Idee klar erfassen und rein wiedergeben läßt; das erstere wird durch die Sinnfälligkeit der Gestaltung befördert; durch das Pflegen der reinen Form, sei es bewußt oder unbewußt.

Die Kurven auf Abb. 25 a lohnen noch einige Betrachtungen. Auf der linken Seite des Bildes sind auch die Kurven des senkrechten Büschels eingezeichnet. Man fixiere nun den Punkt O und nähere das Auge dem Blatt so weit, bis der Kreis K_0 gerade noch temporal sichtbar ist. In dieser Stellung teilen nun die Risse der Modullinien auf der Retina diese in lauter gleich große, gleichseitige Vierecke[1].

Die Verjüngungskurven tangieren den Kreis K_0, der den größten Kreis an der Retina darstellt, in jenen Punkten, welche durch Schnittkreise in der Umklappung ausgeschnitten werden, deren Umfang den vierfachen Betrag der betreffenden Modulzahl ausmacht. Die Höhe, vom Horizont nach oben und unten gemessen, in der ein solcher Tangentialpunkt liegt, ist also gleich dem Radius seines Schnittkreises. Ist daher a gleich der Länge eines ideellen Modul, so folgt für den kleinsten Schnittkreis:

$$a = \frac{2r\,\pi}{4}$$

und daraus ist die Höhenlage des ersten Tangentialpunktes

$$r = \frac{2a}{\pi}$$

der zweite Tangentialpunkt liegt dann doppelt so hoch; der dritte dreimal so hoch, usw. Die auf diese Weise errechneten Tangentialpunkte sind mit einem Sternchen eingetragen.

Entsprechend dem Umstande, daß die Retina mehr als eine halbe Kugelfläche bedeckt, ist der Kurvenverlauf weiter zu verfolgen, wenn dies auch architektonisch unwichtig ist, da diese Randgebiete durch unregelmäßige Verästelung der sie bedienenden Neuronen und durch Astigmatismus entwertet sind.

Im weiteren Verlaufe wendet sich eine solche Kurve wieder vom Kreise K_0 in dessen Inneres ab, jedoch unter einem kleineren Winkel als der, unter dem sie angekommen ist, streicht gestreckt im Randgebiet, um in der Höhe rM/3 den Kreis K_0 wieder zu erreichen, wenn M die Modulzahl der Kurve bedeutet, wo die Kurve eine Unstetigkeit besitzt.

In diesem Gebiete ist die architektonische Bedeutung der Kurven schon erledigt. Sie weiter noch zu beobachten, hat nur den Zweck, ihren höheren als zweiten Grad aufzuzeigen. Legt man weiter beliebig kleine Schnittkreise, so zeigt sich, daß die Unstetigkeit eine Spitze ist und die Kurven wiederholt den Horizont querend, was auf der Retina Spirallinien entspricht, sich jenem Punkte, den Horizont und der Kreis K_0 gemeinsam haben, auf unendlich kleine Entfernung nähern. Die Spitzen entsprechen dem Wendepunkt in Abb. 24 und der Näherungspunkt dem unendlich fernen Punkt in Abb. 24, dem die Asymptoten zustreben.

Der Zusammenhang des Versuches nach Abb. 24 und der Konstruktion

[1] Obige Vernachlässigungen müssen dabei hingenommen werden.

auf Abb. 25 a ist der der Zusammenfassung unendlich vieler Eindrücke des um eine Achse bewegten Auges zu einer Form mit dem einen Eindruck im Gesichtsfeld des starren Auges.

Um nun die am starren Auge erarbeitete Konstruktion auf das um eine Achse bewegte Auge zu übertragen, ist die Kugelschale mit ihrem größten Kreis Ko zu ersetzen durch einen Torus, bei dem den vormaligen Kreis Ko ein Paar von Parallelen im Abstand des Durchmessers des erzeugenden Kreises vertritt, oder bei einer Vernachlässigung der um den Beschauer erfolgenden Krümmung des Torus durch einen tangentialen Zylinder an denselben oder, was sowohl den optischen Eigenschaften des Torus näherkommt als auch psychologisch richtiger ist und den baulichen Tatsachen besser entspricht, durch einen Kegel, in welcher Form die Konstruktion nicht nur historisch ist, sondern bis auf den heutigen Tag uns auch überliefert wurde[1].

Es handelt sich um die Konstruktion der Schwellung an Säulenschäften. Sofern der untere und der obere Säulendurchmesser vorgegeben sind, können die beiden genannten Säulendurchmesser als durch eine Kegelfläche entstandene Varianten eines Modulwertes aufgefaßt werden, da das Auge den Säulenschaft auf- und abwandernd zu denken ist. Wirklich ist die Formgebung der Säule auch beim griechischen Tempel als ein ziemlich selbständiges Problem aufzufassen, indem wohl das Maß des unteren, jedoch nicht das des oberen Säulendurchmessers an der Tempelansicht sonst als Einheit wieder nachweisbar ist. Zwischen den beiden nun entweder vorgegebenen oder auf eine

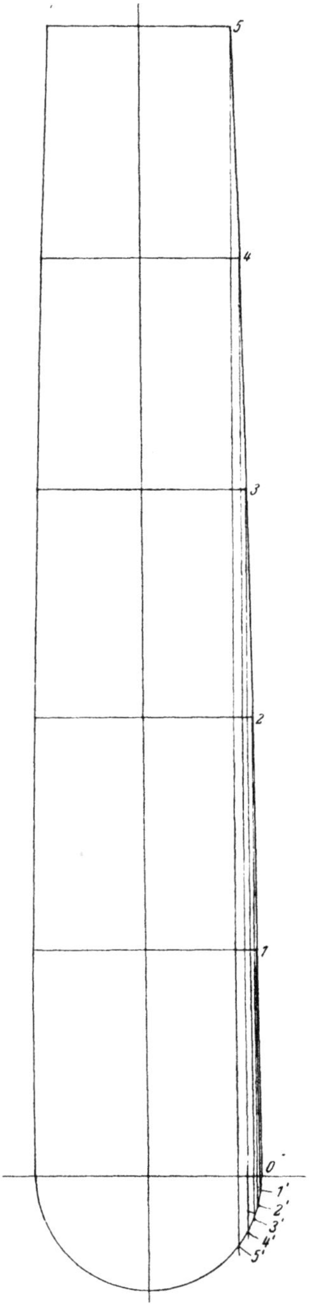

Abb. 27. Eine Konstruktion zur Schwellung eines Säulenschaftes. Elliptische Linie durch einfach gekrümmte Referenzfläche.

[1] Geht der Blick von der Normaleinstellung, das ist Augenachsen, etwa waagrecht, sich in großer Entfernung schneidend, zur Fixierung eines höher und näher gelegenen Punktes über, so beschreiben die Augenachsen keine Ebenen, sondern Kegel mit nach einwärts gekrümmten Kurven. Über die Bedeutung dieses Umstandes ist kaum etwas Sicheres auszusagen, da sich die Kurven nicht festlegen lassen. Jedenfalls beschreibt der zum Beispiel an einer Lisene geführte Fixationspunkt geringere Wege, als er vom selben Ausgangspunkt zum selben Ziel ohne Führung zurücklegt. Dies kann im Zusammenhang stehen mit der Tatsache, daß freischwebende, ohne kontinuierliche Relation zu fassende Objekte höher gelegen erscheinen als solche im Kontinuum. Ergänzend muß noch bemerkt werden, daß auch der geführte Fixationspunkt von der Führung pendelnd abweicht und die Maxima der Aufmerksamkeit nur kleinste Zeiten anhalten, was beides die Bedeutung der Lokalzeichen hervorhebt.

sonst bekannte Weise ermittelten Grenzwerten werden beliebig viele Zwischenwerte aufgesucht, indem Abb. 27 um den unteren, größten Durchmesser ein Kreis geschlagen wird, auf den das Maß des kleinsten, oberen Durchmessers heruntergelotet wird. Das so erhaltene Stück Kreisbogen wird in ebenso viele gleiche Teile geteilt wie die Höhe des Säulenschaftes. Diese Teilungspunkte werden dann mit lotparallelen Ordnern auf die entsprechenden Säulendurchmesser übertragen und ergeben so den scheinbaren orthogonalen Umriß des Schaftes[1].

Man kann diese Konstruktion als rein empirisch betrachten, wird aber zugeben müssen, daß in solcher Empirie psychologisch System liegt, und dieses System dasselbe ist wie bei Abb. 24 und 25. Das Bedürfnis nach einer systematischen Fassung des Verjüngungsproblems kann freilich erst bei der Betrachtung der ganzen Ansicht des griechisch-dorischen Tempels aufkommen (Kap. IV).

Was nun praktisch von obiger geometrischen Darstellung übrigbleibt, ist folgendes:

1. Die Verjüngung von unten nach oben soll bei bedeutenden Bauwerken ohne hinreichenden Grund nicht gänzlich außer acht gelassen werden. Ein richtiges Maß der Verjüngung ist mit obigen Einschränkungen als Voraussetzung wie folgt konstruierbar: Man setzt im Querschnitt den Zirkel in den bevorzugtesten Punkt, den der Beschauer beziehen soll, schlägt einen Kreis mit dem Halbmesser bis zum entferntesten Punkt der betreffenden geschnittenen Ansicht und trägt, von der Aughöhe ausgehend, die ideelle Modullänge am Kreis entsprechend oft auf und verfährt weiter, wie schon bekanntgemacht.

Die so erhaltenen realen Modulwerte bilden eine geometrische Reihe.

Da das Festhalten des Beschauers in einem einzigen Punkte die am schwersten erfüllbare der obigen einschränkenden Forderungen ist, finden sich historisch hier auch variante Verfahren, denen aber allen der Charakter der geometrischen Reihe gemeinsam ist. Wie weit die historischen und sonst noch denkbaren Möglichkeiten auch haltbar und empfehlenswert sind, bedarf noch der Untersuchung. Einleuchtend ist, wie schon angedeutet, daß Reihenglieder anders als in der Reihe zu verwenden, unsinnig ist.

---

[1] Wie sehr die auf S. 13 usw. gerügte mechanische Auffassung über Baukunst eine verspätete Tochter der Baumechanik ist, wird hier beim Problem der Säulenschwellung klar. Schubert v. Soldern schreibt in seiner „Architektonischen Formenlehre" 1907 über die Schwellung, sie sei „... eine sanfte Kurve, die wohl geeignet ist, ein federkräftiges Emporhalten einer Last auszudrücken". Eigentlich wäre es für die Vertreter einer solchen mechanischen Baukunst an der Zeit, 200 Jahre nach Euler zur Betrachtung der Schwellung als einer aus der Knickfestigkeit entwickelten Form überzugehen. Eine systematische Untersuchung der Schwellungsverhältnisse im allgemeinen ist noch ausständig. Mit Sicherheit läßt sich nur sagen, daß von der klassischen Zeit in Griechenland an während des ganzen Altertums der unterste Säulendurchmesser immer der größte und der oberste der kleinste war. Zwischen diesen beiden, wohl vorgegebenen Werten, sind unterschiedliche Kurven eingeschaltet; auch die gerade Linie kommt vor. Die Versuche von Penrose und Pennethorne, ganz bestimmte Hyperbeln zu substituieren, halte ich angesichts der Ungenauigkeit der Befunde für zu weitgehend, auch muß eine architektonische Konstruktion stets von einer architektonischen Angabe ausgehen, was dort nicht der Fall ist, indem die Hyperbeläste beliebig abgeschnitten erscheinen. Mag es nun zutreffen, daß Demokrit, geboren etwa um 460 v. Chr., als erster den Kegel geschnitten; auf jeden Fall kommen Kegelschnitte, wenn nicht ähnlich Abb. 27 gefunden, zu spät, um Einfluß auf die griechisch-dorische Baukunst zu gewinnen.

2. Die Verjüngung in der Waagrechten kann eher vernachlässigt werden, weil der Beschauer durch Hin- und Hergehen die optische Eindeutigkeit verwischt. Die Konstruktion wäre eigentlich dieselbe wie vor, abgesehen von der sphärischen Aberration, welche eine noch stärkere Krümmung für die Waagrechte erfordern würde, doch ist dies in den meisten Fällen technisch nicht gut möglich, weil ja alle Mauern schief zu stehen kämen. Man wird sich daher mit einer Andeutung begnügen müssen, wie es etwa die dorischen Meister durch Schrägstellung der Ecksäulen und das Vermindern der Architavbreite gegenüber ihrer tieferliegenden Variante, der Stylobatbreite, getan haben.

3. An selbständigen Gleichstücken, wie es etwa Säulen sind, darf die Verjüngung nicht völlig verleugnet werden, weder am einzelnen Stück noch in der Austeilung bei der Reihung mehrerer Stücke, welchem Problem der erste Abschnitt des II. Kapitels gewidmet ist.

4. Die Verkrümmung nach Abb. 24, 25 von in der allgemeinen Praxis geradlinig ausgeführten Kanten, Kurvatur oder Refinements genannt, kann nur in Sonderfällen berücksichtigt werden und wird auch dort immer nur Andeutung bleiben, indem sie an einzelnen, besonders langen Linien, wo es noch am ehesten ins Gewicht fällt, durchgeführt wird. Durch das Hin- und Hergehen des Beschauers und Bewegung des Auges um die senkrechte Achse findet eine ziemliche Verwischung, was hier Abflachung bedeutet, statt (s. S. 51).

5. Die Verjüngung kann ferner noch abgewandelt werden durch Korrektive. Ein solches wird von Vitruv in III. 5, 8 und 9 erwähnt, nämlich ein Zuschlag bei den Gliedern, welche besonders hoch liegen; bei Tempeln oberhalb der Architravunterkante.

Dies wird bei Aphaia auf Aegina (s. S. 207) und beim Parthenon als zutreffend nachgewiesen, wo die Referenzfläche in Höhe der Architravunterkante eine Unstetigkeit besitzt. Der geometrische Ort gleicher Akkommodation ist etwa eine hohle Kugelschale mit dem Mittelpunkt im Auge. Praktisch reicht aber eine Akkommodation in einem gewissen Gebiete vor und hinter der Schale noch aus. Über die Größe dieses Gebietes kann ich keine Angaben machen, außer, daß sie vom Grade der Aufmerksamkeit und von der Beleuchtungsstärke abhängt. Erst wenn dieses Gebiet über- oder unterschritten ist, wird die Akkommodation ruckweise geändert. Gleicherweise geht die Akkommodation beim Verfolgen einer Kante nicht stetig der Entfernung vom Auge mit, sondern ändert sich mehrmals ruckweise. So kann man Unstetigkeit in der Referenzfläche erklären.

Im IV. Kapitel wird es sich erweisen, daß mit der wie vor unter 1 geschilderten Konstruktion die Verjüngung am griechisch-dorischen Tempel mit voller Sicherheit erkannt worden ist, da von den 24 erfaßten Tempeln, welche keineswegs ausgewählt sind, sondern das ganze mir zugängliche Material darstellen, nicht einer widerspricht und gerade die besten Monumente, welche glücklicherweise auch im besten Erhaltungszustand sind, mit einer jede Erwartung überbietenden Genauigkeit jener Konstruktion gehorchen.

Es taucht die historische Frage nach der technischen Durchführung der Konstruktion auf. Naheliegend ist, daß in einer an der Baustelle befindlichen Hütte ein Reißboden mit Stukkestrich vorhanden war, auf dem oben geschilderte Konstruktion in verhältnismäßig großem Maßstabe ausgetragen werden konnte. Eine andere Möglichkeit ist, an ein besonderes Gerät zu denken, welches aus einem Kreisausschnitt und einer darauf gleitenden Schiene bestanden haben könnte.

Auf ein solches Gerät könnte vielleicht Platonis Philebos XXXIV, § 130, hindeuten (nach L. Georgi, Tübingen 1869):

„Sokrates: Bei den handwerksmäßigen Künsten nun wollen wir zuerst erwägen, ob nicht einem Theil derselben ein höheres, dem anderen Theil ein geringeres Maß von Wissenschaft zukomme, und ob man nicht hiernach die einen als höchst rein, die anderen als unrein ansehen müsse.

Protarchos: Das sollten wir.

S.: Hiernach müssen wir diejenigen welche den ersten Rang einnehmen, einmal von den übrigen ausscheiden.

P.: Welche wohl und wie?

S.: Zum Beispiel, wenn man die Rechenkunst, die Meßkunst und die Wägekunst von den übrigen Künsten aussondert, so würde das was an jeder noch übrig bliebe, kurz gesagt, wertlos erscheinen.

P.: Ja, ganz wertlos!

S.: Wenigstens was nach diesem noch übrigbleiben dürfte ist nur das muthmaßende Verfahren, empirische und praktische Übung der Sinne, wobei man noch die Fertigkeit im richtigen Abschätzen in Anwendung bringt, welche Manche auch (p. 56) noch Künste nennen, und in denen man durch Übung und Anstrengung Stärke erlangt.

P.: Was du sagst, ist unfehlbar richtig.

(§ 131)

S.: Hievon erfüllt ist wohl für's Erste die Tonkunst, indem sie die Harmonie nicht nach einem Maße, sondern durch geübtes Treffen hervorbringt, sodann die ganze zu derselben gehörige Kunst, die Instrumente zu gebrauchen, welche das Maß jeder angeschlagenen Saite durch Treffen zu erhaschen sucht, so daß ihr viel Unbestimmtes und nur wenig Sicheres beigemischt ist.

P.: Sehr wahr.

S.: Und mit der Heilkunst, dem Landbau, der Schiffahrt, der Feldherrnkunst, werden wir finden, verhält es sich ebenso.

P.: Sehr wohl!

S.: Die Baukunst dagegen, welche sehr vieler Maße und Werkzeuge sich bedient, lassen, glaub' ich, diese Hilfmittel, die eine große Genauigkeit sichern, auch kunstreicher erscheinen als die meisten Kenntnisse.

P.: In welcher Beziehung?

S.: Sowohl im Schiffbau als im Häuserbau als in vielen Zweigen der Holzbearbeitung. Denn soviel ich weiß, gebraucht sie das Richtmaß, den Rundhobel, den Zirkel, die Schnur und eine Art feiner Schraube."

Das letztere Gerät heißt nach der recognitio Wohlrab.: „τινι προσαγωγίῳ κεκομψευμένῳ.“ Nach dem Scholion Pl. Philebos 56 B ist ein προσαγώγιον ein Gerät, um krumme Hölzer gerade zu machen.

Dieses Wort kommt sonst nur mehr in I. G. VII 3073, 118, 139 vor, einer Bauausschreibung für einen Tempel zu Lebedea in Böotien, 175 v. Chr., ein Umstand, der zugleich die Seltenheit technischer Texte veranschaulicht, danach ist darunter ein gewöhnlicher Reißwinkel zu verstehen.

Es ist daher bei der Platonstelle kaum von irgendeiner Schraube die Rede, sondern von einem „*klug erdachten Gerät, dessen Hauptbestandteil die Form eines rechten Winkels hat.*“

Will man aber προσαγώγιον, weil es doch außer der Platonstelle nur einmal noch belegt ist, allgemeiner übersetzen, etwa mit dem Wort Vorrichtung, so bleibt immer noch bestehen, daß kein heute bekanntes Meßgerät unter den obigen drei Worten zu begreifen ist. Es ist daher die Möglichkeit unabweisbar, daß es sich um ein Verjüngungsgerät handelt.

Die geschilderten Verjüngungskurven liegen in einer sobenannten Referenzfläche, diese ist im allgemeinen doppelt gekrümmt, sie kann Unstetigkeiten besitzen, an denen einfach gekrümmte Partien ansetzen, sie kann auch zu einer Ebene degenerieren. Sie ist ein graphischer Behelf, der mit der zugehörigen Ansicht durch orthogonale Ordnungslinien verbunden ist und alle Maße, welche in der Ansicht subjektiv gleichwertig sind, in seiner Fläche längentreu enthält.

Hätte der Mensch statt zweier beweglicher Augen eine starre kugelförmige Lochkamera, so wäre die Referenzfläche eine Kugelschale mit dem Radius der Objektdistanz. Heuristich wurde von der Kugelform ausgegangen, und diese wird in dieser Schrift nur soweit abgeändert, als es die Untersuchung der griechisch-dorischen Tempel erfordert. In Zukunft wird es der Forschung vielleicht möglich sein, sich mehr von den historischen Monumenten abwendend den Physiologen zu folgen, welche sich von anderen Einsichten her demselben Problem genähert haben.

Der Darstellung Tschermak-Seyseneggs folgend, sei in Kürze der Gedankenbereich skizziert:

Helmholtz und Hering haben die Frage gestellt, wie eine Einteilung der Retina zu treffen sei, daß ein Schachbrettmuster entsprechend seiner subjektiven Erscheinung konstruierbar werde. Sie wählen eine nodozentrische Projektion und erhalten Hyperbelmuster. Um diese Kurven auf ein erträgliches Maß abzuflachen, verlegt Tschermak-Seysenegg den Einteilungspol nach vor in die Pupille. So wird die Retina durch Meridiane geteilt, deren Ebenen fortlaufend jeweils denselben Winkel mit ihren Nachbarn einschließen. Dies ist der entscheidende Unterschied zu meiner architektonischen Einteilung, bei welcher nicht Winkel, sondern Längen als konstant angenommen werden, wodurch Kurven dritten Grades entstehen. Vielleicht stellt sich noch heraus, daß diese Längen nicht konstant sind, vielmehr einer Funktion gehorchen, aber für maßgeblich halte ich doch Längen an Stelle von Winkeln, weil im Gesichtsfeld unverkennbar Kurven dritten Grades für Gerade vikariieren. Wie in der Architektur aus Verjüngungskurven sich die Referenzfläche bildet, so entsteht physiologisch aus der Anordnung der Lokalzeichen der empirische Horopter. Abgesehen von funktionellen Abweichungen, ist unter Horopter der geometrische Ort aller korrespondent abgebildeten Außenpunkte zu verstehen. Auffälliger Hinweis, daß die geometrischen Überlegungen die Tatsachen hier nicht recht treffen, ist der Umstand, daß der geometrische Horopter nach Vieth-Müller nahezu doppelt so stark gekrümmt ist als der durch Versuche gewonnene empirische Horopter (Abb. 28). Ist nämlich der geometrische Horopter ein Kreis, der durch

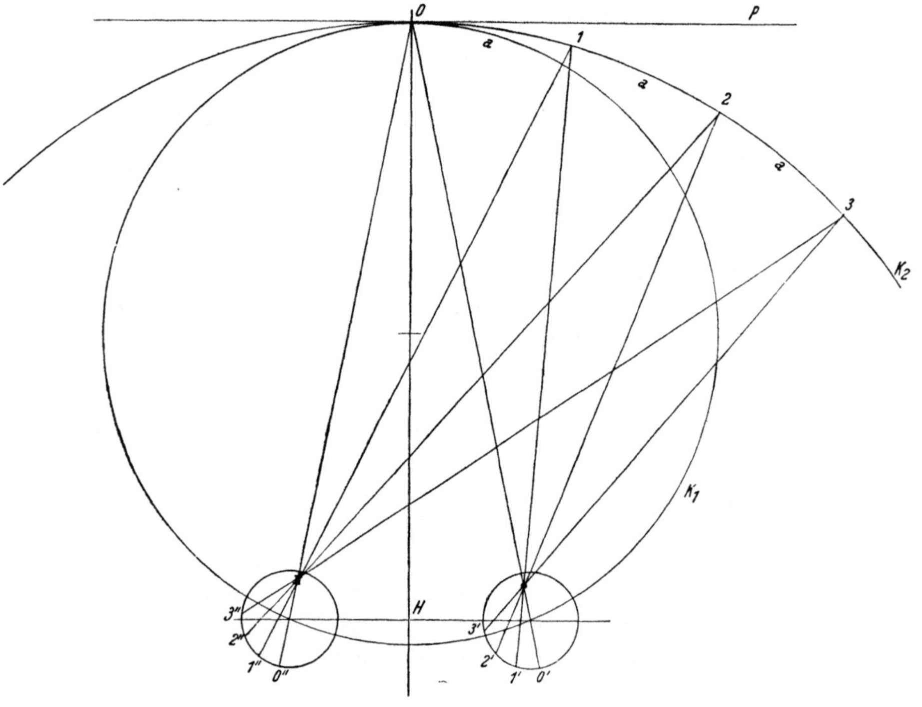

Abb. 28. Waagrechter Schnitt durch den Horopter.
K^1 = theoretischer Horopter, Kreis nach Vieth-Müller,
K_2 = durchschnittlicher empirischer Horopter, Distanzkreis aus H

beide Krümmungsmittelpunkte der Bulbi und durch den Fixationspunkt geht, so ergibt sich ein empirischer Horopter etwa mit der Krümmung des Distanzkreises, also einem Radius von der Nasenwurzel bis zum Fixationspunkt. Da auch die Referenzfläche diesen Kreis enthält, ist es angebracht, die Bedingungen beider für diesen ihren gemeinsamen Schnittkreis zu verbinden; es sollen also gleiche Längen am Distanzkreis gleichen Längen an der Retina entsprechen. Dieses ist hinreichend erfüllbar, wenn man an Stelle eines punktförmigen Austeilungspoles im Bulbus eine kurze Strecke nimmt (graphisch kann in einem Auge ein Punkt gesetzt werden, dann erhält man die doppelte Abweichung im anderen als Strecke). Zieht man nun noch entsprechend der Konstruktion nach Tschermak-Seysenegg dieses Polgebiet nach der Pupille vor, so wird der Fehler wohl so gering, daß er durch die optischen Abweichungen des Auges gedeckt oder umgekehrt die ganze Konstruktion durch diese bedingt erscheint (Abb. 28), was hiemit zur Debatte gestellt sei.

Die Referenzfläche kann überhaupt aufgefaßt werden als eine eingehüllte, durch zahlreiche Horopterzylinder gebildete Bezugsfläche.

Auch für die Konstruktion mit orthogonalen Ordnern zwischen Referenzfläche und der Ansicht des Objektes ist eine physiologische Stütze gegeben durch die sogenannte Allelotropie, das ist Breitenschrumpfung, verursacht durch das Hereinrücken disparater Bilder bis zum Orte des Einfachsehens, als welcher der Horopterbereich definiert wurde. Daher sitzt zum Beispiel in Abb. 30 nicht die Säule auf dem Austeilungsstrahl, sondern ihre zugehörige Stelle am Austeilungskreis; erst wenn auf die Säule akkommodiert wird, fallen beide zusammen. Dementsprechend wurde (S. 56) der Ausdruck Projektion für diesen Vorgang abgelehnt und dieser als Verwechslung bezeichnet. Tschermak-Seysenegg bezeichnet den Horopter als „Nullage", im Horopterbereich gibt es keinen Raum, beziehungsweise die dritte Dimension hat hier den Wert null. Vor und hinter dem Horopter gibt es ein Näher und Ferner, woraus erst der physiologische, visuelle Raum entsteht. Ist der Raum (S. 23, 26) zunächst aus erkenntnistheoretischen Gründen als Träger der Proportion eliminiert worden, so fällt er nun auch physiologisch als solcher fort.

F. Subjektive Fehler, entstehend durch Unterschiede an Helligkeit und Farbe.

Im vorhergehenden Abschnitt (S. 54) wurde als vierte Vernachlässigung, um eine Modulatio geometrisch faßbar machen zu können, das Absehen von Helligkeits- und Farbunterschieden genannt, welcher Vernachlässigung wegen ihrer besonderen Bedeutung hier ein eigener Abschnitt gewidmet wird.

Die Besonderheit der Bedeutung ist darin zu finden, daß das Licht mit seinen Verschiedenheiten das Sichtbare selbst ist und so den Vorrang vor der Begrenzung des Sichtbaren hat. Soweit das Grundsätzliche. Auch machen die hier möglichen Fehler das Vielfache aller übrigen Fehler zusammen aus.

Aber auch verfahrensmäßig liegt hier eine Besonderheit vor, welche darin besteht, daß bei den übrigen Vernachlässigungen und Annahmen die damit verbundenen Fehlergrößen nie recht faßbar sind, während hier darüber Genaueres ausgesagt werden kann. Die auftretenden Unterschiede sind nicht nur örtliche, sondern auch zeitliche.

Die zeitlichen Unterschiede entstehen durch die wechselnde Stärke und Richtung der Beleuchtung. Diesem Wechsel kann im allgemeinen nicht viel Rechnung getragen werden; die Ausbildung der schattenspendenden Glieder muß einer durchschnittlichen Erfahrung folgen.

Empfehlenswert ist eine Ausrichtung der Spiegelachse der wichtigsten Ansicht nach der scheinbaren Sonnenbahn, welcher Forderung bei vielen

Sakralbauten aus Gründen des Kultes entsprochen ist, indem die Seite mit dem Hauptzugang gegen Sonnenaufgang blickt.

Die Beleuchtungsstärke selbst ist nicht dem auftretenden Fehler proportional, wenigstens nicht innerhalb jener Intensitäten, welche einen unbeeinträchtigten Blick zulassen. Die Grenzfälle von starker Dämmerung sowohl als von blendender Strahlung stehen als untauglich nicht zur Untersuchung.

Der Fehler entsteht vielmehr an der Grenze zweier Flächen von verschiedener Helligkeit oder Farbe, ist also gar nicht der Fläche, sondern der Länge der betreffenden Grenze proportional, wenngleich die relative Größe des betrachteten Objekts als Summand, nicht als Faktor, Einfluß hat. Wie sehr eine Betrachtung dieses Gegenstandes vonnöten ist, zeigen die verbreiteten falschen Ansichten.

Gottfried Semper schreibt über Farbenzusammenstellung in der textilen Kunst (Der Stil, Bd. I, S. 47), was für jede Anwendung von Farben gleichermaßen gültig oder ungültig ist:

„Um bei den Farben zu bleiben, so gibt es drei Grundfarben, das Gelb, das Roth und das Blau, die in Beziehung auf Aktivität oder in Beziehung auf das Vermögen, den Gesichtssinn zu spannen und zu reizen, ein mittleres Proportionalverhältnis bilden, nämlich es verhält sich in Beziehung auf Aktivität das Gelb zum Roth wie 5 : 3 und das Roth zum Blau wie 3 : 2, oder auch genauer das Gelb zum Roth wie 8 : 5 und das Roth zum Blau wie 5 : 3. Sollen also alle drei Farben so einander juxtaponirt werden, daß sie gleichmäßig reizen, so muß nach den umgekehrten Verhältnissen die Mischung stattfinden, nämlich, wenn die ganze kolorirte Fläche aus 16 Theilen besteht, so kommen davon 8 Theile auf das schwach-irretative Blau, 5 Theile auf das mittel-irretative Roth und 3 Theile auf das hoch-irretative Gelb, vorausgesezt, daß alle drei angewendeten Farben der Intensität, d. h. der Sättigung des Tones nach, einander ungefähr gleich sind.“

Als „*Theile*“ versteht Semper Flächenanteile und fordert also für „*das auf der Fläche Figurirte*“ eine Austeilung nach obigen Zahlenverhältnissen.

Die Art, wie hier die Begriffe Aktivität und Intensität gesetzt werden, zeigt schon die Schwäche dieser Regel. Gemeint ist mit Aktivität die Wirkung und mit Intensität die Reinheit der Farbe.

In Wirklichkeit geht obige Regel offenbar auf eine reichlich mißverstandene Entdeckung Schopenhauers zurück, welcher sich schon bei Lebzeiten beklagte, daß man seine Urheberschaft übergehe.

Schopenhauer unterscheidet eine quantitative und eine qualitative „*Theilbarkeit der Tätigkeit der Retina*“, was seinerzeit durch einen Plagiator durcheinandergebracht, bis heute Unklarheiten verursacht.

„Von den Farben.

§ 3. Intensiv getheilte Thätigkeit der Retina: Die Einwirkung des Lichtes und des Weißen auf die Retina und die aus ihr folgende Thätigkeit derselben hat Grade, in denen, mit stetigem Übergang, das Licht der Finsterniß und das Weiße dem Schwarzen sich annähert. Im ersten Fall heißen sie Halbschatten und im andern Grau.

§ 4. Wie wir die Thätigkeit der Retina intensive theilbar fanden, so kann dieselbe auch, da sie einem ausgedehnten Organ inhärirt, eben mit diesem, extensive getheilt werden, wodurch eine extensive Theilbarkeit der Thätigkeit der Retina gegeben ist. Das Daseyn dieser ergiebt sich schon daraus, daß das Auge mannigfaltige Eindrücke zugleich, also nebeneinander, erhalten kann."

Diese Art der Teilbarkeit ist es, welche die reine Form ermöglicht. Mit Gebrauch der Schopenhauerschen Ausdrucksweise möchte ich sagen: Die reine Form ist eine Parzellierung der Retina nach besonders einfachen Werten und in einer Weise, welche diese Einfachheit noch recht sinnfällig macht.

Die angekündete Fehlerquelle liegt nun darin, daß diese extensive Tätigkeit der Retina durch die intensive verfälscht wird, indem helle Flächen größer erscheinen als dem Maße nach gleiche, dünklere. Dies ist eine architektonisch wichtige Frage, welche noch nicht zufriedenstellend beantwortet ist, da zum Beispiel die Meinung, welche Gottfried Semper ausspricht, wie gesagt, eine Paralysierung des Fehlers durch Vertauschen qualitativer und quantitativer Werte beinhaltet, was völlig absurd ist und einen Irrtum darstellt, der nach Schopenhauer nicht mehr unterlaufen sein sollte.

Ebenda:

„*§ 5. Die bisher dargestellte und keinem Zweifel unterworfene intensive und extensive Theilbarkeit der Thätigkeit der Retina läßt sich zusammenfassen unter den gemeinsamen Begriff einer quanitativen Theilbarkeit der Thätigkeit der Retina. Nunmehr ist mein Vorhaben, zu zeigen, daß noch eine dritte, von jenen beiden toto genere verschiedene Theilung jener Thätigkeit vorgehen kann, nämlich eine qualitative, und daß diese wirklich vollzogen wird, sobald dem Auge irgendeine Farbe, auf welchem Wege es auch sei, gegenwärtig ist.*"

Eine solche Zweiteilung ist überhaupt allen Sinnen gemeinsam. So bringt das Gehör Tonhöhe, Klangfarbe, charakteristische Geräusche als Qualitäten und deren Lautstärke und Dauer als Quantität zur Wahrnehmung; der Geschmack- und Geruchsinn hat süß, sauer, brenzlig usw. als Qualitäten, Heftigkeit und Ausdehnung jener Reize als Quantitäten, und in entsprechender Weise auch die übrigen Sinne.

Im § 5 bringt dann Schopenhauer auch jene Zahlenverhältnisse, welche der Ausgang der Semperschen Regel waren:

„*Wie nämlich Roth und Grün die beiden völlig gleichen qualitativen Hälften der Thätigkeit der Retina sind, so ist Orange* $2/3$ *dieser Thätigkeit, und sein Komplement Blau nur* $1/3$*; Gelb ist* $3/4$ *der vollen Thätigkeit, und sein Komplement Violett nur* $1/4$*. Es darf uns hiebei nicht irre machen, daß Violett, da es zwischen Roth, das* $1/2$ *ist, und Blau, das* $1/3$ *ist, in der Mitte liegt, doch nur* $1/4$ *seyn soll.*"

Es ist wohl das einzige Mal, daß sich der Antimathematiker Schopenhauer produktiv mathematisierend betätigt. Seine Zahlenwerte, auf deren Entdeckung er sehr stolz ist, fußen auf dem bloßen Augenschein, von welchem auch gar nicht völlig loszukommen ist. Das Problem weiter durch

Experimente erhellt zu haben, ist unter anderen das Verdienst Wilh. Ostwalds, welcher mit seiner Lehre vom Farbenhalb (Farbenlehre, II. Bd., 10. Kap.) die Richtigkeit des Schopenhauerschen Gedankens bewiesen, aber auch gezeigt hat, daß mit den bloßen Farbennamen noch kein Halt gewonnen ist. Greifen wir aus dem Ostwaldschen hundertteiligen Farbenkreis vier besondere Stellen heraus,

	Nummer	Spez. Helligkeit		Nummer	Spez. Helligkeit	Summe
Gelb	00	90	U-Blau	50	13	103
Rot	25	34	Seegrün	75	61	95

und dann noch als Besonderheiten der spezifischen Helligkeit

	Nummer	Spez. Helligkeit		Nummer	Spez. Helligkeit	Summe
Kreß	14	50	Eisblau	64	50	100

so ist mit Sicherheit daraus zu entnehmen, daß weder Schopenhauer noch Semper dieselben Farbenvorstellungen mit diesen Helligkeitswerten verbunden haben.

Schopenhauer hat ziemlich richtig geschätzt mit seiner Behauptung, Gelb sei ¾ und Violett ¼ der vollen Tätigkeit, denn tatsächlich stehen

	Nummer		Spez. Helligkeit		Nummer		Spez. Helligkeit	Summe
Veil	40	mit	25	und Laubgrün	90	mit	76	101

in diesem Verhältnis.

Allerdings stehen die wirklich gelben Töne Nr. 00 bis 08 mit ihrer spezifischen Helligkeit von 90 bis 71 zu ihren Komplementen Nr. 50 bis 58 mit einer spezifischen Helligkeit von 13 bis 30 in einem mittleren Verhältnis von 4 zu 1. Völlig mißlungen erscheint die Schopenhauersche Schätzung bezüglich der Komplemente Rot—Grün, denn Ostwald stellt fest:

Rot Nr. 25 bis 33 hat 34 bis 30 zur spezifischen Helligkeit und die zugehörigen Komplemente Seegrün Nr. 75 bis 83 hat 61 bis 63 zur spezifischen Helligkeit, was sich dem mittleren Verhältnis von 1 zu 2 nähert, während Schopenhauer 1 zu 1 schätzte. Damit ist die Sempersche Regel zur Flächenanlegung auch zahlenmäßig erledigt.

Für mich war es notwendig, aufzuzeigen, daß die Sempersche Regel schon grundsätzlich falsch ist und ihrem Urspung bei Schopenhauer schon widerspricht, es könnte ja sonst mit neuen Zahlenwerten derselbe Irrtum noch einmal auftauchen.

Ergänzend ist noch zu bemerken, daß das Maximum an spezifischer Helligkeit, welches im Gelb liegt, sich nicht mit dem Maximum an spezifischer Energie im Spektrum, welches im Infrarot liegt, deckt. Letztere ist nämlich proportional der Wellenlänge und fällt mit dieser in einer sanften, hyperbelähnlichen Kurve, die man für stetig nehmen kann. Die spezifische Helligkeit bildet sich als ein Linienzug ab, der in allen Spektren, von welcher Lichtquelle es immer sein mag, energische Knicke zeigt. Nur gegen das violette Ende eines Spektrums, etwa von 470 Millimikron abwärts, können die beiden als annähernd proportionale Funktionen betrachtet werden. Der Gebrauch von Belichtungsmessern, wie sie die photographische Industrie entwickelt hat, ist daher architektonisch nur zum Vergleich von Beleuchtungen einer Farbe, und da nur mit grober Näherung, möglich.

Im Spektrum ist ohne starke Gelbermüdung kein reines Rot zu sehen; der am aufgetragenen Farbenring mögliche Schluß ist also spektral nicht vorhanden, wie erstmals Goethe konstatierte.

Durch zunehmende Gelbermüdung, welche besonders bei Sonnenschein immer etwas vorhanden ist, schrumpft der gelbe Bereich im Spektrum und alle anderen Farben rücken nach — analog bei Verstimmung durch andere Farben, was allerdings bei natürlicher Beleuchtung nicht vorkommt. Außerdem sind die Farben noch von der Leuchtdichte abhängig.

Um bei solchen Relationen überhaupt eine Farbmetrik zu ermöglichen, geht man von der „Normalstimmung" des Auges aus, welche durch zeitweisen Lichtabschluß erzielt wird. Es ist klar, daß kein Künstler unter dieser Normalstimmung arbeitet und kein Kunstwerk so angeschaut wird, vielmehr ist im allgemeinen mit einer wirksamen Gelbverstimmung zu rechnen, wenn man zu künstlerischen Zwecken die Angaben der Farbmetriker heranzieht. Als neuere zusammenfassende Darstellung ist M. Richter, „Grundriß der Farbenlehre der Gegenwart", 1940, einzusehen, doch ist für künstlerische Zwecke der hundertteilige Farbenkreis nach Ostwald in keiner Weise überholt.

Aus diesen Helligkeitsverhältnissen der Farben zueinander kann keine Regel zur Austeilung von Flächen abgeleitet werden. Man wird einwenden, daß Gottfried Semper meinen Begriff der reinen Form nicht gekannt hat und auch nichts Ähnliches anstrebte. Das ist richtig.

Was er wollte, sprach er in den einleitenden Worten (Der Stil, Bd. I, § 15) aus:

„Ich glaube, es sind nur zwei Methoden denkbar, wonach Ruhe und Harmonie in den Farben (sowie in den räumlichen Verbindungen) erreicht wird. Die erste beruht auf dem Prinzipe der gleichmäßigen Vertheilung, die andere auf dem der Subordination oder der Authorität."

Ersterer Begriff ist es, den er durch seine obigen Zahlenregeln erklärt. Semper will also, um „*Ruhe*" zu erzielen, den helleren Farben um so kleinere und den dünkleren um so größere Flächen geben.

Es gibt kein Gesetz ohne gesetzmäßige Begrenzung. Diese kann sich im noch Unerforschten oder Unerforschbaren befinden, aber niemals im Bekannten einfach verlieren. Das aber ist nach den Semperschen Angaben der Fall. Denn nicht nur die „*gleichmäßige Vertheilung*", sondern auch die „*Subordination oder Authorität*" müßte sich doch nach denselben Verhältniszahlen, nämlich nach einfachen Teilen und Vielfachen derselben richten.

Die reine Farbe als subjektive Qualität hat gewiß etwas wesentlich Quantitatives in sich, es ist das Goethesche σκιερον, das Schattenhafte in der Farbe, oder, wenn man will, ihr eigentümliches Verhältnis an Licht und Finsternis. Für dieses und die Mischungen der reinen Farben, einschließlich des Weiß, welches für Eins gilt, und der Mischungen mit Weiß galten die Schopenhauerschen Zahlenangaben. Ausgeschlossen ist aber das Schwarz, welches für null gilt, und damit auch alle Mischungen mit Schwarz, da rationale Zahlenverhältnisse, auf welchen allein die Farbqualität beruht, nicht bestehen.

Übereinstimmend damit haben viele Maler das Schwarz nicht auf ihre Palette genommen. Hingegen hat es seit je im Kunstgewerbe und in der Baukunst reiche Verwendung gefunden. Da aber in diesen beiden letzteren Zweigen wegen der regelmäßigeren und einfacheren Begrenzungen der Teilflächen der Vergleich derselben auch leichter und genauer ist als in der freien Malerei, müßte, hätten die Semperschen Regeln Geltung, gerade das Gegenteil der Fall sein. Warum, so muß man sich doch fragen, hat Semper nicht ein Beispiel für seine Behauptung: „*Nach ähnlichen Verhältnissen sind die meisten orientalischen Muster in Beziehung auf Farbenvertheilung geordnet ...*" beigebracht? Vergeblich sucht man im Anhang auch nur ein Bild zu finden, das nicht obigem kraß widerspräche. So ist der Schluß unausweichlich, daß der so kenntnisreiche und verdiente Forscher und Künstler in diesem Punkte einer Illusion erlegen ist.

Das Schattenhafte in der reinen Farbe ist eben eine subjektive Qualität und allein innerhalb des Qualitativen gelten die zahlenmäßig faßbaren Mischungsregeln. Es läge näher, Ausgleiche durch Beimischen von Schwarz und Weiß erzielen zu wollen als durch extensive Abänderungen. Daß aber beides abwegig ist, wird besonders dann klar erkannt, wenn die Aufgabe in umgekehrter Weise gestellt ist, als sie Semper gibt: Vorgegeben sei zum Beispiel ein gelbes Quadrat mit schmalem violettem Rand oder umgekehrt ein violettes Quadrat mit schmalem gelbem Rand mit der Frage, wie die Farben nun zu mischen seien, um die beste Wirkung zu erzielen; die Antwort lautet in beiden Fällen gleich; es sind die Farben möglichst rein aufzutragen, beziehungsweise um das was das Violette sich dem Blau nähert, hat das Gelbe ins Orange zu spielen und umgekehrt, was das Violette mehr Rot enthält, hat das Gelbe mit Blau aufzuholen. Die Antwort geht also aufs Quantitative gar nicht ein; sie hat nur soweit Anteil an Quantität, als schon in der Farbqualität eine solche inbegriffen ist.

Auf den folgenden Seiten zerredet Semper seine Meinung selbst in Sätzen wie: „*Ist das Weiß und Schwarz als Grund gleich vertheilt, so nivelliren sie sich von selbst, doch läßt sich farbige Ornamentation damit in Verbindung setzen, die nach dem früher entwickelten Prinzipe der mittleren Proportionalität in sich selbst Auflösung finden und zugleich durch den Kontrast das Hell und Dunkel auf Dunkel und Hell den etwa zu hart erscheinenden Gegensatz der gleichvertheilten Gründe mildern darf.*" Oder auch dieses: „*Das Gold kann gleich dem Schwarz und dem Weiß neutral sein und wird dann ebenso benutzt wie Schwarz und Weiß, nämlich als Grund und als Einfassung. Dieses köstliche Medium besitzt durch seinen Glanz die Eigenschaft beider Extreme des Schwarzen und Weißen und paßt daher für alle Kombinationen. Zugleich tritt es, wo dieses der Harmonie fördersam ist, als Farbe, nämlich als nuancirtes Gelb, in Wirksamkeit.*"

Es erübrigt sich wohl für meinen hier angestrebten Zweck noch weiter eine Debatte über so unklare Begriffe wie „*Grund*" und „*Nivelliren*".

Unscharfes Sehen, aus welcher Ursache immer es eintritt, muß, wenigstens vom Standpunkt des Architekten, vom Begriffe der Irradiation möglichst geschieden werden, weil sonst eine Abgrenzung gegen das Pathologische, die Architektur erst ermöglicht, nicht zu finden wäre.

Die Irradition stellt ein mehrfach zusammengesetztes Phänomen dar und ist damit sehr wahrscheinlich individuell verschieden. Manfred Richter definiert: „*Als Irradiation bezeichnet man ein scheinbares Sich-ausbreiten einer Farbe über die Grenzen des eigentlichen Farbfeldes hinaus*" (S. 72), welche Definition mehr auf die Beugung des Lichtes geht. Auch Tschermak-Seysenegg trennt die äußere Irradiation, wie zum Beispiel die Beugung der Sonnenstrahlen an einem Draht, von der inneren nicht ab. Auch die innere Irradiation beruht nach ihm auf Beugung, beziehungsweise auf Zerstreuung infolge inhomogener Stellen in den brechenden Medien des Auges. Diese Wirkung allein und das entgegengesetzte physiologische Kontrastmoment erkläre die Irradiation hinreichend. Die Verstreuung im Auge sei so groß, daß selbst bei kleinster Lichtquelle keine Stelle der Netzhaut unbetroffen bleibe. Eine Propagation zwischen den Netzhautelementen sei widersinnig und zweckwidrig. Wofür auch mein weiter unten angeführter Rot-Grün-Versuch spricht.

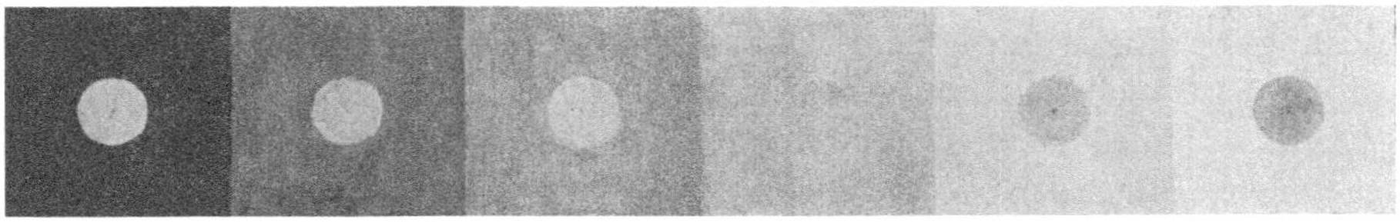

Abb. 29. Grautonreihe zur Veranschaulichung des Simultankontrastes.

Für architektonische Zwecke ist die äußere von der inneren Irradiation scharf zu trennen. Die äußere Irradiation tritt bei greller Beleuchtung und Gegenlicht an allen scheinbaren Umrissen eines Objektes auf. Ihr Maß ist von der Sehschärfe, also von der Leuchtdichte, der Tüchtigkeit des Beschauers und der Distanz des Beschauers abhängig; alo nicht recht faßbar. Ihr zu begegnen, wurden beim griechisch-dorischen Tempel die Ecksäulen verstärkt, vielleicht auch den Akroteren ein Zuschlag gegeben.

Die innere Irradiation ist bei jeder Leuchtdichte wirksam und tritt bei jeder Stellung der Lichtquelle ein. Sie bewirkt, daß eine aktiver gefärbte Fläche auf Kosten der weniger aktiven Nachbarschaft größer erscheint, ohne daß deshalb die Grenzen unscharf gesehen werden.

Ganz unabtrennbar ist davon der Simultankontrast (Abb. 29), welcher darin besteht, daß Helligkeitswerte subjektiv gesteigert erscheinen bei dunkler Umgebung und umgekehrt. Bei dem schönen Beispiel nach Abb. 29 ist die kreisförmige Fläche in allen Teilen der Abbildung objektiv gleichwertig, was erkannt wird, wenn man den jeweiligen Grund verdeckt. Damit erscheint mir bewiesen, daß sowohl der Simultankontrast als auch die Irradiation eine zentrale Komponente haben.

Der erste Versuch, den ich anstellte, um das Phänomen der Irradiation zu studieren, war folgender:

Ein weißes Quadrat aus Glanzpapier von 100 mm Seitenlänge liegt auf schwarzem Grund aus Glanzpapier und daneben ein schwarzes Quadrat derselben Größe aus gleichem Material auf weißem Untergrund bei einer Augdistanz von etwa 60 cm. Das weiße Quadrat erscheint nun größer als das schwarze und durch Beschneiden soll nun subjektive Gleichwertigkeit hergestellt werden. Dabei schnitt ich nach und nach von allen Rändern des weißen Quadrates schmale Streifen ab, bis rundherum 2 mm abgeschnitten worden waren. Das so erhaltene weiße Quadrat von 96 mm Seitenlänge hatte also 4% seiner Seitenlänge und fast 8% seiner Fläche eingebüßt.

Dieser Versuch gibt wohl ein ungefähres Bild von der möglichen Größe der Irradiation, hat aber mehrere Mängel.

Zunächst ist das Verfahren des Abschneidens bedenklich, da es laufend nur nach einer Seite, nämlich vermindernd, korrigiert werden kann; das einmal etwa zu viel Abgeschnittene aber nicht mehr angefügt werden kann. Ferner stoßen die beiden Vergleichsobjekte nicht aneinander, wohl aber deren Untergründe, welche selbst gegenseitig Irradiation hervorrufen. Endlich bedingt eine allseits begrenzte Figur noch sphärische Aberration [1].

Die Anordnung des Versuches stand unbewußt unter der falschen Voraussetzung, daß die Irradiation ein Randphänomen sei, eine Addition zweier Empfindungen, bestehend aus chromatischer Aberration, begrenztem Auflösungsvermögen infolge der Verästelung der Nervenendbäumchen und dann noch zentraler Faktoren, die ein Übergreifen der helleren oder grelleren Fläche auf die benachbarte weniger aktive bedingen.

Die folgenden Versuchsreihen ließen jedoch Irradiation und additive Randerscheinung deutlich auseinandertreten.

Um obengenannte Mängel des ersten Versuches auszuschalten, wurde ein Untergrund aus Naturpapier in mittlerem Grau gewählt und darauf lange Streifen aus Glanzpapier in der Richtung auf die Versuchsperson zu aufgelegt. Zu Beginn des Versuches lag der jeweils hellere der beiden gerade verwendeten Farbstreifen unter dem dünkleren, und die Versuchsperson wurde angewiesen, den unteren Streifen so weit hervorzuziehen, beziehungsweise korrigierend wieder zurückzuschieben, bis subjektive Gleichwertigkeit erzielt war. Dabei wurden Streifenbreiten von 25, 50, 100, 150 und 200 mm verwendet und eine Augendistanz von 60 bis 70 cm bei sonstiger freier Bewegung eingehalten. Eine genaue tabellarische Übersicht über diese Versuche setze ich nicht hieher, da nur handelsübliche Buntpapiere verwendet werden konnten, eine Kontrolle über genaue Helligkeitswerte und eine genaue Bezeichnung der Farben daher nicht gegeben war. Da dies aber auch in der Praxis nicht der Fall sein kann, ist es berechtigt, den zeitbedingten Mangel hinzunehmen und hier Zahlen mitzuteilen, welche doch das Wesentliche abnehmen lassen.

Zur Probe standen die Primärfarben, ferner Grün, Weiß und Schwarz. In allen Fällen erschien der hellere Farbstreifen breiter als der verglichene dünklere, mit Ausnahme des Paares Rot-Grün, in welchem Falle, obwohl das verwendete Grün viel heller als das Rot war, die Probestreifen gleich

[1] Goethe (Farbenlehre 16) bezeichnet interessanterweise die Wirkung eines schwarzen Kreises auf weißem Grund gegenüber der eines weißen Kreises auf schwarzem Grund als um ein Fünftel kleiner. Ein Beweis, wie untauglich diese Versuchsanordnung ist, die gewiß von der künstlerischen Praxis her so naheliegt. Die folgenden Abschnitte (17 bis 19) zeigen, daß Goethe auch die Beugung des Lichtes nicht von der inneren Irradiation abgetrennt hat.

breit bis zu Unterschieden von plus oder minus 4% erschienen. Bei diesem Paare konnte, wenn auch nicht von allen Versuchspersonen, ein weißlicher Saum an der Grenze beobachtet werden, von der Breite von etwa 0,1 bis 0,2 mm. Dieses also ist das einzige Additionsphänomen und es hat die bekannte Größe des Auflösungsvermögens von etwa einer Winkelminute.

Die Irradition ist im nützlichen Bereich, also wenn Dämmerung und Blendung außer Betracht bleibt, der Helligkeit oder Schwingungszahl nicht proportional, denn das Paar Weiß-Schwarz liefert keine anderen Maßabweichungen als etwa Weiß-Grün oder Gelb-Rot. Hingegen ist die Irradiation abhängig von der Objektgröße. Für die einzelnen Streifenbreiten betrugen die durchschnittlichen Abweichungen:

Streifenbreite:	25 mm	50 mm	100 mm	150 mm	200 mm
Abgang:	4,8%	4,2%	4,6%	4,4%	6,3%

In Anbetracht des Umstandes, daß beim Paare Grün-Rot der Abgang bei jeder der beiden Farben auftreten kann und somit die dabei erscheinende Abweichung bis zu 4% lediglich als Schätzungsunsicherheit betrachtet werden muß, ist die Irradiation überhaupt, da sie sich von 4% nicht wesentlich entfernt, eine Schätzungsunsicherheit, welche der helleren Fläche auf Kosten der dünkleren zugute kommt.

Zu beachten ist auch der Umstand, daß die Irradiation bei flüchtiger Betrachtung der betreffenden Objekte ein Vielfaches jener oben mitgeteilten Werte, welche durch angespannte Beobachtung gewonnen wurden, ausmacht. Dies ist zunächst eine Folge unvollkommener Akkommodation, andere Faktoren lassen sich jedenfalls experimentell nicht isolieren. Daß auch andere Faktoren vorhanden sind, darauf weist der Abgang von 6,3% bei einer Streifenbreite von 200 mm hin. Bei dieser Breite muß der Fixationspunkt schon bedeutende Wege machen, und die Versuchspersonen fühlen sich viel weniger sicher als bei 50 oder 100 mm Breite der beiden Streifen.

Aus anderen Versuchen (vgl. S. 160) habe ich die zulässige architektonische Fehlergrenze festzustellen versucht und gefunden, daß Abweichungen von $\pm$ 2% nicht wahrnehmbar sind. Wenig größere Abweichungen sind unter günstigen Umständen merkbar. Welche Abweichungen als störend, beziehungsweise noch nicht störend zu bezeichnen sind, ist schwer zu sagen. Jedenfalls ist nach einem Analogieschluß eine Überschreitung der Wahrnehmbarkeitsgrenze von 2% für bedenklich zu halten.

Demnach ist auch die Irradiation ein Problem, an dem der Architekt nicht vorbeigehen kann, da Proportionen durch Farbgebung, Helligkeit und Beleuchtung gestört werden können.

Stoßen zwei durchgehend mit jeweils einer Farbe bedeckte selbständige Flächen aneinander, so ist zugunsten der dünkleren eine Korrektur von 4% vorzunehmen, wenn nicht durch eine besondere Führung des Blickes, wie zum Beispiel bei einem Schachbrett, entgegengewirkt wird.

Architektonisch ist es jedoch ratsamer, selbständige Flächen nicht einheitlich zu färben, beziehungsweise einfarbige Stellen unter der jeweiligen Selbständigkeit zu halten. Weiter ist durch Ornamentierung oder durch die natürliche Zeichnung des Materials der Akkommodation Halt zu geben. Es soll auch vermieden werden, eine selbständige Fläche zwischen dünklere oder hellere zu setzen; vielmehr ist eine Helligkeitsfolge anzustreben.

Zu beachten ist noch die Möglichkeit einer Zerreißung einer selbständigen Fläche durch die Grenze von Licht und Schlagschatten. Die gemalte und gezeichnete Architektur und auch die künstlich beleuchtete Architektur kann daraus noch ein Kunstmittel machen, indem sie die ihr zur Verfügung stehende konstante Beleuchtung mit Absicht zu Teilungen verwendet. Bei natürlicher Beleuchtung muß jedoch das Wandern des Schattens berücksichtigt und einer nicht beabsichtigten Trennung entgegengewirkt werden, es kann nur die konstante, Schlagschatten erzeugende Kante, nicht aber der geworfene, veränderliche Rand des Schattens zu Teilungen verwendet werden. Dies geschieht, indem der Fixationspunkt durch die geworfene Kante hindurchgeführt wird, indem Kanneluren, Glyphen, Ornamente und figürliche Elemente den Blick leiten und so optisch und verstandesmäßig die Einheit der betreffenden Fläche sichern (vgl. S. 78).

Demselben Ziele dienen Vorkehrungen, welche den geworfenen Schattenrand bewegen, also ihm die Schärfe nehmen, wie am griechisch-dorischen Fries durch die Plastik der Glyphen und die Guttae erreicht wird. Erstere bricht den von der Scotia geworfenen Schatten durch den dreieckigen Querschnitt der Glyphen, die letzteren übernehmen stellenweise den Schatten der Scotia und wandeln so die scharfe Schattenkante zu einem Reihenornament. (S. Abb. 57).

G. Über maßgebliche Örter.

Das Auge, im weitesten, also auch cerebralen Sinne, hat — nicht so wie das Ohr, welches allein die reinsten Verhältnisse der Harmonie annehmen will — eine Selektionsfähigkeit, indem es innerhalb einer gewissen Variationsbreite von schätzungsweise 2 bis 4%, je nach der Schlankheit der betroffenen Teile, die gute Proportion aufnimmt, ohne daß eine solche präzise vorhanden wäre, soferne nur die Wahl offenbleibt. Die Wahl wird durch eine Weichheit offengehalten, welche durch Abrundungen, ungenau begrenzte Ränder, wie sie etwa Bruchsteinmauerwerk liefert, weiter durch eine Serie paralleler Streifen an Stelle einer eindeutigen Hauptkante innerhalb eines Profiles sich ergibt.

Das Phänomen, in der Plastik wohlbekannt, trägt dort den Namen Sfumato, sofern es sich um die Lage der Oberfläche und deren Grenzen handelt, den Namen Verhaltenheit, sofern es sich auf die Geste bezieht; im ablehnenden Sinne, wenn die zulässige Variationsbreite schon überschritten, wird es Verblasenheit, beziehungsweise Unausgesprochenheit genannt. Richtig geübt, ist eine solche Weichheit ein besonderes Kunstmittel, welches dem Beschauer eine eigenartige Lust gewährt, indem es ihn mühelos aktiviert, so ihm das Gefühl des Schöpferischen gestattet.

Michelangelos letztes Werk, die unvollendete Grablegung Christi, ist, vielleicht mehr aus Zufall, in einem solchen Zustande geblieben; solches stimmt den Beschauer ahnungsvoll, läßt seiner ganzen Phantasie aktiven Raum und bleibt unvergeßlich, während die präzisen Begrenzungen der Form nur bei der äußersten Exaktheit der Proportionen eine gleiche Einprägsamkeit besitzen.

Ein Paralleles gibt es gewiß auch in der Musik in den Schwebetönen und in der Ergänzung unvollständiger Mehrklänge durch die Phantasie — der Ausgleich von Skalen durch Temperatur gehört nicht hieher, da diese an Stelle eines Tones einen benachbarten, genau fixierten setzt, der um weniger als um die subjektive Fehlergrenze entfernt ist —, ferner in der Großform, wie die H-moll-Symphonie Franz Schuberts belegt. Dabei ist aber niemals jene enge sinnliche Bindung vorhanden, was schon dadurch belegt wird, daß Mittel und Zweck sich hier auf gleicher Bewußtseinsstufe befinden. Treffender ist einer architektonischen Abrundung in der Musik ein Glissando vergleichbar, welcher Vergleich allerdings nur dann ganz richtig wäre, wenn nicht Anfangston und Endton des Glissandos, sondern ein subjektiv auszuwählender Mittenton bestimmend wäre. Der rauhen Kante aus Bruchstein in der Architektur entspräche in der Musik ein Gemisch aus einem Geräusch mit einer Gruppe beisammenliegender Töne. Solche Mittel haben aber in der Musik nicht Wert und Wirkung der entsprechenden in der Architektur.

In der Architektur ist ein solches Sfumato nur mit viel Feingefühl oder mit Wissen um die genaue Proportion erzielbar, da es sich mit seiner scheinbaren Ungenauigkeit an der Grenze des noch Proportionierten bewegt. Es wäre zu simpel, mit viel Bruchstein und Rundungen die Sorge um die Proportion dem Beschauer zuschieben zu wollen; solche Gebilde mögen modisch zeitgebunden Anklang finden, ärgern aber die folgenden Generationen.

Die Beherrschung der Proportion ist also auch dort notwendig, wo es den Anschein hat, als sei sie nicht mehr vorhanden oder unwirksam oder irrational-unfaßbar.

Das Maß der reinen Form ist, abgesehen von den oben abgehandelten Verfälschungen, gleich ihrer Ansichtsfläche.

Die Ansichtsflächen werden begrenzt und geschieden durch Kanten und scheinbare Umrisse.

Hier tritt die, im übrigen mehr handwerksmäßige Scheidung von Architektur im engeren Sinne und Plastik ein, indem jene sich vornehmlich scharfer Kanten, diese aber vornehmlich der scheinbaren Umrisse zur Begrenzung und Trennung der Formen bedient. In diesem Sinne ist es eigentlich logischer, die Architektur als einen Sonderfall der Plastik aufzufassen, welche sich durch zunehmende Abstraktion von den in der Natur sich bietenden Formen weiter entfernend, mehr den Gesetzen des menschlichen Schauens und Denkens unterwirft.

Dementsprechend ist es völlig zwingend, daß die Architektur in ihren konsequentesten Stücken zu optischer Geometrie wird. Plastik und Architektur verhalten sich formal zueinander so, wie das unbewußte Wachsen des Körpers zum bewußten Bilden des Geistes. Gleich wie es eine scharfe Grenze zwischen Körper und Geist nicht gibt, so besteht auch keine solche zwischen Plastik und Architektur; aber auch keine Grenze zwischen mathematischer Unbestimmtheit und Bestimmtheit.

Es folgt daraus, daß an einer Plastik einzelne mathematisch bestimmbare Teile sich finden können und umgekehrt an fast jeder Architektur die mathematische Bestimmbarkeit in einzelnen Teilen ausläßt. Unbestimmt ist somit für Plastik und alle Architekturteile mit scheinbaren Umrissen auch der Standpunkt des Beschauers, aus welcher Unbestimmtheit der Architekt die Freiheit nimmt, derartige Architekturteile zumeist nach ihrem orthogonal umrissenen Flächenwert anzusetzen. Ausnahmefälle sind wohl so kraß, daß eine besondere Besprechung sich erübrigt.

Wo ein von Kanten, besonders von geraden Kanten begrenzter Bauteil maßgeblich endet, scheint aufs erste viel einfacher, ja völlig klar zu sein. Tatsächlich ist aber das Gegenteil der Fall. Während nämlich die orthogonale Bewertung von Formen mit scheinbaren Umrissen mit Selbstverständlichkeit immer schon geübt wurde, herrscht eine ganz überraschende Vielfalt und Unsicherheit in der Auswahl der maßgeblichen Örter, sobald es sich um Kanten handelt, die nicht zugleich als Umrisse sichtbar werden können. Selbst ein Architekturtheoretiker [1] vom Range eines Vignola greift bei seinen Ordnungen die Kanten ganz unmaßgeblicher Zwischenglieder als maßgeblich heraus, gar nicht zu reden von vielen Späteren, welche aus Unbeholfenheit, etwa beim Aufnehmen antiker Monumente die steinmetztechnische Teilung getreulich kotierend, architektonisch wichtigste Kanten unkotiert ließen.

Mit der Theorie hat es eine eigene Bewandtnis. Zunächst ist sie grundsätzlich unvollkommen- wie alles Menschliche. Während aber die Unvollkommenheiten der Praxis keine geistigen Mängel verursachen, sondern höchstens handwerkliche, ist dies bei der Unvollkommenheit der Theorie schon der Fall, wenn man sich nicht der Grenzen ihrer Gültigkeit dauernd bewußt ist.

Bleibt nun eine Theorie gar bei der Faustregel stehen, auf jeden anderen Halt als den der Autorität eines großen Praktikers verzichtend, so sind die Grenzen ihrer Gültigkeit unsichtbar und niemand weiß, ob sie mehr Nutzen als Schaden stiftet.

Nicht der Epigone eines großen Praktikers, sondern erst der, welcher dessen Tradition durchbricht und wirklich theoretisch zu denken beginnt, kann diesen rechtfertigen. Erst der Forscher und Denker ist es, der das Wohlbegründete vom bloßen, eingelebten Vorurteil scheidet. Und wäre es auch nicht er selber, der das Urteil spricht, so folgt doch das Urteil aus der Debatte, die er mit seinem Denken eröffnet.

Hier gilt es, mit einem unter vielen Vorurteilen zu brechen, und das ist die sogenannte „*Ordnung*“, nämlich S ä u l e n o r d n u n g usw. Der Begriff geht auf Vitruv zurück, dies wenigstens im ererbten Schrifttum, und

[1] Es ist eigentlich unrichtig, jene Schriftsteller der Renaissance, welche aus der Praxis abgezogene Faustregel bieten, als Architekturtheoretiker zu bezeichnen, soferne sie gar nicht den Anlauf nehmen, eine durchdachte Begründung beizubringen.

ist heute eigentlich nicht mehr lebendig, einfach weil wir uns von den Bauformen, von denen er abgezogen ist, schon zu weit entfernt haben. Aber das Vorurteil, welches zu dem Begriffe hinzugetreten war, lebt noch weiter. Während bei Vitruv zur Ordnung nicht allein die Höhenmaße, sondern auch ganz bestimmte Breitenmaße gehören, werden später die letzteren, vermutlich als etwas, das sich doch ganz von selbst versteht, weggelassen. Das Selbstverständliche aber, daß jede Harmonie in der Baukunst flächenhaft ist, wurde schließlich doch vergessen und verlor sich.

Damit war diese sogenannte Ordnung nur mehr eine Regelung der Höhe nach geworden, ohne daß auch nur gefragt wurde, wie denn daraus eine Ansicht zu machen wäre.

Dieses war nur ein Beispiel für das Verkennen der Grenze eines theoretischen Begriffes; hier des Begriffes der Säulenordnung.

Zu einer vollständigen architektonischen Maßangabe sind mindestens drei Maße erforderlich; zwei Strecken, welche von einem gemeinsamen Punkt ausgehen und der zwischen ihnen eingeschlossene Winkel, kurz, solche Angaben, welche geometrisch ausreichen, eine Fläche zu bestimmen.

Um nun auf die Auswahl einer Kante als maßgeblichen Ort von mehreren parallelen, wie dies beispielsweise bei Gesimsen zutrifft, zurückzukommen, so ist immer jene als maßgeblich und damit selbständige Flächen trennend und begrenzend zu betrachten, welche den Schlagschatten wirft, also Licht und Schlagschatten trennt. Die Richtung der Beleuchtung ist dabei die eines mittleren Tagesdurchschnitts, weder nahe der Waagrechten noch nahe der Senkrechten anzunehmen. Es wird also auf alle Fälle eine Beleuchtung unter 45° Klarheit bringen.

Dementsprechend ist als Trennung von Giebel und Gebälk beim antiken Tempel nicht die Oberkante des geraden Geisons zu betrachten, welche Meinung meistens anzutreffen ist, noch eine Kante eines untergeordneten Zwischengliedes, welche steinmetzmäßig den Geisonblock nach unten schließt, sondern die Scotianase, beziehungsweise eine Einrichtung an der Scotianase, wie sie S. 78 beim Aphaiatempel beschrieben wird.

Die gesamte Höhe ist bei keinem der griechischen Tempel rekonstruierbar, da die Firstakroterien, als die verletzlichsten Bauteile, bestenfalls nur mehr in einzelnen Bruchstücken vorhanden sind, die eine sichere Rekonstruktion ihrer Höhe nicht zulassen. Am ehesten wird dies noch Furtwängler beim Aphaiatempel gelungen sein. Daß aber die größte Höhe und die feinsten Spitzen wohl in der Gotik, nicht aber in den meisten anderen Epochen auch schon die wichtigste und maßgebliche Höhenabmessung liefern, sondern kräftigere und ausgedehntere Glieder vordringlicher sind, lehrt der Augenschein.

Bei fünf griechisch-dorischen Tempeln sind die Giebel hinreichend vermessen, um den maßgeblichen Punkt für die Giebelhöhe und damit für die ganze maßgebliche Tempelhöhe messen zu können; nämlich beim Parthenon, bei Aphaia auf Aegina, Theseus zu Athen, Concordia zu Akragas und Poseidon zu Paestum. Dieser Punkt ist der Zusammenstoß der Scotianasen der beiden schrägen Geisa am Giebel. Abb. 43, 50, 55.

Die maßgebliche Giebelhöhe reicht also von diesem Punkte lotrecht herab bis zur Scotianase des waagrechten Geisons.

Die zugehörige waagrechte Abmessung ist die Breite des waagrechten Geisons, gemessen an der großen Taenie, welche identisch ist mit der Breite an der Scotia.

Die G i e b e l f l ä c h e einschließlich der Akroterien ist die oberste der vier selbständigen Teilflächen an der Schmal- und Hauptansicht des griechisch-dorischen Tempels. Das Rechteck, gebildet aus den beiden oben erläuterten Abmessungen, ist gleich oder eine Variante der gesamten Giebelfläche, welche beiden Möglichkeiten im IV. Kapitel, soweit es der Erhaltungszustand erlaubt, an jedem Monument auseinandergesetzt werden.

Der maßgebliche Dachüberstand, das ist der Überstand des waagrechten Geisons über die Architravbreite auf jeder Seite, beträgt $^1/_3$ bis $^1/_2$ des der Lage entsprechenden Moduls.

Unter der Giebelfläche schließt als nächster selbständiger Teil die G e b ä l k f l ä c h e an. Sie wird aufs deutlichste durch ihre Höhe, gemessen von der Scotianase bis zur Architravunterkante, und durch ihre Breite, gleich der Architravbreite, welche in Moduli gleich ist der Breite im Stylobat, bestimmt. Die Gebälkfläche wird also begrenzt beiderseits durch Umrisse, oben durch die schattenwerfende Kante der Scotia und unten durch eine Kante, welche als Umriß sowohl als auch als schattenspendende Kante zu werten ist.

Auf dem oberen Teil der Gebälkfläche befindet sich das Triglyphon, dem im II. Kapitel, Abschnitt C, eine besondere Abhandlung gewidmet ist. Hier ist es aber am Platze, die T r i g l y p h e n sowohl als auch die M e t o p e n als Felder mit Figuren für eine Einrichtung zu nehmen, welche es verhindert, daß der Schlagschatten, den das waagrechte Geison wirft, die Gebälkfläche zerreiße. Für alle geographischen Breiten Griechenlands fällt an den Ost- und Westansichten der Tempel der untere Rand des Schlagschattens zumeist aufs Triglyphon [1].

Die Triglyphen nun und die Figuren in den Metopen binden durch den Rand des Schattens durch, sie führen den Blick und sichern so den optischen Zusammenhalt der Gebälkfläche.

Auch die S ä u l e n s t e l l u n g wirkt als eine Fläche. Ihre maßgebliche Höhe ist gleich der Säulenhöhe, und ihre Breite ist gleich der Stylobatbreite, beziehungsweise Architravbreite.

Weniger einfach und offenbar ist die Bewertung der F l ä c h e d e s

[1] Beim Aphaiatempel zum Beispiel bildet die Verbindungslinie Unterkante — Triglyphon — Dachüberstand mit der Lotrechten einen Winkel von etwa 25°. Die geographische Breite Athens beträgt 37° 58′, die von Akragas 37° 20′. Dieses sind also die durchschnittlichen Mittagssonnenstände. Die extremen Mittagssonnenstände zur Sommersonnenwende sind um 23° 30′ steiler, betragen also für Athen 14° 28′ und für Akragas 13° 50′. Die Abb. 48 zeigt den Concordiatempel zu Akragas, Ostansicht, unter einer Beleuchtung von nicht ganz 18°, stellt also bereits einen reichlich extremen Wert dar, wobei die Kante des Schlagschattens vom waagrechten Geison auf die Taenie fällt. Daß es sich bei dieser Abbildung um eine Aufnahme um die Zeit der Sommersonnenwende handelt, ist daran erkenntlich, daß sie eine Vormittagsaufnahme ist, da bei kulminierender Sonne die Ostansicht nicht mehr beleuchtet wird, daher die 18° nicht den höchsten Sonnenstand für den Tag der Aufnahme darstellen.

Unterbaues. Zunächst ist hier die Vernachlässigung der Draufsicht auf die Stufen bedenklicher als die Vernachlässigung etwa der Gebälkuntersicht, weil eine Draufsicht immer heller ist als eine Untersicht. Immerhin stimmt die völlige Vernachlässigung der Stufendraufsicht überein mit der Annahme der Aughöhe im Fußpunkt des Tempels, wie es zumeist der Fall ist, und stimmt hinlänglich überein mit der zweiten vorkommenden Annahme der Aughöhe in der Stylobatkante. Es ist daher bei sämtlichen untersuchten Tempeln die Höhe des Unterbaues gleichgesetzt der Summe aller Stufenhöhen [1].

Bezüglich der Breite des Unterbaues finden sich zwei verschiedene Auffassungen. Die eine davon enthält ebenfalls eine empfindliche Vernachlässigung, indem als Breite des Unterbaues die Stylobatbreite angenommen wird. Die zweite berechnet die Unterbaufläche genau als Trapez. Die erstere, ungenauere, der beiden anzutreffenden Auffassungen hat das gewichtige Argument für sich, daß die Stybolatkante als auffälligste Waagrechte am ganzen Bau das Auge viel besser führt als eine Kante einer darunterliegenden Stufe oder ein Durchschnittswert zwischen Stylobatkante und Stereobatkante, der gar nicht sichtbar am Bau vorhanden ist.

Die Summe der vier genannten Teilhöhen, nämlich die Unterbauhöhe, in der Rechnung mit a bezeichnet, die Säulenhöhe, mit b bezeichnet, die Gebälkhöhe, mit c bezeichnet, und die Giebelhöhe, in der Rechnung mit d bezeichnet, liefern die maßgebliche Tempelhöhe H;

$$H = a + b + c + d;$$

Die dazugehörige waagrechte Abmessung, die maßgebliche Breite des Tempels, ist die Stylobatbreite, beziehungsweise ihre nur durch die andere Höhenlage veränderte Variante, die Architravbreite.

Aus diesen beiden Hauptabmessungen ist nach zu entwickelnden Verfahren die gesamte Fläche des Tempels berechenbar.

Diese gesamte Fläche einer Ansicht ist als eine Einheit zu betrachten, von der die selbständigen Teilflächen einfache Teile betragen.

---

[1] Der griechisch-dorische Tempel steht mit seinem Unterbau auf einer Fundamentkonstruktion, welche waagrecht abgeglichen ist. Diese Gleiche wird als Euthynteria, zu deutsch Ausgleichsschicht, benannt. Steht der Tempel nicht im ebenen Gelände, wie zum Beispiel Concordia zu Akragas, Abb. 50, so wird die Unterkonstruktion talwärts sichtbar. Diese ist aber ganz deutlich von den zum Tempel gehörigen Stufen unterschieden. Ebenso kann heute das anschließende Gelände tiefer liegen als zur Zeit der Erbauung. Ein Zweifel über die Unterbauhöhe ist aber gerade bei den besten Bauten nicht möglich.

II. Über die Austeilung von Gleichstücken.

A. Über die Austeilung der Säulen an griechisch-dorischen Peripteraltempeln.

Ich halte es für sehr nützlich, gerade an dieser Stelle auf die Gefahr zu verweisen, die darin liegt, daß eine gute, brauchbare Arbeitshypothese zur Doktrin verhärtet wird. Wissenschaftlicher Fortschritt soll doch nicht nur eine Erweiterung oder gar nur eine Verlagerung der Bewußtseinssphäre, sondern auch deren Erhellung und Auflockerung bringen.

Gewiß ist gerade die heutige Verarmung der Baukunst auch eine Folge des ganz unglaublichen Mangels theoretischen Wissens. Eine Festlegung der Begriffe ist kein Angriff auf die künstlerische Freiheit, sondern der unausweichliche Beginn jener Arbeit, welche es erreichen will, daß dem bisherigen bloßen Abschätzen der Form ein sachliches Wissen beim Entwurfvorgang zu Hilfe komme.

Die zur Erforschung des griechischen Dorismus so brauchbare Arbeitshypothese bestand in der Annahme, daß das Auge ein starrer Apparat sei, dessen optische Achse waagrecht in der lotrechten Spiegelebene der angeschauten Tempelansicht liege. Die Netzhaut ist dabei zunächst als eine Kugelkalotte angenommen. Vom Linsensystem wird berücksichtigt, daß die Randstrahlen einer stärkeren Brechung unterliegen als die zentralen Strahlen. Allenfalls wird zur Erklärung von am Bau beobachteten Erscheinungen noch der Umstand benutzt, daß im lotrechten Meridian eine stärkere Brechung als im waagrechten stattfindet. Weiters kann noch eine Korrektur zur Berücksichtigung der Augenbewegung um die waagrechte Achse, bei den Längsfronten insbesondere auch eine der Bewegung des Beschauers selbst eintreten.

Grundsätzlich ist zu sagen: Es ist die einzige heuristische Möglichkeit und die einzig den Griechen zumutbare Weise, an diese Phänomene mathematisch heranzukommen, nicht das Auge zu nehmen, wie es eben durchschnittlich beschaffen ist, sondern einen geometrisch reduzierten Extremfall zu setzen und dann von diesem korrigierend sich der lebendigen Natürlichkeit anzunähern. Der Architekt geht also den Weg wieder zurück, den der Psychologe, wie in den voraufgeführten Abschnitten gezeigt, gehen mußte: Im psychologischen Versuch wird getrachtet, die einzelne visuelle Komponente zu isolieren; aus solchen Komponenten dann ein reduziertes Auge vorgestellt, welches der Architekt teilweise durch Kunstmittel erfüllend, teilweise auflösend, wieder näher an die Lebendigkeit heranführt.

Es ist seit der Spätantike fast ausnahmslos die Übung, eine Reihung von gleichen Stützen, auch in gleichen Abständen von Stütze zu Stütze, zu versetzen.

Im Gegensatz dazu ist beim griechisch-dorischen Tempel eine solche Art der Säulenausteilung vermieden [1].

Seit Vitruvs „Zehn Bücher über die Architektur" (Liber IV. C. 3, 2), welche etwa gegen Christi Geburt geschrieben wurden, war man die längste Zeit der Meinung, die Ungleichheit der Säulenabstände im griechisch-dorischen Stil sei durch ein Zurechtrücken der Säulen, bedingt durch den sogenannten Triglyphenkonflikt (s. S. 238), hervorgerufen [2].

Nun soll die Austeilung der Säulen als ein selbständiges Kompositionsproblem dargestellt werden.

Bei den frühen Tempeln ist diese Austeilung offenbar ungeregelt, was sich weder mit Unvermögen noch mit Ruinenhaftigkeit erklären läßt [3].

Vornehmlich bei den kanonischen Bauten hat die Austeilung in jeder Ansichtmitte eine Spiegellinie, wobei die jeweils weiter außen befindlichen Jochweiten ein geringeres absolutes Maß haben als ihre jeweils weiter innen liegenden Nachbarjoche.

Zugleich läßt sich eine Entwicklung verfolgen, die dann in der Spätzeit vorherrschend wird. Die Raffung der Jochweiten wird unter dem Einfluß anderer kompositioneller Forderungen, wie Konkordanz der zweiten Säule von der Mitte gezählt, mit der dahinter an der Cella stehenden Ante, zunehmend verschliffen. Die Austeilung wird als Problem unselbständig und nähert sich so der Vitruvschen Forderung [4], alle Joche mit Ausnahme des Mitteljoches gleich weit zu machen. Welch letzterer Umstand wie eine Reminiszenz, bei Vitruv allerdings mit der rein praktischen Begründung, die Zugänge zu erweitern, bestehen bleibt.

Es ist nun eine Begründung aufzusuchen, welche die kanonische Regelung zugleich mit dem voraufgehenden Mangel einer Regelung einsehen läßt.

Dabei ist die psychologische Betrachtung nützlicherweise auf zwei Arten anzustellen: verstandesmäßig und auch optisch. Womit nicht behauptet wer-

---

[1] Allein der Cerestempel zu Paestum hat ausschließlich als gleich zu betrachtende Joche:

Ost von links nach rechts Meter	West von rechts nach links Meter	Süd von links nach rechts Meter	Nord von rechts nach links Meter
2,62	2,62	2,617	2,63
2,635	—	—	2,635
2,637	—	—	2,605
2,63	2,625	2,62	2,635
2,63	2.623	2,615	2,625
		2,64	2,625
		2,625	2,62
		2,62	2,62
		2,625	2,62
		2,62	2,625
		2,62	2,63
		2,625	2,62

[2] Welche Meinung von M. Theuer: „Der griechisch-dorische Peripteraltempel", Wien 1918, S. 5, widerlegt wurde.

[3] In einzelnen Fällen wird allerdings die Möglichkeit, daß durch Erdbeben eine Veränderung der Jochweiten stattgefunden haben kann, durch verrutschte Säulentrommeln, wie sie zum Beispiel beim Athenatempel auf Sunion und beim Theseustempel zu Athen zu sehen sind (Abb. 51, 62), nahegelegt.

[4] Theuer M. „Der griechisch-dorische Peripteraltempel".

den soll, daß der Sehvorgang reinlich in zwei solche Teile geschieden werden kann. Es gibt aber ästhetische Forderungen, deren psychologische Begründung mehr auf optischen, und solche, deren Begründung mehr auf zerebralen Funktionen ruht.

Zur verstandesmäßigen Betrachtung mache man folgendes Gedankenexperiment:

Man stelle sich eine Folge von technisch gleichartigen und gleichwertigen Einheiten vor, etwa Motorengeräusch oder das Rattern einer fahrenden Eisenbahn. Diese objektiv völlig gleichen Schallstöße werden subjektiv verändert, sie werden gruppenweise zusammengefaßt und in Takte eingeteilt, wobei die einzelnen Stöße ihrer Stärke, Zeitfolge, Dauer und auch ihrer Tonhöhe nach umgewertet werden. Dieser Drang, dieses Urbedürfnis, welches die Musik gebiert, herrscht nicht allein im Bereiche des Auditiven, sondern auch im Visuellen. Die einfachsten Elemente einer ornamentalen Reihung, seien es auch nur Punkte oder Striche, zeigen dieselbe Tendenz nach Rhythmus und Alternation, sobald das einzelne Element einigermaßen Selbständigkeit erlangt hat.

Dem Menschen ist eine tiefe Abneigung gegen die ziellose Reihung völlig gleicher Eindrücke angeboren, gleichgültig welcher Sinn diese dem wahrnehmenden Verstande vorträgt. Mehr als drei, vier[1] selbständige Gleichstücke sind bereits verwirrend und ermüden, wenn sie in völlig gleicher, das ist, mathematisch gesagt, linearer Weise zur Wahrnehmung kommen und vermögen deshalb nicht schön zu wirken[2].

Erst wenn die Selbständigkeit des einzelnen Gleichstücks einer Reihung völlig erledigt ist, wie beim Ornament oder bei der Reihung von Schallstößen zum brummenden Ton, tritt wieder jene Beruhigung ein, welche die Voraussetzung zum Genusse bietet, und völlige Gleichheit ist angemessen.

Die Anordnung von Gleichstücken in der Baukunst, wie Säulen, Fenster, Stufen, Ornamente, ist, abgesehen von dem Erfordernis des Gebrauches, rein künstlerisch deshalb notwendig, weil das einzelne Stück nicht so leicht den Gattungsbegriff abnehmen läßt als die Menge und so auch das Ziel jeder Kunst, die Mitteilung einer Idee, leichter erreicht wird.

Die Reihung der Säulen an den Haupt- und Schmalansichten eines Peripteraltempels soll damit also nicht linear sein, weil erstens die Säule ein völlig selbständiges Gleichstück ist und zweitens diese Reihung kein Ziel hat.

Die Reihung der Säulen oder Pfeiler im Langhaus einer Kirche hat ein Ziel, nämlich die Altarwand, und der Beschauer befindet sich, wenn er dieses Ziel betrachtet, seitlich der Reihung.

Aus solcher Ursache findet eine Minderung der Selbständigkeit der

---

[1] Mir erscheint bereits die Anzahl vier nicht so schön als Reihung wie die Anzahl drei zu sein. Doch ist sie noch ohne negative Wirkung, welche bei fünf völlig gleich vorgetragenen Gleichstücken unbedingt schon auftritt.

[2] Dies bezieht sich lediglich auf die Reihung an sich. Natürlich wird die Schönheit des einzelnen Gleichstückes dadurch nicht gemindert. Ist die Gleichheit von Interkolumnien etwa durch grundrißliche Bindungen gefordert, so gibt es noch Gliederungsmöglichkeiten durch das Hereinwirken von Bauteilen außer der Reihung auf die Reihung; wie zum Beispiel beim Parthenon zu beobachten ist.

Säulen an den Langseiten eines Peripteraltempels statt. Hat eine solche Reihung auch kein sichtbares Ziel, so hat sie doch die Funktion, den Beschauer zur eigentlichen Hauptansicht hinzuleiten. An der Langseite ist also die Vitruvsche Forderung, alle Joche gleich weit zu machen, durchaus angebracht.

An der Schmal- und Hauptansicht eines Peripteraltempels aber erblickt der Beschauer die Reihung der Säulen gleichlaufend mit seiner eigenen Stirne; diese Reihung ist ohne Ziel.

Während bei Vitruv mit der Caesur, bestehend in der Erweiterung des Mitteljochs, die Reihung der Säulen an der Hauptansicht unterbrochen und in zwei kleinere Gruppen geteilt wird, das Problem unselbständig gemacht und so einer direkten Lösung ausgewichen wird, geht der griechisch-dorische Baukünstler ebendieses Problem zumeist ganz selbständig an.

Es ist einer der erfolgreichsten Grundsätze naiv-bäuerlichen Bauens, nicht starr zu regeln, wo man es nicht wirklich beherrscht. Die so anheimelnde Weichheit und Unbekümmertheit ist das Ergebnis eines solchen ehrlichen Eingeständnisses an Bauern- und Kleinstadthäusern.

So beobachten wir auch an den ältesten der griechisch-dorischen Peripteraltempel völlig ungeregelte Jochweiten.

Soll nun eine Regelung getroffen werden, welche keine lineare sein darf, so ist sie notwendig höherer als erster Ordnung, also zunächst zweiter Ordnung, das heißt eine quadratische Funktion. Dieses führt nun zur sinnenhaften, und soweit das möglich ist, vom Verstandesmäßigen losgelösten, zweiten Betrachtungsweise.

Ich lege dabei besonderen Wert darauf, daß das Heuristische, also Undoktrinäre, der Betrachtungsweise deutlich werde.

Tritt der Beschauer einer Reihung wie hier gegenüber, so entstehen auf der angenäherten Kugelschale der Netzhaut von jenen Geraden am Objekt, auf welchen die Säulen auszuteilen sind, Kurven (s. Abb. 25, 25 a) von annähernder Kreisform. Es bestand nun die Aufgabe, eine Konstruktion aufzufinden, welche mit hinreichender Genauigkeit diese Kurven in gleiche Stücke teilt und zugleich die Austeilung der griechisch-dorischen Säulen liefert. Voraussetzung für die Konstruktion, beziehungsweise für deren rechnerischen Nachweis ist die oben angeführte Hypothese vom starren Auge.

Ob der griechische Baukünstler die Austeilung durch Zirkelschläge, mit Seil und Pflöcken oder durch ein besonderes Gerät vornahm, ob bewußte optische Überlegungen oder nur durch lange Erfahrung gewonnene Überzeugung zur originalen Konstruktion führte, wäre gewiß interessant zu wissen, ist aber gar nicht wesentlich.

Wesentlich ist, daß unsere Hypothese die Tatsachen erklärt, daß sie psychologisch haltbar ist.

Psychologisch haltbar ist die Hypothese dann, wenn sie stufenweise durch psychologische Tatsachen ihres hypothetischen Charakters entkleidet, einen hypothetischen Rest übrigläßt, der als Kunstmittel brauchbar ist.

So substituieren wir hier das Modell des starren Auges. Hypothetischer Rest ist die in natura nicht zutreffende Starrheit des Auges. Diese ist brauchbares Kunstmittel, den Beschauer in die Hauptachse des Tempels zu weisen und ihm die starke Betonung dieser Achse zu veranschaulichen.

So haben wir uns die Voraussetzung für das mathematische Erfassen der am Bau stattfindenden Tatsachen geschaffen.

Die geometrischen Beziehungen sind aus Abb. 30 ersichtlich;

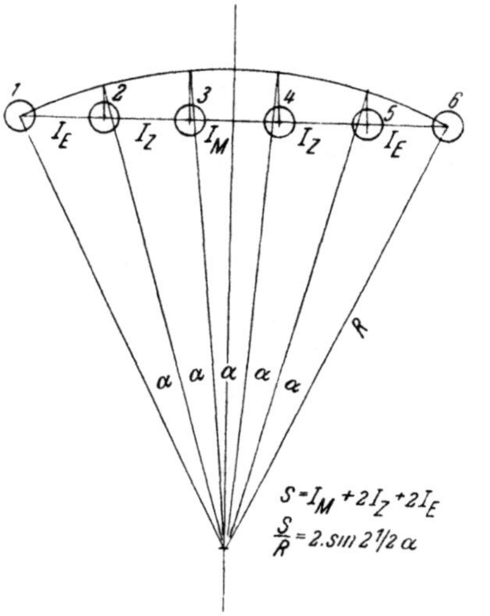

Abb. 30. Austeilungsschema für sechs Säulen.

IM bedeutet die Weite des Mitteljoches,

IZ die des Zwischenjoches und

IE die des Joches an der Ecke beim Sechssäuler,

S bezeichnet die Summe aller Jochweiten und damit wird

$$S = IM + 2\,IZ + 2\,IE$$

α bedeutet schließlich den Zentriwinkel, welcher einer Jochweite entspricht.

Aus den Aufnahmen der Tempel ließ sich nun angenähert die Krümmung des Austeilungskreises berechnen, und zwar mit $5\,\alpha \cong 60^0$ für den Zentriwinkel von der ersten bis zur letzten, sechsten Säule. Tafel 1 zeigt eine Zusammenstellung aller faßbaren Sechssäuler; die also hinlänglich erhalten sind, um eine Beurteilung zu ermöglichen. Man erkennt die Ungeregeltheit der Säulenabstände bei den frühen Bauten, und erkennt ferner, daß mit der Annahme von $5\,\alpha = 60^0$ der Charakter der Austeilung bei den Bauten der Hochklassik durchaus getroffen wurde, jedoch IM in der Rechnung auf Kosten von IE zu groß ausfiel, was bedeutet, daß der angelegte Kreisbogen zu krumm gewählt wurde, $5\,\alpha$ also kleiner als 60^0 und der Radius des Krümmungskreises größer als die Summe aller Säulenabstände zu wählen ist.

Durch fortgesetztes Probieren — eine direkte Berechnung ist ja kaum möglich — stellte ich fest, daß die Krümmung des Austeilungskreises bei den einzelnen Tempeln von der zunächst angenommenen relativen Gleichheit um etwas abweicht.

Daraus schloß ich, daß der Krümmungsradius dem Bauwerk zu entnehmen sei, ein architekturgeschichtlich ebenso naheliegender als psychologisch bedeutungsloser Umstand.

Tafel 2 zeigt nun die Zusammenstellung aller jener Tempel aus Tafel 1, welche mit einem Krümmungsradius gleich der Kantenlänge der obersten Stufe des Unterbaues, der sogenannten Stylobatkante, als hinreichend genau erfaßt gelten können.

Maße in Metern. **Tafel 1 für 5 α = 60°.** Unsichere Maße in Klammern.

	Erbaut v. Chr. Ansicht:	Gemessen Im	Gerechnet Im	Gemessen Iz	Gerechnet Iz	Gemessen Ie	Gerechnet Ie	Gemessen R
15 Tempel C Selinus	West 581	(4.42)		4,41		4,40		
				4,435		4,354		
6 Heratempel E	O 580	4,72		4,718		(4,397)		
bei Selinus				4,75		4,373		
	W	4,708		4,71				
18 Tempel D Selinus	Ost 570—554	4,30		4,34		4,36		
				4,40				
	W	4,41		4,42		4,37		
				4,31		4,35		
19 Tempel F Selinus	O	(4,453)		(4,453)		(4,45)		
	W	4,46		4,47		4,484		
				4,50				
16 Tempel A Selinus	O 500—480	2,99		2,935				
	W	3,02		2,919				
8 Herkulestempel	W			4,605		4,52		
zu Akragas		4,62		4,62		5,525		
4 Cerestempel	O 500	2,627		2,635		2,62		
zu Paestum				2,63		2,63		
	W			2,625		2,62		
						2,623		
20 Aphaiatempel	O 490—480	2,63	2,655	2,62	2,60	2,415	2,425	12,70
auf Aegina				2,62		2,415		
	W	2,63	2,65	2,62	2,592	2,405	2,422	12,68
				2,62		2,405		
7 Zeustempel	O 460—450	5,23	5,279	5,23	5,183	4,78	4,823	25,25
zu Olympia				5,23		4,78		
	W	5,23		5,23				
				5,23				
21 Heraion	O 450	3,63	3,62	3,51	3,539	3,32	3,306	17,21
zu Olympia				3,54		3,31		
	W	3,63	3,633	3,54	3,554	3,31	3,319	17,38
				3,55		3,35		
9 Juno Lacinia	O vor 440	(3,145)		3,09		3,05		
zu Akragas						3,05		
	W	3,15	3,22	3,115	3,15	3,01	2,946	15,425
				3,14		3,01		
2 Poseidontempel	O 440	(4,48)		4,47		4,30		
zu Paestum		4,43	4,60	4,43	4,50	4,303	4,205	22,02
	W			4,45		4,29		
				4,43				
10 Concordiatempel	O 440	3,21	3,22	3,105	3,15	3,015	3,046	15,425
zu Akragas				3,09		3,005		
	W	3,205	3,218	3,105	3,148	3,005	2,940	15,395
				3,10		2,98		
5 Apollotempel	O 430	2,717	2,755	(2,747)	2,695	2,527	2,517	13,179
zu Bassae				2,708		2,523		
14 Tempel zu Segesta	I 430.420	4,368	4,404	4,212	4,307	4,094	4,023	21,065
				4,275		4,116		
	II	4,348	4,403	4,248	4,307	4,101	4,022	21,060
				4,249		4,114		
13 Nemesistempel	O nach 440	(1,907)		(1,907)				
zu Rhamnus				(1,907)				
12 Theseustempel	O nach 440	2,619		2,626		2,396		
zu Athen								
— Zeustempel	O nach 440	3,745		(3,745)		(3,3735)		
zu Nemea				(3,745)		(3,3735)		
24 Athenatempel	W nach 440			2,52		2,38		
auf Sunion		2,52	2,576	2,52	2,52	2,38	2,553	12,32

Tafel 2

Maße in Metern.

	Im			Iz			Ie			S	R	5α
	Gemessen	Gerechnet	Fehler %	Gemessen	Gerechnet	Fehler %	Gemessen	Gerechnet	Fehler %	Gemessen	Gemessen	Gerechnet
10 Concordia-tempel Akragas	3,21 3,205	3,1986 3,1912	0,39	3,105 3,09 3,105 3,10	3,1415 3,1356	1,2	3,015 3,005 3,005 2,98	2,9717 2,966	1,08	15,425 15,395	16,915 16,93	54° 15′ 16″ 54° 5′ 29″
14 Tempel zu Segesta	4,368 4,348	4.367 4,366	0,2	4,368 4,348	4,289 4,289	1,6	4,094 4 116 4,101 4,114	4,06 4,058	1,16	21,060 21,065	23,177 23,185	54° 2′ 19,6″ 54° 2′ 47,4″
21 Heraion zu Olympia	3,63 3,63	3,593 3,613	0,75	3,51 3,54 3,54 3,55	3,526 3,546	0,03	3,32 3,31 3,31 3,35	3,333 3,347	0,52	17,31 17,38	18,75 18,75	54° 58′ 6″ 55° 17′ 28″
20 Aphaiatempel auf Aegina	2,63 2,63	2,634 2,632	0,1	2,62* 2,62 2,62 2,62	2,588 2,586	1,28	2,415* 2,415 2,405 2,405	2,45 2,44	1,4	12,70 12,68	13,80 13,79	54° 47′ 8″
7 Zeustempel zu Olympia	5,23	5,235 5,235	0,1	5,23* 5,23 5,23 5,23	5,145	1,6	4,78* 4,78	4,862	1,6	25,25 25,25	27,68 27,68	54° 16′ 0″

* Die jeweils zweite Säule vom Rande wurde mit der dahinterliegenden Cellaante in Beziehung gebracht und dadurch verschoben.

Die psychologisch zulässige Fehlergrenze liegt bei etwa 2%. Technisch kann der Fehler entstehen durch Unselbständigkeit der Aufgabe, wie bei den beiden letzten Tempeln, durch Ungenauigkeit der Bauausführung und durch Ruinenhaftigkeit.

Der Rechnungsvorgang ist dabei folgender:

Concordiatempel zu Akragas:

$$S = 15{,}425 \text{ bis } 15{,}395 \text{ m}.$$

Der Radius sei gleich der Stylobatbreite, welche mit A bezeichnet wird, das sie, wie später klar werden wird, eine Variante der Architravbreite darstellt.

$$R = A = 16{,}912 \text{ bis } 16{,}93 \text{ m},$$

$$\sin 2{,}5\,\alpha = \frac{S}{2 . R} = 0{,}45596 \text{ bis } 0{,}4547,$$

$$2{,}5\,\alpha = 27^0\,7'\,38'' \text{ bis } 27^0\,2'\,44{,}6''$$

Der Zentriwinkel für die ganze Säulenstellung an der Hauptansicht wird daraus[1]:

$$5\,\alpha = 54^0\,15'\,16'' \text{ bis } 54^0\;5'\,29{,}3'' \text{ und}$$

$$\alpha = 10^0\,51'\,3{,}2'' \text{ bis } 10^0\,49'\,5{,}8''$$

[1] Dieser Rechnungsgang ist aus didaktischen Gründen heuristisch, nicht theoretisch exakt. Exakt ist: $\alpha = \frac{60^\circ . 10 \text{ M.}}{5 . 11 \text{ M.}} = 10^\circ\,54'\,32{,}7''$, wie S. 91 beim Parthenon näher erläutert.

Zur Berechnung des mittleren Säulenabstandes:

$$Im/2 = R \,.\, \sin \alpha/2 = 16{,}915 \,.\, 0{,}094550 = 1{,}5993 \text{ m}$$
$$\text{oder} = 16{,}93 \,.\, 0{,}094268 = 1{,}5956 \text{ m}$$

und daher der mittlere Säulenabstand

$$Im = 3{,}1986 \text{ m oder}$$
$$= 3{,}1912 \text{ m}$$ tatsächlich am Bau vorhanden ist:
$$Im = 3{,}21 \text{ m und}$$
$$= 3{,}205 \text{ m}$$

Zählt man die Paare jeweils zusammen, so erhält man

für die errechneten Werte $2 \,.\, Im = 6{,}3898$ m und

für die gemessenen Werte $2 \,.\, Im = 6{,}415$ m,

durchschnittlicher Fehler $\varnothing = -0{,}025$ m $= -0{,}39\%$.

Zur Berechnung des zweiten Säulenabstandes:

$$Iz = R \,.\, \sin 1{,}5\,\alpha - Im/2 = 16{,}915 \text{ m} \,.\, 0{,}280274 - 1{,}5993$$
$$= 4{,}7408 - 1{,}5993 = 3{,}1415 \text{ m}$$
$$\text{oder} \quad = 16{,}93 \,.\, 0{,}279454 - 1{,}5956 =$$
$$= 4{,}73116 - 1{,}5956 = 3{,}1356 \text{ m}$$

Tatsächlich vorhanden ist: $Iz = 3{,}105$ m
$= 3{,}09$ m
$= 3{,}105$ m
$= 3{,}10$ m

Der durschnittliche Fehler beträgt etwa 3,7 cm, das sind + 1,2%. Es wird weiter unten gezeigt werden, daß der zulässige Fehler gleich oder wenig größer als 2 Prozent anzunehmen ist.

Endlich zur Berechnung des dritten Säulenabstandes an der Ecke:

$$Ie = S/2 - Im/2 - Iz = 7{,}7125 - 4{,}7408 = 2{,}9717 \text{ m}$$
$$\text{oder} \quad = 7{,}6975 - 4{,}7312 = 2{,}9663 \text{ m}$$

Tatsächlich vorhanden ist: $Ie = 3{,}015$ m
$= 3{,}005$ m
$= 3{,}005$ m
$= 2{,}98$ m

Der durchschnittliche Fehler beträgt 3,2 cm, das sind — 1,08%.

Betrachten wir die Austeilungsverhältnisse an den Langseiten, so zeigt sich, daß diese nicht mit derselben Leichtigkeit faßbar sind wie die an den Hauptfronten.

Die naheliegende Annahme, daß entsprechend den Verhältnissen an den Schmalseiten hier der Radius des Austeilungskreises gleich sein müßte der Länge im Stylobat, trifft nicht zu. Ein solcher Kreis ist viel zu krumm.

Es sprechen auch zwei gewichtige Gründe gegen diese Annahme. Erstens soll, wie oben schon berichtet, keine so starke Betonung der Querachse stattfinden, wie sie an der Hauptachse angezeigt ist. Und zweitens hätte eine solche Annahme die Auswirkung, daß das Eckjoch an der Langseite kleiner würde als das anstoßende Eckjoch der Hauptansicht; was, wenn es so deutlich würde, daß man es sehen kann, keine gute Wirkung hätte. Gewiß soll das Eckjoch an der Langseite gleich oder etwas größer als das der Schmalseite sein, um die Kontinuität des Säulenumganges zu bewahren. Dieses scheint mir auch der wirksame Gedanke gewesen zu sein, denn vorhanden ist:

Concordiatempel zu Akragas:

Südansicht von links nach rechts	Nordansicht von rechts nach links
Meter	Meter
3,015	3,00
3,05	3,11
3,20	3,205
3,205	3,19
3,205	3,21
3,20	3,21
3,203	3,205
3,205	3,205
3,207	3,21
3,20	3,20
3,115	3,10
3,02	3,01
37,825	37,855

Es ist zu sehen, daß eine Differenz von 2 cm, das macht 0,6 Prozent, als unerheblich zu betrachten ist. Der durchschnittliche Wert der

Eckjoche an den Schmalfronten ist 3,001 m,

der der

Eckjoche an den Langfronten ist 3,011 m.

Der durchschnittliche Wert der

zweiten Joche von der Ecke ist gleich an den Schmalfronten 3,100 m,

der der

zweiten Joche an den Langfronten 3,094 m.

Alle übrigen Joche an den Langfronten sind als untereinander gleichwertig zu betrachten.

Eine Bindung an die Ante ist nicht recht erweislich. Das Mittel des zweiten Joches an den Langseiten liegt annähernd auf gleicher Höhe wie die Kante der Ante an der Zella.

Somit ist erwiesen, daß die Austeilung der Säulen an den Langseiten beim Concordiatempel zu Akragas unselbständig ist; sie wurde einfach in den beiden der Ecke benachbarten Jochen von der Hauptansicht übernommen und die restlichen Joche wurden gleich weit gemacht.

Wichtig ist die Feststellung, daß auch an den Schmalseiten eine eindeutige Konkordanz zwischen zweiter Säule und Ante hier nicht erweislich ist. Die Zella erscheint nicht ganz spiegelgleich im Bau sitzend, vielmehr um etwas nach Nord verschoben. Derart deckt von der Hauptfront die

Achse der zweiten Säule mit der aufgehenden Mauerkante im Süden und mit der Antenkante im Norden annähernd auf[1].

Die Untersuchung anderer Tempel zeigt, daß der Austeilung an den Langseiten möglicherweise eine Konstruktion unterlegt worden war, welche einen Zentriwinkel für die Summe aller Joche von der Achse der ersten bis zur Achse der letzten Säule von 30^0 bedingt.

Das bringt natürlich einen recht langen Krümmungsradius und macht daher den Nachweis, wegen der damit einhergehenden Unsicherheiten, in der Austeilung unsicher.

Noch am genauesten gelingt dies beim Tempel der Juno Lacinia zu Akragas.

Da 13 Säulen an den Langseiten vorhanden sind, gibt es 12 Joche. $12\,\alpha = 30^0$, die Summe aller Jochweiten beträgt $S = 36{,}78$ m oder $36{,}73$ m

Damit wird der Radius des Austeilungskreises:

$$R = \frac{S}{2 \,.\, \sin 6\,\alpha} = \frac{36{,}78}{2 \,.\, 0{,}25882} = 71{,}05 \text{ m}$$

$$\text{oder} \quad = \frac{36{,}73}{2 \,.\, 0{,}25882} = 70{,}95 \text{ m}$$

$$Im = R \,.\, \sin \alpha = 71{,}05 \text{ m} \,.\, 0{,}04362 = 3{,}100 \text{ m}$$

$$\text{oder} = 70{,}95 \text{ m} \,.\, 0{,}04362 = 3{,}095 \text{ m}$$

Tatsächlich sind die mittleren Joche bemessen mit

$$Im = 3{,}07 \text{ m}$$
$$= 3{,}08 \text{ m}$$
$$= 3{,}10 \text{ m}$$

Das kleinste Joch an der Ecke wird rechnungsmäßig

$$Ie = S/2 - R \,.\, \sin 5\,\alpha = 18{,}39 \text{ m} - 71{,}05 \,.\, 0{,}21644 = 3{,}01 \text{ m}$$

$$\text{oder} = 18{,}365 \text{ m} - 70{,}95 \,.\, 0{,}21644 = 3{,}01 \text{ m}$$

Tatsächlich sind die Eckjoche bemessen mit

$$Ie = 2{,}99 \text{ m}$$
$$= 3{,}01 \text{ m}$$
$$= 3{,}00 \text{ m}$$
$$= 3{,}01 \text{ m}$$

---

[1] Dem Concordiatempel zu Akragas kommt diesbezüglich am nächsten der Zeustempel zu Olympia mit folgendem Befund:

Maße der Eckjoche an den Schmalseiten	Maße der Eckjoche an den Langseiten
Meter	Meter
6,00	5,96
6,00	—
4,78	4,75
4,78	—

Maße der zweiten Joche von der Ecke an den Schmalseiten	Maße der zweiten Joche von der Ecke an den Langseiten
Meter	Meter
5,23	5,22
5,23	—
5,23	5,22
5,23	—

Auch bei diesem Bau sind die übrigen Jochweiten an den Langseiten als gleichwertig zu betrachten.

Die Begründung einer solchen Konstruktion wird im dritten Abschnitt im Zusammenhang mit der Gestalt der Triglyphen gebracht werden.

Bei mehreren Beispielen zeigt sich jene Erscheinung, welche schon an den Langseiten des Concordiatempels zu Akragas zu beobachten war; die Joche im Mittelabschnitt der Langfront sind so verschliffen, daß sie als untereinander gleichwertig zu betrachten sind. Eine Berechnung aus den größten Jochweiten in der Mitte der Ansicht ist daher nicht möglich.

Unter der architektonisch zulässigen Annahme, daß trotz der verschliffenen mittleren Jochweiten eine Konstruktion aus einem Kreise stattgefunden hat, die Verschleifung eine Wirkung des reichlich großen Aufteilungskreises sei, kann durch Probieren[1] ein Kreis gesucht werden, der den Maßen der Eckjoche hinreichend entspricht.

Berechnung der Jochweiten an Langseiten unter der Annahme eines gesamten Zentriwinkels von 45^0:

Name des Tempels	Anzahl der Joche	Im gemessen	Im gerechnet	Ie gemessen	Ie gerechnet	Halbmesser R
Poseidon, Paestum	13	4,505	4,554	4,25	4,26	75,42 m
Segesta	13	4,385	4,41	4,126	4,12	73,04 m
		4,361		4,114		
Heraion, Olympia	15	3,28	3,326	3,12	3,105	63,54 m
		3,29		3,18		
		3,31		3,10		
				(3,29)		

Aus dieser Zusammenstellung sieht man, daß das Maß der Eckjoche mit entsprechender Genauigkeit getroffen ist, die tatsächlichen Maße der mittleren Joche aber gegenüber der Berechnung um 1% zurückbleiben. Eine solche geringe Abweichung, die durchaus im Bereiche des zulässigen Fehlers liegt, spricht nicht gegen die oben geschilderte Annahme.

Soweit die Sechssäuler.

Von den beiden Achtsäulern zeigt der ältere, G.-Selinus, ungeregelte Austeilungsweise. Seine Ostansicht ist noch archaisch, die Westansicht bereits kanonisch. Diese zeigt folgende Jochweiten von rechts nach links:

6,28, 6,69, 6,55, 6,62, —, —, —.

Beim Parthenon zu Athen lernen wir eine einzigartige Austeilungsweise kennen. Alle acht Eckjoche messen 3,685 m und alle anderen Joche ganz einheitlich 4,29 m.

Sucht man wieder durch Probieren den passenden Kreis für die Konstruktion der Weite der Eckjoche in der Hauptansicht, so gelangt man zur Annahme

[1] Eine direkte Berechnung ist nicht möglich, da die Anzahl der Joche 11 und mehr beträgt, und damit würde etwa $Ie = R \cdot (\sin 5.5\,\alpha, - \sin 4.5\,\alpha)$ und das Nachbarjoch nach der gleichen Form. Abgesehen davon, daß die Angaben zu ungenau sind, ist mir kein Verfahren bekannt, die Gleichungen aufzulösen.

$$R = A/2 \,.\, \sqrt{2} = \frac{30{,}89\ \text{m}}{2} \cdot \sqrt{2} = 21{,}842\ \text{m}$$

$$\sin 3{,}5\,\alpha = \frac{S}{2\,.\,R} = \frac{28{,}820\ \text{m}}{2\,.\,21{,}842\ \text{m}} = 0{,}6598,$$

$3{,}5\,\alpha = 41^0\,17'\,6''$ für die halbe Stellung, und
$\alpha = 11^0\,47'\,44{,}5''$ für eine Jochweite.

$$Ie = S/2 - R\,.\,\sin 2{,}5\,\alpha = S/2 - R\,.\,\sin 29^0\,29'\,21{,}5'' =$$
$$= 14{,}410\ \text{m} - 21{,}842\ \text{m}\,.\,0{,}49226 = 14{,}410 - 10{,}7519 =$$
$$= 3{,}658\ \text{m}$$

tatsächlich vorhanden ist $Ie = 3{,}685\ \text{m}$

und damit der Fehler $\varnothing_1 = -0{,}027\ \text{m} = -0{,}73\,\%$

Diese heuristische Ausrechnung enthält nun insoferne eine Überbestimmung, als sie zwei architektonische Werte: die Stylobatbreite A und die Summe aller Säulenabstände S, voraussetzt, wobei letzteres Maß eine Funktion des ersteren ist. Der Fehler, der allenfalls in S stecken mag, wird also bei dieser Rechnung auf Ie geschoben und so prozentuell verfälscht, da Ie viel kleiner ist als S.

Da nun aber die Stellung der Ecksäule noch ein besonderes Problem enthält (s. S. 96), soll hier dieselbe Ermittlung systematisch vorgeführt werden, was allerdings die Kenntnis des IV. Kapitels voraussetzt. Da nach S. 214 der Parthenon die Stylobatbreite in $A = 14{,}5$ Moduli teilt und der Randabstand der Ecksäulen ½ Modul ausmacht, ist $S = 13{,}5$ M; ferner ist, wie oben dargelegt, mit

$$R = \frac{A}{2} \cdot \sqrt{2} \quad \text{der Zentriwinkel für } 14{,}5\ \text{M gleich } 90^0,$$

woraus, da 8 Säulen 7 Intervalle haben, der Zentriwinkel für ein Intervall folgt mit

$$\alpha = \frac{90^0\,.\,13{,}5\ \text{M}}{7\,.\,14{,}5\ \text{M}} = 11{,}97044 = 11^0\ 58'\ 13{,}6'' \quad \text{und damit}$$

$$Ie = A\,.\,\frac{\sqrt{2}}{2}\,.\,(\sin 3{,}5\,\alpha - \sin 2{,}5\,\alpha) =$$
$$= A\,.\,\frac{\sqrt{2}}{2}\,.\,(\sin 41^0\,53'\,47{,}6'' - \sin 29^0\,55'\,34{,}0'') =$$
$$= 21{,}842\ \text{m}\,.\,0{,}168902 = 3{,}689\ \text{m}$$
$$\text{vorhanden} = 3{,}685\ \text{m}$$
$$\varnothing\,2 = +\,0{,}004\ \text{m} = 0{,}1\,\%$$

Dies ist ein guter Beleg für die Geschlossenheit meiner Theorie. Der originale Konstruktionsvorgang kann daher beim Parthenon bezüglich der Säulenausteilung nur folgender gewesen sein:

Vorgegeben war die Stylobatbreite, hierauf wurde die Stellung der Ecksäulen ermittelt (siehe folgenden Abschnitt), dann das Bogenstück zwischen den Ecksäulen in sieben Teile geteilt, wobei die erste und die sechste Marke die jeweils zweiten Säulenachsen bestimmten. Der Rest in der Mitte wurde dann in gleiche Abstände geteilt[1].

Es ist also zu sehen, daß beim bedeutendsten der griechisch-dorischen Tempel die Raffung der Eckjoche allein als ausreichend genommen wird. Die übrigen Joche, an der Schmalseite 5, sind nur durch die Betonung des mittleren durch die dahinter in der Achse befindliche Zellatür und den darüber stehenden Giebel mit seiner entschiedenen, die Mitte der Ansicht betonenden Form geliefert.

Oder umgekehrt betrachtet: der Erbauer achtete die Betonung des mittleren Joches durch Zellatüre und Giebel als hinreichend, die Anzahl von 6 Säulen mit ihren 5 Jochen zu beherrschen. Die beiden Ecksäulen sind in dieser Weise nicht mehr zu bewältigen, denn die Anzahl von 8 Säulen mit 7 Jochen ist zu groß, um durch eine außerhalb der Reihung liegende Mittenbetonung hinreichend optischen Halt zu bekommen.

Die Austeilung der Joche an den Langseiten ist beim Parthenon wieder von der Schmalseite übernommen. Hier kann, wie schon begründet, wegen der geringeren Selbständigkeit der Nebenansicht eine größere und unübersichtliche Zahl von Säulen linear gereiht werden.

Die neunsäulige, sogenannte Basilika zu Paestum zeigt keinen klaren Befund.

Ostansicht von links nach rechts m	Westansicht von rechts nach links m
2,88	2,88
2,84	2,86
2,89	2,85
2,845	2,85
2,855	2,84
2,88	2,88
2,88	2,845
2,895	2,86

Südansicht von links nach rechts m	 m	Nordansicht von rechts nach links m	 m
3,115	3,105	3,13	3,105
3,09	3,105	3,10	3,10
3,08	3,10	3,07	3,095
3,105	3,095	3,09	3,10
3,10	3,095	3,095	3,095
3,11	3,095	3,10	3,10
3,08	3,10	3,09	3,10
3,105	3,09	3,09	3,10
3,07		3,095	

[1] Diese exakte Ausrechnung wurde bei den voraufgeführten Sechssäulern aus didaktischen Gründen nicht hingesetzt (s. auch S. 86), sie würde den Vorteil geboten haben, die zutreffende Fehlerverteilung aufzuzeigen. Die heuristische zeigt den Weg des Forschers, die exakte den Weg des Entwerfers. Vorläufig muß die Darstellung ersteren bevorzugen.

Zu dieser Austeilung der Säulen ist zu sagen, daß die Absicht, die Jochweiten genau gleich zu machen, angesichts der beim Parthenon beobachteten Präzision ausscheidet. Die damaligen Meister hätten die genaue Gleichheit schon durchzusetzen verstanden, wenn sie beabsichtigt gewesen wäre. Bedeutsam aber ist bei der Basilika zu Paestum, daß die größte Differenz zwischen zwei benachbarten Jochen, das ist Ostansicht zweites und drittes Maß, mit 5 cm ist gleich 1,67%, doch noch knapp unter der Schwelle der Wahrnehmbarkeit geblieben ist. Dabei spricht auch die Feinheit der Ausführung der Säulen mit. Die drei mittleren Säulen der Schmalansichten decken hinreichend genau mit den drei zwischen den Anten dahinterstehenden Säulen auf, die jeweils nach außen anschließende Säule korrespondiert mit ihrer Achse mit der inneren aufgehenden Mauerkante der Zella. Von beiden Hauptfronten führen je zwei Türen ins Innere, welche mit den Säulenstellungen nicht aufdecken.

Der Grund der so gut wie gleichwertigen Jochweiten ist also die unausgesprochene Mittelachse, hervorgerufen durch die Verkehrserfordernis, was sich auch in der Anlage zweier Tore zeigt. Der Bau hatte wohl einen profanen Zweck, und es scheint mir möglich, daß durch eine solche Anlage mit einer ungeraden Säulenzahl von den sakralen Anlagen Abstand genommen werden sollte.

Zusammenfassung.

Die linear gleichwertige Reihung von selbständigen Gleichstücken ist nur ratsam, wenn der Beschauer vor der Reihung nicht festgehalten, sondern weitergeleitet werden soll. Das trifft insbesondere für städtische Häuser in der geschlossenen Straßenzeile zu. Bei Monumentalbauten ist dies nur an Nebenfronten und Seitenflügeln anzuwenden. (Ein deutliches Gegenbeispiel ist das Haus der deutschen Kunst zu München.)

Soll der Beschauer vor einer Ansicht festgehalten werden, so darf das rhythmische Bedürfnis nicht vernachlässigt werden, Säulen, Pfeiler, auch Fenster dürfen, falls sie selbständige Gleichstücke vorstellen, in keiner größeren Anzahl als drei, höchstens vier, linear vorgetragen werden. Bei vorhandener größerer Anzahl sind die Gleichstücke entweder in Gruppen von drei, beziehungsweise vier Stücken zu gliedern oder nach einer Kurve 2. bis 3. Ordnung auszuteilen. Die Gliederung kann durch eine Abänderung einzelner Abstände, ferner durch betonende Elemente, deren Achse in derselben Vertikalebene wie die Achse des betreffenden Gleichstückes liegt, erfolgen.

B. Verhältnis der Höhe zum unteren Durchmesser der griechisch-dorischen Säule. Stellung der Säule zum Stylobatrand.

Dieser Abschnitt hat hier seine natürliche Stelle; doch ist zu seinem vollen Verständnis die Kenntnis der ganzen Schrift unentbehrlich, um zu einer systematischen Antwort auf die seit zwei Jahrtausenden bisher vergeblich gefragte Frage zu kommen, die in ihrer vitruvianisch vereinfachten

Form lautet: Wie viele untere Säulendurchmesser hat eine griechisch-dorische Säule zur Höhe?

Nur mit einer gewaltsamen Übertragung der Betrachtungsweise Vitruvs, was hier als Verstümmelung des Problems leicht hätte erkannt werden können, gelangte man zu einer Angabe, wie, die Säulenhöhe betrage in der Frühzeit 4, in der Blütezeit 5 und in der sogenannten Verfallszeit 6 untere Durchmesser[1].

Es ist dies aber nicht nur architektonisch unexakt, sondern historisch ganz falsch, wie Tafel 3 und 4 zeigen. So hat der Apollotempel zu Bassae weniger schlanke Säulen als alle Selinunter Tempel und der Parthenon weniger schlanke als der gleichfalls achtsäulige G.-Selinus. Richtig ist allein, daß die Details an den Säulen in der Frühzeit zumeist weicher gehalten sind und mit fortschreitender Zeit straffer werden, so verhältnismäßig dann schlanker wirken[2], und daß innerhalb einer Gruppe von Tempeln, welche den Stylobat in gleiche Anzahl von Modul teilen, damit, daß der Vergleichswert π fallweise wächst, die Säulenschlankheit auch wächst. Das macht aber in keiner Gruppe mehr als ½ M aus und geht nicht historisch stetig vor sich. Insbesondere greifen die großen Gruppen (Tafel 3) über die ganze dorische Epoche hinweg, und die kleineren Gruppen sind zuwenig zahlreich, um diesbezüglich diskutiert werden zu können. Das sind die Tatsachen, und die bisherige Anschauung ist eine romantische Unterstellung.

Gewiß mißt der untere Säulendurchmesser auch beim griechisch-dorischen Tempel einen Modul, da aber der Modul hier kein konstantes, sondern ein veränderliches Maß bildet, ist der untere Säulendurchmesser keine Einheit, mit der die Säulenhöhe aufgemessen werden kann.

Im IV. Kapitel und auf Tafel 4 wird darauf hingewiesen, daß der untere Durchmesser der Säulen sehr ähnlich einer Einheit im Gebälk ist. Eine architektonisch taugliche Berechnung kann aber nur an jenen Orten angestellt werden, wo sich der Säulenfuß befindet; also in Höhe der Stylobatkante. Theoretisch müßten einerseits die unteren Durchmesser aus demselben Kreise ermittelt werden, aus dem auch die Austeilung der Säulenabstände in der Stylobathöhe gewonnen wurde. Demnach müßten die jeweils weiter gegen die Mitte zu stehenden Säulen stärker sein als ihre jeweils weiter randständigen Nachbarn; mit Ausnahme der Ecksäulen selbst, welche wegen der Beugung des Lichtes eines Zuschlages bedürfen. Tatsächlich sind aber die Säulen einer Reihe, mit Ausnahme der Ecksäulen, als gleich stark anzusehen, soweit nicht verschiedene Bauperioden unterschiedliche Säulen einsetzten. Die Säule, als ein Gleichstück aus einer Reihung, kennt daher eine solche Variation nicht, und es ist daher, analog der Kurvatur (vergleiche VI. Kapitel), auch hier der konstruktive Ort zu suchen, dem die vorhandenen Säulendurchmesser entsprechen. Da der untere Säulendurchmesser als einen Modul stark angenommen wird, sei sein Ort mit $(x + 1)$ bis x bezeichnet; damit wird

[1] Zum Beispiel im Lehrbuch von Schubert-Soldern.

[2] S. auch S. 159.

$$D_u = R \,.\, (\sin\,[x+1]\,\alpha - \sin x\,\alpha) \text{ in absoluten Metern.}$$

Da die Säulenhöhe zumeist

$$S_h = R \,.\, (\sin\,[a+b]\,\alpha' - \sin a \,.\, \alpha') \text{ in absoluten Metern}$$

betrug (s. S. 162 usf.), so ist, auch wenn die Referenzfläche eine Kugelschale bildet und damit $\alpha = \alpha'$ wird, S_h / D_u doch gewiß kein einfacher Bruch und schon gar keine historische Funktion, weil nicht eine der in obigen Formeln vorkommenden Größen eine historische Tendenz zeigt.

Spalte 3 in Tafel 3 zeigt, daß keine Veranlassung besteht, hier von runden einfachen Zahlen zu reden. Die Reihenfolge der Beispiele ist dort der Tafel 4 entnommen und zeigt deshalb annähernd noch System, stellt man aber die Tempel, soweit dies gelingen mag, in historische Reihenfolge, so ist keine Ordnung entnehmbar:

Reihenfolge nach Alter	Nummer aus Tafel 3—5	Säulenhöhe durch unterer Durchmesser
1	15	5,15 unbenannt
2	6	(4,52)
3	3	(4)
4	1	(4,48)
5	17	—
6	18	5,003
7	7	4,715 — 4,64
8	4	(4,71)
9	16	(4,546)
10	20	5,32
11	21	5,1 — 4,5
12	9	4,57
13	10	4,78
14	2	4,29
15	11	(4,485)
16	12	
17	13	5,702 — 5,52
18	5	—
19	14	4,84

Die tatsächlichen Befunde sind folgendermaßen zu fassen:

Die unteren Säulendurchmesser eines Tempels sind untereinander grundsätzlich gleich; ihre etwaige Verschiedenheit ist entweder Ungenauigkeit der Ausführung oder Verwendung alten Materials bei einem Neubau und wiederholte Restauration, wie etwa G.-Selinus und Heraion zu Olympia, oder aber ein Unterschied, entstehend durch Zuschlag aus Gründen der Lichtbeugung bei der Ecksäule.

Es wird in allen Fällen vorausgesetzt, daß der untere Säulendurchmesser einen Modul beträgt und daß wegen der Reihung von Gleichstücken dieser nicht variiert wird. Er muß aber einen Wert innerhalb der sonst gegebenen Variationsbreite besitzen. Diese reicht von

$$\text{Mmax} = R \, . \sin \alpha \quad \text{bis}$$

$$\text{Mmin} = R \, . \left(\sin \frac{A}{2} \alpha - \sin \left[\frac{A}{2} - 1\right] \alpha\right), \text{ wobei A in Moduli.}$$

Für den Fall $R = A$ wird $\alpha = 60^0/A$, dies trifft hier in allen Fällen zu bis auf Beispiel 12 und 13, in welchen $R = A/2 \, . \sqrt{2}$ wird und damit $\alpha = 90^0/A$.

Tafel 5 zeigt, daß 16 Sechssäuler als hinreichend analysierbar erscheinen, von welchen 12 einen Wert für D_u haben, der obigem Mmin entspricht[1]. Hiemit ist also das Maß des unteren Durchmessers aus der Stellung der Ecksäule entwickelt, diese selbst hat allenfalls noch einen Zuschlag erhalten. Die beiden Achtsäuler sind diesbezüglich etwas unklar, da die Säulenstärken beträchtlich variieren. Sie lassen sich zwar innerhalb der zulässigen Variationsbreite genau so fassen wie die Sechssäuler, doch steht dies beim Parthenon (s. S. 98) mit der Säulenausteilung in einem gewissen Widerspruch, was weiter unten dargelegt werden wird. Da aber beim griechisch-dorischen Tempel die Stylobatkante als maßhaltig angenommen ist, so ist auch anzunehmen, daß der Abstand der Säulenachse vom Stylobatrand einen halben Modul beträgt, und das widerspricht geometrisch dem Obigen, da die Säulen um etwas vom Rande abstehen. Dieser Abstand, in Spalte 7 mit Δ bezeichnet, beträgt mindestens 5 cm und höchstens etwa das Dreifache hievon, er ist ein Teil der Stylobatkante und daher wegen seiner verhältnismäßigen Kleinheit immer unselbständig. Dem entspricht auch, daß seine Größe in keinem erkennbaren Verhältnis zu irgendeiner Abmessung oder absoluten Größe des Tempels steht[2]; er entsteht allein aus dem rhythmischen Bedürfnis, den Säulenfuß von der Stylobatkante abzusetzen und soll daher keinesfalls das Maß von

$$\Delta \, \text{max} = \frac{\text{Mmax} - \text{Mmin}}{2}$$

überschreiten, um obigen Widerspruch innerhalb der möglichen Variationsbreite zu bergen, was auch immer der Fall ist.

Bei den Beispielen 1, 2, 7 wird D_u kleiner Mmin, was möglicherweise nur durch Ruinenhaftigkeit so erscheint.

Um den Gedankengang noch besser zu veranschaulichen, seien die vornehmsten Beispiele einzeln vorgerechnet.

10. Concordiatempel zu Akragas.

$R = A = 11 \, M = 16{,}912 \, m$ bis $16{,}93 \, m$

$\alpha = 60^0/11 = 5^0 \, 27' \, 16{,}36''$

$$\text{Mmin} = R \, . (\sin 5{,}5 \, \alpha - \sin 4{,}5 \, \alpha) = R \, . (\sin 30^0 - \sin 24^0 \, 32' \, 43{,}64'') =$$

$$= R \, . (0{,}5 - 0{,}415412) = 16{,}912 \, m \, . \, 0{,}084588 = 1{,}430 \, m$$

vorhanden ist $D_u = 1{,}41 \, m$

$\varnothing = +0{,}02 \, m = +1{,}5\%$

[1] Solche Fälle sind in Tafel 3, Spalte 6, mit + bezeichnet.

[2] Man beachte, daß beim Parthenon, dem zweitgrößten der Beispiele, dieses Maß geringer ist als bei allen kleineren Objekten; überhaupt die feineren Tempel ein geringeres als die gröberen aufweisen.

Tafel 3.

Unsichere Maße in Klammern.

Name des Tempels	S_h m M 1	D_u 2	S_h/D_u 3	Achs- abstand m 4	Mmin m 5	6	△ cm 7	
1 Olympeion zu Syrakus	(8.10) $3^3/_4$	1.81	(4.48)	(1.015)	2.077		11	
2 Poseidontempel zu Paestum	8.89 $3^3/_4$	2.07	4.29		2.275 2.261			
3 Apollotempel auf Ortygia	(8.00) 4	1.885 1.95,2.02	(4. .)		2.0116	+		
4 Cerestempel zu Paestum	(5.89) (6.01)4	1.25	(4.71)	0.6925	1.275	+	6.75	
5 Apollotempel zu Bassae	5.95 5.96 4			0.707	1.326	+		
6 Heratempel E.-Selinus	10.11 $4^1/_3$	(2.28) (2.229)	(4.52)			zu ruinös		
7 Zeustempel zu Olympia	10.42 $4^1/_3$ 10.44	2.21 2.25	4.715 4.64	1.21 1.22	2.34		10.9 9.5	
8 Herkulestempel zu Akragas	10.07 $4^1/_3$	2.08	4.845			zu ruinös		
9 Junotempel zu Akragas	6.44 $4^1/_3$	1.41	4.57		1.429 1.435	+		
10 Concordiatempel zu Akragas	6.74 $4^1/_3$	1.41	4.78	0.77	1.430	+	6.5	
11 Athenatempel auf Ortygia	(8.612) $4^1/_3$	1.92 (2.01)	(4.485)			zu ruinös		
12 Theseustempel zu Athen	5.702 5.71 $4^1/_2$	1.00 1.034	5.702 5.52	0.577	1.051 1.046	+	7.7 6.0	$R = A/2.\sqrt{2}$
13 Nemesistempel zu Rhamnus	4.099 $4^1/_2$	0.712	5.759	0.427	0.764	+	7.1	$R = A/2.\sqrt{2}$
14 Tempel bei Segesta	9.302 $4^1/_2$	1.943 1.96	4.84	1.102 1.05	1.960	+	7.85 12.2	
15 Tempel C.-Selinus	8.76 $4^1/_2$	1.70 1.84	5.15		1.85	+		
16 Tempel A.-Selinus	6.0013 $4^1/_2$	(1.32) (1.342)	(4.546)		1.255			
17 Tavole Paladine zu Metapont	5.135 4			0.64	1.2427	+		
18 Tempel D.-Selinus	8.355 (7.512)$4^3/_5$	1.67	5.003	(0.90)	1.687	+	6.5	
19 Tempel F.-Selinus	9.11 5	1.82	5.005		1.729 1.742			
20 Aphaiatempel auf Aegina	5.27 5	0.99	5.32	0.55	0.984	+	5.5	
21 Heraion zu Olympia	5.20 5.22 ($3^2/_3$)	1.02 1.29	5.10 4.05	0.68 0.72	1.337		(17) 7.5	
22 Parthenon zu Athen	10.40 10.44 5	1.904 1.97	5.465 5.25	1.035	1.970 $M_2 = 1.9207$	+	5	$R = A$ od. $= A/2.\sqrt{2}$
23 Tempel G.-Selinus	16.27 16.30 (6)	2.60 3.50	6.26		2.565 2.590	+		
24 Athenatempel auf Sunion	6.14 9/2			0.58	0.59 0.584			

$Mmax = R . \sin\alpha = 16{,}912 . 0{,}095056 = 1{,}607$ m

$\frac{Mmax - Mmin}{2} = 8{,}85$ cm, $\Delta = 6{,}5$ cm

20. Aphaiatempel auf Aegina.

$R = A = 13\,M = 13{,}80$ m

$\alpha = 60^0/13 = 4^0\,36'\,55{,}4''$

$Mmin = R . (\sin 6{,}5\,\alpha - \sin 5{,}5\,\alpha) = R . (\sin 30^0 - \sin 25^0\,23'\,4{,}7'') =$
$= R . (0{,}5 - 0{,}428695) = 13{,}80\,m . 0{,}071305 = \quad 0{,}984$ m
vorhanden ist $D_u = \quad 0{,}99$ m

$\varnothing = -0{,}006\,m = -0{,}6\%$

$Mmax = R . \sin\alpha = 13{,}80\,m . 0{,}080966 = 1{,}117$ m

$\frac{Mmax - Mmin}{2} = 6{,}6$ cm, $\Delta = 5{,}5$ cm

22. Parthenon zu Athen.

Obwohl der Parthenon mit seiner Säulenausteilung von der Art der übrigen Tempel abwich, gehorcht er hier derselben Weise wie die Sechssäuler mit hinreichender Genauigkeit:

$R = A = 14{,}5\,M = 30{,}889$ m

$\alpha = 60^0/14{,}5 = 4^0\,8'\,16{,}55''$

$Mmin = R . (\sin 7\tfrac{1}{4}\,\alpha - \sin 6\tfrac{1}{4}\,\alpha) =$
$= R . (\sin 30^0 - \sin 25^0\,51'\,43{,}45'') =$
$= 30{,}889\,m . 0{,}063795 = \quad 1{,}9706$ m
vorhanden ist $D_u = \quad 1{,}904$ bis $1{,}97$ m

$\varnothing = +0{,}066$ bis $0{,}00\,m = +3{,}45$ bis 0%

$Mmax = R . \sin\alpha = 30{,}889\,m . 0{,}072159 = 2{,}2288$ m

$\frac{Mmax - Mmin}{2} = 12{,}9$ cm, $\Delta = 5$ cm

Wie schon erwähnt, steht nun diese Berechnungsweise nicht in Einklang mit der Ermittlung der Säulenausteilung auf S. 91.

Sucht man unter der Annahme von $R = A . \frac{\sqrt{2}}{2}$ den theoretischen Ort der vorhandenen Säulenstärke, so erscheint der äußerste Modul, Mmin, zu klein, der folgende, zweite, aber paßt:

$\alpha = 90^0 : 14{,}5\,M = 6^0\,12'\,24{,}8''$

$Mmin = R . (\sin 7{,}25\,\alpha - \sin 6{,}25\,\alpha) =$
$= R . (\sin 45^0 - \sin 38^0\,47'\,35{,}2'') = 21{,}842\,m . 0{,}08060 =$
$= 1{,}7605$ m

hingegen

$$M_2 = R \,.\, (\sin 6{,}25\,\alpha - \sin 5{,}25\,\alpha) =$$
$$= R \,.\, (\sin 38^0\,47'35{,}2'' - \sin 32^0\,35'\,10{,}4'') =$$
$$= 21{,}842\ \mathrm{m} \,.\, 0{,}08794 =$$
$$= 1{,}9207\ \mathrm{m}$$
$$\text{vorhanden ist } D_u = 1{,}904\ \mathrm{m}$$
$$\text{bis} = 1{,}97\ \mathrm{m}$$
$$\varnothing = +\,0{,}0167 \text{ bis} -\,0{,}0493\ \mathrm{m} = +\,0{,}87\% \text{ bis} -2{,}5\%$$

Das leuchtet auch insoferne architektonisch ein, als die extreme Annahme $D_u = M_{min}$ bei einer Breitenentwicklung von acht Säulen schon eher kritisch wird als bei nur sechs Säulen.

C. Über die Austeilung des Triglyphons.

Die Reihung von Triglyphen und Metopen im Gebälke des griechisch-dorischen Tempels besteht aus minder selbständigen Gleichstücken und Teilflächen gegenüber der tiefer gelegenen Reihung selbständiger Gleichstücke, welche die Säulenstellung bildet, und den höher gelegenen Reihungen plastischer oder gemalter Ornamentik, deren einzelne Elemente oder Gleichstücke völlig unselbständig sind. Während der lineare Vortrag selbständiger Gleichstücke beim Monumentalbau nicht angängig ist, empfiehlt sich ein solcher, sobald die Selbständigkeit völlig erledigt ist, also beim kleinen Ornament. Wobei die Kleinheit sich selbstredend auf die Entfernung des Beschauers bezieht.

Für die Austeilung des Triglyphons, das, aus minder selbständigen Elementen bestehend, zwischen den selbständigen Säulen und den unselbständigen Ornamenten eingeschlossen ist und eine Überleitung zwischen den beiden Extremen bilden soll, gibt es nun folgende Möglichkeiten:

Erstens kann man das Problem ungelöst lassen, indem die Elemente der Reihung einander wohl in der Formgebung ähneln, aber in der Breitenabmessung deutlich verschieden sind. Das hieße zwischen einer Harmonie zweiten und einer ersten Grades, also zwischen einer quadratischen und einer linearen Funktion, eine diskordante Reihung einschalten.

Zweitens kann das Problem gewissermaßen negiert werden, indem, wie beim römisch-dorischen Triglyphon, die Austeilung die gleiche wie bei der Säulenstellung wird. Wobei zur Milderung der dadurch bedingten Starrheit eine deutliche Verschiedenheit der Formen innerhalb der Metopenfelder, von der oben genannten ersten Möglichkeit Gebrauch machend, eine auflockernde Diskordanz hereinträgt. Diese erste und zweite Möglichkeit können sich mit der folgenden dritten nicht vergleichen, denn diese stellt ein volles Angehen und Lösen des Problems dar.

Drittens nämlich kann die Reihung minderselbständiger Gleichstücke und Flächen eine alternierende sein vom Schema a—b—a—b, wobei auch noch Varianten, wie a—b—c—b—a und ähnlich, denkbar sind, worin für diese Werte kleine ganze Zahlen zu setzen sind.

Da das Triglyphon eine Überleitung von der Säulenstellung zum linearen Ornament ist, wird es mit der Säulenstellung auch nach dieser dritten Möglichkeit eine Korrespondenz bewahren, ohne aber die Austeilung von den Säulen zu übernehmen. Die Korrespondenz besteht natürlicherweise zunächst dort, wo die Kurve der Säulenausteilung eine frontparallele Tangente besitzt, nämlich in der Mitte an der Spiegellinie der Ansicht, und entfernt sich von dieser Funktion gegen die Ränder immer mehr, da sie eben doch eine eigene Funktion besitzt.

Wie schon erwähnt, ist die Selbständigkeit oder Unselbständigkeit eines Elements auch eine Funktion der Entfernung des Beschauers. Bei genügender Nähe nämlich wird auch das kleinste Element aus einer völlig linearen Reihung ganz selbständig. Damit ist aber dann auch die objektiv gegebene lineare Reihung subjektiv erledigt, indem die Nachbarelemente des betrachteten einzelnen Elements gegen den Rand des Gesichtsfeldes rücken, wodurch ihre Wirkung nicht mehr einer linearen, sondern einer Funktion 2. bis 3. Grades entspricht. Aus dieser Tatsache ist eine Regel für die Größenbemessung gereihter Elemente abzunehmen. Es soll nämlich ein Element nur so groß sein, daß es nicht eher selbständig wird, bevor nicht etwa in derselben Ansicht vorhandene Elemente höherer Selbständigkeitsordnung als Reihung aus dem Gesichtsfeld gewichen sind.

Das alles erscheint recht selbstverständlich, sobald es nur einmal ausgesprochen ist, setzt sich aber doch von den überkommenen Ansichten weit ab und findet nur einige Anlehnung an August Thiersch[1].

Im allgemeinen ist nämlich die Lehrmeinung über die Vitruvsche Ansicht (L. IV. C. 3), daß insbesondere die Stellung der Ecktriglyphe als ein Konflikt zu betrachten sei, nicht hinausgekommen. Er fordert (s. S. 238), daß die Metopenfelder quadratisch seien. So werden die Triglyphen zu Resten, welche genau oder zumindest mit ihrem mittleren Viertel über den Säulenachsen stehen sollen. Der Fehler oder Konflikt finde seinen Ausdruck in einem Behelf, welcher in einem ausgleichenden Zurechtrücken von Säulenabständen und Metopenbreiten bestünde.

In dieser Vitruvschen Meinung drückt sich so recht das aus, was uns, den heute lebenden Architekten, als Verfahren des Entwerfens überliefert ist und, ärmlich genug, als künstlerische Freiheit ausgegeben wird, in Wahrheit aber nichts ist als ein gefühlsmäßiges Haschen und Tappen, bei dem Talent und Übung retten müssen. Dabei muß ein jeder persönlich ganz von vorne anfangen, so, als ob er der erste Baukünstler auf der Welt wäre und nicht neben einer Tradition von Jahrtausenden zu bestehen hätte. Neben dieser ist aber nur zu bestehen, wenn man auf ihr steht. Man braucht deshalb nicht in ihr zu stehen, in dem Sinne einer Verwendung und Nachahmung alter Details, sondern soll wissenschaftlich auf ihr stehen. Schon M. Theuer[2] hat gezeigt, daß die Meinung vom Zurechtrücken in

[1] August Thiersch, Die Proportionen in der Architektur, IV. 1, 2, S. 43—47, Darmstadt 1883. Die darin enthaltenen ansprechenden Darstellungen haben leider nur den Charakter von Hinweisen, entbehren so der Beweiskraft, da erstens das zeichnerische Verfahren in kleinem Maßstabe von unbestimmter Genauigkeit ist und zweitens die bezeichneten Punkte oft ohne jede architektonische Bedeutung sind.

[2] M. Theuer, Der griechisch-dorische Peripteraltempel, Wien 1918.

zweierlei Hinsicht unhaltbar ist. Erstens, wie schon erwähnt, durch den Zusammenhang der Stellung der Cellaanten mit Säulen der Peristase — beim Sechssäuler mit der zweiten, beim Achtsäuler mit der dritten vom Rande gezählt — und zweitens durch den Hinweis, daß mit einer entsprechenden Verbreiterung der einzelnen Triglyphe, wie es beim Tempel F.-Selinus beinahe zutrifft, auch die Achse der Ecksäule, ohne diese selbst zu verrücken, unter das Triglyphenmittel zu bringen wäre.

Im 1. Abschnitt dieses Kapitels ist nun, den ersten dieser beiden Theuerschen Gedanken ergänzend, bewiesen worden, daß die Austeilung der Säulen ein selbständiges Kompositionsprinzip ist und daher beim griechisch-dorischen Tempel nicht von der Austeilung im Triglyphon abhängen kann, ja eher umgekehrt diese von der Säulenstellung mitbestimmt wird.

Der zweite jener beiden Gedanken aber zerschlägt die noch immer weitverbreitete Meinung, daß Vitruv die Theorie der klassischen Baukunst biete, vollends und drängt die weitere Analyse des Problems in eine bestimmte Richtung, indem nun die Frage lautet, um was die Triglyphenanordnung beim Tempel F.-Selinus verschieden sei gegenüber anderen Monumenten.

Die Antwort fällt überraschenderweise völlig negativ aus; wie aus Tafel 5 zu entnehmen ist, besteht gar keine Besonderheit innerhalb des Triglyphons selbst. Der Tempel, welcher schon in der Säulenausteilung (s. Tafel 1) durch völlige Verschleifung der Jochweiten auffällt, zeigt also in der Bemessung der Architravbreite eine Abweichung von der Regel. Leider sind die Aufnahmen dieses Tempels im übrigen (s. S. 203 usf.) zu unsicher, um dies weiter beobachten zu können. Der Befund reicht aber so weit, um feststellen zu können, daß die alternierende Breitenteilung von Triglyphen zu Metopen von der Stellung dieser Elemente zu den Säulenachsen nicht abhängt.

August Thiersch schreibt in: „Die Proportionen in der Architektur[1]", Seite 47:

„Die Triglyphe hat jedesmal entweder die halbe untere oder die halbe mittlere Säulendicke zur Breite. Da nun zwei Triglypheninterválle auf ein Säulenintervall treffen, so müssen sich die Triglyphenbreiten zu den Metopen verhalten wie die Säulendicken zu den Zwischenweiten."

Aus Tafel 4 und 5 ersieht man, daß nur in den Beispielen 12, 13, 14 die Triglyphenbreite einem halben unteren Säulendurchmesser gleichkommt, also nur in drei von 20 erfaßbaren Fällen. In den Beispielen 15, 18, 19, 20 aber übertrifft die Triglyphenbreite den halben unteren Säulendurchmesser, und in allen übrigen Fällen hat sie einen Wert, der eben irgendwo am Säulenschaft auch vorkommt. Der Vordersatz obiger Stelle von Thiersch ist also nicht haltbar.

Dazu kommt, daß der Begriff „Zwischenweite der Säulen", wie Semper und Thiersch ihn gebrauchen, eine Negation der typischen dorischen Austeilungsweise enthält. Beide wollen das Vitruvianische aus den grie-

[1] August Thiersch, in: Handbuch der Architektur, Darmstadt 1883.

chisch-dorischen Tempeln herausholen und verneinen sie damit von vorneherein, wie Vitruv sie verneint.

Thiersch kommt es auf den Nachweis der Analogie an, und er will zeigen, daß *„Das Gedrungene der Säulenstellung oder deren Dichtigkeit“* sich in der Triglyphenstellung *„widerspiegelt“*.

Dagegen ist zu sagen, daß nach Tafel 5, Spalte 5, sich unter 14 erfaßten Fällen 9 mit einem angenäherten Verhältnis von $^2/_3$ — Triglyphenbreite zu Metopenbreite — finden, und sich diese 9 Fälle keineswegs irgendwie typisch gruppieren.

Vorausgesetzt, die Meinung von Thiersch, daß Triglyphenbreite zu Metopenbreite sich wie kleine ganze Zahlen verhalten, sei richtig, welcher Meinung ich gerne zustimmen möchte, so ist die bedeutende Ungenauigkeit der Befunde auffällig. Die Verhältnisse $^5/_8$ und $^2/_3$ können meist gar nicht voneinander unterschieden werden, ein Umstand, der im Aufbau sonst nicht vorkommt. Um dazu ein Beispiel zu bringen, seien Triglyphen- und Metopenbreiten vom Parthenon aufgeführt, da gerade der Parthenon sowohl in der Säulenausteilung (s. II. Kapitel, S. 90) als auch im Aufbau (s. S. 214) von unübertroffener Genauigkeit ist.

Parthenon-Ostfront, Triglyphenbreiten von links nach rechts, gemessen an der Unterkante: m

0,8427, 0,8412, 0,8412, —, 0,8415, —, —, —, —, —, —, —, 0,8418, —, 0,8491;

im Durchschnitt: 0,8429 m.

Metopenbreiten von links nach rechts, gemessen an der Unterkante: m 1,2576, 1,2559, —, —, —, —, —, 1,3167, 1,3051, —, —, 1,2386, 1,2386, 1,2777;

im Durchschnitt: 1,2700 m.

Während die Triglyphenbreiten nur um Millimeter differieren, sind die Metopenbreiten, beziehungsweise die Orte, an denen die Triglyphen sitzen, selbst wenn man von den beiden Paaren randständiger Metopen absieht, noch immer um 6% verschieden. Gewiß fällt die Verschiedenheit in Anbetracht der Plastiken in den Metopenfeldern optisch nicht ins Gewicht, doch reicht dies nicht zur Erklärung der Ungenauigkeiten hin, wohl aber dient es zu ihrer Rechtfertigung. Es ist vielmehr eine positive Begründung oder Ursache aufzusuchen. Als Ursache ist zunächst denkbar, daß, besonders bei Tempeln mit schrägstehenden Säulen, die oberen Säulenabstände nicht regelmäßig gelungen sein könnten und deshalb die später darüber versetzten Triglyphen den nun einmal geschehenen Fehler mit übernehmen. Das trifft aber gerade beim Parthenon nicht zu, da die zweite Säule von links an der Ostfront, welche in der Neigung einen Fehler besitzt, indem sie nicht nach einwärts, sondern ganz leicht nach auswärts gelehnt ist, mit ihrer Abakusmitte um ganze 94 mm links vom Lot der Triglyphenmitte bleibt. Diese Abweichung kann auch nicht nachträglich durch Erdbeben oder durch die Explosion des türkischen Pulvers entstanden sein, da dann die Säule, wenn sie ursprünglich richtig gestanden wäre, eher nach einwärts als nach auswärts hätte verrutschen müssen. Es bleibt nichts anderes über, als die objektiv vorhandene Sorglosigkeit in der

Austeilung der Triglyphen als eine bewußte und begründete Unbesorgtheit anzusehen; geradeso wie das Auslassen jeder Regelung bei der Bemessung der Stufen an den Unterbauten der meisten griechisch-dorischen Tempel. Auch heute finden wir ein maschinell erzeugtes, völlig regelmäßiges Ornament als hart und leer und bevorzugen ein handgearbeitetes, welches gehaltvoller wirkt durch seine gelinden Unregelmäßigkeiten.

Sobald einmal erkannt ist, daß Säulenstellung und Triglyphenteilung Reihungen verschiedenen Grades sind, ist auch theoretisch klar, daß die beiden Systeme nur punktweise korrespondieren, nicht aber in ihrem ganzen Verlaufe übereinstimmen können. So bleiben beim Parthenon in der Hauptansicht auch innerhalb der Strecke linear gleicher Säulenabstände, wo es doch den sonst so akriben Erbauern dieses Monuments ein Leichtes gewesen wäre, die Triglyphenachsen genau über die Abakusmitten zu setzen, diese außerhalb der Triglyphenachsen, und erst die Ecksäulen sitzen innerhalb der Triglyphenachsen. Der Nachweis von Thiersch, der innerhalb dieser scheinbaren Ungenauigkeiten rechnerisch möglich erscheint, ist also grundsätzlich falsch. Vitruv IV. 3. stellt demnach keineswegs die überlegene, allgemein gültige Regel, sondern einen extremen Sonderfall vor (vergleiche S. 238), insbesondere in der Auslegung, die die Stelle allgemein erfahren hat, indem man die Säulen ganz genau, und nicht wie Vitruv sagt, unter die mittleren Viertel der Triglyphen setzte.

Der sogenannte Triglyphenkonflikt, der literarisch auf diese Vitruvstelle zurückgeht[1], ist von Thiersch und Semper einfach umgangen worden, indem, um die griechischen Tempel Vitruv unterzuordnen, durchschnittliche Säulenabstände herausgezogen und bei der Semperschen Norm überhaupt die Eckjoche abgetrennt wurden. Angesichts dieser beiden ehrwürdigen Namen hochverdienter Gelehrter könnte man zaudern, es auszusprechen, doch es ist in Wahrheit eine unwissenschaftliche Verstümmelung des Problems vor der Untersuchung[2].

Im ersten Abschnitt ist erkannt worden, daß die griechisch-dorische Art der Säulenausteilung mit der Vitruvschen Forderung nach Gleichheit der Säulenabstände vereint werden kann, wenn man sich den Beschauer ins Unendliche weggerückt denkt, wodurch die Unterschiede zwischen den Säulenabständen verschwinden. Auf diese Weise degeneriert das Problem von der graduellen Selbständigkeit der Reihungen und die Korrespondenz ist wohl nicht grundsätzlich, doch dem Betrage nach hergestellt. Ganz allein diese theoretische Überlegung macht das Relikt von den mittleren Vierteln bei Vitruv verständlich, denn aus seinen sonstigen Angaben ist gar nicht zu entnehmen, warum denn nicht alles ganz genau ausgehen sollte.

---

[1] Das Wort selbst ist aus späterer Zeit.

[2] Um darin diesen beiden Gelehrten ganz gerecht zu werden, ist zu beachten, daß diese Zerstückung Tradition ist seit einer nicht recht feststellbaren Zeit. Es läßt sich nur sagen, daß sie literarisch mit Vitruv beginnt, ohne dessen und seiner Gewährsmänner Absicht vielleicht, und mit Vignola vollendet ist, indem nur mehr eine sogenannte Ordnung und nicht mehr die ganze Fläche einer Ansicht Gegenstand der Theorie geworden war. Die beiden Forscher haben jedenfalls das Verdienst, sich von der linearen Funktion der Ordnung freigemacht zu haben.

Beim griechisch-dorischen Tempel ist also streng genommen nur eine punktweise Übereinstimmung und Korrespondenz zwischen der selbständigen Reihung der Säulen und der minder selbständigen, alternierenden im Triglyphon möglich. Geht die Übereinstimmung weiter, so ist das nicht Grundsatz, sondern Verschleifung; im Extremfall, wie bei Vitruv, ein Grenzübergang, der bei einem Gebäude, welches seine Umgebung beherrschen soll, bedenklich ist.

In der Hauptansicht des Parthenon stehen nach dem Augenschein und allen Maßaufnahmen nur die beiden mittleren Säulen unter den Loten der Triglyphenmittel. Theoretisch ist aber keine Übereinstimmung in der Länge des mittleren Säulenjoches, sondern nur in einem Punkte auf dieser Strecke gegeben. Dieser Punkt liegt in der Spiegel- oder Medianebene, da beide Reihungen diese Ebene gemeinsam haben. Beide Reihungen haben noch gemeinsam, daß sie am Umriß der Ansicht enden, woraus zu erwarten ist, daß an ihren Enden — ebenfalls spiegelgleich — eine weitere Korrespondenz besteht. Nicht ein Konflikt und seine bestmögliche Verschleierung, eine positive Komposition findet sich an dieser Stelle. So wie die Vitruvsche Säulenausteilung sich von der griechisch-dorischen unterscheidet durch eine Verlagerung des Beziehungspoles, des Beschauers, so sind auch Gleichheit und Ungleichheit der Triglyphenausteilung bei Vitruv und den griechisch-dorischen Monumenten durch denselben Unterschied in der Lage des Poles zu begreifen. Können bei unendlich fernem Pol die Achsen von Ecktriglyphe und Ecksäule zusammenfallen, so können, wenn der Pol im Endlichen liegt, nur je ein Punkt der Triglyphen- und der Säulenachse einander polar zugeordnet sein. Im Riß sind das die Mitte Abakus-Oberkante und die Mitte Ecktriglyphen-Unterkante.

Der Augenschein und auch ein an Zeichnungen und Reproduktionen angelegtes Lineal zeigen in einigen Fällen, so besonders beim Tempel zu Assos, bei Aphaia auf Aegina und bei den Propyläen zu Athen (siehe Abb. 31), daß eine zur Giebelsteigung senkrechte Linie durch die Mitte Abakus-Oberkante anscheinend die Mitte Ecktriglyphen-Unterkante und auch die obere Randecke der Triglyphe in Höhe der Scotianase, also die Trennung von Giebel und Gebälk einschließlich der Architravbreite festlegt. Andere Beispiele zeigen gleich, daß aus dieser scheinbaren Geraden ein Linienzug mit etlichen Knicken wird, was angesichts der bestehenden Bestimmung der Architravbreite aus der Stylobatbreite und der Triglyphenbreite aus der alternierenden Reihung nicht anders zu erwarten ist, da sonst ganz unerfüllbare Überbestimmungen vorhanden wären. Die objektiven Befunde und theoretischen Überlegungen müssen nun klären, was daran wesentlich und was zufälliges Zusammentreffen ist.

Nach den Vitruvschen Angaben in III. 5. und IV. 3. ist eine Gleichung in Moduli von der Form p. Triglyphen plus (p — 1). Metopen ist gleich Architravbreite (s. S. 240 ff) möglich, da das ganze Triglyphon mit sämtlichen Abmessungen in den gleichbleibenden Modulwerten ausdrückbar ist. Beim griechisch-dorischen Tempel kann eine solche Gleichung nicht aufgestellt werden, da die Modulatio sich auf die selbständigen Teile beschränkt, die minder- und unselbständigen Teile aber Aus-

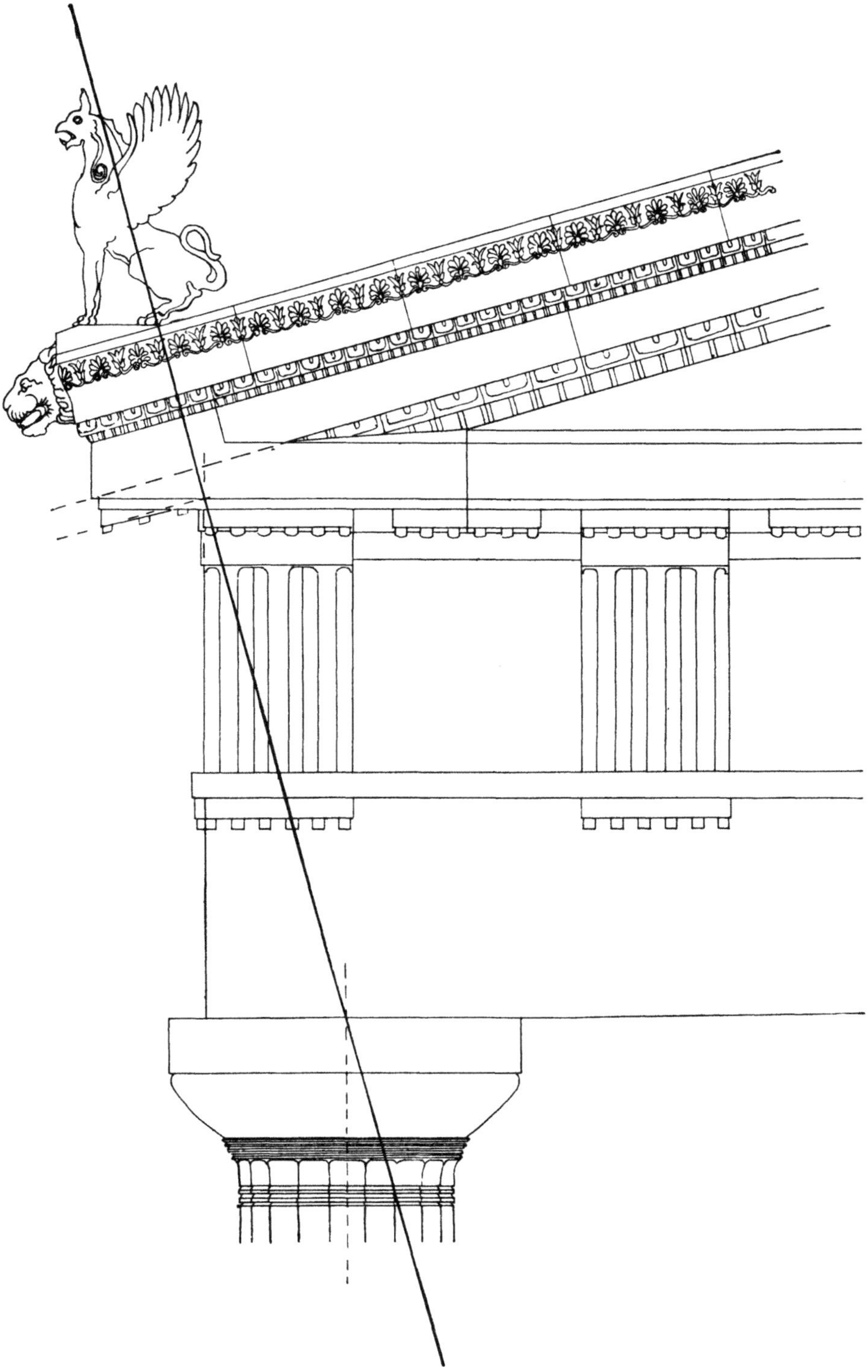

Abb. 31. Giebelecke vom Aphaiatempel auf Aegina.

teilungsgesetzen geringerer als der zweiten Ordnung gehorchend aus der Modulatio heraustreten müssen. Wie schon oben angeführt, wird dieser theoretische Gegensatz bei Vitruv dadurch überbrückt, daß durch die Verlagerung des Modulationspoles ins Unendliche die selbständigen Teilungen zu linearen degenerieren und so die geometrische Einheitlichkeit ermöglicht wird. Vitruv, dem ein solcher Zusammenhang aus der ihm zeitgenössischen Mathematik nicht klar werden konnte [1], lehnte daher von seinem Standpunkte den griechisch-dorischen Stil ab und bezeichnete ihn als „*mendosum*", das ist „trügerisch" oder gar „zusammengeschwindelt". Angesichts der herrlichen Monumente, die alles überbieten, was je Menschenhand zu bilden vermochte, sah man keinen anderen Ausweg, als die ganze Architekturtheorie zu verachten, um die Kunst selbst zu retten, und gelangte so zur selbstgefälligen, künstlerischen Freiheit. Man bemerkte gar nicht, daß dieser so beruhigende Standpunkt nur auf der Flucht vor der eigenen Unfähigkeit erreicht wurde. Das auszusprechen, klingt wie Spott; ist aber Selbstbesinnung. Allein die Wissenschaft ist imstande, den geistig Fliehenden einzuholen. Die Lösung des Triglyphenkonflikts ist ein Problem von geringem Allgemeininteresse, aber die Tatsache, daß der, seine ursprüngliche Naivität Entbehrende in einem Stücke durch Erkenntnis gestärkt wird, kann auf die ganze Kunst und von da auf die Allgemeinheit wirken. Um nun dem Weiteren richtig folgen zu können, ist die Kenntnis des IV. Kapitels unerläßlich. Ich muß daher den Leser bitten, nach erfolgter Lektüre jenes Kapitels, nochmals zu dieser Stelle zurückzukehren.

Während sämtliche Abmessungen an den Hauptansichten, wie aus Tafel 4 und 5 ersichtlich ist und im IV. Kapitel vorgerechnet wird, in die Modulation überzeugend eingebunden werden können, ist dies für die Abmessungen innerhalb des Triglyphons nicht möglich. Die Triglyphenbreiten und Metopenbreiten gehorchen allein — mit einer oben erläuterten Spielfreiheit — einer alternierenden Teilung von der Form ababa... Die Höhe der Triglyphen, wie immer man sie auffassen mag, steht, wenn man die Gesamtheit der Tempel betrachtet, in keiner längenmäßigen Relation zu irgendeiner Abmessung. Daß in einzelnen Fällen, wie bei Concordia zu Akragas, wo die Triglyphenhöhe einem Modul nahekommt, beim Aphaiatempel, wo durch die polare Schräge nach Abb. 31 die Höhe mitbestimmt erscheint, Relationen objektiv vorhanden sind, muß angesichts der Fülle der negativen Fälle als zufälliges Zusammentreffen aufgefaßt werden [2], ohne die ursprüngliche Bedeutung einer solchen Lagebeziehung zu entwerten.

Nach F u r t w ä n g l e r [3] beträgt der Giebelwinkel des Aphaiatempels auf Aegina 150°; die Giebelsteigung also 15°. Nach Tafel 5 wird für diesen

[1] Rund 150 Jahre später hätte einem ptolemäisch gebildeten Geiste der Zusammenhang durchschaubar sein können, aber das Problem war wohl damals nicht lebendig.

[2] Auch in dieser Hinsicht bewährt sich der griechisch-dorische Stil als besonders geeignetes Forschungsfeld, in dem eine größere Zahl äquivalenter Monumente hinreichend gegenseitige Kontrolle ermöglicht.

[3] „Aegina, das Heiligtum der Aphaia", enthält trotz aller sonst so großen Genauigkeit der Aufnahmen, welche kaum eine Schramme unverzeichnet lassen, keinen Hinweis auf die Größe des Giebelwinkels. Erst in einer späteren Veröffentlichung, deren Titel mir entfallen ist, gibt F u r t w ä n g l e r den obigen Wert.

Tempel das Verhältnis von Triglyphenhöhe gemessen bis zur Scotia zu Triglyphenbreite

$$Trh/Trb = \frac{ctg\ \beta}{2} = 0{,}927 : 0{,}51\ m = 1{,}818 \text{ und damit}$$

$$\beta = 15^\circ\ 22'\ 40''$$

Um den Verlauf der Schrägen weiter zu verfolgen, wird (Abb. 31) ein Lot von der Mitte der Unterkante Ecktriglyphe gefällt. Dieses Lot schließt mit der Schrägen den Winkel γ ein.

$$\tan \gamma = \frac{0{,}23\ m}{0{,}84\ m} = 0{,}27381$$

$$\gamma = 15^\circ\ 18'\ 46''$$

Im Falle des Aphaiatempels kann also mit architektonisch hinreichender Genauigkeit von einer geraden Linie gesprochen werden.

Dieselbe Betrachtung für den Parthenon zu Athen gibt folgende Werte:

Der Giebelwinkel beträgt nach Penrose 148° und damit die Giebelsteigung 16°.

Die Breite der Ecktriglyphen an der Ostfront beträgt oben
links 0,8428 und
rechts 0,8492 m [1]. Die Höhe des Triglyphons bis zur Scotia macht 1,625 m. Damit wird analog wie oben

$$Trh/Trb = \frac{ctg\ \beta}{2} = 1{,}9281 \text{ bis } 1{,}914 \text{ und daraus}$$

$$\beta = 14^\circ\ 32'\ 16'' \text{ bis } 14^\circ\ 39'\ 34''$$

Das Lot von der Triglyphenunterkante Mitte schließt mit der Schrägen den Winkel γ ein. Dieser wird an der Ostansicht links

$$\tan \gamma = \frac{0{,}460\ m}{1{,}345\ m} = 0{,}342 \quad \text{und damit } \gamma = 18^\circ\ 53'$$

und rechts

$$\tan \gamma' = \frac{0{,}446\ m}{1{,}345\ m} = 0{,}3316 \text{ und damit } \gamma' = 18^\circ\ 21'$$

Im Falle Parthenon ist also dieser Linienzug deutlich mit Knicken versehen.

Damit ist leider auch schon das rechnerisch überprüfbare Material erschöpft. Trotz den sonst so sorgfältigen Aufnahmen sind die Kotierungen der mir zugänglichen Werke diesbezüglich weiter nicht auswertbar, wie überhaupt die Kotierungen häufig mehr dem Steinschnitt als den architektonisch maßgeblichen Teilungen folgen. Es wird aber in Zukunft noch möglich sein, diese Untersuchung auf weitere Monumente auszudehnen.

Ich beabsichtigte mit dieser Untersuchung folgende Hypothese zu stützen: Der griechisch-dorische Tempelbau geht in seinen geometrischen Elementen auf das regelmäßige Sechseck zurück. In Zeiten, aus denen uns ein analysierbares Monument gar nicht mehr erhalten ist, wird so verfah-

[1] In der Tafel 5 sind nicht die Breiten der Ecktriglyphen, sondern die kleinste und größte Triglyphenbreite verzeichnet.

ren worden sein, wie es das Relief vom Hatortempel (Abb. 33) andeutet. Das regelmäßige Sechseck ist wahrscheinlich die allerälteste geometrische Konstruktion, selbst der rechte Winkel mag ursprünglich aus diesem gewonnen worden sein, das heißt aus dem Dreieck, welches den Kreisdurchmesser zur Hypotenuse und dessen Hälfte zur kleineren Kathete hat.

Von einer unheimlich hellsichtigen und treffsicheren Intuition beflügelt und von genauerem Wissen über Details ungehemmt, preßt die älteste Wissenschaft an der Wiege unserer Kultur alles Wißbare von der Sternkunde bis zur Kunst in das regelmäßige Sechseck hinein.

Die Erinnerung an diese Zeit erlischt in der Architektur nimmermehr; besonders in der Gotik werden solche Verfahren unter dem Namen Triangulatio wieder übermächtig.

In einer Zeit, aus der uns bis heute auch noch keine analysierbaren Monumente bekanntgeworden sind, dringen dann in das kosmogonische System vom Sechseck zahlentheoretische Überlegungen ein und führen schließlich zu dem, was man pythagoreische Mathmatik genannt hat.

Auf dieser Höhe der Kenntnisse steht aber schon der älteste griechisch-dorische Tempel, ja ein Menschenalter nach dem Tode des Pythagoras steht die Theorie der Baukunst und diese selbst auf einer Höhe, welche sie nie mehr übertraf und nie mehr übertreffen wird.

Ob man es nun aufgeben will, einzelne griechisch-dorische Monumente bis ins Jahr 1000 v. Chr.[1] zurückzudatieren, oder ob man annehmen will, daß Kenntnisse, welche angeblich Thales v. Milet um 600 v. Chr. aus Ägypten gebracht haben soll, schon vorher auf griechischem Boden wirksam gewesen sind, überlasse ich den Historikern.

Es ist nun auffällig, daß die Giebelwinkel der griechisch-dorischen Tempel, soweit sie überprüfbar sind, nicht um mehr als $\pm 3°$ vom Winkel des regelmäßigen Zwölfecks, das sind 150°, abweichen, ganz gleichgültig ob sie groß oder klein sind und ganz gleichgültig, ob es ein Achtsäuler, ein Sechssäuler oder nur ein Antentempel mit zwei Säulen zwischen den Anten, wie zum Beispiel das Schatzhaus im heiligen Bezirk von Delphi, ist. Aber nicht nur die absolute und relative Höhen- und Breitenausdehnung des Tempels ist ohne Einfluß auf den Giebelwinkel, auch der relative Höhenanteil des Giebels an der Gesamthöhe, der doch immerhin um 20% variiert (s. Tafel 4), bewirkt keine Unterschiede des Giebelwinkels.

Der Giebelwinkel ist überhaupt die einzige konstante Großform am griechisch-dorischen Tempel; während es keine zwei Tempel

[1] Es ist selbstverständlich ein bedeutender Unterschied, ob einzelne Bauteile oder die ganze Anlage ein so hohes Alter haben sollen. Doch reimt sich die Datierung mehrerer westgriechischer Tempel rund um 580 v. Chr. (vergl. Tafel 4) auch nicht mit der Datierung der Reise des Thales nach Ägypten, da nicht anzunehmen ist, daß binnen 20 oder 30 Jahren das importierte Wissen schon seinen Niederschlag im Kultbau gefunden haben kann. Dieser historische Widerspruch wird keineswegs erst von meiner Arbeit her sichtbar, es gibt vielmehr überhaupt keine ernstzunehmende Schrift über unseren Gegenstand, welche mit den, nach dem *„alten Mathematikerverzeichnis"*, das uns Proklos überliefert hat, als zeitgenössisch anzusehenden Kenntnissen das Auslangen fände.

gibt, die auch nur an einer Ansicht völlig gleiche Proportionen der selbständigen Teile zeigen, sind sämtliche Giebelwinkel von gleicher Gestalt[1].

Solange nun das rechnerisch überprüfbare Material noch nicht hinlänglich erweitert worden ist, bleibt es eine Hypothese, daß die oben sogenannte polare Schräge, welche Abakusoberkante-Mitte mit Triglyphenunterkante-Mitte verbindet, innerhalb der zulässigen Genauigkeitsgrenzen als lotrecht auf die Giebelsteigerung und damit als Streckensymmetrale der Zwölfeckseite angesprochen werden kann. Die folgenden beiden Kapitel nähern sich von zwei anderen Seiten demselben Problem, und alles dieses zusammen wird zu dem Schluß zwingen, daß damit die Theorie des griechisch-dorischen Tempels tatsächlich erkannt ist, indem der Durchmesser dieses Zwölfecks mit der Breite und Höhe jedes einzelnen Tempels in Beziehung steht.

Zusammenfassung.

Die Reihung von Triglyphen und Metopen ist in ihrer Breitenausteilung von jeder anderen Teilung am Tempel unabhängig, da sie ihren eigenen Selbständigkeitsgrad besitzt. Sie ist eine alternierende Reihung nach Zahlenverhältnissen wie $^5/_8$, $^2/_3$, $^3/_4$; sie ist minder selbständig und kann daher mit der selbständigen Reihung der Säulenstellung nur punktweise korrespondieren. Die Korrespondenz besteht zunächst in der Medianebene, welche beide Reihungen gemeinsam zur Spiegelebene haben, und dann noch darin, daß Ecksäule und Ecktriglyphe durch ihren obersten, beziehungsweise untersten Punkt eine Gerade bestimmen, welche mit hinreichender Genauigkeit auf die Giebelsteigerung senkrecht steht. Diese Schräge schneidet in der Medianlinie einen Pol aus (vergl. Abb. 55) der, vorausgesetzt, daß der Giebelwinkel 150° beträgt, den Mittelpunkt des Zwölfeckes darstellt. Derart in seiner Höhenausdehnung durch Lagebeziehungen festgelegt, kann im griechisch-dorischen Stil auch die Triglyphenhöhe sowie die Breite nicht in die Modulatio einbezogen werden.

Erst wenn man den Pol ins Unendliche abgerückt denkt, ebenso wie den Mittelpunkt des Austeilungskreises der Säulenstellung, womit auch der theoretische Beschauer beliebig ins Ferne verwiesen wird, werden die Verschiedenheiten der Teilungen verschwindend klein und alle Reihungen gehorchen der Modulatio, wie Vitruv es fordert.

Zur Abb. 31 ist noch zu sagen, daß der Aphaiatempel, der geradezu als Modell für obengenannte Beziehungen dienen kann, zwei Erscheinungen zeigt, welche als zufälliges Zusammentreffen betrachtet werden müssen, da sonst Überbestimmungen vorhanden wären. Das ist die Erscheinung, daß auch die Höhe der Triglyphe durch die polare Schräge festgelegt scheint und daß die Architravunterkante in die Lage der eingeschriebenen waagrechten Sechseckseite kommt. Letzteres ist durch die Gleichheit von Gebälk- und Giebelhöhe hervorgerufen.

[1] Es ist bezeichnend für den architektonischen Blick verschiedener Erfinder von Proportionstypen und sonstiger Patentverfahren, daß alles nur Denkbare als konstant angenommen wurde, aber der Giebelwinkel nicht.

Hiemit hat der Triglypenkonflikt sein Ende gefunden und mit ihm jene liberalistische Anschauung von der schrankenlosen Freiheit der Kunst. Er ist einer klaren, psychologischen Geometrie gewichen. Gegenüber nebeligen Mystizismen hatte eine schwächliche Freiheit es leicht, sich zu verteidigen. Gegen den Satz, daß Kunst und Mathematik Produkte eben desselben menschlichen Geistes sind, in dessen Bereich es keine Schranken, sondern nur Wege der Logik gibt, kann sie nimmer länger ihr Scheindasein fristen. Der Mathematik aber steht die Baukunst von allen visuellen Künsten am nächsten, und zwar als Kunst, nicht allein als Technik.

III. Über das Anlegen der maßgeblichen Rechteckflächen im Grundriß der griechisch-dorischen Peripteraltempel.

A. Die vorkommenden Längenverhältnisse oder Formeln.

Die ersten gesicherten Ergebnisse über die Längenbeziehungen der maßgeblichen Abmessungen an diesen Bauten wurden von meinem verehrten Lehrer Max Theuer gewonnen[1].

Danach unterscheiden sich zwei Gruppen unter diesen Tempeln, nämlich jene, welche einem männlichen, und jene, welche einem weiblichen Idol geweiht waren. Die ersteren zeigen das maßgebliche Grundrißrechteck im Stereobat und die letzteren im Stylobat, also in der untersten, beziehungsweise in der obersten Stufe des Unterbaues.

Ich entlehne folgende Zusammenstellung:

Name des Tempels	Breite m	Länge m	Oben oder unten	B/L	In Westgriechenland erbaut v. Chr.
Megaron der Demeter .	9,52	20,41	o.	7/15	vor 580
Tempel C zu Selinus .	23,93	63,765	o.	3/8	581
Tempel D zu Selinus .	23,64	55,96	o.	3/7	570—554
Tempel F zu Selinus .	28,25	65,83	u.	3/7	
Tempel G zu Selinus .	53,34	113,582	u.	9/19	nach 580
Apollotempel auf Ortygia .	24,556	58,934	u.	5/12	580
Olympeion zu Syrakus .	24,862	64,642	u.	5/13	nach 580
Tavole Paladine zu Metapont .	16,06	33,40	o.	12/25	nach 580
Herkulestempel zu Akragas .	27,46	69,155	u.	2/5	
Basilika zu Paestum .	26,005	55,775	u.	7/15	(570—550) 500
Cerestempel zu Paestum .	14,525	32,875	o.	4/9	500
Poseidontempel zu Paestum .	26,492	61,84	u.	3/7	440
Tempel A zu Selinus .	17,915	41,917	u.	3/7	500 — 480
Heratempel E zu Selinus .	25,324	67,823	o.	3/8	580

[1] Max Theuer, „Der griechisch-dorische Peripteraltempel", 1918.

Name des Tempels	Breite m	Länge m	Oben oder unten	B/L	In Westgriechenland erbaut v. Chr.
Athenatempel auf Ortygia .	22,004	55,028	o.	2/5	nach 440
Junotempel zu Akragas .	16,96	38,13	o.	4/9	vor 440
Concordiatempel zu Akragas .	16,912	39,435	o.	3/7	440
Tempel bei	23,177	58,07	o.	2/5	430—420
Segesta .	26,247	61,154	u.	3/7	
					In Ostgriechenland erbaut v. Chr.
Heraion zu Olympia .	18,75	50,01	o.	3/8	450 (1000)
Zeustempel zu Olympia .	30,30	66,74	u.	5/11	560—450
Aphaiatempel auf Aegina .	13,80	28,818	o.	12/25	490—480
Apollotempel zu Bassae .	15,896	39,60	u.	2/5	430
Parthenon zu Athen .	30,89	69,50	o.	4/9	440
Theseustempel zu Athen .	14,465	32,525	u.	4/9	nach 440
Zeustempel zu Nemea .	21,792	48,007	u.	5/11	nach 440
Nemesistempel zu Rhamnus .	10,02	21,464	o.	7/15	nach 440
Athenatempel auf Sunion .	13,34	31,15	o.	3/7	nach 440

Die hier aufgezeigten Grundverhältnisse von Breite zu Länge werden nach M. Theuer in zwei Gruppen geteilt, deren zahlreichere der

Formel $B : L = n : (2n + 1)$ und deren andere der

Formel $B : L = n : 2 . (n + 1)$ gehorcht.

Will ich nun den Versuch unternehmen, die darin enthaltene Maßgerechtigkeit, das sind psychologisch richtige flächenhafte Verhältnisse, zu begreifen, so kann das nur geschehen, wenn es gelingt, aus diesen beiden Gleichungen eine einzige quadratische Gleichung zu machen. Da eine solche nur zwei Wurzeln hat, deren zwölf aber erforderlich sind, so ist noch eine Veränderliche einzuführen, welche keine Unbekannte sein darf, sondern nur in der mathematischen Erkenntnis und im Kultgebrauch veränderlich ist: und das ist die Zahl π. Ein solches Vorgehen wird den Mathematiker überraschen, auch wenn er mit den bisherigen Erkenntnissen der historischen Mathematik vertraut ist. Architektonisch ist dies aber verfahrensmäßig ganz folgerichtig, und es gelang mir, nachzuweisen, daß sowohl Cesare Cesariano als auch Albrecht Dürer (s. S. 30) ganz bewußt den Wert für π variierten. Es ist ein solcher Vorgang der musikalischen Temperatur vergleichbar, welche ebenfalls durch Variation innerhalb der subjektiven Fehlergrenzen, die enharmonische Verwechslung, und damit weitere kompositionelle Möglichkeiten hervorbringt.

Ich wähle nun auf Abb. 32 einen Vergleichskreis, der die doppelte Fläche des maßgeblichen Rechteckes habe und schreibe:

1.

$$R^2 \cdot \pi = 2 \cdot AB,$$

ferner soll das Rechteck dem Kreise eingeschrieben sein:

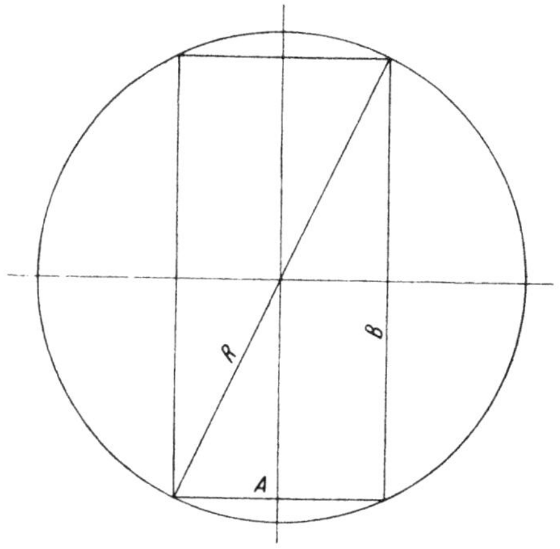

Abb. 32. Rechteck von der halben Fläche seines Umkreises.

2.

$$4 \cdot R^2 = A^2 + B^2,$$

für R = 1 folgt daraus:

$$A = \frac{\pi}{2 \cdot B}$$

$$\frac{\pi^2}{4 \cdot B^2} + B^2 - 4 = 0$$

$$4 B^4 - 16 \cdot B^2 + \pi^2 = 0$$

$$B^2 = 2 \pm \sqrt{4 - \frac{\pi^2}{4}}$$

$$\frac{A}{B} = \frac{\pi}{2 \cdot \left(2 \pm \sqrt{4 - \frac{\pi^2}{4}}\right)} = \frac{\pi}{4 \pm \sqrt{16 - \pi^2}};$$

Das ist die allgemeine Gleichung für diese Rechtecke, in welche nun die nützlichen Werte für π eingesetzt werden.

Als kleinster Wert ist der altbabylonische mit $\pi = 3$ zu setzen, welcher durch die biblische Beschreibung des Salomonischen Tempelbaues überliefert worden ist und durch die Verwechslung des regelmäßigen Sechseckes mit dem Umfange seines Umkreises erhalten wurde. Mit diesem Werte wird:

$$A/B = \frac{3}{4 \pm \sqrt{16 - 9}} = \frac{3}{4 \pm 2{,}64575} \quad \text{das ergibt}$$

$$\text{die beiden reziproken Wurzeln: } \frac{3}{6{,}64575} \text{ und } \frac{3}{1{,}35425}$$

Der größte allenfalls zu erwartende Wert wäre $\pi = \sqrt{12} = 3{,}46410$. Daraus würde:

$$A/B = \frac{\sqrt{12}}{4 \pm \sqrt{16 - 12}} = \frac{3{,}46410}{6}, \quad \text{was bereits}$$

den T h e u e r schen Formeln widerspricht, also für den klassischen Hellenismus kaum in Betracht kommt. Diese Feststellung ist wichtig, da dadurch jenes Verfahren, welches als Triangulatur bezeichnet wird, vom Dorismus überzeugend ausgeschlossen ist. Dieser Wert kommt jedoch in der ägyptischen, kultischen Baukunst vor:

An der Südwand des Säulensaales am Hathortempel zu Dendera befindet sich ein im Fachschrifttum schon mehrfach bekanntgemachtes Relief, welches den Pharao mit der Göttin der Mathematik darstellt, wie sie beide zusammen mit Pflöcken und Seil den Tempel ausstecken (Abb. 33).

Die Gestalt, welche die beiden ermittelt, ist ein Rechteck, gewonnen aus dem regelmäßigen Sechseck. Dabei steht zu lesen (nach J. Dümichen):

„Der Beherrscher Oberägyptens, er selbst, hält das Seil in Gemeinschaft mit der Göttin Chawit[1]*, feststellend den Grundbau für den vordersten Saal, an den vier Ecken nach der Berechnung des Gottes Tot (des Gottes der Erkenntnis), welcher die Anordnung traf, und der Werkmeister Chnum*[2]*, siehe, er war im Bauen. So ist hergestellt worden dieser Bau auf dem Gelände von Dendera als ein vollendetes Werk für die Ewigkeit. Das Monument, dieses herrliche, es ist gestaltet wie der Himmelsraum mit seiner Herrin Hathor*[3] *. . .“*

Darin läge also eine Rechtfertigung: Hathor, der Herrin des Himmels, gebührt auch ein astronomisches Verfahren, nämlich die Austeilung nach einem Sechseck, auch wenn dies im Gegensatz zur vorgeschrittenen Mathematik stand. Ist doch dieser Tempel nach 300 v. Chr. erbaut, und bereits die Pyramiden weisen einen besseren Wert für die Zahl π auf, wie mir nachzuweisen gelang. Die ägyptischen Pyramiden enthalten nämlich jenen Wert, welchen Ahmes in seinem Rechenbuche nennt (Papyrus Rhind im Britischen Museum zu London, gedeutet von A u g u s t E i s e n l o h r, Leipzig 1877):

„Vorschrift zu gelangen zur Kenntnis aller dunklen Dinge, aller Geheimnisse, welche enthalten sind in den Gegenständen. Verfaßt wurde dieses Buch im Jahre 33, Mesori, Tag . . ., unter dem König von Ober- und Unterägypten Ra-a-us, Leben gebend nach dem Vorbild von alten Schriften, die verfertigt wurden in den Zeiten des Königs Ra-en-mat durch den Schreiber Ahmes verfaßt diese Schrift.“

Ra-a-us wird mit dem Hiksoskönig Apopa, griechisch Apophis, für identisch gehalten. Der Papyrus muß daher zwischen 2000 und 1700 v. Ch. entstanden sein. Ra-en-mat aber soll mit Amenemhat III identisch sein und um 2400 bis 2200 v. Chr. geherrscht haben, das ist also etwa 1000 Jahre nach der Erbauung der Pyramiden zu Giseh.

In diesem Rechenbuche des Ahmes, wie es genannt wird, ist zu lesen, daß die Seite eines Quadrates gleich sei dem um ein Neuntel seiner Länge

---

[1] Chawit oder Seschat ist die Göttin der Wissenschaften und Künste. Sie trägt als ihr Zeichen an der Standartenstange einen Stern oder eine Blüte aus dem Achteck, darüber eine Art Nymbus, wie in der Abbildung, oder in Form eines Halbmondes, allenfalls noch ein paar Federn darauf. Ursprünglich eine Gottheit aus dem Delta, also unterägyptisch, wird ihr später aus staatspolitischen Gründen von den oberägyptischen Königen die Herrschaft über Kunst und Wissenschaft in ganz Ägypten konzediert.

[2] Chnum ist ursprünglich der Name einer Gottheit in Widdergestalt. Später, nach Zusammenlegung aller Lokalgötter von solcher Gestalt, überhaupt der widdergestaltige Gott. Widder und Stiere (Apis, Mnevis) galten als Symbole zeugungskräftigen Gestaltens. Schließlich fällt Chnum überhaupt mit dem Begriff des Weltenbildners zusammen, weshalb er auch in der Spätzeit, nach Aufkommen des Sonnenkultes, das Zeichen des Rê, die Sonnenscheibe zwischen den Hörnern erhält. Die ägyptische Götterwelt bildet kein einheitliches und konstantes System, sie entsteht vielmehr aus einer Unzahl von Lokalgottheiten durch oft absichtliche Zusammenlegungen und Verschmelzungen der Gestalten, Embleme und Namen.

[3] Hathor = Haus des Horus, das heißt Mutter des Königsgottes.

verkürzten Durchmesser eines Kreises, welcher die gleiche Fläche wie das erhaltene Quadrat hat.

Dieselbe Aufgabe wird in den indischen Tempelbauvorschriften, den Culvasutras, durch Abziehen eines Achtels gelöst, was auch Albrecht Dürer

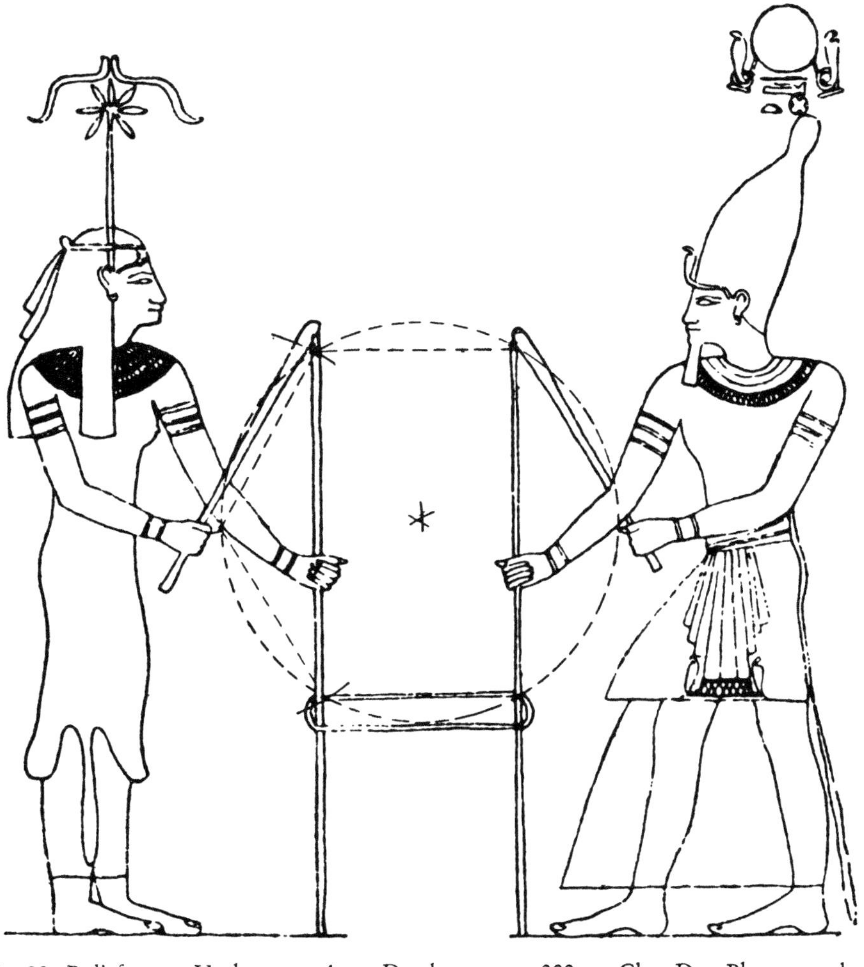

Abb. 33. Relief vom Hathortempel zu Dendera, etwa 300 v. Chr. Der Pharao und die Göttin der Mathematik stecken ein Rechteck nach dem regelmäßigen Sechseck aus. Aufnahme des Reliefs nach Dümichen.

geläufig war und von ihm selbst beim Anlegen menschlicher Proportionen beachtet worden sein muß, sonst hätte er nicht an den Rand eines Skizzenblattes (Abb. 3, Nürnberg, Städtische Bibliothek), sich dieses veranschaulicht.

So erhalten wir zwei weitere mögliche Werte für die Zahl π: den ägyptischen nämlich, nach Ahmes:

$\pi = \left(\frac{16}{9}\right)^2$, und den sogenannten indischen: $\pi = \left(\frac{7}{4}\right)^2$.

Der erstere Wert muß spätestens durch Thales von Milet nach Griechenland gekommen sein. Dieser machte eine Studienreise nach Ägypten, wo er mit den Priestern verkehrte, welche ihm vieles berichteten, und kehrte als hochbetagter Greis heim nach Jonien zurück; er lebte noch 548 v. Chr. über 90 Jahre alt.

Für den ägyptischen Wert wird:

$$A/B = \frac{\left(\frac{16}{9}\right)^2}{4 \pm \sqrt{16 - \left(\frac{16}{9}\right)^4}} = \frac{\frac{256}{81}}{\frac{324}{81} \pm \frac{198,59}{81}} =$$

das ergibt $\frac{256}{522,6}$;

und für den indischen Wert

$$A/B = \frac{\left(\frac{7}{4}\right)^2}{4 \pm \sqrt{16 - \left(\frac{7}{4}\right)^4}} = \frac{\frac{49}{16}}{\frac{64}{16} + \frac{41,17}{16}} =$$

das macht $\frac{49}{105,17}$

Endlich sei vergleichsweise π gleich der Ludolphschen Zahl:

Dann wird $A/B = \frac{3,1415927}{6,475963}$

Setzt man nun jeweils für die kleinere Abmessung $A = 1$, so wird damit die größere Abmessung B gleich:

für $\pi = 3$,	dem babylonischen Wert	$B = 2,21525$
für $\pi = 3,0625$,	dem indischen Wert	$B = 2,146$
für $\pi = 3,1605$,	dem ägyptischen Wert	$B = 2,0414$
für $\pi = 3,14159$,	der Ludolphschen Zahl	$B = 2,06136$ Einheiten

Die tatsächlich stattfindenden Verhältnisse an den griechisch-dorischen Peripteroi ergeben, für die kleinere Abmessung im Zähler gleich 1, im Nenner:

für das Verhältnis:	im Nenner:	für das Verhältnis:	im Nenner:
3/7	2,3333	5/13	2,6
3/8	2,6666	7/15	2,1428
4/9	2,25	9/19	2,1111
5/11	2,2	12/25	2,0833
5/12	2,4		Einheiten[1]

[1] Die Theuerschen Werte von 3 bis 12 Teile für die Breite der Schmalansicht und entsprechend für die Längsansicht sind in jedem Falle geringer als die Anzahl der Moduli in den betreffenden Abmessungen (s. Tafel 4). Die Austeilung der Moduli konnte erst nach Festlegung der Stylobatlängen erfolgen, denn die Modullänge ist eine Funktion der Längen der Stylobate. Diese Änderung der verwendeten Maßstäbe bedingt auch eine Veränderung des Vergleichswertes. Erst bei einer Entwurfsweise, wie Vitruv sie vorträgt, und wie sie gewiß in allen Zeitaltern auch erwartet werden kann, wo der Modul ein konstanter Wert ist, also eigentlich aufgehört hat ein richtiger modulus, das ist ein

Auf Abb. 34 sind alle diese Verhältnisse mit einem gemeinsamen Vergleichskreis dargestellt. Auf der linken Seite der Abbildung sieht man auch die Lösung aus dem Sechseck, wie sie das Relief vom Hathortempel aufweist.

B. Zeugnisse ähnlicher Verhältnisse in Antike und Renaissance.

Bemerkt sei noch, daß in dieser Schar von Lösungen aus den Gleichungen $n:(2n+1)$, oder $n:2.(n+1) = A/B$ für n gleich Unendlich das Verhältnis $A/B = 1/2$ wird, und damit $\pi = 32/10$.

Obwohl diese Werte innerhalb der Grenze der psychologischen Genauigkeit für die Flächenwahrnehmung von etwa 4% liegen, ist eine solche Lösung als ungebührlicher Übergang zu bezeichnen.

Auch die heutigen Architekten lehnen vielfach das Rechteck mit einem Seitenverhältnis von 1/2 ab, ohne sich des Grundes bewußt zu sein.

Es ist nämlich so, daß das, um welches von der Genauigkeit abgewichen wird, sowohl zur Deutlichkeit als zur Undeutlichkeit beitragen kann, je nachdem dadurch ein Charakteristikum betont oder verwischt wird. Charakteristisch ist hier aber das Überschießen der längeren Seite über das Doppelte der kürzeren, und deshalb ist das Verhältnis 3/8, obwohl es rechnerisch mehr fehlerhaft ist als das 1/2, vorzüglicher als dieses, welches keinen Anteil am Charakteristischen hat.

Dieses Längenverhältnis von 1 zu 2 begegnet zunächst bei der sogenannten Mastaba des Königs Menes, des Begründers der ersten Dynastie in Ägypten (etwa 4000 v. Chr.), diese wurde zu Nakade unter Napoleon im Jahre 1797 ausgegraben. (Ich errechnete $1:2{,}03 = A/B$.)

Dagegen zeigt jene Mastaba, welche im Winter 1937 durch die ägyptische Regierung zu Saccara gefunden wurde, die Maße 42 auf 15,50 m oder 46 zu 17 yards, Länge zu Breite, also das Verhältnis von 3 zu 8.13 Breite zu Länge — der Bau ist sehr schlecht erhalten — und damit jenes aus Griechenland wohlbekannte Verhältnis von 3/8. Der Ausgrabungsleiter Walter D. Emery gibt den Namen des Begrabenen mit „Aha“ an, erster Pharao der ersten Dynastie, 3400 v. Chr.: also ist möglicherweise dieses das richtige Grab Menes. Später ist dieses Verhältnis von 1/2 in der Königskammer der Cheopspyramide feststellbar, um in der Folge, soweit mir bekannt, aus der hohen Kunst für lange zu verschwinden[1]. Erst in der spätesten Antike findet sich dieses Verhältnis wieder. Der Römer Marcus Vitruvius Pollio, geboren etwa 100 v. Chr., schreibt in seinem Werke „De architectura, libri decem“ (Liber III. Cap. IV. Absatz 3):

„... *sed ita columnae in Peripteris collocentur, uti quot intercolumnia sunt in fronte, totidem bis intercolumnia fiant in lateribus, ita enim erit duplex longitudo operis ad latitudinem. Namque qui columnarum dupli-*

---

variabler Maßstab zu sein, kann unmittelbar mit solchen starren Moduli zu entwerfen begonnen werden, ohne inkommensurable Hauptabmessungen zu erhalten. Eine solche Kommensurabilität nicht zugleich unverzerrt überschaubarer Maße ist mehr eine kultische als eine architektonische Forderung.

[1] Nach M. Cantor, „Geschichte der Mathematik“, Bd. I, haben die römischen Feldmesser ursprünglich sämtliche Felder in Quadrate eingeteilt, diese später in Rechtecke ½ gehälftet.

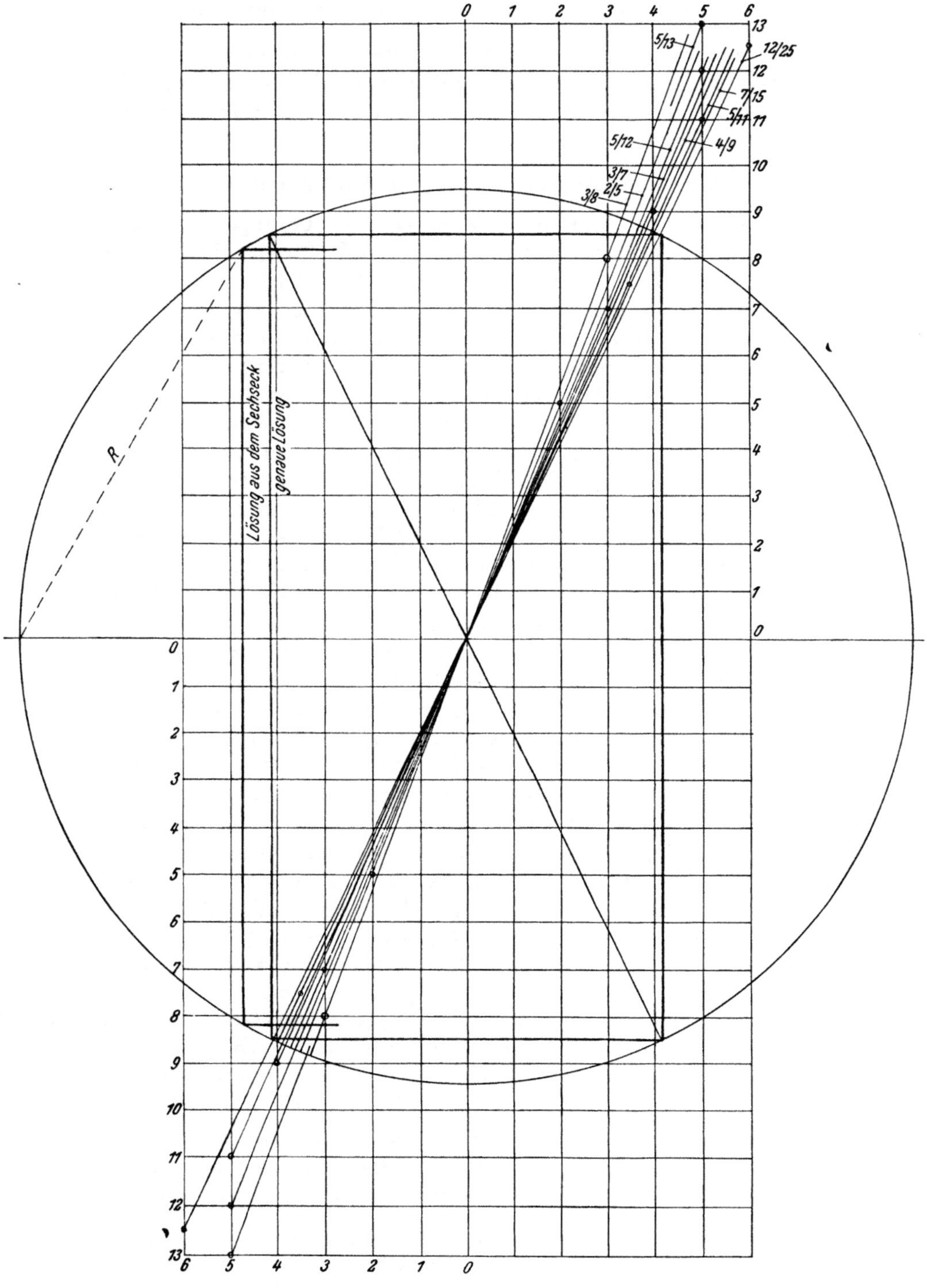

Abb. 34. Rechtecke aus den Grundrissen der griechisch-dorischen Peripteroi mit gemeinsamem Vergleichskreis.

cationes fecerunt, erravisse videntur, quod unum intercolumnium in longitudine plus quam oporteat procurrere videtur."

Zu deutsch:

„*So aber sind die Säulen beim Peripteros auszuteilen, daß soviel Säulenzwischenräume an der Stirnseite sind, zweimal so viele an den Langseiten werden, so ergibt sich nämlich die zweifache Länge des Bauwerkes zur Breite. Denn diejenigen, welche die Säulenzahl verdoppeln, werden als irrend erkannt, weil dadurch ein Säulenzwischenraum, mehr als erforderlich ist, überschießend erscheint.*"

Weiter im Liber IV. Kap. IV, Abs. 1.

„*Distribuitur autem longitudo aedis, uti latitudo sit longitudinis dimidiae partis . . .*"

„*Die Länge des Cellahauses ist nun so anzuordnen, daß die Breite von der Hälfte der Länge sei . . .*"

Welches der Gedankengang Vitruvs, beziehungsweise seiner Gewährsleute dabei war, ist nicht überliefert. Ich glaube, es war die Meinung, daß die Gestaltung des Grundrisses eine unselbständige sei und durchaus den Aufrissen untergeordnet werden sollte. Rein mathematisch gesehen, ist es ein Parallelfall zur Polverschiebung bei der Säulenausteilung und der Modulatio (s. S. 51, 106). Jedenfalls ist im VI. Kapitel desselben Buches:

„*De ostiorum et antepagmentorum sacrarum aedium rationibus*",

das ist:

„*Über die Anlegung von Türen und Türrahmen bei heiligen Tempeln*"

eine meiner Theorie durchaus entsprechende Ansicht vorgetragen. Da steht nämlich:

„*. . . lumen autem hypaetri constituatur sic, uti quae altitudo aedis a pavimento, ad lacunaria fuerit, dividatur in partes tres semis, et ex eis duae partes lumini valvarum altitudine constituantur. Haec autem dividatur in partes duodecim, et ex eis quinque et dimidia latitudo luminis fiat in imo . . .*"

Mag auch der erste Satz dieser Stelle sehr korrupt sein, vor allem gehen die Meinungen über die Lesarten des Wortes „h y p a e t r i" auseinander, hier interessiert vornehmlich das Zahlenbeispiel des zweiten Satzes:

„*Das (die Höhe der Oberlichte oder die Höhe der darunter befindlichen Türöffnung?) wird in zwölf Teile geteilt, und davon bilden fünfeinhalb die lichte untere Weite.*"

Die Gestalt dieser Öffnung hat also das Längenverhältnis von $5\frac{1}{2}$ auf 12 Teile und gehorcht damit der Formel

$$n / (2n + 1).$$

Zusammenfassend kann wohl gesagt werden: das Längenverhältnis in einem Rechteck von 1 zu 2 ist im frühen Ägypten wohl eine primitive Erscheinung; vielleicht ist es dort aus der Hälftung des Quadrates entstanden. Bei Vitruv und seinen Gewährsleuten ist es wohl keine selbständige Bildung, sondern rührt von der Anordnung der Säulenstellungen her, entweder weil man der Meinung war, es dürfte an der Langseite kein Mitteljoch geben, also eine gerade Jochzahl und damit eine ungerade Anzahl von Säulen sein, oder weil man wünschte, es sollten Teilflächen der Schmalseite mit ihren entsprechenden Teilen an den Langseiten ein Verhältnis von 1 zu 2 haben, also ein solches Verhältnis zwischen Flächen an benachbarten Rissen bestehen.

Der größte schriftlich überlieferte Architekturtheoretiker der Renaissance, Leon Battista Alberti, geboren 1404, empfiehlt in seinem „Zehn Bücher über Baukunst", Fenster und Türen im Format von 1/2 und $1/\sqrt{2}$, ebenso hat seine Basilika im Grundriß das Format 1/2; eins zu zwei[1]. Im besonderen schreibt er im IX. Buch, 6. Kap., über die Bildung von Rechtecken und Räumen begrenzt von Rechtecken. Rechtecke unterscheidet Alberti dreierlei, nämlich kurze, mittlere und lange. Von jeder dieser drei Arten gibt er drei genau bestimmte Formen. Von den kurzen gibt er so erstens das Quadrat, also 1/1, zweitens das Rechteck, welches das Anderthalbfache der kürzeren Seite zur längeren hat, also 1/1,5 als Verhältnis der Seiten geschrieben, und drittens das Rechteck, welches das Eineindrittelfache der kürzeren Seite zur längeren hat. Diese drei sind die einfachen Beziehungen, welche den ersten beiden Tonschritten entsprechen und von welchen alle anderen Beziehungen durch Multiplikation abgeleitet werden können.

Von der zweiten Art, den Rechtecken von mittlerer Gestalt, sind die drei Formen diese: Erstens das Rechteck vom Format 1 zu 2, welches er als das beste bezeichnet. Zweitens das Rechteck, welches das Anderthalbfache des Anderthalbfachen der kürzeren Seite zur längeren hat; also $1/(1{,}5)^2$. Hiezu nennt er das Beispiel 4/9. Und drittens, analog zur zweiten Form, das Rechteck, welches das Eineindrittelfache des Eineindrittelfachen der kürzeren zur längeren Seite hat; dazu gibt er das Beispiel 9/16. Soweit über die Rechtecke im Grundriß.

Nun wirft Alberti die Frage auf, wie denn zu verfahren sei, wenn an der Seite eines solchen Grundrißrechteckes eine Wand aufgeführt und bemessen werden soll. Dieser Vorgang soll genau beachtet werden, weil er die Meinung ausschließt, als habe Alberti an eine wesentlich räumliche Harmonie gedacht, während er doch Fläche an Fläche fügt.

Zur Lösung dieser Aufgabe bringt Alberti dreierlei Verfahren. Erstens könne aus oben entwickelten Zahlenverhältnissen die gesuchte

[1] Der Vorzug, der dem Verhältnis 1 zu 2 gegeben wird, ist historisch von Griechenland nicht ableitbar. Es findet sich jedenfalls bei den Agrimensoren und Vitruv. Von der Entwurfspraxis ausgehend, ist aber dieses Verhältnis unmittelbar verständlich. Da die 2 die erste Zahl ist, liefert sie das einfachste System, das bei keiner Bauaufgabe versagt. Geht man vom Einheitsmaß aus nun immer nur verdoppelnd oder hälftend vor, wie es der Familie der 2 entspricht, so wird sich das Verhältnis von 1 zu 2 etwa als Fensterformat und anderes gewissermaßen von selbst ergeben. Es ist sehr bequem, das Verfahren umzukehren und von diesem Verhältnis auszugehen, und das kann auch die Art sein, wie Vitruv und Alberti zu ihren Anweisungen gekommen sind. Dieses ist aber theoretisch unstatthaft, denn dadurch wird das Problem verkürzt. Nicht nur der Umfang des Problems, sondern auch sein Zentrum bleibt bei diesen unsichtbar; so gelangt man zu Faustregeln, nicht aber zu einer Architekturtheorie.

dritte Abmessung gewonnen werden. Dies jedoch nicht beliebig, sondern in einer Weise, welche Alberti andeutet, in dem er sagt, daß, wenn in dem vorgegebenen Grundrißrechteck verdoppelnd verfahren wurde, nur die Zwei die gesuchte Höhe des angeschlossenen Rechteckes werden kann. Es soll also das Verfahren aus der einmal gewählten engen Zahlenfamilie nicht heraustreten.

Zweitens könne man zu zwei Abmessungen die passende dritte finden, indem man zwischen die beiden Vorgegebenen ein Mittel einschaltet; nämlich das arithmetische, das geometrische oder das musikalische. Letzteres kommt auf Proportion

$$\frac{A}{C} = \frac{B - A}{C - B}$$; dazu gibt er das Beispiel

30/60 = (40 — 30) : (60 — 40) = 10 : 20. So, sagt er, hätten *„die Architekten"* verfahren; worunter er die Baukünstler der Römer versteht. (Es ist mir nicht klar, ob alle drei oder nur das letztere der Mittel dabei gemeint ist.)

Drittens könne man aus der Gestalt des Würfels, von dem es heißt, daß er die stabilste aller Formen besitze, mehrere Werte ableiten, von denen drei als Abmessungen eines von Rechtecken begrenzten Raumes gewählt werden können. Diese Werte sind folgende: Zunächst die Seitenlänge 2 des Würfels; denn dies ist die erste Zahl. Dann die Diagonale der Würfelfläche, deren Länge in Zahlen nicht bekannt sei, von der man nur sagen könne, daß sie die Wurzel der achtfachen Einheitsfläche bilde; also $a \cdot 2 \cdot \sqrt{2}$. Weiter die Diagonale des Würfels selbst, welche gleich der Wurzel aus zwölf sei; also $a \cdot 2 \cdot \sqrt{3}$. Und schließlich die Diagonale eines Rechteckes aus der Seite und der Diagonale des Würfels; also

$$\sqrt{(a \cdot 2)^2 + (a \cdot \sqrt{12})^2} = a \cdot \sqrt{16} = 4a.$$

Aus dem Texte geht hervor, daß Alberti ganz absichtlich es vermeidet, davon zu sprechen, worauf die Harmonie architektonisch eigentlich beruhe. Im vorhergehenden Kapitel, dem 5. des IX. Buches, erklärt er, Harmonie sei Wohlklang für das Ohr. Die Zahlen, welche Pythagoras durch Abteilen der Saiten für die Tonschritte gefunden hat, sind Träger der Harmonie und werden in die Baukunst einfach übernommen. Werden diese Zahlen auf oben angedeutete Weise vervielfältigt, so gewinnt man lineare Abmessungen, welche die Harmonie gewährleisten.

Alberti geht theoretisch gar nicht weiter, entweder weil, was aus der Zeit durchaus verständlich wäre, er von dem Schluß von der musikalischen auf die architektonische Harmonie durchaus befriedigt ist, oder weil er hält, wo jeder Gelehrte halten muß, nämlich dort, wo er nicht mehr weiter kann. Er berichtet von überkommenen Verfahren, und seine Leistung besteht in der Kritik derselben, darin er sich als ein souveräner Geist gegenüber anderen Schriftstellern der Renaissance sehr wohl unterscheidet; da etliche nichts kennen als kritikloses Lob des Vitruv.

Die genannten Albertischen Verfahren ergeben nun durch ihre runden Seitenzahlen runde Flächenzahlen und auch runde Körperzahlen.

Es bedarf daher noch einer besonderen Kritik, nachzuweisen, daß nicht doch in diesen Regeln eine kubische Harmonie beschlossen, eine solche, wenn schon nicht von Alberti, so doch von irgend einem Vorgänger beabsichtigt war oder gar unbewußt, aber wesentlich mitgehe.

Dazu ist zu sagen, daß eine Harmonie etwas wesentlich Zusammengesetztes ist. Wenn ich daher einen Raum betrete und sage, dieser sei harmonisch, so kann ich nur psychologische Elemente meinen, aus welchen dieser Raum zusammengesetzt ist, oder aber, was rein mathematisch noch denkbar wäre und architektonisch selten der Fall ist, es ist eine harmonische Beziehung des soeben betretenen Raumes mit dem eben verlassenen gemeint. Nur in letzterem Falle könnten zwei Zahlen dritter Potenz das Gesetzmäßige des Erlebnisses, welches im Vergleich zweier aufeinanderfolgender Räume besteht, möglicherweise widerspiegeln, wobei der Beweis, daß das Erlebnis tatsächlich in dritten Potenzen ausgedrückt werden kann, noch aussteht.

Alberti hätte also von zwei Räumen berichten müssen, anstatt von zwei rechteckigen Flächen, es sei denn, es wäre ihm oder einem Vorgänger der zweite Raum abhanden gekommen und die Regel auf einen degeneriert. Wenn wir schon die bedeutende Geisteskraft eines Alberti nicht ansetzen wollen, so muß doch gesagt werden, daß die allermeisten architektonischen Aufgaben, sofern sie nämlich absoluter Architektur sich nähern, gar nicht so gestellt sind, als daß eine Folge von Räumen miteinander in Konkurrenz käme. Sofern nämlich überhaupt der Innenraum sich vom Problem der Außenansicht ablöst, ist besonders bis in die Zeit Albertis immer nur von einem souveränen Raum mit vergleichsweise nebensächlichen Annexen die Rede.

Um die Frage aber noch weiter zuzuspitzen; da es einen wesentlichen Unterschied in der Berechnung ausmachen müßte, ob solche Annexe geradlinig oder krummlinig begrenzt sind, müßte eben an der Gestaltung der Annexe der kubische Charakter des Problems, wenn vorhanden, nicht zu übergehen sein. Eine derartige Andeutung ist aber nirgends zu finden. Die Meinung, Alberti habe an kubische Harmonien gedacht, ist daher nichts als die Folge einer Suggestion durch den Umstand, daß eine der Arten, einen Raum zu proportionieren, von der Gestalt des Kubus entlehnt ist. Doch ist gerade zu dieser Art zu sagen, daß sie unrein ist, indem zur Begründung einer auf den Gesichtsinn einwirkenden Proportion eine statische Überlegung, noch dazu eine mangelhafte, geboten wird.

Die erste der drei Arten, von denen Alberti spricht, jene die pythagoreische Musiktheorie in die Baukunst zu übertragen, kann vielleicht die älteste Tradition darstellen, welche uns schriftlich überliefert ist; viel älter als alles, was Vitruv an Architekturtheorie bietet, tatsächlich auf Pythagoras und noch weiter zurückreichend. Jedenfalls bringt diese Art Proportionen, welche tatsächlich in den ältesten griechischen Tempeln vorkommen, und ich werde weiter unten zeigen, daß das allgemeine Bildungsgesetz dieser Proportionen ein visuell gültiges ist und mindestens schon in der platonischen Zeit bekannt war.

Die Vorstellung, daß Musiktheorie und Architekturtheorie für die

Pythagoreer eng verbunden gewesen sind, kann bestimmt nicht abgewiesen werden. Daß die Musiktheorie der Griechen überliefert wurde, ihre Architekturtheorie aber so gut wie verlorenging, mag darin seinen Grund finden, daß die Kulturerben der Griechen, vor allem die Römer, in der Baukunst doch mehr ihre eigenen Ansichten hatten und daher für die Architekturtheorie weniger aufnahmsfähig waren. So sind also die in der Geschichte immer wiederkehrenden Versuche, von der Musik her Architekturtheorie zu rekonstruieren oder neu zu schaffen, gedanklich keineswegs so abwegig, als ihre Mißerfolge scheinen ließen.

Während nun für diese erste, sagen wir pythagoreische Art, Alberti doch eine ausführliche und, von seinem Standpunkte aus gesehen, logische Begründung bringt, bleiben die beiden anderen Arten unbegründete Ratschläge, sofern man den beiläufigen Hinweis, daß irgend jemand den Würfel für die stabilste Form angesehen habe, weil er immer gleich gut liege, wie man ihn auch stürzen mag, als unsachlich beiseite läßt. Es ist aber doch eine unausgesprochene Begründung enthalten; wenn auch keine stichhältige. Die Begründung ist einfach die, daß alle diese verschiedenen eingeschalteten Mittel mit ihren Außengliedern Proportionen bilden. Voreilig ist nur der Schluß von der mathematisch möglichen Proportion auf die architektonisch brauchbare. Von dieser falschen Verallgemeinerung bis zur Sinnlosigkeit des „Goldenen Schnittes" ist ein gerader Weg.

C. Die Seilregel, das alte Verfahren der Flächenzerlegung.

Hat man nun meinen Nachweis, daß die Gestalt solcher Rechtecke zumeist durch die Absicht zustande kommt, sie machten die halbe Fläche ihres Umkreises aus, entgegengenommen, so tritt nun die schwerwiegendste Frage unseres ganzen Wissenszweiges heran: wie verfuhren die Alten, um ein solches Rechteck zu ermitteln?

Wie sah meine allgemeine Rechtecksgleichung

$$A : B = \pi : (4 \pm \sqrt{16 - \pi^2})$$

im Altertum aus?

Mit Recht sagt P. Odilo Wolff in seinem Werke „Tempelmaße" (S. 55):

„*Es bleibt noch immer die Hauptfrage, wie zum Beispiel bei griechischen Tempeln das Verhältnis von Länge zu Breite, das ist des decumanus zum cardo, bestimmt wurde, welches Gesetz da herrschte. Zweifelsohne ist in diesem Verhältnis das Hauptmaß des ganzen Tempels ausgesprochen, aus dem sich alle Detailmaße ergeben müssen . . .*"

Die Auswertung dieses Gedankens konnte aber Wolff infolge unrichtiger Verallgemeinerung nicht gelingen.

Haben wir von Ahmes gelernt, wie ein Kreis in ein Quadrat zu verwandeln sei, das ist psychologisch ausgedrückt die Umwandlung des Gesichtsfeldes[1] in eine rechnerisch faßbare Fläche, so wird es nun erfor-

[1] Nicht, daß etwa die Umrisse des Gesichtsfeldes kreisförmig wären, sondern dessen Organisation ist derart, daß dem Oben ein Unten tropisch zugeordnet ist, dem Links ein

derlich sein, dieses Quadrat auf eine geschickte Art zu zerlegen oder umgekehrt aus den psychologisch allereinfachsten Elementen ein Quadrat aufzubauen.

Da stieß ich beim Studium der heronischen Mathematik auf folgende Gleichung:

$$8\,\frac{n\,.\,(n+1)}{2}+1=(2n+1)^2$$

Diese enthält zunächst den Lehrsatz, welcher besagt, daß jede verachtfachte und um eins vermehrte Dreieckzahl eine Quadratzahl ergibt.

Die bisherige Forschung will diesen Satz nicht einmal bis auf Heron zurückführen [1], obwohl dessen geistige Enkel dies behaupten, und begnügt sich, diese Regel erst bei Plutarch (I. S. n. Ch.) zu finden.

Es war daher nun meine Aufgabe, den Versuch zu unternehmen, zu beweisen, daß dieser Satz in Hellas zur klassischen Zeit geläufig war, und darüber hinaus dessen Verbreitung aufzuzeigen. Bei Pythagoras, bei dem solches zu suchen doch naheliegend ist, fand ich, soweit ich eindringen konnte, nichts was überzeugen könnte [2], jedoch Verwandtes (dieser ist 580 oder 569 v. Ch. geboren).

Wie etwa die Anekdote, welche Lucian erzählt: Pythagoras befahl einem seiner Schüler zu zählen. Dieser begann: „1, 2, 3, 4", da unterbrach ihn sein Lehrer und rief:

„Siehst du, was du für 4 hältst ist 10, und ein vollständiges Dreieck und unser Eidschwur."

Gemeint war die sogenannte Tetraktis (Abb. 35) und das jeweils erforderliche Punktegnomon bei der Erweiterung dieses dreieckigen Feldes gibt wieder eine Dreieckszahl. Schreibt man aber die

$$\text{Summe } 1+2+3+4=10$$

als Summe einer arithmetischen Reihe:

$$10=\frac{n\,(n+1)}{2}=\frac{4\,.\,5}{2},$$

so ist die Verwandtschaft augenscheinlich.

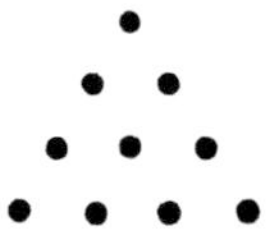

Abb. 35. Sogenannte Tetraktis.

Tatsächlich haben, wie Theon von Smyrna berichtet, die Pythagoreer durch Zusammenzählen der natürlichen Zahlenreihe die Dreieckszahlen

Rechts. Physiologisch ist dies soweit durch Ausfallserscheinungen — Hemianopsien —, welche scharfe, durch das Zentrum des Gesichtsfeldes gehende, senkrechte und waagrechte Begrenzungen haben können, als durch den Gang der Nervenbahnen verursacht, bewiesen (vgl. Lauber, Dr. Hans, „Das Gesichtsfeld — Untersuchungsgrundlagen, Physiologie und Pathologie").

Aus der Ornamentik aller Zeiten und Völker folgt aber weiter die Tropik von linksoben zu rechtsunten, mutatis mutandis. Die selbständigen Orte des Gesichtsfeldes sind also zueinander in einer ring- und sternförmigen Tropik organisiert (siehe auch Kap. 1).

[1] M. Cantor, Heidelberger Vorlesungen über Geschichte der Mathematik, 1880.

[2] Immerhin sagt Jamblichus im II. Buch seiner „Sammlung der Lehren Pythagoras": „Fügt man eine Einheit dem Achtfachen einer Dreieckszahl hinzu, so erhält man eine Quadratzahl", und auch: „Eine Zahl des gleichen Ausmaßes (bei Gino Loria: ‚Espece') erhält man, wenn man in analoger Weise mit dem Produkte einer Zahl verfährt, zu welchem man zwei Einheiten hinzufügt." M. Cantor nimmt dies aber nicht zum Anlaß, diese Sätze auch als pythagoreisch anzuerkennen.

und auch durch Zusammenzählen der ungeraden Zahlen die Quadratzahlen gebildet.

$$1 + 3 + 5 \ldots + (2n - 1) = n^2.$$

Sollte wirklich die Verwandtschaft der beiden Reihen dem Genius eines Pythagoras entgangen sein können?

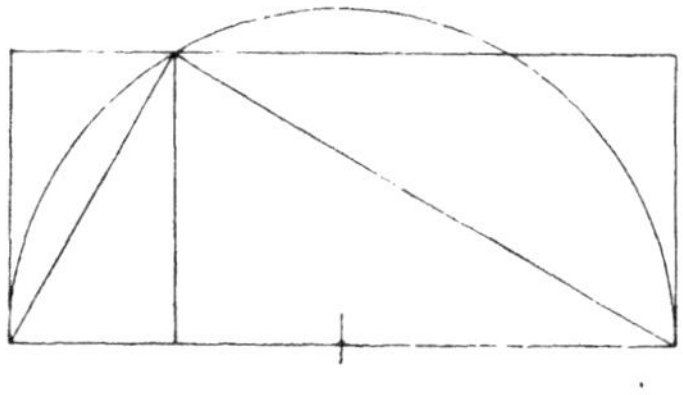

Abb. 36. Beweis der Winkelsumme im Dreieck, nach Thales.

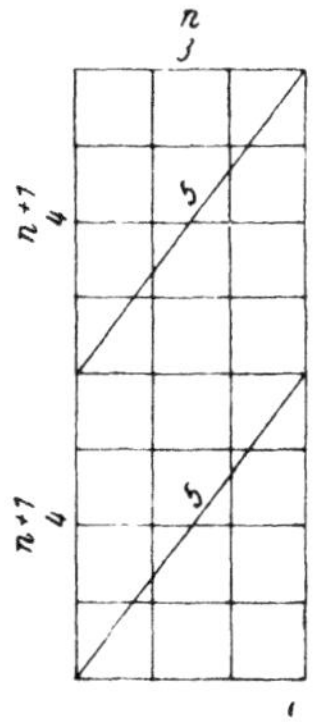

Abb. 37. Rechteck, entsprechend Abb. 32, 33, 34 aus Dreiecken oder durch Auszählen gebildet.

Ich meine eher, daß lediglich die allgemeine Fassung der Dreiecks- und Quadratzahlen pythagoreisch sei, der allereinfachste Sonderfall mit dem sogenannten Pythagoreischen Dreieck, welches die Katheten 3 und 4 mit ihrer Hypotenuse 5 hat, muß zum allerältesten Kulturgut gehören, denn jedes Wissen entwickelte sich vom Besonderen zum Allgemeinen, und Thales brachte aus Ägypten die Kenntnis des Satzes vom rechten Winkel im Halbkreis mit und erbrachte anschließend den Beweis von der Winkelsumme eines Dreiecks, indem er ein solches als die Summe zweier Hälften von Rechtecken zeichnete (Abb. 36). Nur auf diese beiden Sätze gestützt, berechnete ich S. 113 die Grundproportionen der dorischen Peripteroi. Mit Thales ist also der Anschluß an die ägyptische Mathematik gewonnen. Das mathematische Rüstzeug zu meiner Theorie war daher im vorklassischen Hellas und noch früher in Ägypten bekannt. Etwa 420 v. Ch. sprach Demokrit (M. Cantor):

„Im Konstruieren von Linien, nach Maßgabe der aus den Voraussetzungen zu ziehenden Schlüsse, hat mich keiner je übertroffen, selbst nicht die sogenannten Harpedonapten der Ägypter.“

Diese Harpedonapten, zu deutsch Seilspanner, haben wir auf dem Relief vom Hathortempel beobachtet. Eine ihrer einfachsten Operationen ist das Ausspannen eines rechten Winkels nach dem Dreieck 3, 4, 5 mit Hilfe eines endlosen Seiles von 12 Knoten gewesen. Nach dem Ausspruch Demokrits muß dieses jedoch ein kunstreiches und vielfältiges Verfahren gewesen sein, welches offenbar von der zunehmend abstrakter werdenden Wissenschaft verdrängt wurde. Bei weitem das auffälligste Zeugnis von der Verbreitung des Satzes, daß eine verachtfachte und um eine vermehrte Dreieckszahl eine Quadratzahl ergibt, welchen ich als **Seilregel** bezeichnen will, weil ich darin das Hauptstück der Seilspannerkunst aufgefunden glaube, ist der erste Teil der ältesten chinesischen mathematischen Überlieferung, genannt „Tcheou pei swan king“, was bedeutet: heiliges

Buch (= king) über Rechnung (= swan), genannt Beobachtungsstange (= pei) in einem Kreis (= tscheou)[1].

„*Einstmals fragte Tcheou-Kong* (dieser Name weist auf das 12. S. hin) *den Chang-Kao und er sagte: Ich habe vernommen, daß der große Vorsteher* (Chang-Kao) *ein Gelehrter von den Zahlen ist. Ich wünsche ihn zu fragen, wie einstens Pao-Hi* (oder Fo-Hi war Kaiser von China im 28. S., ihm wird die Erfindung alles menschlichen Wissens zugeschrieben) *die Gradausteilung der Himmelslinie* (la graduation du contour du ciel) *festlegte. Den Himmel, man kann ihn doch nicht ermessen mit Graden. Die Erde, man kann sie doch nicht ausmessen mit Fuß und Zehntelfuß. Ich wünsche ihn zu fragen, welches der Ursprung des Wissens von den Zahlen ist. Chang-Kao sagte: Das Wissen von den Zahlen kommt vom Runden* (vom Kreis, Yuen) *und vom Quadrat* (oder Rechteck, Fang).

Der Kreis kommt vom Quadrat (Rechteck), *und das Quadrat vom Kreise.* (Gaubil meinte, daß sich dies auf das Einschreiben und Umschreiben von Kreis und Quadrat beziehe. Tatsächlich befindet sich im zweiten astronomischen Teil dieser Schrift eine Abbildung von solcher Art. Alle Abbildungen sind im „Journal Asiatique" nur beschrieben und nicht gezeichnet.

Der Kuu (dies ist ein sehr allgemeiner Ausdruck für jedes genaue Instrument, wie Lineal, Zeichenwinkel, Gnomon, Zirkel. Gaubil erklärt: „Das Lineal, Instrument um gerade Linien und Quadrate zu machen.") *kommt von 9 mal 9, welches 81 ergibt.* (Gaubil sagt: 9 mal 9 sei der Ursprung der Division und Multiplikation. Die Zahl 9 sei die letzte und größte der himmlischen ungeraden Zahlen. Man nimmt deren Quadrat 81 als Beispiel des Quadrates.) *Teile den Kuu. Mache den Keou* (= gekrümmter Haken, die kleinere Kathete) *oder die Breite gleich 3; den Kou oder die Länge gleich 4; die Linie, welche die Winkel vereinigt* (King-yu), *gleich 5. Nimm die Hälfte des Umfanges einer rechteckigen Gestalt* (Fang), *diese wird ein Kuu sein. Vereinige und berechne dies zusammen* (Gaubil sagte, es sei die Quadratwurzel zu ziehen), *du wirst so genau 3, 4, 5 erhalten. Die zwei Kuu zusammen geben die Länge* (Größe) *25.* (Gaubil: $3^2 + 4^2 = 25$.) *Das nennt man die Vereinigung* (la somme) *der Kuu. Die Wissenschaft, deren sich Yu* (der Demiurg) *einst bediente, um zu ordnen, was sich unter dem Himmel befindet* (das chinesische Reich, die Erde), *diese Wissenschaft ist von diesen Zahlen hervorgebracht.*"

Hier stehen im chinesischen Text drei Abbildungen, gefolgt von langen Erläuterungen. Diese Abbildungen, sagt Gaubil, sind dazu bestimmt, die Theorie des rechtwinkeligen Dreiecks zu erklären. Die erste benennt sich Figur des Seiles oder der Hypotenuse (tableau de la corde ou de l'hypothenuse); die zweite, die rechte Figur, und die dritte, die linke Figur. Auf allen dreien sieht man ein großes Quadrat in 49 Felder geteilt, innerhalb dieses Quadrates ist ein zweites Quadrat eingeschrieben, welches in 25 Felder geteilt ist. Dieses zweite Quadrat ist bei der ersten Figur in

[1] „Journal Asiatique", Juni 1841, berichtet von Eduard Biot mit Benützung der ersten Übersetzung von P. Gaubil.

vier rechtwinkelige Dreiecke und noch ein inneres Quadrat geteilt. Bei der zweiten Figur enthält das mittlere Quadrat eine Einteilung in 9 Felder, und bei der dritten Figur ein Quadrat von 16 Feldern.

Tcheou-Kong sagte:

„Das ist eine großartige Sache mit den Zahlen. Ich möchte Sie fragen über die Art der Anwendung des Kuu (hier als Gnomon oder Zeichendreieck zu verstehen).

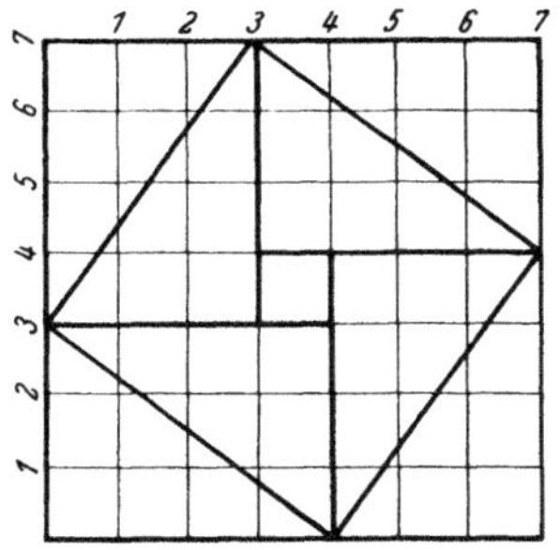

Abb. 38. Die erste Platonische Harmonie, ein Quadrat.

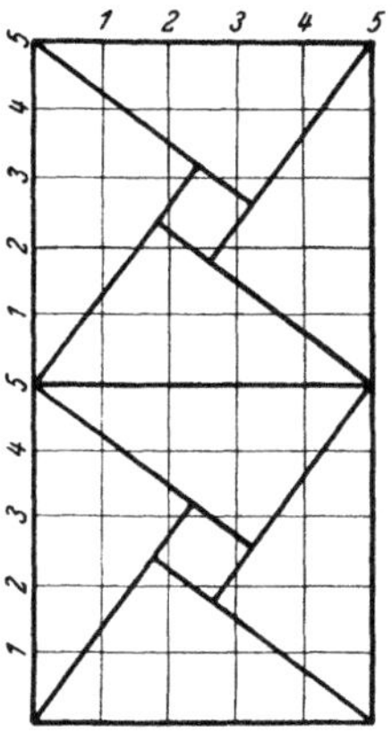

Abb. 39. Die zweite Platonische Harmonie, ein Rechteck

Chang-Kao sagte: Der Kuu dient, wenn flach hingelegt, um gerade zu machen (G a u b i l : la corde ou le niveau). *Der Yen-kuu dient, um die Höhe zu messen. Der Fo-kuu dient, um die Tiefe zu messen. Der Ngo-kuu dient, um die Länge zu messen.* (Diese Abarten bedeuten lediglich Lageveränderungen eines dreieckigen Gnomons.) *Der Hoan-kuu dient, um Kreise zu machen. Der Ho-kuu* (vereinigte Kuu) *dient, um Quadrate zu machen. Die quadratische* (rechtwinkelige) *Gestalt entspricht der Erde. Die runde* (Kreis-) *Gestalt entspricht dem Himmel. Der Himmel ist der Kreis. Die Erde ist das Quadrat. Die Berechnungen über die quadratische* (rechteckige) *Gestalt sind grundlegend. Vom Quadrate kommt der Kreis. Die Gestalt Li* (Regenschirm, Halbkugel, Kugelschale) *dient dazu, den Himmel darzustellen. Der Himmel ist blauschwarz. Die Erde ist gelbrot. Um den Himmel zu berechnen, verwende die Gestalt Li. Das Blauschwarze ist der Piau* (äußeres Kleid). *Das Gelbrote ist der Li* (inneres Kleid). *Damit stellt man die Ordnung des Himmels und der Erde dar. Wer nun die Erde aus der Wissenschaft kennt, wer den Himmel kennt, besitzt die höchste Weisheit. Das Wissen kommt vom Keou* (rechtwinkeligen Dreieck). *Der Keou kommt vom Kuu* (gekrümmten Haken, Kathetenpaar). *Der Kuu mit den Zahlen vereinigt, das ist es, was alle Dinge regelt und leitet.*

Tcheou-Kong sagte: „Das ist wunderbar.“

Dies ist der ganze erste Teil der Schrift, deren zweiter Teil durchaus astronomisch ist.

Die erste jener drei angeführten quadratischen Figuren ist schon, wie in Abb. 38 ersichtlich, erkannt worden (M. Cantor, Heidelberger Vorl., S. 58).

Ich stelle nun fest, daß diese der Formel:

$$8 \cdot \frac{n \cdot (n+1)}{2} + 1 = (2n+1)^2 \text{ gehorcht, mit } n = 3,$$

also für das einfachste ganzzahlige rechtwinkelige Dreieck 3, 4, 5:

$$8 \cdot \frac{3 \cdot 4}{2} + 1 = 49$$

Die beiden anderen quadratischen Figuren sollen vermutlich durch Auszählen des Rasters darlegen, daß hier ein allgemeines Gesetz erkannt wird. Da die Lage der mittleren Quadrate im 2. und 3. Fall nicht berichtet wird, ist eine genaue Analyse nicht möglich. Das innere Quadrat der ersten Figur mit seinen 25 Feldern kann auch so ausgesehen haben wie die Hälfte meiner Abb. 39.

Ein solches Quadrat mit der Fläche 25 findet auch bei Bhaskara in Indien um 1150 nach Ch., das ist sechzig Jahre vor einer Neufassung des Tcheou-pei. Es liegt daher der Gedanke eines Zusammenhanges mit Bhaskara nahe. Die Chinesen hatten allgemein die Übung, wissenschaftliche Werke zurückzudatieren. Aus ihren Angaben ist daher eine Zeitbestimmung nicht möglich. Auffällig ist die Übereinstimmung mit jener Kosmologie, welche etwa zur Zeit Plutarchs in Ägypten und Griechenland verbreitet war, und alle Erscheinungswelt mit Hilfe des Dreieckes 3, 4, 5 erklären wollte (Proclos Diadochus, vergleiche S. 141 und so fort). Ein Gleiches findet sich allgemeiner bei Aristoteles *(Metaphysik I. 2, 1053 b): „Und wäre ein Reales eine Vielheit geradliniger Figuren, so wäre es eine Anzahl von Figuren und die Einheit darin bildete das Dreieck.“*

Im zweiten Teile des Tcheou-pei wird wiederholt $\pi = 3$ gesetzt, was wieder auf ein hohes Alter der Vorlagen schließen ließe.

Das wichtigste Zeugnis aber, welches ich beizubringen vermag, daß die Seilregel ein sehr altes und bedeutsames Kulturgut vorstellt, ist die berühmte und heiß umstrittene Stelle in Platons „Staat“ (Buch VIII., Kap. 3, Seite 546, der Ausgabe Henricus Stephanus, Paris 1578). Da die Auslegung dieser Stelle für die Geschichte der Baukunst mittelbar von großer Wichtigkeit ist, die meine aber von den bisherigen Auslegungen weitab liegt, so ist es angebracht, diesem Teile meiner Untersuchungen einen verhältnismäßig recht weiten Platz einzuräumen.

Der dieser Stelle vorausgehende Inhalt ist etwa folgender: Sokrates will beweisen, daß das von ihm geschilderte Staatswesen das denkbar beste sei. Zu diesem Ziele will er aufzeigen, wie alle anderen Staatsformen aus seinem gerechten Staate durch Verfallserscheinungen hervorgehend gedacht werden können.

Übersetzung nach Otto Apelt, 1923:

„III. Sokrates: So laß uns denn versuchen anzugeben, wie aus einer Aristokratie sich eine Timokratie entwickeln kann. Oder steht es damit nicht ganz einfach so, daß jede Verfassungsänderung von eben demjenigen

Teil der Bürgerschaft ausgeht, der im Besitze der obrigkeitlichen Gewalt ist, nämlich dann, wenn unter ihnen selbst Zwietracht ausbricht, während bei voller Einigkeit, mag ihrer auch ein noch so kleines Häuflein sein, jede Veränderung unmöglich ist?

Glaukon: Ja, so ist es.

Sokrates: Wie also soll es zu einer Änderung unserer Verfassung kommen und wie werden die Wehrleute und die Herrschenden miteinander und unter sich selbst in Zwietracht geraten? Oder wollen wir, wie Homer, die Musen bitten uns zu sagen, wie zuerst Zwietracht hereinbrach, und wollen wir sagen, sie sprächen zu uns in dem erhabenen Tone der Tragödie, als wäre es ihr voller Ernst, während es doch nur ein Scherz ist, den sie mit uns treiben, indem sie mit uns spielen wie mit Kindern?

Glaukon: Wie denn?

Sokrates: Etwa so: „Ein Staat, so eingerichtet wie dieser, läßt sich zwar nur schwer aus dem Geleise bringen; allein da alles, was entstanden ist, auch dem Untergang geweiht ist, so wird auch eine solche Verfassung nicht in alle Ewigkeit bestehen, sondern der Auflösung verfallen. Die Auflösung aber ist diese: Nicht nur für die aus dem Schoße der Erde entsprossenen Gewächse, sondern auch für die auf ihr wandelnden Geschöpfe ergibt sich Fruchtbarkeit und Unfruchtbarkeit der Seele sowohl wie des Leibes, wenn Umdrehungen für jede Art des Erschaffenen Kreisumschwünge herbeiführen, für Kurzlebige von geringerer Umlaufstrecke, für länger Lebende von längerer. Was nun aber euer Geschlecht anlangt, so werden diejenigen, die Ihr zu Wächtern des Staates herangebildet habt, ungeachtet aller ihrer Weisheit durch ihre mit Sinneswahrnehmung gepaarte Berechnung es mit der Erzeugung guten Nachwuchses und mit der Unfruchtbarkeit nicht richtig treffen, sondern das Richtige wird sich ihrer Beobachtung entziehen, und so werden sie einmal Kinder erzeugen, wenn es nicht sein sollte.

1. Es hat aber das göttlich Erzeugte einen Umlauf, welcher eine vollkommene Zahl umfaßt,

2. das menschlich Erzeugte aber umfaßt eine Zahl, in welcher als der ersten (das heißt welche die kleinste ist, in der) Vermehrungen (Multiplikationen) von Wurzeln und Quadraten aus Grundzahlen, die alles ähnlich oder unähnlich machen, vermehren und vermindern, drei Ausdehnungen (Dimensionen) und vier Grenzen bekommend, alles aussprechbar und rational gegeneinander machen.

3. Aus diesen gibt das Verhältnis drei zu vier (3 : 4), *vermählt mit der Fünf, dreimal vermehrt zwei Harmonien, die eine von gleichvielmal gleichen Zahlen, hundert mit sich selbst multipliziert; die andere gleichseitig zwar in der einen Richtung, aber oblong, nämlich in der einen Richtung hundertmal das Quadrat aus den aussprechbaren (rationalen) Diagonalen der Fünf, so daß jeder Diagonale Eins fehlt, die unaussprechbaren (irrationalen) aber so, daß zwei fehlen, in der anderen Richtung aber aus hundert Würfeln der Drei.*

4. Diese ganze geometrische Zahl beherrscht die besseren und schlechteren Zeugungen; und wenn die Wächter diese nicht kennen, werden sie auch den Bräuten Jünglinge zur Unzeit beigesellen und deren Kinder werden weder wohlgeraten noch glücklich sein . . .“

Die mit den Ziffern 1 bis 4 bezeichneten Sätze lauten nach der Lesart von Carl Friedrich Herrmann:

1. Ἔστι δὲ θείῳ μὲν γεννητῷ περίοδος, ἣν ἀριθμὸς περιλαμβάνει τέλειος,
2. ἀνθρωπείῳ δὲ ἐν ᾧ πρώτῳ αὐξήσεις δυνάμεναί τε, καὶ δυναστευόμεναι, τρεῖς ἀποστάσεις, τέτταρας δὲ ὅρους λαβοῦσαι ὁμοιούντων τε καὶ ἀνομοιούντων καὶ αὐξόντων καὶ φθινόντων, πάντα προσήγορα καὶ ῥητὰ πρὸς ἄλληλα ἀπέφηναν.
3. ὧν ἐπίτριτος πυθμὴν πεμπάδι, συζυγεὶς δύο ἁρμονίας παρέχεται τρὶς αὐξηθείς, τὴν μὲν ἴσην ἰσάκις, ἑκατὸν τοσαυτάκις, τὴν δὲ ἰσομήκη μὲν τῇ, προμήκη δέ, ἑκατὸν μὲν ἀριθμῶν ἀπὸ διαμέτρων ῥητῶν πεμπάδος, δεομένων ἑνὸς εκάστων, ἀρρήτων δὲ δυεῖν, ἑκατὸν δὲ κύβων τριάδος.
4. ξύμπας δὲ οὗτος ἀριθμὸς γεωμετρικὸς τοιούτου κύριος, αμεινόνων τε καὶ χειρόνων γενέσεων.

Unter dem Begriffe der vollkommenen Zahl versteht man seit Euklid (um 300 v. Chr.) eine solche, welche der Summe ihrer Teiler gleich ist (wie zum Beispiel 6, 28, 496). Dieser Begriff war in platonischer Zeit noch unbekannt. (Julius Stenzel, „Zahl und Gestalt bei Platon und Aristoteles.“.) In ältester Zeit galt die Zahl 6 als die vollkommene, weil sie das Hexagesimalsystem begründet (M. Cantor, Vorl. S. 42). Später, aus ähnlichem Grunde, nahm die Zahl 10 diese Wertschätzung ein, denn sie begründet das Dezimalsystem. Auch Aristoteles teilte diese Meinung (J. Stenzel). Aus der Vereinigung beider entsteht die vollkommene 60, und diese ist hier gemeint, als die Summe von den Tagen und Nächten eines Monats. Diese meine Ansicht wird belegt durch eine Stelle derselben platonischen Schrift (Staat, pag. 588 der Pariser Ausgabe, IX. Buch, Kap. 11, am Schlusse). Nach Schleiermacher:

„Sokrates: Und weißt Du wohl, sprach ich, um wieviel unerfreulicher ein Tyrann lebt als ein König?

Glaukon: Wenn Du es mir sagst, antwortete er. — Da es, wie sich gezeigt hat, drei Arten der Lust giebt, von denen die eine ächt ist, zwei aber unächt, so ist der Tyrann auf die jenseitige der unächten hinübergestiegen, indem er Gesetz und Vernunft geflohen hat, und lebt nun mit gewissen knechtischen und söldnerischen Lüsten; wieviel er aber dabei zu kurz kommt, ist gar nicht leicht zu sagen, außer etwa so. — Wie doch? fragte er. — Von dem Oligarchischen ist doch der Tyrann der Dritte; denn zwischen beiden war noch der Volksmann. — Ja. — Also besitzt er auch, wenn das Vorige richtig ist, von jenem ab, mit der Wahrheit verglichen, das dritte Schattenbild der Lust? — So ist es. — Der Oligarchische aber ist wiederum der Dritte vom Königlichen, wenn wir den Aristokratischen und Königlichen an dieselbe Stelle bringen. — Der Dritte freilich. —

Um das Dreifache des Dreifachen also, sprach ich, steht der Tyrann von der wahrhaften Lust entfernt. — So scheint es. — Und das Schattenbild der tyrannischen Lust wäre also die Fläche, die zu jener Zahl als ihre

Wurzel gehört. — Unleugbar ja. — Aus der Wurzel und der dritten Potenz wird also erhellen, um welche Entfernung er absteht. — Offenbar, sagte er, dem wenigstens, der sich auf das Rechnen versteht. — Also wenn einer, die Sache umkehrend, von dem Könige sagen wollte, wie weit er vermöge der Wahrheit seiner Lust von dem Tyrannen entfernt ist, so wird er nach vollendeter Vervielfältigung finden, daß er siebenhundert und neunundzwanzig mal anmuthiger lebt, der Tyrann also unseliger ist in demselben Maße und gleicher Entfernung. — Eine wunderbare Rechnung, sagte er, hast Du da zusammengetragen von dem Unterschiede zwischen den beiden Männern, dem Gerechten und dem Ungerechten, was Lust und Unlust betrifft. — Und doch eine richtige und ihrem Leben angemessene Zahl, sprach ich, da ihnen ja Tage und Nächte, Monate und Jahre angemessen sind. — Das sind sie ja freilich, sagte er. — Und wie? wenn der Gute und Gerechte den Schlechten und Ungerechten schon an Lust um so vieles überwindet, um wie unendlich viel mehr wird er ihn nicht überwinden in des Lebens Wohlgestaltung und Schönheit und Tüchtigkeit?

Unendlich weit freilich, beim Zeus! sagte er.“

Aus dieser Stelle geht also nun hervor, daß Platon Tag und Nacht mitzählt; es ist 729 durch 12 gleich 60¾ Halbtage für ein Monat, beziehungsweise 729 durch 2 gleich 364½ Tage für ein Jahr gerechnet. Mit irgendeiner der geschichtlich belegbaren Zeitrechnungen in Griechenland dürfte das, soviel ich in Erfahrung bringen konnte, nicht übereinstimmen. Die Griechen hatten vom Anfang ihrer Geschichte bis in die solonische Zeit Mondmonate mit einer Jahreslänge von 354 Tagen. Im 6. Jahrhundert v. Chr. waren dadurch bereits die Jahreszeiten verschoben, weshalb die sogenannten bisextilen Jahre eingeführt wurden. Dabei wurden den zwölf Monaten des Jahres abwechselnd 29 und 30 Tage zugezählt und alle zwei Jahre ein bisextiler Schaltmonat zu 30 Tagen eingeschoben. So wurde ein Sonnenjahr durchschnittlich zu 369 Tagen; also zu lang. Auf den Vorschlag des Eudoxus, das ägyptische Jahr mit 365¼ Tagen anzunehmen, führte man eine Periode von vier Jahren mit 1461 Tagen ein, und schließlich eine Periode von acht Jahren, 2922 Tagen in 99 Monaten. Im Jahre 432 v. Chr. führte der Athener Meton eine Periode von 19 Sonnenjahren mit 295 Monaten ein. Calippos stellte fest, daß auf diese Weise ein Jahr um 1/76 d. zu lang sei und schlug einen Kreislauf von 76 Jahren mit 27.759 Tagen vor. Hipparchos verbesserte dies noch durch eine Periode von 304 Jahren mit 111.093 Tagen, also das Jahr zu 365,2467.. Tagen.

Nun kann zur Übersetzung der ersten beiden Sätze geschritten werden:

1. „Für göttlich Geborene gilt ja gewiß die Periode, welche durch eine heilige Zahl beschlossen wird (60);

2. aber für die Menschlichen gelten, während der vorzüglichen, was Macht und auch Untertänigkeit verleiht, Zunahmen um drei Strecken durch vier Grenzen (also zusammen 60¾), *was Gleichheit und Ungleichheit, Mehrung und Minderung bewirkt, alles bezeichnet und zudem untereinander geregelt erscheinen läßt.*“

Es führt also von zwei zu gleicher Zeit laufenden Perioden die Rede. Die eine ist göttlich, sie hat den Vorrang (πρότος), ist vorzüglicher als die menschliche, welche durch Hinzutreten eines mindernden Umstandes aus der ersteren entstanden gedacht werden kann.

Der Anteil der minderen Geschlechtsperiode an der vorzüglicheren, gleichsam das Durchschimmern der vollkommenen 60 in der Zahl 60¾, bewirkt Herrschaft, Gleichheit und Mehrung; das Überschießen aber der menschlichen Geschlechtszeit über die heilige Zahl bringt Untertänigkeit, Ungleichheit, das heißt Vielfältigkeit und Minderung.

Jedoch bewirkt immerhin im menschlichen Bereiche das Einhalten der 60¾ Halbtage dauernden Fruchtbarkeitsperiode ein gutes Verhältnis der Anlagen und dem Schicksal des Gezeugten Regelmaß. Die Unkenntnis dieser Zeugungszeit bringt aber dem Kinde Unmaß des Charakters und damit des Lebenslaufes.

So betrachtet, ergibt sich aus der Stelle gar nicht die Notwendigkeit, eine astronomische Zeitberechnung herauszufinden, sondern lediglich eine physiologische. Insoferne beides eben Zeitmaße sind, können sie auch einfache Vielfache der gleichen Faktoren sein.

Was den Ausdruck „τρεῖς ἀποστάσεις, τέτταρας δὲ ὅρους“ = *„um drei Strecken durch vier Grenzen“* anlangt, so erinnere man sich der Gewohnheit, welche von Euklid berichtet wird; dieser pflegte nämlich bei der Behandlung von Aufgaben, welche wir heute als Textgleichungen bezeichnen würden, sich alle Größen als Strecken, Vielfache und Teile von solchen vorzustellen. Dies ist ein Verfahren, welches wohl vom Seilspannen herrührt: indem hier ein Seil von drei Längeneinheiten so zusammengelegt vorzustellen ist, daß 3 d u r c h 4 entsteht. Auch die Stammbrüche können ja so entstanden sein, indem zum Beispiel, nachdem eine Länge mit soundso vielen Seillängen ausgemessen worden war, ein von dieser Länge nun noch überstehendes Stück mit dem zusammengelegten Einheitsseil gemessen wurde; und so fort, das jeweils noch übrige Ende mit dem mehrfach zusammengelegten Seil, bis zur Zufriedenheit des Seilspanners, der nur die Zusammenlegungen aufzuschreiben brauchte, so keines Zählers im Bruche bedurfte.

Der Satz 3 unserer platonischen Stelle ist vielleicht in gar keinem inhaltlichen Zusammenhang mit den beiden ersten Sätzen, sondern sollte nur ein damals geläufiges Parallelbeispiel abgeben, wie etwas Vollkommenes mit seiner unvollkommenen Variante verwandt ist.

Angenommen es bestünde doch ein inhaltlicher Zusammenhang, so wären die in diesem dritten Satze folgenden beiden Zahlenwerte die unteren Grenzen der Fruchtbarkeitsperioden, gegenüber den oberen Grenzen von 60 und 60¾ Halbtagen. Ich habe mich belehren lassen, daß physiologisch dagegen nichts einzuwenden sei. Grammatisch ist beides möglich, denn „οὗτος ἀριθμὸς” kann ebenso *„diese Berechnung“* als auch *„jene Berechnung“* bedeuten, sich also sowohl auf die ganze Stelle, wofür auch „ξύμπας“ spräche, als auch bloß auf die ersten beiden Sätze beziehen.

3. „Es bietet doch gewiß bei dreimaliger Vervielfältigung das Verhältnis 4 zu 3, welches die Grundlinie mit 5 verknüpft, zwei Harmonien dar; die eine gleich mal gleich (also ein Quadrat, Abb. 38), die zweite mißt einerseits auch eine Quadratseite, ist aber nach der anderen Seite doch *länger. In Zahlen bestimmbar, steht immer (ἑκατόν) auf der einen Seite die Diagonale der Fünf (das heißt gleichsam, auf der einen Seite der Gleichung steht $\sqrt{50}$ in Vertretung ihrer beiden zugehörigen Quadratzahlen, der ausziehbaren 49 und der unbestimmbaren 50), da mangelt jedesmal Eines (Abb. 38, 49 — 1 = 48), bei den Unbestimmbaren jedesmal zwei (Abb. 39, 50 — 2 = 48), auf der anderen Seite (der Gleichung), wie oft du es nehmen magst (ἑκατὸν δὲ κύβων τ.), steht der Würfel von der Dreizahl."*

Dreimalige Vervielfältigung, oder, wie es am Ende des Satzes benannt wird, als Würfel, bedeutet Verachtfachung; nämlich die dreimalige Verdopplung, also die dritte Potenz der Zwei. Die Zwei wird dabei gar nicht genannt, weil sie selbstverständlich erschien als die erste der Zahlen (denn die Einheit ist keine Zahl), welche die kleinste Vervielfältigung und den ersten Würfel liefert, und wird auch deshalb nicht genannt, weil hier immer diairetisch gesprochen wird und von Entstehung und Zeugung die Rede geht.

Das Verhältnis 4 zu 3, verbunden mit der 5, ist nichts anderes als wieder einmal das kleinste ganzzahlige rechtwinkelige Dreieck.

Acht solche Dreiecke lassen sich zu zwei Harmonien zusammenfügen, wobei das erstemal eine Einheit und das zweitemal zwei Einheiten mangeln.

„ἑκατὸν τοσαυτάκις" und später wieder „ἑκατὸν" soll nicht heißen, daß mit hundert zu multiplizieren sei, sondern nur andeuten, daß mit diesen besonderen Zahlenbeispielen ein allgemeines Gesetz ausgedrückt wird. Würde man doch hundert schreiben, so ist klar, daß sich dies wegkürzen würde, wenn man sich das Problem als Gleichung vorstellt, wozu die Konstruktion mit „τὴν μὲν .... τὴν δὲ .... δε .... δε ...." einlädt.

Die Abb. 38 zeigt nun den Flächenwert von 7 mal 7 ist 49, dies ist ein ausziehbares Quadrat und wird deshalb als bestimmbar (ῥητά) bezeichnet.

Die Abb. 39 zeigt den Flächenwert von 5 mal 10 ist 50, dies ist nicht bestimmbar, das heißt die Diagonale der 5 ist irrational, ergibt keine ausziehbare Wurzel; will man sie bestimmbar machen, so muß man die benachbarte Quadratzahl 49 als Vertreter hinnehmen.

4. „Diese gesamte geometrische Ausrechnung waltet derart über den guten und schlechten Geburten."

Dem Satz 3. sind nun jene beiden Gleichungen zu entnehmen:

$$8 \cdot \frac{3 \cdot 4}{2} = 49 - 1 = 48 \text{ und}$$

$$8 \cdot \frac{3 \cdot 4}{2} = 50 - 2 = 48, \text{ (Abb. 38 und 39).}$$

Hiemit ist der Beweis erbracht, daß diese meine Seilregel Platon und seiner Zeit wohl bekannt war und daher viel älter ist als Heron. Es ist angebracht, um diesen meinen Beweis noch zu sichern, die wichtigsten bisherigen Lösungsversuche zu erörtern.

Die Mühe um diese platonische heilige Zahl, Hochzeitszahl oder Schicksalszahl, dauert nun seit der Antike bis in unsere Zeit fast ohne Unterbrechung an. Es haben sich in mehr als 2000 Jahren etwa 50 Gelehrte darüber geäußert.

Meiner Ansicht nach ist für alle bekannten Lösungsversuche die Mißdeutung des Ausdruckes „ἐν ᾧ πρώτῳ" bezeichnend. Dieser Ausdruck ist allerdings erst von Julius Stenzel im Jahre 1924 der nachgriechischen Welt klar entfaltet worden.

Danach ist ὁ πρότος das erste und vollkommenere Glied einer Zweiheit.

Nach griechischer Weise entstehen die Zahlen aus der unbestimmten Zweiheit (λόγος ἀόριστος), welche nach Stenzel die wichtigste Form des Logos ist. Euklid spricht in seinen Elementen V. 3:

„γ΄. λόγος ἐστι δύο μεγεθῶν ὁμογενῶν ἡ κατὰ πηλικατητά ποια σχέσις."

3. „Logos ist irgendein Sichverhalten zweier homogener Größen zueinander nach ihrer Größe."

Vorschreitend zur Bestimmtheit wird nun eine dieser beiden Größen zur Einheit gesetzt; Aristoteles (Metaphysika Δ): „τὸ δὲ ἑνι εἶναι ἀρχὴ τοῦ τινι ἀριθμῷ ἐστὶν εἶναι..."

„Das Einssein ist das Prinzip des Bestimmte-Zahl-Seins."

Die Kraft, welche dies bewirkt wird δύναμις genannt (Stenzel, IV. 99). Dadurch ist nun die bestimmte Zweiheit entstanden, ein besonderes Zahlenpaar, wie wir deren zwei oben bei Platon VIII. 3 fanden. Setzt man nun die Erste gleich der Zweiten und zählt beide zusammen, oder fordert man, daß die Zweite gleich sei der wiederholten Ersten, so hat man die natürlichen Zahlen 1 und 2 erzeugt. Wird dieses Verfahren fortgesetzt, indem nun die 2 die Erste wird, so erhält man als Zweite die 4; darauf die 8 und so weiter. Diese Möglichkeit des Gleitens über die ganze Zahlenreihe ist wesentlich. Aristoteles (Theolog. arith. p. 19, vergleiche J. Stenzel IV. 103):

„... daß es keinen Unterschied mache, ob in der ersten Vierheit die kleinste und samenhafteste Verleiblichung vorgenommen wird, oder ob der Vierschritt der dialektischen Bewegung sich in den vier ersten Stufen 1, 2, 4, 8 eines diairetisch entstehenden Zahlensystems entfaltet; immer ist es die Zahl, die durch Begrenzung und Bestimmung und Gliederung die Wirklichkeit möglich macht."

Eine Entstehung der ungeraden Zahlen wird nicht gelehrt, diese sind vielmehr, als zwischen den geraden Zahlen stehend, mit diesen dann ohne weiteres gegeben.

Und noch allgemeiner: Aristoteles (H 6 Metaphysica, Stenzel): „πάντων γὰρ ὅσα πλείω μέρη ἔχει καὶ μή ἐστιν οἷον σωρὸς το πᾶν ἀλλ᾽ ἔστι τι τὸ ὅλον παρὰ τὰ μόρια, ἔστι τι αἴτιον."

„Bei Allem, was mehrere Teile hat und nicht wie ein Haufe ist, sondern wo das Ganze etwas außer den Teilen ist, gibt es einen Grund der Einheit."

An unserer platonischen Stelle ist eben eine solche Einheit die Zeit von 60 Halbtagen, welche τέλεος, die Vollkommene, genannt wird; sie ist gegenüber der folgenden menschlichen Periode ὁ πρότος, die Erste.

Diese Erste enthält als Möglichkeit die Folgende, was δυνάμεναι genannt wird. Die Folgende hat Eigenschaften der Ersten noch in sich, verändert diese aber auch, daher die Worte „δυνάμεναι και δυναστευόμεναι„ = *„hat Herrschaft sowohl als Untertänigkeit in sich"*.

Diese Worte sind auf die menschlichen Geburten metaphorisch gemeint. Etliche Forscher haben hier die Bedeutung: Quadrate und deren Quadratwurzeln, oder auch umgekehrt, entnommen [1].

Dies ist meines Erachtens eine hier nicht zutreffende Einengung der Begriffe. Mathematisch ist dies nämlich so: Führt man den demokritischen Atombegriff ein, definiert man mit Euklid einen Punkt als *„Einheit mit Lage"*, so entsteht aus der Reihung einer durchaus begrenzten, wenn auch sehr großen Anzahl von Punkten die Linie; der Punkt enthält also die Möglichkeit (δύναμις) der Linie. Die Linie wiederum hat bereits die Breite eines Atoms, braucht also nur zu wachsen, um eine Fläche zu bilden. Die Fläche aber ist schon ein Atom dick und enthält so die Möglichkeit zum Körper. Für die Körper ist das erstere die Fläche, für diese wieder die Linie, und für die Linie der Punkt. Dieses allgemeine Entstehungsgesetz wird später sehr verengt. Gottlob Schneider: „Δυνάσται *significat vim, qua praeditus est numerus vel linea ad quadratum ex sese producendum.*"

Dem entgegen steht die ganze allgemeine Bedeutung in der klassischen Antike (vergleiche J. Stenzel, V. 89): es sei unter δυνάμεναι das Wirken einer Kraft zu verstehen, welche aus dem Ersteren durch Drängen ein Weiteres gebiert, auch Geringeres hervorbringt, nach Theaitetos (147 e) gar das Irrationale aus dem Rationalen formt — eben das göttlich Vollkommene, höchst Einfache zum menschlich Mannigfachen und Minderen, dafür um so Zahlreicheren führt.

Die neueren Erklärer dieser Stelle, vornehmlich Hultsch 1901, Adam Kavka 1914 und Dies 1936, haben sich, obwohl sie stellenweise sehr verschiedene Auslegungen bringen, dazu vereinigt, die sogenannte platonische Zahl sei 12,960.000. Eine physiologische Erklärung dieser Zahl ist nicht versucht worden.

Von Friedrich Hultsch in Dresden gibt es zwei Aufsätze über dieses Thema. Der erste, welcher vom zweiten überholt wird, befindet sich im Anhang von Procli Diadochi in Rem publicam commentarii (ed. Kroll, Leipzig 1901), und der zweite steht in der „Zeitschrift für Mathematik und Physik", 27. Jahrgang, unter dem Titel: „Die geometrische Zahl in Platons VIII. Buch vom Staat". In diesem zweiten Aufsatz berichtet Hultsch, er habe das Problem für unlösbar gehalten, bis ihm Prof. J. Dupuis (Paris 1881) sein Werk: „Le nombre géometrique de Platon, interpretation nouvelle" zusandte. Hultsch dachte sich nun die Zahl als ein vielfach zusammengesetztes Produkt. Er begann erst beim Satze 2 zu übersetzen, mit der Begründung, daß das astronomische Wissen der platonischen Zeit zu wenig erforscht sei, um die vollkommene Zahl zu erkennen.

„ἐν ᾧ πρώτῳ" übersetzt er als *„zunächst"*, und schlägt deshalb auch vor, πρῶτον zu lesen, was durch keine überlieferte Lesart gestützt wird.

---

[1] Daß δύναμις eine Erhebung zum Quadrat bedeuten kann, belegt Platonis Politikos IX.

„*Denn*“, so schreibt H., „*an der Zahl traten zuerst die und die Merkmale auf.*“ Er übernimmt von J. Dupuis die sogenannte zweite Tetraktis des Theon von Smyrna, Abb. 40.

Diese enthält nach Timaios 35 a alle musikalischen, geometrischen und arithmetischen Verhältnisse.

Diese Einführung der zweiten Tetraktis wurde aber später von Dies abgelehnt mit der Begründung, daß dies eine dualistische Lösung bedinge, während der zweite Satz dieselbe Lösung wie der dritte bringen solle.

Hultsch schreibt zu dieser Tetraktis:

„*Nun hat ein günstiges Geschick gefügt, daß gerade der Anfang des platonischen Textes, der ebenso viele Rätsel als Worte zu bieten schien, auch zuerst mit voller Evidenz hat gedeutet werden können.*“

So wird aus den Worten τρεὶς ἀποστάσεις, τετταρας δε ὅρους eben jene Tetraktis herausgelesen.

J. Stenzel (IV.) sagt jedoch, Platon habe im allgemeinen von den üblichen Termini loskommen wollen und sich den ursprünglichen, etymologischen Bedeutungen der Worte nähern wollen. Hultsch übersetzte nun absichtlich recht frei:

„*2. Für das menschlich Erzeugte ist als Periode eine Zahl maßgebend, in welcher zunächst als Faktoren enthalten sind die Glieder der beiden (geometrischen) Reihen 1, 2, 4, 8 und 1, 3, 9, 27, welche Glieder (gemäß der Natur der geometrischen Reihe) derartig aufsteigen, daß jedes (innere) Glied sowohl das Produkt des vorhergehenden Gliedes mit der Verhältniszahl der Reihe, als den Quotient des nächstfolgenden Gliedes, dividiert durch dieselbe Verhältniszahl, darstellt. Jede dieser beiden Reihen, bestehend aus vier Gliedern und drei Differenzen, kann sowohl als zunehmende wie als abnehmende betrachtet werden, so zwar, daß in beiden Fällen die Differenzen zwischen je zwei benachbarten Gliedern gleich sind, während die Proportionen, je nachdem die Reihe steigt oder fällt, ungleich (nämlich reziprok zueinander) sind. Die erwähnten Faktoren sind sämtlich rational und, so weit nicht Primzahlen, ihrerseits aus gleichen Faktoren zusammengesetzt, so daß ihre zweite, beziehungsweise dritte Wurzel ebenfalls eine rationale Zahl ist.*“

Die Gruppe von Forschern, als deren vornehmster Repräsentant Hultsch anzusprechen ist, hält die Meinung, daß, ausgehend von der Zahl $2^3 . 3^3 = 216$, die gesuchte Zahl ein Vielfaches dieser sein müßte.

Tannery und Dupuis anerkennen 100 als Faktor und setzen als Gesamtzahl 2700, beziehungsweise 21.600. Hultsch meint aber, daß keine von diesen beiden allen Forderungen in „ὦ επίτριτος πυθμὴν ...“ entspräche; die Gesamtzahl solle ja quadratisch sein und zur Zahl 7 „*in einer gewissen, vorderhand noch geheimnisvollen Beziehung stehen*“. Auch soll die Zahl „*rectangel*“ sein.

Nach Pappos sind πυθμένες die kleinsten ganzen Zahlen, welche ein gegebenes Verhältnis bestimmen. Im ἐπίτριτος λόγος oder, wie zu Platons Zeit gesagt wurde, in der ἐπίτριτος ἁρμονία stehen zueinander die Zahlen 1/4 : 1/3, 3/4, 6/8, 9/12, ...; die πυθμένες aller dieser Verhältnisse sind jedoch durchwegs nur 3 und 4, von Platon zusammengefaßt als

‚επίτριτος πυθμήν". H u l t s c h übersetzt nun weiter „πεμπάδι συζυγείς" = *„zur Zahl 5 hinzugefügt". „Es sind 3 + 4 + 5 zu addieren und die Summe mit 3 zu multiplizieren* (τρὶς αυξησείς)." „*So*", sagt H u l t s c h, *„sind wir ganz sicher zur Zahl 36 vorgeschritten.*"

Die platonische Zahl wird nun: „ἁρμονίας παρέχεται ... τὴν μὲν ἴσην ἰσάκις, ἑκατὸν τοσαυτάκις" = 36 . 36 . 100 . 100 = 3600^2 = 12,960.000 Tage. „ἰσομήκη μεν τῇ προμήκη δέ, ..." erklärt H u l t s c h dahin, daß das Rechteck dem Quadrate näher verwandt sei als ein beliebiges Viereck. „ἑκατὸν δὲ κύβων τριάδος" ist nach H u l t s c h gleich = $100 . 3^3$.

Nach D u p u i s sei dies eine Gruppe von Zahlen; dieser ist also meiner Auffassung näher und belegt seine Ansicht mit Pappos (VII., p. 646, und III., p. 1257) *„als Gruppe dreier Zahlen oder Elemente"*. D u p u i s schreibt: $3^3 + 4^3 + 5^3 = 6^3 = 216$, also dieselbe Zahl, welche er aus Satz 3 entnimmt, dies sei der Würfel von der Dreizahl.

Nach H u l t s c h sind die beiden Harmonien, die quadratische gleich der rechteckigen, $a^2 = b . c$; daraus wird dann $a : b = c : a$ oder auch $a : c = b : a$, was eben eine geometrische Harmonie sei. Hundertmal die Diagonale der Fünf sei gleich 100 . 7 und die hundert Würfel von der Drei = 27 . 100. „αρρήτω δὲ δυεῖν" seien zwei irrationale Zahlen x und y,

$$(700 . x)\ (2700 . y) = a^2 \qquad x . y = \frac{48}{7}$$

$$x = y = \sqrt{\frac{48}{7}}$$

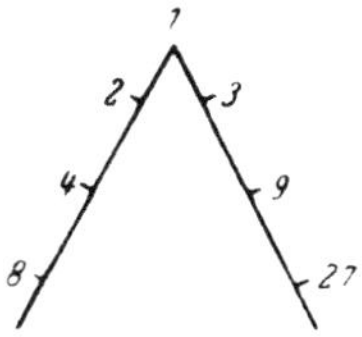

Abb. 40.
Die sogenannte zweite Tetraktis des Theon von Smyrna.

und daraus werden die beiden Seiten seines Rechtecks:

$$b = 100 . 7 \sqrt{\frac{48}{7}} \qquad \text{und } c = 2700 . \sqrt{\frac{48}{7}}$$

bc = 12,960.000 Tage, welche Zeitspanne etwa 36.000 Jahre ausmacht, woraus mit nicht bekannten Kombinationen von 3, 4, 5 und 7 die menschlichen Paarungszeiten zu berechnen gewesen wären.

Diese obige Zeitspanne wird dann noch in Beziehung gebracht mit dem sogenannten großen und wahren Jahr des Tacitus (Dialogus de oratoribus), welcher sich wieder auf Cicero (Hortensius) berief. Es scheine damit jene große Periode bezeichnet, in welcher die Pole des Äquators ihren Umlauf um die Pole der Ekliptik vollenden, welcher Zeitraum auch wegen der Stelle vom *„großen Jahr"* im Timaios als das platonische bezeichnet wurde. Dieser Umlauf beträgt in Wirklichkeit etwa 25.800 Jahre, bei Tacitus, je nach der Handschrift, 12.754 bis 12.854. So verhielte sich das ciceronische große Jahr zum sogenannten platonischen wie $9 : 25 = 3^2 : 5^2$. Platon habe nach H u l t s c h die *„vollkommene Zahl"* wegen der beiden geometrischen Reihen als eine geometrische bezeichnet.

Abschließend gibt H u l t s c h noch die Meinung kund, daß er hiemit das Problem keineswegs als gelöst betrachte.

O t t o A p e l t gibt (6. Auflage 1923, 7. Auflage 1941) folgende Anmerkung und Erläuterungen:

„Die *‚vollkommene Zahl'*, die eine Periode der himmlischen Bewegungen umfaßt, läßt Platon unerörtert. Was er im allgemeinen damit meint, wissen wir aus dem Timaios, wo es p. 39 D heißt: *‚Es ist leicht zu denken, daß die vollkommene Zahl der Zeit*[1] *das vollkommene Jahr dann erfülle, wenn die Geschwindigkeiten aller acht Umläufe gegenseitig vollendet zu demselben Anfang zurückkehren, gemessen durch den Kreis desselbigen und der immer gleichen Bewegung.'* Das vollkommene Jahr wird also dann erfüllt, wenn von bestimmten Ausgangspunkten aus, die auf den Äquator und also auf die Fixsterne bezogen werden, die Bewegungen der acht Umläufe wieder auf die erste Konstellation zurückführen. Man würde also die vollkommene Zahl der Zeit erhalten, wenn man das Produkt bildete aus allen den Zahlen, welche die Periode der Wiederkehr an denselben Ort des Himmels zwischen den Fixsternen für die einzelnen Planeten messen. Ob sich Platon dabei aber eine bestimmte Zahl gedacht habe, läßt sich nicht bestimmen, da wir nicht wissen, welche Umlaufzeiten er den Planeten gegeben und wie er sich ihre wechselnde Vorwärtsbewegung und Rückläufigkeit erklärt habe.

Dieser vollkommenen Zahl stellt Platon nun die Zahl für die menschlichen Zeugungen zur Seite[2].

Damit kommen wir auf die berühmte *‚Platonische Zahl'*, die schon im Altertum den Gegenstand vielfacher Erörterungen bildete und bei uns seit der ersten Hälfte des vorigen Jahrhunderts zahlreiche Federn in Bewegung gesetzt hat. Cicero betrachtet sie als ein vollkommenes Rätsel, dagegen scheint es, als ob Aristoteles noch Kenntnis der Sache gehabt habe, und auch die späteren Mathematiker und Platon-Kenner, wie Plutarch, Nikomachos, Aristides, Quintilianus, Proclus, Theo Smyrnaeus, scheinen noch Bescheid gewußt zu haben, obschon es immerhin auffällig ist, daß man bei keinem eine direkte Antwort auf die Frage nach der ganzen geometrischen (das heißt aus Faktoren gebildeten) Zahl bekommt.

Was Aristoteles darüber sagt, lautet so (Pol. 1316 a 3 ff.): *‚Zunächst von der besten und obersten Verfassung gibt Platon keinen Grund ihres Unterganges an, der ihr eigentlich zukäme. Denn der von ihm angegebene Grund ist nur der, daß nichts beständig bleibe, sondern innerhalb irgendeines Zeitabschnittes alles sich verändere, und als das Gesetz des hier in Betracht kommenden Zeitabschnittes bezeichnet er eine gewisse Proportion, deren kleinstes Grundverhältnis in ganzen Zahlen drei zu vier ist, welches dann durch Zusammenjochung mit der Fünf zwei Harmonien erzeugt, sobald nämlich die Zahl der betreffenden Fläche zu einer körperlichen erhoben wird, indem er meint, daß die Natur zu gewissen Zeiten nichtsnutzige und aller Erziehung trotzende Menschen hervorbringt.'* Durch das, was hier Aristoteles

[1] Der Umstand, daß auch im Timaios von einer vollkommenen Zahl die Rede ist, gibt keinen ausreichenden Grund, die beiden Stellen zu verschmelzen. Allenfalls könnten die beiden vollkommenen Zahlen in irgendwelchen Beziehungen stehen, etwa Vielfaches und Teil voneinander sein, da es sich bestimmt um Produkte der kleinsten Primzahlen handelt; identisch brauchen sie aber nicht zu sein.

[2] Dieselbe Ansicht ist schon bei Proclos niedergelegt, wie weiter unten gezeigt werden wird, doch ist aus Platon selbst nur die gleiche Bezeichnung „vollkommene Zahl" zu entnehmen, aber keinerlei Zusammenhang, weder ein zahlenmäßiger noch einer der Bedeutungen.

selbst hinzufügt, nämlich den Übergang ins Körperliche (Stereometrische) [1], wird nur soviel klar, daß es sich um Erhebung der Zahlen für die gegebene Fläche in den Kubus handelt. Als sicher darf, was die mathematische Wortbedeutung anlangt, ferner gelten, daß die αὐξήσεις δυνάμεναι τε και δυναστευόμεναι auf gewisse Wurzeln und Quadrate gehen [2], sodann, daß als Grundlage für die ganze geometrische Zahl das sogenannte ägyptische Dreieck zu gelten hat, das heißt dasjenige ungleichseitige rechtwinkelige Dreieck, das in ganzen Zahlen, nämlich 3, 4, 5, das kleinste Beispiel für den pythagoreischen Lehrsatz gibt, ferner, daß die Diagonale des Quadrats, dessen Seite = 5 ist, eine Rolle spielt, und zwar mit der Unterscheidung einer rationalen und irrationalen Bestimmung derselben, indem die rationale Bestimmung die Zahl 7 gibt, die aber nur annähernd die Wirklichkeit trifft, während die genaue Bestimmung durch die irrationale Wurzel aus 50 gegeben wird, ferner, daß die beiden Harmonien zu verstehen sind als ein Quadrat und ein Oblongum, deren Seiten in bestimmtem Verhältnis zu dem Dreieck stehen. Dagegen ist es nicht völlig sicher, ob der Ausdruck ἀποστάσεις als ‚*Dimensionen*‘ zu fassen ist, auch ist die Deutung der vier ὅροι, unter denen ich die Zahlen 3, 4, 5, 7 verstehe, nicht gegen jeden Zweifel sicher [3]. Vor allem aber sind die Operationen, die mit den gegebenen Elementen vorzunehmen sind, in ein gewisses Dunkel gehüllt [4], und besonders erscheint mir die Erhebung in die vierte Potenz, mit der Adam, der verdiente Herausgeber der „Republik“, operiert, bedenklich.

Da ich indes nichts Sicheres an die Stelle zu setzen weiß, so beschränke ich mich darauf, die Rechnung Adams mitzuteilen:

‚$3 \times 4 \times 5 + 60$

$60^4 = 12{,}960.000 = 3600^2$ (erste Harmonie = Quadrat),

$2700 \times 4800 = 12{,}960.000$ (zweite Harmonie = Oblongum) usw.‘“

Der jüngste Forscher über diese platonische Stelle ist meines Wissens M. A. Dies: „Le nombre de Platon — Essai d'exégèse et d'histoire“, zu Paris 1936. Dieses Werk bietet eine vorzügliche Übersicht aller Lösungen

[1] Das eben trifft nicht zu. Apelt selbst hat oben angedeutet, daß eine „geometrische Zahl“ oder „Körperzahl“ keineswegs etwas Stereometrisches bedeuten muß, sondern lediglich ein aus drei Faktoren bestehendes Produkt, im besonderen Fall eine dritte Potenz darstellen kann. Dieses geht aus Proclos' Kommentar (Melissa LE) (siehe weiter unten S. 141) hervor.

[2] Dies trifft, wie S. 135 dargelegt, hier nicht zu.

[3] Platon steht wenigstens in diesem Texte auf dem Standpunkt, daß die Einheit und damit auch die Null keine Zahl ist. Grenze und Zahl sind daher verschiedene Begriffe; sie einander gleichzusetzen, erforderte daher einen besonderen Nachweis.

Den Begriff Grenze auf eine Zahl selbst anzuwenden, setzt das Streben größtmöglicher Genauigkeit voraus und führt notwendig zur Irrationalität. Die Stelle zeigt aber das Streben nach Rationalität auf Kosten der Genauigkeit, indem 7 als Näherungswert für $\sqrt{50}$ hingenommen wird. Die Stelle birgt eben nicht das persönliche mathematische Wissen Platons, sondern ist archaisierend den Musen in den Mund gelegt und zeigt pythagoreische Mathematik.

[4] Alles, was fehlt, sind nur die beiden Abbildungen, deren Kenntnis damals als allgemein vorausgesetzt werden kann. Die erste dieser beiden Abbildungen ist auch heutzutage jedem geläufig, der sich mit Geschichte der Mathematik befaßt. Es handelte sich also nur darum, die Identität dieser Abbildung, der von mir so benannten Seilregel und der Platonischen Beschreibung zu erkennen.

der Stelle, welche heute noch zu erfahren sind. Dies berichtet folgende verschiedene Lesarten:

„τρεῖς αποκαταστάσεις" Basilea
„αὐξανόντων" Parisinus K (1642)
„ἕκαστον τοσαυτάκις" A, F, D
„τῇ προμήκει" M
„ἕκαστον μὲν ἀριθμόν" A
„πεμπάδων"
(sonst wie Henricus Stephanus).

A = cod. Parisinus 1807.
D = cod. Venetus 185.
F = cod. Vindobonensis 55.
M = cod. Malatestianus oder Caesenas XXVIII, 4.

A. Dies unterscheidet sich, wie schon bemerkt, im Endergebnis nicht von Hultsch, sondern nur im Verfahren. Er verschmilzt ebenso auf Anregung des Proklos die Timaiosstelle 39 c, d[1] mit Staat VIII. 3, wozu außer Proklos keine Veranlassung besteht.

Dies übersetzt: „*Pour la génération divine, il y a une période qu'embrasse un nombre parfait. Pour celle des hommes, au contraire, c'est le plus petit nombre dans lequel certaines multiplications, dominatrices et dominées, progressont, en trois intervalles et quatre termes, arrivent finalement, par toutes voies d'assimilation ou désassimilation, croissance ou décroissance, à établir, entre toutes les parties de l'ensemble une correspondance rationellement de cinq, chacun diminué de un, ou de cent carrés des diagonales irrationelles, diminués de deux, et de cent cubes de trois. C'est ce nombre géométrique tout entier qui possède une telle vertu, de commander aux bonnes et aux mauvaises naissances, et quand, par ignorance de cette loi des naissances, vos gardiens accupleront à contretemps des jeunes femmes à des jeunes hommes, il en naîtra des enfants qui ne seront favorisés ni de la nature ni de la fortune.*"

Dies sagt, die zwei Harmonien entstünden nach Proklos wie folgt:

$$100 . (7^2 - 1) = 100 . 48 = 4800$$
$$\text{und } 100 . (50 - 2) = 100 . 48 = 4800$$

Die „*hundert Würfel von der Drei*" seien 100 (3 . 3 . 3) = 2700. Daraus entstünde die zweite Harmonie durch Addition:

$$4800 + 2700 = 7500$$

Die erste sei dann „ἑκατὸν τοσαυτάκις", was völlig dasselbe sei wie „ἴσην ἰσάκις", ist gleich 100 mal 100 gleich 10.000.

Diese beiden Zahlenwerte werden auch von Proklos Diadochus angegeben. Auf diesen, durch seine vielfältigen Berichte geschichtlich sehr wichtigen Schriftsteller der spätesten Antike muß hier eingegangen werden.

Proklos wurde im Jahre 410 n. Chr. zu Byzanz geboren. Er war ein Schüler Plutarchs[2], dessen Großvater Nestorius, sein Gewährsmann in diesen Dingen gewesen sein dürfte. Nestorius war Verfasser einer Geheimlehre über das Dreieck 3, 4, 5 (Dies, S. 39). Er legte solch ein Dreieck mit seinem

[1] Vom großen und wahren Jahr, s. S. 137.
[2] Der Neuplatoniker Pl. von Athen.

rechten Winkel in die Mitte eines Horoskops, die Seiten wurden mit Zeichen versehen, und daran waren dann die guten und schlechten Geburtszeiten abzulesen.

Das bezügliche Werk: Proclo Diadochi, „In Platonis rem publicam commentarii" (ed. Wilhelm Kroll zu Leipzig 1901), enthielt in der μέλλισσα ΛΕ (S. 36, 3) alles, was in der damaligen Zeit wohl über dieses Thema zu sagen war:

„ΛΕ *Es muß beachtet werden, daß die geometrische Zahl zugleich arithmetisch und auch geometrisch sei und dazu auch musikalisch* (μουσικός); *wenn wir können auch astronomisch, ferner dialektisch, um sie für das menschliche Leben und auch für den ganzen Kosmos zu erweitern. Denn sie ist so* ... (fehlen 60 Buchstaben) ... *zu der Ersten* (πρότος) *vermehre* ... (fehlen 18 Buchstaben) ... *Vierecke zu machen, um beherrscht zu werden von jenen Mächten* ... (fehlen ?)"

In diesen Lücken muß also das gestanden haben, was Proklos für die richtige Lösung erachtete. Noch folgende Lücken stehen merkwürdigerweise ebenfalls an den bedeutsamsten Stellen, so daß der Eindruck entstehen kann, es handle sich hier um bewußte Radierungen, die jemand um der Geheimhaltung willen vorgenommen hätte.

Nun werden die Begriffe Diairesis und Dynamis erklärt:

„*Wenn man also einen Würfel stärker werden läßt, bei dem beim Stärkerwerden die Zunahme von der atomischen Grundform ausgeht, dann kann man auch verringernd vorgehen vom Würfel aus. Die einen nennt man Ziegel* (πλίνθιδες), *nämlich die sich Verringernden, die sich Vermehrenden aber Balken* (δόκιδες). *Die Vermehrungen also, die sich bis zu vier Grenzen erstrecken, die drei Entfernungen voneinander haben, denn von allen vier Grenzen sind immer auch drei Strecken, alle ganzzahlig und proportional, diese machen die Herrschenden und Untertänigen, die Gleichen und einander Ungleichen, die Vermehrten und Geminderten.*" (Hier sind durchwegs arithmetische Zahlen gemeint.) „*Es entsteht das Diagramm über den Seiten, welche Gleiche und Ungleiche haben, Vermehrende und Vermindernde; mit einem Worte solche, die diese angeschriebenen* πυθμένες *mit sich verbinden, an den Schenkeln die Herrschenden und Beherrschten.*"

(Dupuis und Hultsch sind wohl auch durch diese Stelle auf die Tetraktis des Theon geleitet worden, in der Folge wird es jedoch wahrscheinlich, daß ein Dreieck von der Gestalt 3, 4, 5 gemeint ist.)

„*Denn dieses ist die Zahl* (Zählung, Ausrechnung), *in der alles einander entspricht, schön macht* ... (fehlen 14 Buchstaben) ... ὁ ἐπίτριτος πυθμήν ... (fehlen 16 Buchstaben) ... *von denen die Vermehrungen der Zahlen sind.*

Es ist nun aber ὁ ἐπίτριτος πυθμήν *gleich 3 und 4, und jede von diesen gibt mit sich selbst, beziehungsweise mit den anderen 9, 12, 16 im selben Verhältnis; und immer wieder ist einerseits die Drei kubisch dreimal drei dreimal und andererseits ebenso viermal vier viermal; miteinander aber dreimal drei viermal und viermal vier dreimal.*

Es entstehen nun die äußeren Würfel (ἄκροι = äußere Reihenglieder), *die 27 und die 64, der Balken 36, der hat zwei Seiten von der 3 und eine von der 4, der Ziegel 48, er hat zwei Seiten von der 4 und eine von der 3. Und von diesen vier Gliedern in diesem Verhältnis des* ἐπίτριτος *sind 27, 36, 48, 64; und die drei Entfernungen haben einerseits 27 + 48 = 75 und andererseits 36 + 64 = 100.*

Von diesen beiden (Möglichkeiten nach der Diairesis) ist einerseits 100 das Quadrat von 10 und andererseits diese 100 zum Quadrat bringt die 10.000. Die 75 mal 100 bringt 7500; und dieses sind die zwei Harmonien, die eine gleich mal gleich, und wie, das macht er deutlich, indem er sagt: ἑκατον τοσαυτάκις“, *und die andere gleichseitig jener durch die 100, und länger durch die 75 der verringerten Seite.“*

(Im Deutschen klingt das sehr widersprüchlich wegen 100 > 75, doch muß das im Griechischen nicht auch der Fall sein. Ich kann das hier nicht beurteilen. In Sanskritschriften, zum Beispiel bei Mahavicraya, und überhaupt im ursprünglicheren Sprachgebrauch wird ein Rechteck häufig zum Unterschiede vom Quadrat als länglich bezeichnet. Sogar in Goethes Faust II. spricht Mephisto zu den Lemuren: *„Vertieft ein längliches Quadrat . . .“ „So sagt er daher, daß das* ἐπίτριτος πυθμὴν *dreimal vermehrt, zwei Zusammenstellungen hervorbringe, denn innerhalb dieser vier Körper vorschreitend ergeben sich aus der Zusammensetzung die Seiten der zwei Harmonien, die 75 und die 100. Er bewies, daß diese Lösung die einzige von gleicher Länge sei, indem er bestimmte* ἰσάκις ἴσην *und hinzusetzte* ἑκατὸν τοσαυτάκις, *denn* ἰσάκις ἴσην *konnte auch etwas anderes ausmachen* . . . (fehlen 15 Buchstaben) . . . *ist ebenfalls von solcher Länge.*

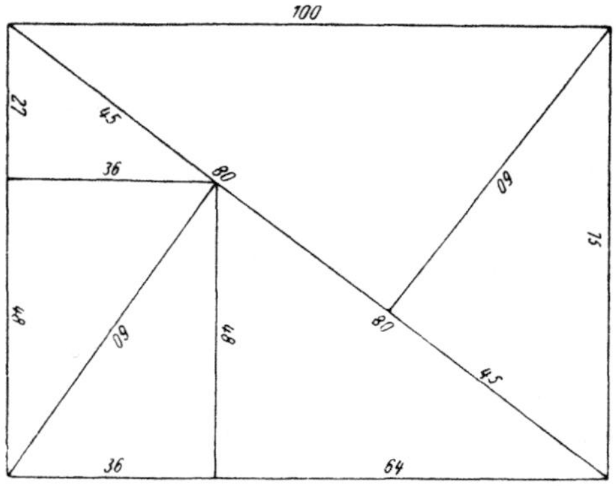

Abb. 41. Die zweite, rechteckige Harmonie nach Proklos. Dabei ist jedoch offenbar nur an die Entstehung arithmetischer Zahlen, nicht aber an ein Ausfüllen der Fläche gedacht.

Die Gleiche wird so meistens als 100 angenommen, mal gleich kann deshalb meist weggelassen werden; bei einer anderen Zahl oft, wie etwa 10 oder 20, zehnmal oder zwanzigmal.“

Auch diese Stelle weist auf den allgemeinen stellvertretenden Gebrauch der Zahl 100 hin, eine größere Vielheit oder Wiederholungen, eine Quadratseite oder auch ein Quadrat darzustellen. Ich habe den Eindruck, daß dieser wahrscheinlich von Nestorius stammende Lösungsversuch über die beiden Harmonien überhaupt mit der Gleichsetzung der Quadratseite gleich 100 begann.

„Er erklärte die mit der längeren Seite durch die mannigfachen Verkürzungen, indem er die Zahl 75 in ihre Bestandteile zerlegte, ich spreche nämlich von 27 und 48. Die 100 stellte er gegen die ganze 75 und erklärte, wieso es eine längere Seite hat. Er sagt nämlich, es sei notwendig, 27 hundertmal zu nehmen, die 100 aber mal anderen Zahlen, diese entsprechend einem Durch-

messer (Diagonale) der 5 sowie der übrigen Quadratseite. Ist der Durchmesser ganzzahlig, bleibt als Rest eine Einheit, ist er irrational (ἄρρητος), *zwei Einheiten; beides bezeichnet er als 48.*"

Diese Stelle enthüllt die Schwäche der Nestorschen Lösung, denn zur Angabe der Zahl 48 hätte ihre Darstellung als Ziegel mit 4.4.3 = 48 genügt; handelte es sich aber um das Verhältnis einer Diagonalzahl zur zugehörigen Seitenzahl, so konnte nie ein Mangel von zwei Einheiten auftreten, sondern nur eine Einheit fehlen oder überschießen.

Nach Theon von Smyrna (Dies S. 32) ist die Verwandtschaft der Diagonalzahl d mit ihrer zugehörigen Seitenzahl a an einem Quadrate:

$$d_n^2 = 2\, a_n^2 + (-1)^n.$$

Es gibt also auf diese Weise nur ein Zahlenpaar, welches sich um eine Einheit unterscheidet, das ist in unserem Falle 49 und 50; und die Zahl 48 kann dabei niemals erreicht werden.

„*Wenn du die Seite irgendeines Quadrates als 5 annimmst und daß in diesem der Durchmesser (die Diagonale) wegen der Rationalität der Seite grundsätzlich irrational sei, dann ergäbe das 25; das Doppelte davon macht 50 und dessen Seite ist irrational, denn niemals ist das Doppelte einer Quadratzahl als Quadratzahl zu nehmen. Wenn wir nämlich einen rationalen Durchmesser finden wollen, der möglich ist zum Doppelten des Quadrates über der Fünf, dann nehmen wir die zunächst Mögliche, nicht diese selbst; das ist nämlich unmöglich; sondern die um eine Einheit geringere; wir lassen dann die 7 und von dieser die 49, die um eine Einheit geringer ist als 50, die dem irrationalen Durchmesser entspräche. Und es ist klar, dies ist der Rest, wie der, der dem Durchmesser des doppelten Quadrates entspricht. Jener wäre irrational, dieser wäre aber der .. (fehlen 130 B.) .. 48 .. (fehlen 36 B.) .. 7 .. (fehlen 17 B.)*[1]."

---

[1] Der Inhalt dieser Lücke mag folgender gewesen sein: Aus der Erkenntnis, daß zum Beispiel $\sqrt{2}$ irrational ist, wurde zur angenäherten Darstellung eine Quadratzahl aufgesucht, welche dem Doppelten einer anderen Quadratzahl nahekommt:

$$\sqrt{\frac{49}{50}} = \frac{7}{5 \cdot \sqrt{2}} \cong 1 \text{ und daraus die Annäherung}$$

$$\sqrt{2} \cong \frac{7}{5}, \text{ ebenso}$$

$$\sqrt{\frac{49}{48}} = \frac{7}{4 \cdot \sqrt{3}} \cong 1 \text{ und daraus die Annäherung}$$

$$\sqrt{3} \cong \frac{7}{4}$$

Dies könnte überhaupt der platonische Weg zur Darstellung oder gar Entdeckung des Irrationalen gewesen sein. Heronisch ist:

$$\sqrt{3} \cong \frac{26}{15} \text{ aus}$$

$$\sqrt{\frac{676}{675}} = \frac{26}{15 \cdot \sqrt{3}} \cong 1,$$ welcher Wert sich auch in den Culvasutras findet.

(M. Cantor, Seite 333 usf.)

Diese zahlentheoretische Erklärung hätte in der Lücke einen Sinn zur Darstellung des Wesens des Irrationalen überhaupt, dabei kommen die in der Lücke verbliebenen Zahlen 48 und 7 gewiß vor, aber zur Sache, wie man nämlich von 50 zu 48 kommen solle, ist dabei nicht gesprochen.

„Nehmen wir die 7500, die entstanden war aus der 100 und aus der 75, der Zusammensetzung aus 27 und 48. Es entstanden daher auf diese Weise die zwei Harmonien, die gleichseitige und die mit der längeren Seite. Sie werden Harmonien genannt, weil sie beide entstanden sind aus harmonischen Verhältnissen, die eine das Dreihundertfache, die andere das Vierhundertfache, während die Grundverhältnisse bleiben 3, 4, 6, 12, und auch das Verhältnis dieser selbst, nämlich der 300 und der 400 ist von Anfang epitritisch (ἐξ ἀρχῆς ὁ ἐπίτριτος).

Von diesen Harmonien ist die mit der längeren Seite von 900, 1200, 1800, 3600, die das Dreihundertfache sind von 3, 4, [4], 6, 12. Die gleichseitige aber geht aus von 1200, 1600, 2400, 4800, das ist das Vierhundertfache von 3, 4, 6, 12. Von diesen haben die äußersten dasselbe Verhältnis, welches auch die mittleren haben. Und ebenso verhält es sich mit den Vielfachen. Kurz wenn wir also rechnen die ἐπίτριτον πυθμένα *3, 4 und 5, womit dieses verbunden ist, dann nehmen wir 5 mal 4 fünfmal, die 100, und 5 mal 3 fünfmal die 75, und von diesen nehmen wir einerseits 100 mit sich selbst, damit 10.000 wird, und andererseits 100 mit 75 damit 7500 entsteht; und so soll entstehen* ἐπίτριτος πυθμήν, *dreimal vermehrt, mit der 5 verbunden, welche die zwei Harmonien hervorbringt, die gleichseitige und die mit der längeren Seite.*

Es ist aber gleichermaßen die Notwendigkeit auch eines anderen Weges gegeben, da er selbst die 75 zerlegte in 27 und 48. Du wirst jene wohlgeordnet hervorbringen und die (fehlen 60 B.) . . . 3 mal 3 mal 3 ist gleich 27 und 4 mal 4 viermal ist 64, 3 mit 3 viermal ist 36 und 4 mal 4 dreimal ist 48. Und ebenso gibt wieder ὁ ἐπίτριτος πυθμήν *mit der 5 verbunden die beiden Harmonien dreimal vermehrt, weil es einerseits kubisch ist, andererseits balkenartig und ziegelartig. Arithmetisch war das Vorliegende auf diese Weise auszuführen, geometrisch ist der Vorgang dieser: Es sei ein Dreieck AB Γ, und nun AB = 4, B Γ = 3 derselben Einheiten, A Γ aber 5; und senkrecht auf A Γ die AZ. Verlängerung B Γ. Im rechten Winkel innerhalb AZ ist die Kathete AB; das ist nun das Mittel innerhalb ZB BΓ. Es ist also* ἐπίτριτος *AB zu B Γ, ebenso wie BZ zu BA; es ist daher 5¹/₃. Sie mögen verdreifacht werden, damit ganzzahlige Werte entstehen. Es sei also ZB = 16, BA = 12 derselben Einheiten, die B Γ = 9 und A Γ = 15. Es möge im rechten Winkel gezogen werden ZK und verlängere gerade Γ A und ziehe parallel zu Z Γ, das ist A Λ. Da nun abermals ein rechtwinkeliges Dreieck ist, nämlich ZAK und die Kathete ist A Λ, so soll das Mittel bestehen aus ZΛ, ΛK. Das sei nun, da ZA = 12 war, die A Λ aber 16 dieses Maßes (es waren nämlich die Parallelen zu diesen von denselben Maßen) und die K Λ zu A Λ ist* ἐπιτρίτος, *daher ist K Λ = 21¹/₃; von ebensolchen Einheiten ist A Λ = 16.*

Sie alle mögen wieder verdreifacht werden wegen des Drittels. Es wird so K Λ = 64 und die Λ A = 48, die Λ Z = 36 und schließlich die B Γ = 27 derselben Einheit. Es waren das die vier Vorgänge, aus denen die 100 und die 75 entstanden, die die Harmonien ermöglichen, die 10.000 und die 75.000. Dieser Lehrsatz war in dieser Gestalt und in diesem Umfang für den, der geometrisch vorgeht, vorauszuschicken, damit wir nach dieser Voraus-

setzung von dem ursprünglichen Dreieck (ὁ ἐπίτριτος ἐξ ἀρχῆς) *vorschreiten zu den gesuchten Zahlen. Andere Zahlen entstehen durch Abziehen. Wenn wir also das Dreieck aus 3, 4, 5 nehmen, da zog ich eine Kathete vom rechten Winkel aus auf die 5, und wir haben durch diese Verhältnisse das eine der Dreiecke an der Kathete gefunden; und ich nahm die Zahlen in Stammbrüchen. Darauf zog ich wieder vom rechten Winkel in diesen Dreiecken eine Kathete, nämlich auf die 4 und auf die 3. Und wenn wir dieses Verfahren von Anfang an durchnehmen, habe ich, da die Dreiecke bei den Katheten immer dem Ganzen und einander ähnlich sind, die Seiten dieser entstandenen Dreiecke in Einheiten und Stammbrüchen bezeichnet. Und wenn wir darauf 20 fünfmal vervielfältigen, dann gelangen wir zu all den Seiten und zu den Zahlen, zu welchen man auch mit dem Hinzufügen kommt. Diese Art der Erklärung fand auch Paterios, die frühere Art aber der große . . .*[1] *(fehlen 9 B.). Soweit führt die geometrische Untersuchung.“*

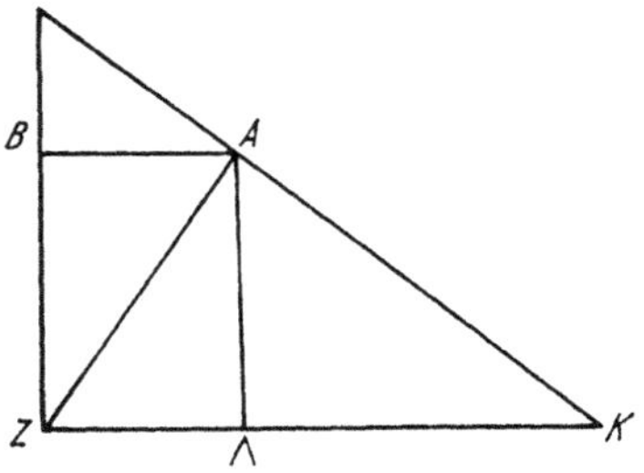

Abb. 42. Geometrische Erklärung der Entstehung der harmonischen Verhältnisse nach Paterios und Proklos.

Anschließend bringt Proklos die musikalische Untersuchung. Die Stelle ist gleich anfangs sehr lückenhaft. Die musikalischen Verhältniszahlen würden *„dem ursprünglichen Dreieck* (τῷ ἐξ ἀρχῆς τριγώνῳ)” zugeschrieben, da ja die Zahlen der Seiten die Dreiheit, Vierheit und Fünfheit enthalten, die aus dem ganzen Dreieck gewonnene 12 ($= 3 + 4 + 5$) und als Ausmaß die Sechs.

„Es ist daher ἐπίτριτος *das Verhältnis der 3 und der 4, anderthalbfach das Verhältnis der 6 und der 4, eineinachtelfach das Verhältnis der 9 und der 8 (wenn die Hypotenuse mit jeder der am rechten Winkel liegenden Seiten verbunden ist, doppelt ist das Verhältnis der 6 und der 3, dreifach das der 12 und der 4, vierfach das der 12 und der 3.*

*Es bestehen darin auch drei Mittel, welche den Sinn (*ψυχή*) erfüllen; das arithmetische in den Seiten 3, 4, 5; das harmonische in den Seiten am rechten Winkel und im Ausmaß 3, 4, 6, und das geometrische in der Seitensumme 12 und dem Ausmaß 6 und der kleinsten Seite 3. Mithin wäre dies also erfüllt von allen harmonischen Verhältnissen und von den drei Mitteln. Die Beziehungen, welche in diesem ersten Dreieck sind (vor diesem gibt es nämlich kein anderes rechtwinkeliges Dreieck, das aus rationalen Seiten besteht), sind auch ganz in den übrigen, welche nach dem dreifachen Verhältnis vermehrt sind, denn die Teile haben dasselbe Verhältnis wie ihre Vielfachen. Und du siehst wie die harmonischen Verhältnisse auch darin sind, ganz so wie im Halbdreieck im Timaios.*

Aber dort ist auch etwas irrational im Verhältnis zur Größe in den Seiten. Da es der Same aller Körper ist, sind hier alle Größen rational.“

---

[1] Wahrscheinlich ist Plutarch von Athen gemeint, welcher von seinen Schülern schwärmerisch „der Große“ genannt wurde.

Die betreffende Timaiosstelle XX lautet in der Übersetzung von Otto Apelt, Leipzig 1919:

„Zunächst ist es nun wohl jedermann klar, daß Feuer, Erde, Wasser und Luft Körper sind. Jede Art von Körpern hat Tiefe, und die Tiefe ist nicht ohne begrenzende Ebene denkbar. Jede geradlinige Ebene (Fläche) aber setzt sich aus Dreiecken zusammen, und allen Dreiecken liegen zwei Arten von Dreiecken zugrunde: beide haben einen rechten und zwei spitze Winkel; die eine Art aber ist gleichschenkelig und hat zu beiden Seiten der Hypotenuse Winkel von der Größe eines halben rechten Winkels, die andere Art ist ungleichseitig.

Dies sehen wir als Grundlage an für das Feuer und die übrigen Körper, bei einer Betrachtungsweise, die sich an das Wahrscheinliche in Verbindung mit dem Notwendigen hält; die noch ursprünglicheren Anfänge aber kennt nur Gott und wer unter den Menschen ihm besonders lieb ist.

Es gilt nun darzulegen, welches wohl die vier schönsten Körper sein mögen, zwar nicht gleichartig miteinander, aber doch, wenn auch nicht alle, fähig auseinander zu entstehen infolge ihrer Auflösung. Denn gelingt uns dies, so sind wir damit im Besitze der Wahrheit über die Entstehung der Erde, des Feuers und der entsprechenden zwischen ihnen liegenden Mittleren. Denn das werden wir niemanden einräumen, daß es für das Auge schönere Körper gibt als diese, jeder in seiner Art. Wir müssen also jetzt unsere Kraft daransetzen, diese vier hervorragend schönen Arten von Körpern in Verbindung miteinander zu bringen, um sagen zu können, daß wir die Natur derselben hinlänglich begriffen haben.

Von den beiden genannten Dreiecken lassen die gleichschenkeligen nur eine Art zu, die ungleichseitigen dagegen unzählige. Wir müssen also aus diesen unzähligen wieder die schönsten auslesen, wenn wir die Sache richtig erfassen wollen. Kann irgend jemand sich rühmen, für die Zusammensetzung jener Körper eine schönere Art von Dreiecken ausgewählt zu haben, so sei er als Sieger nicht unser Feind, sondern unser Freund.

Wir aber erklären von allen den zahlreichen Dreiecken mit Übergehung der anderen eines für das schönste, nämlich dasjenige, von dem zwei miteinander verbunden ein gleichseitiges als drittes ergeben.

Die Gründe dafür zu entwickeln, würde zu weit führen; aber wer dies widerlegt und nachweist, daß es nicht so ist, dem soll in voller Freundschaft die Siegespalme überreicht werden. Es seien demnach zwei Dreiecke auserlesen, aus denen der Körper des Feuers sowie der übrigen sogenannten Elemente gebildet worden ist: erstens das gleichschenkelige, zweitens dasjenige, bei dem das Quadrat der größeren Seite dreimal so groß ist als das Quadrat der kleineren Seite.“

Hier im Timaios ist also vom gleichseitigen Dreieck und seinen Teilen die Rede, denn die vollkommenen Elementarkörper, mit Ausnahme des Würfels, können nur aus diesem aufgebaut werden. Die Erwähnung anderer Möglichkeiten kann sich daher nur auf grundverschiedene Systeme von Kosmogonien, nicht aber auf die eben vorgetragene beziehen.

So finden wir bei Proklos jene wahrscheinlich auch pythagoreisch zu nennende Kosmogonie, welche sich auf das einfachste pythagoreische Dreieck aufbaut, vorgezogen, wegen der durchwegs rationalen Verhältnisse[1].

Proklos (Fortsetzung): „*Und es ist klar, daß das Dreieck auch lebenspendend ist und daß es Verwandtschaft bewirkt, daß alle die lebenspendenden Verhältnisse in diesem Dreieck durchleuchten, das Zweifache und das Dreifache, welche die sieben Grenzen der Psychogonia bezeichnen, und das Anderthalbfache und das Eineindrittelfache* (ἐπίτριτος) *und das Achtel, von denen es den doppelten und dreifachen Abstand abtrennt, und es ist klar, wie auch dieses Dreieck ein Halbdreieck ist; jedoch von einem in jedem Falle gleichschenkeligen Dreieck, sei es, daß das Doppelte der größeren von den am rechten Winkel liegenden Seiten die Grundlinie jenes wird, sei es, daß es das Doppelte der kleineren Grundlinie wird, indem jede von beiden verlängert oder an sich selbst angefügt wird.*

Es bleibt also noch zu wissen, inwiefern etwas daran ist, das sich auf die Vorgänge am Himmel bezieht. . . ."

Die Wiedergabe dieses Teiles will ich ersparen. Es ist darin kein Gedanke enthalten, der hier nützlich wäre; hat doch keiner von jenen Erklärern der platonischen Stelle Staat VIII., 3, welche rein astronomische Gedanken darin suchten, die Proklosstelle ausnützen können. Mir, der ich in astronomischen Dingen unerfahren bin, wäre es auch nicht möglich, eine verständige Übersetzung zu liefern.

Proklos, Seite 45, Zeile 17: „*Die drei Seiten des Dreieckes sind die Grundlagen* (ἀρχαί) *der irdischen* (κοσμικός) *Erscheinungen* (σχήματα) *Die Vier nämlich des Vierecks, das den Würfel bildet, der der Ursprung der Erde ist. Die Drei des Dreiecks, welche die drei Grundsätze* (στοιχεῖα) *bildet und die Fünf des Fünfecks, welches das Dodekaeder erfüllt, womit der Schöpfer den Himmel gestaltete, wie im Timaios steht. Die anderen Gelehrten sind natürlich gewohnt, dieses das kosmische Dreieck zu nennen, wie die Forscher der Ägypter, da es die Grundlagen aller Dinge in sich schließt.*

Sodann sind die Zahlen darin Bilder des ersten Ursprungs; die Drei ein Bild des Seins, das zuerst besteht, gemischt aus dem Begrenzten und dem Unbegrenzten; die Einheit nämlich ist die Grenze, die Zweiheit das Unbegrenzte, denen die Drei gleichkommt, weil sie ja aus beiden besteht, und als einzige dieses duldet, nämlich den Grundlagen gleich zu sein. Die Vier ist dann die Zahl des Lebens, bei ihr ist Bewegung, da sie zweifach und Beständigkeit, da sie viereckig ist, denn in der Gleichheit ist Beständigkeit und in der Ungleichheit jede Bewegung[2].

Die Fünf des Geistes, die sich selbst hervorbringt durch den Sinn des Kreises, der von sich selbst ausgeht und in sich selbst hineingeht, vollendet

[1] Diese Timaiosstelle ist für den Architekten auch deshalb noch interessant, als die Atome der Körper wohl wieder Körper, jedoch keine soliden oder vollen, vielmehr reine Augenkörper sind, also nur aus sichtbarer Oberfläche bestehen; ihre Harmonien sind erster und zweiter Potenz und niemals dritter. Die moderne Physik ist nahe daran, eine solche Auffassung auch auf ihrem Gebiete zu verifizieren, indem die Atome mehr als leerer Raum mit vergleichsweise punktförmigen Energiezentren erscheinen.

[2] S. S. 4 über die Bedeutung der Zahl 4.

fünfmal fünf, und dieses geht ins Unendliche.“ (Das heißt: das Quadrat der Fünf hat eine nicht ausziehbare Diagonale.)

„*Denn jeder Geist wirkt von sich in sich. Die Grundlagen für alle diese Dinge sind die Einheit und die Zweiheit*[1], *die eine ist nämlich die Rationale* (πέρας) *und die andere die Irrationale* (ἄπειρον).

Und vor diesem ist der Ursprung des Rationalen und Irrationalen die Einheit; und die Eins ist Einheit und die Zwei ist auch Einheit und jede einzelne Zahl auch . . .[2]“

Es ist angemessen, den Proklostext hier abzubrechen, denn was nun folgt, ist ein spätpythagoreischer Symbolismus, für welchen in der modernen Wissenschaft kein Platz ist.

Für uns ist nicht mehr, wie für die Pythagoreer, Ding und Zahl identisch, auch nicht wie für Platon Idee und Zahl gleichgesetzt, was ja übrigens aus seinen Dialogen nicht mit durchgehender Sicherheit erweislich ist, sondern aristotelisch seien Ideen ähnlich den Zahlen, diese ähnlich den Dingen, und daher die Rechenkunst vorzüglich geeignet, von den Ideen zu den Erscheinungen und umgekehrt zu geleiten. (Arist.: Sinnendinge und Ideen seien parallel, neben, gemäß, „παρά“, „κατα“, „ταῦτα“, J. Stenzel I., 2, 3.)

Alle diese Lösungsversuche enthalten die Meinung, daß die sogenannte „vollkommene Zahl“ das Peras des ausgedehnten Kontinuums sei deshalb die Anlehnung an Timaios 52 A und die astronomische Berechnung. Nestorius oder ein noch älterer hat eben angenommen, daß die Platonische Hochzeitszahl unbedingt etwas Astrologisches sein müsse, von welcher vorschnellen Annahme man sich lösen muß.

Überhaupt ist die Tendenz, altes, unverstandenes Kulturgut ins Okkulte abzudrängen, wissenschaftlich unfruchtbar, besonders in der Architekturtheorie.

Zusammenfassend will ich noch einmal wiederholen: Es sei also meiner Meinung nach die Lösung der platonischen Stelle in Staat VIII. 3 die:

Es ist als vollkommene Zahl die 60 zu setzen, welche den göttlich Geborenen zukommt. Unter diesen sind wahrscheinlich lediglich mythologische Gestalten zu verstehen. Den menschlichen, also allen wirklich menschlichen Wesen, kommt der Ablauf eines Monats als Fruchtbarkeitsperiode zu,

[1] Unter Zahl ist nur eine ganze Zahl zu verstehen; eine solche ist immer rational und kann als Einheit gebraucht werden. Aus einer Zweiheit von Größen kann durch Division schon das Irrationale entstehen, ja die „*unbestimmte Zweiheit*“ ist nur in Sonderfällen rational. Der antike Begriff des Irrationalen liegt nicht so wie der moderne; alle vorpythagoreische Mathematik ist auf alle Fälle „rational“, so insbesondere jeder gemeine Bruch ganzer Zahlen. Nach dem Mathematikerverzeichnis ist bei Pythagoras die Kategorie „Rationales und Irrationales“ in seiner Tafel durch „*Quadrat und Heteromekie*“ ausgedrückt. Dasselbe findet sich in Platons Theaetet. Das bedeutet, daß zur Definition von rational und irrational die ausziehbare Wurzel der Quadratzahl und die unausziehbare einer beliebigen Rechteckszahl verwendet wurde.

[2] Die antike Sonderstellung der Eins bedingt diesen, für uns eigentlich überflüssigen Nachsatz; nicht nur die unbestimmte Zweiheit, sondern auch die wiederholte Einheit, also auch das Quadrat liefert ein Irrationales, wenn auch nicht als Wurzel aus einer Flächenzahl, so doch mit seiner Diagonale, und dieses gleitet über die ganze Zahlenlinie, während die vorher entwickelte Irrationalität eine solche gleichmäßige Verteilung nicht kennt.

welche Zeit aus der vollkommenen Anzahl von 60 Halbtagen und dem auslösenden Schritt von ¾ Halbtagen von der Idealität zur Wirklichkeit sich zusammensetzt. So wird aus dem Peras und dem Apeiron zusammen das Gemischte, der mannigfach veranlagte Mensch. Um diesen Gedankengang nun recht deutlich zu machen, fügt Platon nun ein recht geläufiges, anschauliches und geometrisches Zahlenbeispiel an, welches wohl lediglich denselben diairetischen Aufbau, sonst aber wahrscheinlich gar nichts mit den Geburtenzahlen gemein hat, und bringt eben dieses, was ich als Seilregel bezeichnet habe, und zeigt, daß dieselben Elemente, nämlich acht kongruente epitritische Dreiecke, auf zweierlei Weise zusammengefügt werden können, je nachdem

$$8 \cdot \frac{3\ 4}{2} + 1 = 49 = 7^2, \text{ die Bestimmte, oder}$$

$$8 \cdot \frac{3 \cdot 4}{2} + 2 = 50, \text{ die Unbestimmte, erzielt wird.}$$

Damit ist zum erstenmal ein Lösungsversuch geboten, welcher nicht zu der Meinung Zuflucht nimmt, Platon habe in dunklen Worten ein Rätsel[1] aufgeben wollen (besonders Dies), oder gar er habe andeuten wollen, daß lediglich er allein in der damaligen Welt zum politischen Führer tauge und er nicht eher seine Weisheit aufdecken wolle, bevor man ihm nicht die Macht übertragen (August Horneffer in seinen Anmerkungen).

Platon hat nach meiner Übersetzung in ganz offenen, allerdings in recht altertümlichen Worten gesprochen, womit ich als Architekt den von mir gesuchten geschichtlich-mathematischen Beweis als gelungen betrachte[2].

---

[1] In ihrem formalen Aufbau gleicht die Stelle gewiß einem Rätsel, aber deshalb muß sie nicht ausgesprochen rätselhaft ihrem Inhalte nach sein. Am klarsten tritt die Rätselform meines Erachtens bei der Stelle von den schönsten Körpern in Tim. XX. (s. S. 146) zutage, wo am Schlusse noch demjenigen, der ein Besseres beweisen könnte, als Preis Siegespalme und Freundschaft versprochen wird; dennoch wird aber auch dort nichts Rätselhaftes übergelassen, vielmehr das Thema voll entwickelt. Nach Huizingas „Homo ludens" ist Rätsel und Preisrätsel eine der ältesten Formen philosophischer Unterredung.

[2] Es entsteht die berechtigte Frage nach dem Zusammenhange der Gleichung der Seilregel:

$8 \cdot \frac{n \cdot (n+1)}{2} + 1 = (2n+1)^2$ mit den von Pythagoras und Platon aufgestellten Verfahren ganzzahlige rechtwinkelige Dreiecke zu bilden. Ich schrieb zu diesem Ziele obige Gleichung in den Formen:

I. $4n + 1 + (2n)^2 = (2n+1)^2$ worin n beliebig und

II. $4(n+1) + n^2 = (n+2)^2$ worin n gerade, da

I. jede ungerade Quadratzahl um eins vermindert durch vier geteilt werden kann, und

II. jede gerade Quadratzahl eine Vielfache von vier ist.

Setzt man nun in II. $n + 1 = a^2$, so entsteht die platonische Form:

$(2a)^2 + (a^2 - 1)^2 = (a^2 + 1)^2$, und dividiert man diese durch vier, so erhält man die pythagoreische Form (Proclos):

$$a^2 + \left(\frac{a^2 - 1}{2}\right)^2 = \left(\frac{a^2 - 1}{2} + 1\right)^2, \text{ worin a eine ungerade Zahl ist.}$$

Damit soll nicht den zahlreichen Versuchen, die hier stattgefundenen Gedankengänge Platons und Pythagoras zu rekonstruieren, ein weiterer hinzugefügt werden. Vielmehr halte ich es für nicht erforderlich, nach den historischen Gedankengängen zu forschen, da diese und andere Ausdrucksformen aus einander entwickelt werden können, so auch den Urhebern mehrere Wege gangbar waren.

Dies zitiert anschließend jene Stelle bei Aristoteles, welche hierauf Bezug nimmt (Pol. X. 1316 a—1316 b 25):

„Φησὶ γὰρ αἴτιον εἶναι τὸ μὴ μένειν μηδὲν ἀλλ' ἔν τινι περίοδῳ μεταβάλλειν, ἀρχὴν δ'εἶναι τούτου ὧν ἐπίτριτος πυθμὴν πεμπάδι συζυγεὶς δύο ἁρμονίας παρέχεται, λέγων ὅταν ὁ τοῦ διαγράμματος αριθμὸς τούτου γένηπαι στερεός, ὡς τῆς φύσεως ποτε φυούσης φαύλους και κρείττους τῆς παιδείας.“

„*Er*[1] *meinte nämlich, es sei die Ursache, daß nichts verweilt, sondern sich in einem Kreislauf bewegt, daß aber der Anfang dieser Dinge das* ἐπίτριτος πυθμὴν *sei, das mit der Fünf verbunden zwei Harmonien darbietet, und er sagt, sooft die Zahl dieses Diagramms beständig* (στερεός) *wird*[2], *bringe sie jeweils die Schlechteren und Besseren nach der natürlichen Veranlagung und Erziehung hervor.*“ Dies sagt dazu:

„*Tout systéme est condamné à s'affronter avec lui, et cependant qui croira pouvoir donner son sens plein à une phrase si elliptique?*“

Dies meint[3], man müsse „un solide“ (στερεός) herausfinden und damit sei die Zahl 12,960.000 möglich, weil sie ja als Körperzahl angeschrieben werden könne. Ich meine, Platon hat doch die Merkmale des Beständigen und Verweilenden aufzeigen wollen, und wenn ich recht begreife, ist das Merkmal der Beständigkeit das Wohlgefügte. Wohlgefügt ist aber das, was aus lauter gleichen Dreiecken besteht, welche zugleich sich mit möglichst langen Seiten auf recht einfache Weise aneinanderschließen. Dies ist auch im Timaios der Gedanke, welcher die Bilder der Elemente schafft. So enthält das Diagramm der Seilregel (Abb. 38) die Merkmale der Beständigkeit auf das Allervorzüglichste, denn es ist nicht möglich, ein Quadrat auf einfachere

---

[1] Bezieht sich auf Platon.

[2] Das heißt zutrifft, eintritt.

[3] Mein sens plein wäre nun dieser: Der Satz 3 steht in keinem mathematischen Zusammenhang mit den beiden vorderen Sätzen. Während letztere noch eine physiologische Deutungsmöglichkeit beinhalten, es sei ein monatlich wiederkehrender Zeitpunkt bei der Zeugung zu beachten, gibt Satz 3 ein Gleichnis:

Es mußte für den antiken Atomiker, der die Erscheinungswelt aus einfachsten Dreiecken konstruieren wollte, mehr sein als ein Symbol, daß man aus der gleichen Anzahl, die noch dazu der kleinste Würfel ist, gleicher Dreiecke, noch dazu der kleinsten ganzzahligen, zwei verschiedene Figuren bilden kann; einmal auf eine vollkommenere und das andere Mal auf eine minderere Art. Das mußte doch, wenn schon nicht Platon selbst, so doch einem archaisch voreiliger schließenden Geist als der Schlüssel zum principium individuationis erscheinen und für Platon selbst immerhin noch als Parabel brauchbar sein, um damit zu sagen, daß auch der Weise, der seine Handlung nach Qualität — gleicher Elemente — und nach der Quantität — gleicher Anzahl — genau überlegt und einrichtet, von einer dritten Wirksamkeit, die nicht oder doch schwieriger vorauszusehen, überrascht werden kann, und darin, in solcher Kombinatorik die Ursache liege, daß nichts, auch nicht das Vollkommene verweile. Es ist dies eine negative Antizipation des später von Aristoteles angeschnittenen Funktionsbegriffes; einfach gesagt: Die Kenntnis der Teile garantiert noch nicht die Erkenntnis des Ganzen, sofern deren Funktion unbekannt bleibt.

Nebstbei bemerkt, steht man hier an der Schwelle des antiken Begriffes der Kunst, τεχνή, im Sinne von Feldherrenkunst, Schiffbaukunst, Ackerbaukunst bis zu den schönen Künsten in unserem Sinne. Ein Volk, das zunächst in ungeordneten Haufen kämpfte, dann die Phalanx annahm, das erfuhr, wie nötig es war, immer bessere Schiffe zu bauen, das nicht vom Reichtum seiner Herden und Äcker, sondern von seiner Tüchtigkeit lebte, wollte das Besondere am Besonderen als ein Allgemeines begreifen, als innerstes Gesetz geistiger Produktivität.

Weise in Dreiecke zu zerlegen, sobald irrationale Seitenlängen ausgeschlossen bleiben. Die Aufgabe der Baukunst ist doch aber, jene Ideen darzustellen, welche Beständigkeit in sich haben[1]; wie es die Aufgabe der Musik ist, die Ideen, welche Werden und Vergehen in sich haben, darzustellen. Derart ist die Seilregel und die Baukunst auf das Innerste im Wesen verwandt. Und nichts ist inniger der Baukunst verwandt, sobald wir nur annehmen, daß die Einfachheit in der Kunst, welche nach Platon die Seele vernünftig macht, dem Irrationalen vorzuziehen sei, weil sie den menschlichen Sinn leichter anspricht.

Diese Eigenschaften sind also in den Möglichkeiten, welche das einfachste pythagoreische Dreieck bietet, enthalten. Über dieses bringt Dies mehrere Zitate bei:

Johannes Lydes: „στοιχείον τῆς των ὅλων γενέσεως" = *„Grundform für das All und das Dasein."*

Plutarch: „... es sei für die Ägypter das Schönste und war das Modell für die ganze Natur."

*Plutarch in „De Iside et Osiride": „*μάλιστα τούτῳ τὴν του παντός φύσιν ὁμοιούντας" = *„Auf das Vorzüglichste zugleich das Wesen aller Gleichartigkeit (bewirkend)."*

Philon: „τῆς τῶν ὅλων γενέσεως ἀρχή."

Diese Aussprüche beziehen sich wohl mehr auf jene Zahlenmystik[2], welche wir bei Proklos kennengelernt haben, der geschichtliche Beweis aber, daß auch die Baukunst unter solchen Einflüssen steht, dürfte auch aus der antiken Literatur zu erbringen sein, und zwar durch die Schriften Anaxagoras von Klazomene und in allerdings viel späterer Zeit dann auch in indischen Schriften, wie insbesondere bei Maha Viracarya im 9. Jahrhundert nach Christus (Janya-Rechnung und Paisacika), deren Bearbeitung ich aus Zeitmangel unterbrechen mußte.

Wichtiger als der literarische Beweis ist für den Architekten der praktische, welcher nun angetreten werden soll.

---

[1] Entgegen meiner sonstigen Gewohnheit, ist hier der Begriff Idee nicht im Sinne der Schopenhauerschen *„platonischen Idee"*, sondern wegen der pythagoreischen Mystik der ganzen Stelle auch pythagoreisch zu verstehen.

Nach der Schopenhauerschen Definition ist die Idee ewiges Urbild der Erscheinung, und kann als solches nichts Veränderliches an sich haben, noch kann Veränderliches aus der Idee kommen.

Nach Pythagoras jedoch sind Zahlen und Ideen identisch. Da es nun aber Zahlen gibt, welche ein Bild des Veränderlichen, der Bewegung genannt wurden, so muß es auch Ideen des Veränderlichen gegeben haben. War doch Chronos ein Gott.

[2] Ein abschließendes Urteil darüber wird schon wegen der Unvollständigkeit der Werke Platons kaum je gelingen.

IV. Über das Anlegen der Hauptansichten der griechisch-dorischen Peripteraltempel.

A. Deren Maßgerechtigkeit.

Die antiken und mittelalterlichen Versuche, eine Kosmogonie zu begründen, sind an der vordringenden Naturwissenschaft gescheitert, ihre Reste führen ein abseitiges Schattendasein in der Astrologie und verwandten Halbwissenschaften, deren besonderes Kennzeichen voreilige Verallgemeinerungen sind. Diese Verallgemeinerungen sind von der Art, daß echt Menschliches auf Außermenschliches übertragen wird. So hat auch Fechner („Neue Lehre vom Goldenen Schnitt") Bauwerke, Pflanzen und Planetenbahnen unter ein einziges Formgesetz zwingen wollen. Ich meine, daß nur Gebilde von Menschenhand den menschlichen Sinnen jenen Gehorsam leisten, welcher das Kunstwerk ausmacht. Wer anderer Meinung ist, der ist wohl taub gegen den höhnischen Zuruf des Erdgeistes: „Du gleichst dem Geist, den du begreifst, nicht mir!" (Goethe, „Faust I".) (Vergleiche auch Schillers „Die Verschwörung des Fiesko zu Genua" 2. Aufzug, Schluß des 5. Auftritts.) Nur die Kunst vermag des Menschen Liebe zu erwidern; seine Liebe zur Natur wird endlich immer ein wenig unglücklich bleiben.

Die Kausalität in der freien Natur ist etwa einem Raumgitter vergleichbar; die Sinnenwelt gleicht dann einem Netzwerk kausaler Beziehungen und das menschliche abstrakte Denken einer Reihenfunktion.

Daß alle diese drei Welten kausal sind, wird a priori vorausgesetzt. Bewiesen wird dies immer nur so weit, als aus der freien Natur, beziehungsweise Sinnenwelt logische Reihen durch Abstraktion herausgegriffen werden können. Jede Beobachtung und auch ihre Verwertung ist eine Abstraktion, ein Heraustrennen von Bedingungen, sei es nur in Gedanken oder im Experiment oder im praktischen Verfahren.

Jede Kultur beruht auf Abstraktion, auf dem Heraustrennen der erwünschten Bedingungen aus den unerwünschten; also auf einer Reduktion der raumgitterförmigen Kausalitäten auf einfachere, der menschlichen Denkform nähere. Die menschliche Herrschaft über die Natur ist, geistig gesehen, die Reduktion der natürlichen Bedingungen auf die menschliche Denkform hin [1].

---

[1] Der Gedanke steht unter Einfluß Ed. v. Hartmanns imponierender Wahrscheinlichkeitsrechnung zum Nachweise von *„Zwecken in der Natur"*. Auch mit einem Gedanken A. Riegels besteht hier eine Berührung, ohne jedoch von ihm beeinflußt zu sein. Vielmehr steht dieser sowohl als ich unter Einfluß Dürers. Der Italiener G. B. Vico sagt etwa ein Menschenalter nach Cartesius nahezu dasselbe: *„Quare physicae ... a geometria methodum quidem habent, non demonstrationem: geometria demonstramus, quia facimus; si physica demonstrare possemus, feceremus. (De ratione studiorum, pg. 85.)*

Auch das Tier, die Pflanze, das Mineral wirken auf ihre Umgebung in einer Weise, die günstige Bedingungen anstrebt; das Tier baut sich sein Nest; die Pflanze sichert den Boden unter sich, wendet sich nach der Sonne; der Kristall zieht die Stoffe seiner Art an, um weiterzuwachsen. Dieses geschieht aber auf Grund von Affinitäten und hat ein endliches, bald erreichtes Ziel, welches auch die günstigsten Zuchtbedingungen nicht viel verschieben können. Diese Affinitäten bilden die Ordnung in der Natur, ohne sie gäbe es nur das Raumgitter der Möglichkeiten, keine oder nur in rasendem Wechsel begriffene Wirklichkeiten.

Die menschliche Kultur unterscheidet sich von der Natur darin, daß sie ihr Ziel immer vor sich herschiebt.

Die Kunst, als jener Teil der Kultur, welcher der tatsächlichen Beherrschung beschwörend und sehnsüchtig wünschend vorauseilt, kann nach dem Gesagtem nicht freier sein als die Technik, denn sie steht der menschlichen Denkform näher als diese. Sie würde sich selbst verleugnen, wollte sie aufhören zu behaupten, daß die Ideen — das sind doch die menschlichen Denkformen — schon in der Natur stäken, man sie nur herausreißen brauche, wie Dürer sagte.

Der menschliche Kulturprozeß ist also eine Art Kosmogonie, aber mit umgekehrter Tendenz, als sie die Adepten beschreiten wollten; nicht mehr soll der Stein der Weisen, die große, simple Universalbeschwörungsformel gesucht werden, in der alle Funktionen enthalten wären, sondern umgekehrt sollen die vielen mannigfaltigen Funktionen vereinfacht werden, bis sie in Denken und Praxis beherrschbar geworden sind; soll der jeweils irreduzible Rest ständig verkleinert werden.

Als die primitivsten Kunstformen in diesem Sinne sind das Wunschbild und die Übersteigerung zu betrachten. Dies ist etwas grob gesagt, doch sind ein großer Teil der besten Kunstwerke von der Venus von Milo bis zum Colleoni auch nur Wunschbilder der Erotik und Machtlust. Bereits in den nächsthöheren Stufen, dem Märchen und der Beschwörung, überschreitet der menschliche Geist den Bereich seines Selbstvertrauens; höhere Geister werden gerufen, um die Kluft zwischen Denkform und Wirklichkeit zu schließen. Von da bis zur dritten Stufe, der echten Religiosität, ist nur mehr ein Schritt. Dieser wird vollzogen durch Entscheidung der Frage, ob es wirklich der menschliche Geist allein sei, der ordnend Besitz ergreift. In diesem Falle müßte am Anfang das Chaos gestanden haben. Woher aber wäre in diesem Falle die aprioristisch empfundene Polarität des Menschen zur Natur [1]?

[1] Leugnet man dieses, was Paracelsus in den Satz faßte: *„Alle Dinge, die da geschaffen sind, sind wider den Menschen und der Mensch ist wider sie“*, so ist konsequenterweise auch des Menschen Geist nichts anderes als eine Funktion von Affinitäten, wie jene Kräfte, welche den Kristall wachsen machen, und man landet beim bloßen Materialismus. Wenn ich sage, daß der Chemiker einen neuen Stoff bilden konnte, der vorher nie existiert hatte, weil die Möglichkeit zu diesem Stoffe dem menschlichen Denkvorgang affin ist, so ist dies gewiß richtig. Der Satz aber läßt sich nicht umkehren; die Fülle denkbarer Möglichkeiten kann nicht der Materie aufgezwungen werden. Die Gruppe der denkbaren Kausalitäten und die Gruppe der natürlichen Kausalitäten sind nur stellenweise affin. Zum Beispiel wäre es denkbar, nicht allein mit dem Kohlenstoff, sondern mit anderen Elementen auch ganze Ketten von Sechsringen zu bilden, doch kennt die Materie diese Möglichkeiten

Ein solcher Gedanke muß zum Verzicht auf jede Finalität führen und widerspricht so sich selbst, denn das menschliche Denken ist final und auch dieser Gedanke ist es; auch als Verzicht[1]. Bleibt nur, wenn Denken einen Sinn haben soll, der Schluß auf die Umkehrung des Prozesses: an den Anfang die Ordnung, „ὁ λογος“ zu setzen, dann einen Fall in einen übleren Zustand, der aber kein völliges Chaos sein kann, anzunehmen und darauf nun den Weg zum Logos zurück.

Diesen Weg nun demonstriert die Kunst vorausahnend und rückschauend. Wohlgemerkt: die Kunst als Ganzes; nicht das einzelne Kunstwerk, welches etwa eine Wegmarke vorstellt. So ist es auch nicht Kriterium des Kunstwerkes, daß es die klarste Ordnung habe, sondern auch das scheckigste Chaos, als ein Stein an diesem Wege, kann sein Thema sein.

In ihren höchsten Erhebungen aber wird die Kunst dem Logos möglichst nahezukommen trachten. Dort verschwindet der Streit zwischen Gedanken, Form und Materie immer mehr und mehr; die reine Anschauung blickt nach dem Logos.

Dem Künstler aber genügt nicht der Rat allein, sich hinzuwenden, er muß auch erwägen, wie er praktisch seine Arbeit fördern kann. Dabei darf er sich nicht allein der hohen Intuition anvertrauen, sondern muß alle seine Kräfte sammeln, denn der ganze Mensch ist ähnlich dem Logos, der in der Richtung der menschlichen Denkform liegt.

Erkenntissen, wie die von Leibniz: *„musica est exercitium arithmeticae, nescientis se numerari animi“* darf man nicht ausweichen wollen. Ererbte Erkenntnisse zu bewahren, die noch fehlenden durch klare Scheidung der Begriffe zu erhellen, ist Pflicht des strebenden Künstlers.

Diese hier aphoristisch vorgetragenen Gedanken einer mathematischen Weltbetrachtung gehörig zu unterbauen, fehlt mir die Kraft. Es sollte nur als ein Rahmen zur hier berichteten Forscherarbeit gezeigt werden, daß der Mensch Bürger mehrerer, mathematisch unterscheidbarer Bereiche oder Welten ist und daß der Künstler auch Forscher und Denker sein muß, wenn er sich selbst recht ernst nimmt.

---

nicht. Aber auch die Materie kennt Möglichkeiten, auf die kein Forscher verfallen würde; zum Beispiel werden alle Stoffe dichter bei Temperaturabnahme, allein das Wasser nicht, welcher sonderbare Umstand erst der Erde ihr Gesicht gibt.

Das Abgleiten in einen bloßen Materialismus ist aber gerade dort, wo man es schon wiederholt aufhalten wollte, möglich. Weder der Wille im Schopenhauerschen Sinne noch die Tendenz jedes Dinges, so schön zu sein, als es unter seinen Bedingungen nur möglich ist, im Sinne Hartmanns, reichen aus, den Gesang der Nachtigall verständlich zu machen, die in einer Nacht mehr als tausend so gut wie gleichwertige Varianten zu bringen vermag und damit jede Art von Zweckbegriff erledigt oder dermaßen aufbläht, daß damit alles und nichts begriffen werden kann. Um dem Phänomen solchen Gesanges nur halbwegs etwas an die Seite zu rücken, müßte man jede leiseste Biegung eines Blütenblattes als selbständige Variante auffassen und annehmen, daß unser Auge im Vergleich mit dem Ohr ein recht blödes Organ sei. Mit Sicherheit läßt sich daraus nur das eine abnehmen, daß die Formalästhetik die Gehaltsästhetik im menschlichen Bereiche weit an Möglichkeiten übertrifft; erst die Annahme eines göttlichen Gehaltes vereinigt beide Begriffe.

[1] Der Gedanke, daß der Mensch selbst die Finalität sein könnte, wird durch die Vielheit der Menschen widerlegt, denn das höchste Ziel kann nur eine Einheit sein. Die beiden aufgekommenen Scheinlösungen des Übermenschen und der Menschenmasse aber sind keine Einheiten, sondern eine korrelative Zweiheit, die nur zusammen bestehen kann und miteinander vergehen muß.

Auch sollte denjenigen, die mit Lotze gegen Herbart u. a. an einer alleinigen Gehaltsästhetik leidenschaftlich festhalten wollen, damit gezeigt werden, daß schon der allgemeine Weg des menschlichen Geistes formalen Gesetzen gehorcht und man nicht so eifervoll ableugnen muß, was man nicht gleich in seinem Bewußtsein vorfindet. Die ganze, allzu zugespitzte Debatte ist eigentlich schon seit Goethe abgetan, indem der große Meister zu Eckermann sprach: *„Den Gegenstand sieht ein jeder vor sich, den Inhalt nur der, der etwas dazu getan, die Form aber ist ein Rätsel den meisten."*

Um denselben Gedanken noch mit anderen Worten zu skizzieren, ohne damit Aspekte von anderer Seite völlig abtun zu wollen, sei folgendes vorgebracht:

Die Schöpfung (als Summe aller Phänomene) ist ein Auseinanderbreiten von Ungeschaffenem (der noch nicht Phänomen gewordenen Möglichkeiten, seien diese eine höhere, nicht analysierbare Einheit oder ein chaotischer Haufe), wodurch ein Teil sinnlich wahrnehmbar wird.

Bereits durch die Sinne wird es unmittelbar klar, daß mathematische Gesetzmäßigkeiten herrschen; untersucht man das vor den menschlichen Sinnen Ausgebreitete weiter mit den menschlichen Mitteln des Denkens, so erkennt man, daß die mathematische Gesetzmäßigkeit bis an die Grenzen der menschlichen Kraft reicht, das heißt: soweit als Sinnenhaftigkeit, Denken und Umwelt jeweils zur Einheit gebracht werden können, soweit kann man auch rechnen.

So erscheint die Erkenntnis reif, daß niemals die Rechnung versagt, sondern der Rechner.

Es gibt nichts Unberechenbares; das Höchste ist nicht ein Haufen von Irrationalitäten, sondern blendend klare Ratio — allein wir sind schwach, was nicht hindern soll, uns weiterzutasten. Solches ist kein Frevel; es ist edles Streben, solange man nur nicht die Besinnung dabei verliert, sich bewußt bleibt, daß das Erkannte nur ein kleiner Ausschnitt ist; eben die Fähigkeit, zu rechnen, sich bewahrt. Man muß hier vereinen, was Augustinus trennt, indem er sagt: *„Aliud esse rationalem, aliud esse sapientem."* Nicht Schlagbäume umgrenzen den Menschen, sondern Wüste und Urwald. Damit fertig zu werden, hat der Mensch taugliche Mittel erhalten; es wäre nicht weise, sie ungebraucht zu lassen.

Unser moderner Begriff der Maßgerechtigkeit in der Baukunst sei nun folgender:

Ein Gebilde von Menschenhand ist maßgerecht, wenn mindestens zwei Risse desselben einander maßgerecht sind.

Zwei oder mehrere Risse sind einander maßgerecht, wenn deren Gesamtflächen und deren architektonisch selbständige Teilflächen einander maßgerecht sind.

Maßgerechtigkeit findet zwischen Flächen dann statt, wenn deren Flächeninhalte einfache Teile oder Vielfache voneinander betragen und deren Gestalten und deren Lagen zueinander so beschaffen sind, daß der Vergleich der Flächeninhalte recht mühelos vollzogen werden kann.

Findet solches an einem Gebilde statt, so kann dies rechnerisch verfolgt werden. Hiezu sind die Dreieckszahlen besonders geeignet, da aus rechtwinkeligen, ganzzahligen Dreiecken auf die sinnfälligste Weise Flächen zusammengebaut werden können. Umgekehrt aber findet dies auch beim Schauen und Schaffen im menschlichen Auge statt, und zwar derart, daß unbewußt auf der Kugelschale der Netzhaut mit gewissen Korrekturen Ausmaß und Gestalt angelegt werden. Unter Berücksichtigung dieser optischen Bedingungen kann daher mit den einfachsten Dreieckszahlen gerechnet werden[1].

Dieses psychologische Verfahren soll nun an dorischen Peripteraltempeln beobachtet werden.

Betrachten wir unsere Seilregel:

$$8 \cdot \frac{n \cdot (n+1)}{2} + 1 = (2n+1)^2,$$

so erkennen wir auf der linken Seite der Gleichung den Würfel der Dreieckszahl um Eins vermehrt und rechts jene Quadratzahl, welche die Fläche der auf der Netzhaut beschäftigten kreisförmigen Schale angibt.

Der Durchmesser dieses Vergleichskreises ist, solange dieser in nicht mehr als 10 Knoten[2] geteilt wird, gleich $D = 2n + 2$, wie wir schon von Ahmes gelernt haben, darüber gilt $D = 2n + 3$ usf. Die Maßgerechtigkeit im Unterbau des dorischen Tempels ist, wie oben dargelegt, 1 zu 2, das maßgebliche Rechteck also die Hälfte des ihm umschriebenen Vergleichskreises. Es sei daher entsprechend Seite 113:

$$4 \cdot \frac{n \cdot (n+1)}{2} + \frac{1}{2} = A \cdot B = \frac{R^2 \cdot \pi}{2} = \frac{(2n+1)^2}{2} = 2n \cdot (n+1) + \frac{1}{2}$$

(s. Abb. 32, 33, 37, 38).

Sei nun $n = A$ die Breite und $2(n+1) = B$ die Länge des maßgeblichen Rechtecks, so erhalten wir mit $D = 8$ bis 10, 13 Knoten (siehe oben) unter anderem die ältesten Verhältnisse von Breite zu Länge $^3/_8$, $^2/_5$ und $^5/_{12}$ (S. 112, 116) mit dem Fehler eines halben Flächenmodul, aus

$$A \cdot B = n \cdot 2\,(n+1) + {}^1/_2 = 8\pi, \text{ bzw. } 12^1/_2\,\pi,$$

bzw. 18π, bzw. $21^1/_8\,\pi$

Diesen Fehler zu verkleinern, wurde nun das Verhältnis A zu B weniger schlank gemacht und so die tatsächliche Fläche des Rechtecks vergrößert. Es wurde die Länge statt in $2(n+1)$ nur in $2m+1$ Moduli eingeteilt; die Teilung der Breite in n Modul jedoch beibehalten. Dabei müssen selbstverständlich die Ecken des Rechtecks auf der Kreislinie gleiten (Abb. 32). So entstanden die Verhältnisse 3/7, 5/11, ...$m/(2m+1)$ als Korrekturen.

Die Teile n und m sind nun der Anzahl nach gleich, doch ist m länger als n. Es besteht daher auch $m \cdot (2m+1) = R^2 \cdot \pi/2$.

Aus diesem Grunde gingen also die dorischen Meister von den Grundverhältnissen mit den kleinsten möglichen Zahlen zu Verhältnissen über, welche schließlich als Anzahl der Teile ein Vielfaches der kleinsten möglichen aufzeigen. (Die angestrebten Flächenverhältnisse bleiben selbstverständlich davon unberührt.)

[1] Dies ist weder gedanklich noch historisch das einzig mögliche, mit großer Wahrscheinlichkeit aber das beste Verfahren.

[2] = Seileinheiten.

Eine solche Entwicklung ist nicht zwangläufig; es gibt Hemmungen, wie M. Theuer nachgewiesen hat, durch den Kultgebrauch, indem bestimmten Gottheiten auch bestimmte Zahlen und Zahlenverhältnisse geweiht waren. Eine weitere Hemmung bietet wohl auch die Erkenntnis, daß solche ausgeklügelte Berichtigungen die Mühelosigkeit in der Wahrnehmung beeinträchtigen können. Sie sind ein Zeichen von Virtuosentum, wirken berauschend, einschmeichelnd und auch verwirrend; ein Zeichen des Anfanges vom schönen Ende eines Stiles, seiner Barocke.

Der bemerkenswerteste Versuch, die Schmalansichten systematisch zu fassen, ist das sogenannte Normalrechteck nach Gottfried Semper. Semper geht in einer Betrachtungsweise vom Materialstile aus. Sein Ziel ist die angemessene Durchbildung der Einzelheit. Sein Normalrechteck umfaßt nicht den gesamten Augeneindruck, sondern nur die Säulenordnung. Semper (Der Stil, Bd. 2, S. 392): „*Eine in dem Folgenden angewandte Methode, gewisse charakteristische Verschiedenheiten in den Grundverhältnissen der Ordnung zusammenzufassen, ist nur ein einfaches Vergleichsmittel, soll keineswegs als ein den Alten aufoktroyierter Kanon gelten, wenn schon Fälle überraschenden Zusammentreffens gewisser einfachster Grundverhältnisse, auf die sie hinweist, mit an bestehenden Monumenten vorkommen. Nimmt man drei mittlere Entfernungen, von Säulenachse zu Säulenachse gerechnet, als die Basis eines Rechtecks an, dessen vertikale Seiten der Höhe der Ordnung, gerechnet von dem Rande der letzten Stufe des Stylobates bis zum obersten Rande des Kymateons der Hängeplatte (mit Ausschluß der etwa vorhandenen krönenden Rinnleiste), gleich sind, so bildet dies das von uns so genannte Normalrechteck oder kurz die Norm; Längeneinheit dabei ist der halbe untere Säulendurchmesser oder Model.*“

Vermutlich war es das Bestreben, sechssäulige und achtsäulige Anlagen gleichermaßen in seine Norm einzubeziehen, welches Semper veranlaßte, sein Normalrechteck nicht gerade glücklich aus dem Gesamteindruck herauszuschneiden, oder auch die Raffung der Joche „*aus optischen Gründen und wegen der Vertheilung der Triglyphen*“ kann es gewesen sein, welche ihn zu seiner Fassung drängte.

Psychologisch ist diese Sempersche Norm gewiß nicht. Vielmehr dünkt mir psychologisch, als erstes den Gesamteindruck zu erfassen und dann erst von diesem die selbständigen Teile herzuleiten. Gefordert wird also hier der Nachweis, daß die Ansicht eines dorischen Tempels ein recht einfacher Teil des maßgeblichen Kreises (K_0 auf Abb. 55), welcher auch den zugehörigen Ausschnitt der Landschaft darstellt, sei und weiter, daß alle selbständigen Teile dieser Tempelansicht sich zueinander und zur ganzen Ansicht und damit auch zum Einheitskreise nach ihren Flächenmaßen auf das allereinfachste betragen.

Alles dies ist mit Hilfe der Seilregel zu erfüllen. Nach der Seilregel wird eine Quadratseite mit $a = 2n + 1$ und der zugehörige Durchmesser des gleichflächigen Vergleichskreises mit $D = 2n + 2$ bezeichnet. Dies stimmt mit hinreichender Genauigkeit im Bereich der Werte $n = 3K$, dem sogenannten indischen Wert, welcher im dorischen Stil bei den älteren Bauten vorkommt, für $n = 3.5K$, dem ägyptischen Wert, der spätestens durch

Thales nach Griechenland gebracht worden ist (in der Anwendung kommen allerdings diesem nahestehende Werte schon lange vor Thales vor), und schließlich Werte im Bereiche $n = 4$, welche der späten Klassik eigen sind. Vergleichswerte für n, kleiner als 3 und größer als 4, müssen als außerhalb der exakten Theorie befindlich bezeichnet werden.

Im dorischen Stile wird nun die Rasterung mit $n = 3$ bis 4 K weiter unterteilt, mathematisch ausgedrückt, die Gleichung der Seilregel beiderseits mit 6 bis 7 multipliziert, und es wird:

$$D = (2\,n + 2) \,.\, 6 \text{ bis } 7 = 4 \,.\, (N + \frac{N}{n}).$$

Der Zusammenhang wird bald klarer gemacht werden können. Ausgehend von der Beobachtung, daß der Einheitskreis zeichnerisch einen Halbmesser von zwei Architravbreiten, beziehungsweise seiner Variante: Stylobatbreiten beim Sechssäuler, hat (vgl. Abb. 55)[1], bezeichne ich die Architrav-, beziehungsweise Stylobatbreite als Teil einer Abmessung am Kreise mit einem Teil von $R = n + 1$, nämlich mit

$$A = N + \frac{N}{n}$$

(es wird mit $\frac{N}{n}$ multipliziert).

Wie die Architravbreite und ihre nur durch die verschiedene Höhenlage veränderte Variante, die Stylobatbreite, die Hälfte des Halbmessers des maßgeblichen Kreises ausmacht, so bildet die gesamte Tempelhöhe, gemessen von der Unterkante der untersten Stufe bis zum höchsten Punkt im Tympanon, dem Giebelfeld, die Hälfte der Seite des maßgeblichen Quadrats minus einer halben Seileinheit, als ein Teil von n und ist daher mit N zu bezeichnen.

Es ist zu schreiben:

$$16 \,.\, \frac{n}{2} \,.\, \frac{n + 1}{2} + 1 = (2\,n + 1)^2 = (2\,n + 2)^2 \,.\, \frac{\pi}{4}$$

und das ist weiter gleich in Baueinheiten, in Moduli:

$$= 16 \,.\, N \,.\, (N + \frac{N}{n}) + (\frac{2N}{n})^2 = 16 \,.\, H \,.\, A + [2 \,.\, (A - H)]^2.$$

Die Gesamtfläche der Ansicht ist daher ein Sechzehntel des Augenkreises:

$$F = H \,.\, A + \frac{(A - H)^2}{4} =$$

$$= (\frac{A + H}{2})^2$$

In einigen Fällen: beim Poseidontempel zu Paestum, Tempel C zu Selinus, bei Aphaia auf Aegina wird die Fläche der Ansicht unmittelbar aus

[1] Das bedeutet nicht etwa, daß die Breite der Ansicht ihrem Wesen nach eine Kreisabmessung ist, sondern Breite und Höhe der Ansicht müssen aus den Faktoren der linken Hälfte der Gleichung der Seilregel gebildet werden, und einer dieser Faktoren, nämlich $(n + 1)$ ist dem Radius des Vergleichskreises proportional. Da dies zeichnerisch auch für die Architravbreite zutrifft, so folgt daraus, daß diese ein Teil von $(n + 1)$ sein muß. (Zur Verdeutlichung vergleiche besonders Aphaia-Aegina.)

dem Produkt von Stylobatbreite mal der Höhe des Tempels, gemessen von der Unterkante Unterbau bis zum höchsten Punkt im Giebelfeld gebildet:

$$F' = A \,.\, H \,.$$

In weiteren fünf Fällen sind die beiden Varianten nicht recht zu trennen.

Tafel 4 zeigt die Zusammenstellung aller auch nur halbwegs erfaßbaren Peripteroi, das heißt jener Bauten, von denen zumindest so viel noch erhalten ist, daß die Einteilung der Stylobatbreite und wenigstens ein Bauglied der Höhe nach erkennbar bleibt. Die Tafel ist zunächst nach Gesichtspunkten gemeinsamer Proportionsmerkmale und dann erst nach historischer Reihenfolge entworfen. Daß beide Gesichtspunkte nicht übereinstimmen oder nur teilweise zusammengehen, ist bei der Fülle gleichwertiger Lösungsmöglichkeiten und bei der Überbestimmung der geometrischen und psychologischen Probleme, was Meinungsverschiedenheiten hervorrufen mußte, durchaus organisch.

Auch läßt sich aus der Zusammenstellung keineswegs irgendeine örtliche Schule oder Besonderheit einer bestimmten Gegend ablesen; es wäre denn Akragas.

Eine einzige historische Tendenz ist klar zu erkennen: Der Vergleichswert n wird mit dem Ablauf der Zeit größer, das heißt die Sechssäuler werden im Verhältnis zur Breite höher, und damit wächst insbesondere auch die Säulenhöhe. Dieses Wachsen der Säulenhöhe bezieht sich aber auf die Stylobatbreite, da diese aber in ihrer Einteilung keinen historisch bedingten Veränderungen in vorklassischer und klassischer Zeit unterworfen erscheint, ist die verbreitete Meinung, die Säulen würden mit fortschreitender Zeit immer schlanker, eine laienhafte Ungenauigkeit. Der jüngste Tempel, welcher den Stylobat in 10 oder 11 Moduli teilt, hat weniger schlanke Säulen als der älteste Bau mit einer Stylobatteilung von 13 Moduli. Nur innerhalb einer Gruppe von Bauten mit gleicher Modulzahl des Stylobats werden im allgemeinen mit fortschreitender Zeit der ganze Bau und damit die Säulen schlanker.

Die Zusammenstellung zeigt 24 Bauten, davon sind 21 frühklassische und hochklassische Sechssäuler, 2 Achtsäuler und 1 spätklassischer Sechssäuler. Die ersteren teilen sich in vier Gruppen, je nachdem sie den Stylobat in 10, 11, 12 oder 13 Moduli unterteilen. Weitaus die stärkste Gruppe ist die mit $A = 11$ Moduli. Das gibt zu denken. Tatsächlich zeigen diese, von $A = 11$ gebildeten Verhältnisse eine besondere Variabilität, welche teilweise auf $11 + 1 = 12$ beruht. Daß die kleinste Gruppe $A = 12$ Moduli bildet, mag zum Teil Zufall sein. Die ganze Tafel würde mindestens um die Hälfte länger sein, falls alle Peripteraltempel, die jemals bestanden haben, eingereiht werden könnten. Dabei würde gerade in bezug auf die kleineren Gruppen sich das Bild verschieben[1]. Daß die drei Bauten dieser Gruppe alle verhältnismäßig zu den älteren gehören und daß sie auch örtlich sich nicht ferne sind, wage ich in Anbetracht jener oben genannten statistischen Ver-

[1] Da zum Beispiel der Schritt von 3 auf 4 verhältnismäßig größer ist als der Schritt von 13 auf 14, kommt eine allgemeine Erweiterung statistischen Materials mehr den kleineren Gruppen zugute.

fälschung und des Umstandes, daß diese drei Tempel die zahlentheoretisch naheliegenden guten Möglichkeiten nicht erschöpfen, auch nicht als charakteristisch zu werten.

Verfahren und Geräte. Den folgenden Darstellungen der einzelnen Tempel haften die Merkmale des einzig brauchbaren Untersuchungsganges an; es sind trigonometrische Berechnungen. Das Originalverfahren war ein zeichnerisches, begleitet von einfachem Kopfrechnen. Ursprünglich sind die verwendeten Geräte: ein paar Stäbe zur Orientierung nach dem Sonnenaufgang, Seile und Pflöcke. Später kamen Zirkel und Richtscheit und ein handliches Gnomon, also ein Reißwinkel, und ein um eine lotrechte Achse drehbares waagrechtes Gnomon zur Orientierung und zum Ausstecken rechter Winkel dazu. Wird ursprünglich nur am Bauplatz und an den Werkstücken selbst ausgesteckt und angerissen, so kommt später ein Reißboden hinzu. Wann diese Entwicklung sich abgespielt hat, ist nicht recht festzulegen. Jedenfalls zeigen auch die ältesten, der in dieser Untersuchung vorkommenden Bauten eine deutlich nachweisbare Verjüngung von einer Genauigkeit, welche an bloße schätzungsweise Ermittlung nicht denken läßt. Es ist also entweder ein Reißboden oder ein besonderes Gerät anzunehmen. Auf ein Gerät oder Verfahren, welches zur Austeilung eines Verjüngungsmaßstabes gedient haben könnte, mag vielleicht Platons Philebos XXXXIV, § 130 (siehe Kap. I, S. 62) hindeuten. An ein einheitliches Gerät, welches bei mehreren Tempeln angewendet wurde, glaube ich nicht, denn obwohl die dabei auftretenden Verjüngungsradien, beziehungsweise die dazugehörigen Zentriwinkel auf den gleichen Konstruktionsgedanken weisen, sind die Verschiedenheiten doch genügend groß, um bei fast jedem Bau eine selbständige Ermittlung zu beweisen.

Fehlergrenzen und Fehlergrößen. Eine der wichtigsten Fragen bei metronomischen Untersuchungen ist die nach der den Erbauern zumutbaren Fehlergrenze. Betrachtet man die große Unregelmäßigkeit der Säulenausteilungen mancher Bauten (Tafel 1, S. 85), so wäre man versucht, den zulässigen Fehler von einer solchen Größe anzunehmen, daß damit alles und gar nichts beweisbar würde. Es ist also nicht möglich, vom rein Baulichen her zu klaren Begriffen in dieser Frage zu kommen. Von der Annahme ausgehend, daß sichtbare Fehler nicht ohne besondere Begründung hingenommen werden können, gab ich der Frage nach der zumutbaren Fehlergrenze die Form: welches ist die psychologisch zulässige Fehlergröße?

An einem leider sehr beschränkten Personenkreis, einem Maler, einem Arzt und mir selbst, ermittelte ich, daß beim Vergleich rechteckiger Flächen, gleichmäßiger, guter Beleuchtung, bei Weiß und sehr hellen Farben, flächenhafte Fehler unter zwei Prozent nicht wahrnehmbar sind. Dieser Wert soll nun als absolute psychologische Fehlergrenze bezeichnet werden.

Welchen relativen Wert die psychologische Fehlergrenze annehmen mag, kann gar nicht angegeben werden. Bei unregelmäßigen Flächenbegrenzungen ist das bewußte Abschätzen bald am Ende seiner architektonisch tauglichen Fähigkeiten angekommen. Die völlige Unregelmäßigkeit ist für die Architektur dasselbe wie Geräusch für die Musik. Regelmäßige

Form und Lagebeziehungen sind die Voraussetzungen für architektonische Wirkung.

Es gibt ferner Fälle, in denen eine völlig selbständige Fläche von ganz regelmäßiger Form sich der Meßbarkeit entzieht; zum Beispiel bei einem Dekorationsstück in Form eines Sternes mit sehr vielen langen, dünnen Strahlen. Die Wirkungsfläche wird dabei immer bedeutend größer als die objektiv vorhandene, wenn der Hintergrund dunkler ist; eine Folge der Irradiation, welche im 1. Kapitel, S. 71, usf. behandelt wurde. Tschermak-Seysenegg gibt die Größe eines physiologischen Punktes mit höchstens 30″ an, doch können nach I. Schmidt noch Flächen, welche einem Öffnungswinkel von 15′ entsprechen, als punktförmig angesehen werden. Setzt man ersteren Wert der absoluten architektonischen Fehlergrenze gleich, so erhält man die durchschnittlich brauchbare allgemeine Grenze für Selbständigkeit durch die Division 30″ : 2% = 25′. Nimmt man weiter für einen Modul einen Einheitswinkel von 6^0 bis 2^0 an, so zeigt sich, daß Unterteilungen für noch als minderselbständig anzusprechende Glieder $^1/_{24}$ bis $^1/_8$ Modul werden. Das besagt, daß Rasterungen von $^1/_{30}$ Modul Maschenweite, um ein Beispiel zu nennen, nur mehr Ornamentierung, nicht aber Flächengliederung ermöglichen. Es gibt also $^1/_{24}$ Modul so ziemlich die äußerste Grenze für Modulunterteilung an, und die antike Setzung 1 Modul = 60 Partes greift wohl mit Absicht über den Selbständigkeitsbereich hinaus.

Die Höhenausteilung: Unterbau zu Säulenhöhe zu Gebälk- zu Giebelhöhe tritt in der Rechnung als gegebene Proportion a : b : c : d auf. Die dabei erscheinenden Fehler sind verschieblich, da der Radius des Krümmungskreises, beziehungsweise die zugehörigen Winkel aus den gegebenen Höhen der Bauteile errechnet werden müssen. Die Verteilung der Fehler ist im allgemeinen so einzurichten, daß Unterbau und Säulenhöhe die kleinsten möglichen Fehler erhalten, weil infolge Überbestimmungen (vgl. insbesondere Aphaia-Aegina, S. 205) bei der Gebälk- und Giebelhöhe eher Ungenauigkeiten zu erwarten sind als bei den unteren Bauteilen. Bei jenen beiden oberen Bauteilen werden also Fehler von etwas über zwei Prozent nicht unbedingt bedenklich sein, während beim Unterbau und bei der Säulenhöhe ein deutliches Überschreiten der absoluten Fehlergrenze den dorischen Bauleuten nicht zugemutet werden soll. Verteilt man die Fehler derart, daß ein Fehler zwei Prozent wird, so soll im selben Gesichtsfeld kein zweiter Fehler dieser Größe vorkommen.

Wenn nun auch der beabsichtigte Bau mit einer solchen Genauigkeit durchgeführt, ja bis heute erhalten ist und daher nachgewiesen werden kann, so soll das nicht zugleich auch besagen, daß es nicht Auffassungsverschiedenheiten gab, die, mit derselben Genauigkeit nachweisbar, selbst eine Differenz von sechs bis acht Prozent bedingen.

Die Mehrzahl der Tempel zeigt den Unterbau in seiner Fläche berechnet als Unterbauhöhe mal Stylobatbreite. Eine andere Gruppe berücksichtigt die Abtreppung und berechnet also die Unterbaufläche als Trapez. Für beide Auffassungen gibt es gewichtige Gründe.

Die erste Auffassung hat für sich, daß die Stylobatkante nicht nur für die waagrechte Teilung eine der deutlichsten Begrenzungen darstellt, sondern auch für die Lotrechte. Sie stellt die seitlichen Begrenzungen für die Fläche der Säulenstellungen dar und ist derart einprägsam und auffällig, daß der Zwang, für die Unterbaubreite ein anderes Maß als für die Breite der Säulenstellung und Gebälkbreite, und noch dazu ein verglichenes, nicht sichtbares hinzunehmen, gewiß eine psychische Belastung darstellt. Es sprechen also deutliche Lagebeziehungen für die erste Auffassung.

Die zweite Auffassung hat für sich, daß offenbar bedeutend mehr an Fläche vorhanden ist, als bei der ersten Art berücksichtigt wird. Dazu kommt noch, daß in vielen Fällen und bei geringerer Distanz des Beschauers nicht nur die Aufrisse der Stufen, also die Stufenspiegel, sondern zum Teil auch die Auftritte sichtbar werden.

Dem Leser, dem die nun folgende, systematische Darstellung zu mühsam ist, wird zur didaktischen Erleichterung empfohlen, die drei am besten berichteten Tempel, Aphaia auf Aegina (S. 205), Concordia zu Akragas (S. 180) und Parthenon zu Athen (S. 214) vorwegzunehmen.

B. Beispiele.

Erste Gruppe:

Tempel, welche die Stylobatbreite in A = 10 Moduli teilen.

1. Olympeion zu Syrakus.

Die Breite im Stylobat beträgt A = 22,27 m
und die Summe der Ausweitung S = 20,24 m. Der Unterschied dieser beiden Maße ist gleich dem kleinsten im Stylobat vorkommenden Modul, da die Säulenachse um einen halb Modul vom Stylobatrand absteht.

$$\frac{A}{A - S} = 22{,}27 : 2{,}03 = 10{,}97 \text{ kleinste Moduli}$$

Da der durchschnittliche Modul in Stylobathöhe aber größer ist als der Unterschied A—S, so ist nicht obiges Ergebnis, sondern die nächst kleinere ganze Zahl maßgeblich. Es ist daher:

$$A = 10 \text{ Moduli}$$

und damit

$$\frac{A}{10} = \frac{22{,}27}{10} = 2{,}227 \text{ m}$$

der durchschnittliche Modulwert des Stybolats.

Die Höhen der drei Stufen am Unterbau betragen 0,58 + 0,64 + + 0,46 = 1,68 m. Der darin enthaltene Modulwert muß größer sein als A/10.

$$1{,}68 : 0{,}75 = 2{,}24 \text{ m} = E \text{ , die Einheit im Unterbau.}$$

Damit ist die Höhe des Unterbaues a = $^3/_4$ Moduli.

Die Säulenhöhe beträgt etwa 8,10 m. Der darin enthaltene Modulwert muß größer sein als der untere Säulendurchmesser D_u = 1,81 m, denn D_u kommt der Einheit im Gebälke nahe (vgl. Tafel 4).

$8{,}10 : 3{,}75 = 2{,}16\,\text{m} = E_b$, die Einheit in durchschnittlicher Säulenhöhe.

Damit ist die Säulenhöhe $b = 3^3/_4$ Moduli.

Gebälk- und Giebelhöhe sind nicht bekannt.

Bezüglich der Verjüngung zeigen die meisten Sechssäuler eine solche Krümmung des Verjüngungskreises, daß $R = A$ angenommen werden kann. Setzt man zugleich voraus, daß idealerweise der Krümmungskreis in Grund- und Aufriß derselbe sei, so wird für $A = 10\,\text{M.}$ der Winkel, welcher der Einheit entspricht, gleich

$$\alpha = \frac{60^0}{10} = 6^0 \qquad \text{(s. Abb. 54, 55).}$$

Rechnerisch gibt es nun zwei Wege zur Überprüfung der Verjüngung; entweder berechnet man, vom Winkel ausgehend, den Radius, oder umgekehrt. Hier sollen nacheinander beide Wege gezeigt werden. Bei diesem Tempel ergeben die beiden Verfahren keinen beachtlichen Unterschied.

$$R = \frac{a + b}{\sin 4{,}5\,\alpha} = \frac{9{,}78\,\text{m}}{\sin 27^0} = 21{,}54\,\text{m}, \qquad \text{und damit}$$

wird die Höhe des Unterbaues $a = R \,.\, \sin {}^3\!/_4\,\alpha = 21{,}54\,\text{m} \,.\, \sin 4^0\,30'$

$$= 21{,}54\,\text{m} \,.\, 0{,}078459 = \quad 1{,}69\,\text{m}$$

$$\text{vorhanden} \quad = \quad 1{,}68\,\text{m}$$

$$\text{der Fehler } \varnothing a = +\,0{,}01\,\text{m} = +\,0{,}6^0/_0.$$

Da der Radius aus a und b berechnet wurde, tritt bei der Säulenhöhe b der gleiche Fehler mit umgekehrtem Vorzeichen auf. Also

$$\varnothing b = -\,0{,}01\,\text{m} = -\,0{,}1\,^0/_0.$$

Die andere Berechnungsweise geht aus von R identisch A.

$$\sin 4{,}5\,\alpha = \frac{a + b}{A} = \frac{9{,}78\,\text{m}}{22{,}27\,\text{m}} = 0{,}439$$

$$4{,}5\,\alpha = 26^0\,2'\,25''$$

$\alpha = 5^0\,47'\,12''$, daraus wird die Unterbauhöhe

$$a = A \,.\, \sin {}^3\!/_4\,\alpha = 22{,}27\,\text{m} \,.\, \sin 4^0\,20'\,28'' =$$

$$= 22{,}27\,\text{m} \,.\, 0{,}0757 \quad = \quad 1{,}686\,\text{m}$$

$$\text{vorhanden ist} \quad a = \quad 1{,}68\,\text{m}$$

$$\text{der Fehler} \quad \varnothing a = +\,0{,}006\,\text{m} = +\,0{,}36^0/_0$$

$$\text{und } \varnothing b = -\,\varnothing a = -\,0{,}006 = -\,0{,}07^0/_0.$$

Damit ist die Annahme $R = A$ hinreichend wahrscheinlich gemacht.

Zu obigen errechneten Werten für a und b paßt folgende Anlage des Tempels:

Höhen in Moduli	Flächenanteile (unbenannt)
$a = {}^3/_4$	$^1/_{10}$
$b = 3^3/_4$	$^1/_2$
$c = 1^1/_2$	$^1/_5$
$d = (1^1/_3)$	$^1/_5$
$h = (7^1/_3)$	$^1/_1$

Nach Seite 158 wird aus A = 10 M. und H = 7 1/3 M. die Fläche der Hauptansicht gleich:

$$F = \left(\frac{A + H}{2}\right)^2 = \left(\frac{17 . \dot{3}\dot{3}}{2}\right)^2 = 75{,}\dot{1}\dot{1}, \text{ soll } 75 \text{ Quadratmoduli.}$$

Die Flächenzahl, wie Tafel 4 erkennen läßt, immer eine besonders teilsame Zahl, bildete unbedingt den Ausgang für die Entwurfsarbeit der Hauptansicht. Abgesehen von der graphischen Arbeit, waren nun nur folgende einfache Rechnungen im Kopfe auszuführen:

Zur Ermittlung der Höhe des Unterbaues:

$$a = \frac{F}{A} \cdot \frac{1}{10} = \frac{75}{10} \cdot \frac{1}{10} = \tfrac{3}{4} \text{ Moduli.}$$

Zur Ermittlung der Säulenhöhe:

$$b = \frac{F}{A} \cdot \frac{1}{2} = \frac{75}{10} \cdot \frac{1}{2} = 3\tfrac{3}{4} \text{ Moduli.}$$

Zur Ermittlung der Gebälkhöhe:

$$c = \frac{F}{A} \cdot \frac{1}{5} = \frac{75}{10} \cdot \frac{1}{5} = 1\tfrac{1}{2} \text{ Moduli.}$$

Und zur Ermittlung der Giebelhöhe:

$$d = \frac{F}{A + 1} \cdot \frac{1}{5} = \frac{75}{11} \cdot \frac{1}{5} = 1{,}3\dot{6}\dot{3} \text{ soll } 1\tfrac{1}{3} \text{ M.}$$

Diese letztere Berechnung beruht auf der Beobachtung, daß der Dachüberstand, gemessen am waagrechten Geison, bei Sechssäulern in allen überprüfbaren Fällen beiderseits je 1/3 bis 1/2 Modul beträgt und die Fläche des Giebels einschließlich der Akrotere etwa dem Rechteck d . (A + 1), das ist Giebelhöhe, gemessen von Geisonunterkante bis Spitze Tympanon, mal Geisonbreite gleichkommt. Diese Annahme ist nicht zwingend, sie ist eine Arbeitshypothese. Von keinem einzigen Tempel sind die Akroterien so weit erhalten, daß ihr Flächenanteil berechnet werden könnte; sie müssen und können daher als der ergänzende Restbetrag aufgefaßt werden.

Die Säulenstellung nimmt also von der Schmal- und Hauptansicht des Tempels die halbe Fläche ein. Diese Erscheinung zeigt sich bei sämtlichen Sechs- und Achtsäulern des griechisch-dorischen Stiles mit Ausnahme von Beispiel 21: Heraion zu Olympia, wo dieses Verhältnis 1/3 beträgt (siehe Tafel 4) und gehört zu den besten Beweisen für die Richtigkeit meiner Theorie.

Die Anlegung von f a : f b : f c : f d = 1/10 : 1/2 : 1/5 : 1/5 kommt bei den untersuchten Bauten mehrmals vor und gehört zu den einfachsten und einprägsamsten der möglichen Proportionen[1].

---

[1] Es sei noch bemerkt, daß für diesen Bau

$$n = \frac{H}{A - H} = \frac{7 . 3\dot{3}}{10 - 7 . 3\dot{3}} = 2{,}75 \text{ K, Seileinheiten ist und}$$

$$\text{daraus wird } \pi = \left(\frac{2n + 1}{n + 1}\right)^2 = 3{,}004 = \left(\frac{A + H}{A}\right)^2$$

Dies ist nicht zwingend, aber als mögliche Variante belassen. Der Giebel ist möglicherweise

Wie schon oben erwähnt, unterscheidet sich das nun folgende Beispiel in seiner Anlage der Hauptansicht von diesem Tempel nur durch die andere Auffassung der Unterbaufläche.

2. Poseidontempel zu Paestum.

Die Breite im Stylobat beträgt im Osten 24,392 m
im Westen 24,245 m

Der untere Säulendurchmesser $D_u = 2{,}07$ m

$$\frac{A}{D_u} = 24{,}392\ \text{m} : 2{,}07\ \text{m} = 11{,}783$$

Die Stylobatbreite umfaßt daher 10 bis 11 Moduli.

$$A/11 \cong 24{,}30 : 11 \cong 2{,}21\ \text{m}$$
$$A/10 \cong 24{,}30 : 10 \cong 2{,}43\ \text{m}$$

Dividiert man die Säulenhöhe durch obige beiden Werte, so wird

$$b/E_A \cong 8{,}89\ \text{m} : 2{,}21\ \text{m} \cong 4{,}02\ \text{M. und}$$
$$b/E_{A'} \cong 8{,}89\ \text{m} : 2{,}43\ \text{m} \cong 3{,}66\ \text{M.}$$

Daraus ist sichtbar, daß $b = 8.89$ m für $A = 11$ M. unbedingt zu kurz ist, für $A = 10$ M. aber gut passend. Es ist daher für diesen Bau

$$A = 10\ \text{Mod.}$$

Die vier Stufen des Unterbaues betragen:

$0{,}45 + 0{,}45 + 0{,}434 + 0{,}355 = 1{,}689$ m, das bedeutet $^2/_3$ größte Moduli.

$$1{,}689 \,.\, {}^3/_2 = 2{,}533\ \text{m} = 1\ E_a$$

Die Höhe der Säulen mißt 8,89 m, das macht $3^3/_4$ M.

$$8{,}89 : 3{,}75 = 2{,}37\ \text{m} = 1\ E_b$$

Die Höhe des Gebälkes bis zur Scotia macht 3,19 m, das bedeutet $1^1/_2$ M.

$$3{,}19 : 1{,}5 = 2{,}127\ \text{m} = E_c$$

Die Giebelhöhe ist nicht kotiert, sie beträgt $\sim$ 3,55 m $\cong$ $1^3/_4$ M.

Zur Berechnung der Verjüngung ist bei diesem Tempel wieder anzunehmen R identisch A $\cong$ 24,245 m [1].

$$\frac{a+b}{A} = \sin 4{,}416\,\alpha = \frac{10{,}579}{24{,}245} = 0{,}4364$$

$$4{,}41\dot{6}\,\alpha = 25^0\,52'\,25''$$

$$\alpha = 5^0\,51'\,34''$$

$$a = A \,.\, \sin {}^2/_3\,\alpha = A \,.\, \sin 3^0\,54'\,22{,}7'' =$$

$$24{,}245 \,.\, 0{,}06813 = \quad 1{,}652\ \text{m}$$

$$\text{vorhanden ist } a = \quad \underline{1{,}689\ \text{m}}$$

$$\varnothing\ a = -0{,}037\ \text{m} = -2{,}19\%$$

---

auch so gebildet gewesen wie beim folgenden Beispiel, dem Poseidontempel zu Paestum. Da bei diesem der schwere Giebel mit geringen Akroteren erweislich ist, wurde bei jenem aus Gründen der theoretischen Vollständigkeit die dargestellte Möglichkeit angenommen. Semper hätte in beiden Fällen den schwereren Giebel angenommen.

[1] Sind bei einer Ruine zwei verschiedene waagrechte Abmessungen des Stylobates gegeben, s. auch S. 203, so ist die kleinere wahrscheinlicher.

$$\varnothing b = -\varnothing a = +3{,}7\ \text{cm} = +0{,}41\%$$

$$c = A \cdot \begin{pmatrix} \sin 5{,}91\dot{6}\,\alpha \\ -\sin 4{,}41\dot{6}\,\alpha \end{pmatrix} = A \cdot \begin{pmatrix} \sin 34^0\,39'\,46'' \\ -\sin 25^0\,52'\,25'' \end{pmatrix} =$$

$$= 24{,}245\ \text{m} \cdot (0{,}56874 - 0{,}4364) = 3{,}209\ \text{m}$$

$$\text{vorhanden ist } c = 3{,}19\ \ \text{m}$$

$$\varnothing c = \dotplus 0{,}019\ \text{m} = +0{,}6\%$$

Die Abweichung des Einheitswinkels vom idealen Wert $\alpha = 6^0$ um nur 8′ 26″ läßt die Vermutung zu, daß dieser auch die Absicht gewesen sein mag. Ein solcher kleiner Winkelfehler könnte schon durch die Grobheit einer Zeichnung auf Stuck entstanden sein und würde auch $\varnothing a$ erklärlich machen.

Wie schon erwähnt, ist die Anlage dieses Tempels bezüglich seiner Hauptansicht dieselbe wie die des vorhergehenden Beispiels, des Olympeions zu Syrakus, mit Ausnahme der Ermittlung der Unterbauhöhe und allenfalls der Giebelhöhe.

Höhen in Moduli	Flächenanteile (unbenannt)
$a = \,^2/_3$	$^1/_{10}$
$b = 3^3/_4$	$^1/_2$
$c = 1^1/_2$	$^1/_5$
$d = (1^3/_4)$	$^1/_5$
$H = (7^2/_3)$ M.	$^1/_1$

Die Fläche der Hauptansicht wird annähernd ermittelt als:

$$F = A \cdot H = 10 \cdot 7{,}6\dot{6} = 76{,}\dot{6}, \text{ soll } 75 \text{ Quadratmoduli.}$$

Der Unterbau wird hier als eine trapezförmige Fläche aufgefaßt, und deshalb, um die verglichene Breite zu erhalten, werden zur Breite im Stylobat beiderseits je $^2/_3$ M. zugezählt.

Die Höhe des Unterbaues wird daher:

$$a = \frac{F}{A + {}^4/_3} \cdot \frac{1}{10} = \frac{75}{11{,}33} \cdot \frac{1}{10} = 0{,}6618, \text{ soll } {}^2/_3\ \text{M.}$$

Die Fläche des Giebels kann mit folgendem Gedankengang ermittelt sein:

$$fd = 15 = \frac{(A+2) \cdot (d + {}^3/_4)}{2}; \ d = 1^3/_4\ \text{M.}$$

Die Ermittlung der übrigen Höhenteilung ist gleich wie beim vorhergehenden Beispiel.

Für diesen Bau wurde

$$n = \frac{H}{A - H} = \frac{7{,}6\dot{6}}{10 - 7{,}6\dot{6}} = 3{,}286\ \text{K},$$

Seileinheiten. Damit wird $\pi = 3{,}1811$.

Abb. 43. Poseidontempel zu Paestum; Ansicht von Osten (Bildarchiv der Österreichischen Nationalbibliothek).

3. Apollotempel auf Ortygia.

Die Stylobatbreite beträgt $A = 21{,}57$ m.

Der untere Säulendurchmesser $D_u = 1{,}885$ m, 1,95 m, 1,97 m, 2,02 m.

$$\frac{A}{D_u} = \frac{21{,}57}{2{,}02} = 10{,}68, \text{ das bedeutet } A = 10 \text{ Moduli.}$$

Die drei Stufen des Unterbaues betragen: $a = 0{,}465 + 0{,}465 + 0{,}45 = 1{,}38$ m,

das bedeutet $^2/_3$ M.

$E_a = 1{,}38 \text{ m} \cdot {}^3/_2 = 2{,}07$ m, der Modulwert im Unterbau.

Die Höhe der Säulen beträgt etwa $8{,}00 \text{ m} \cong b$, das bedeutet $b = 4$ M.

$$E_b \cong 8{,}00 : 4 \cong 2{,}00 \text{ m}$$

Von Gebälk und Giebel sind die Höhen nicht bekannt.

Zur Berechnung der Verjüngung sei wieder R identisch A angenommen.

$$\frac{a + b}{A} = \frac{1{,}38 + 8{,}00 \text{ m}}{21{,}57 \text{ m}} = 0{,}4350 = \sin 4{,}\dot{6}\dot{6}\,\alpha$$

$$4{,}\dot{6}\dot{6}\,\alpha = 25^0\,47'\,7'', \quad \alpha = 5^0\,31'\,32''.$$

Zur Berechnung der Höhe des Unterbaues:

$$a = A \,.\, \sin {}^{2}/_{3}\, \alpha = A \,.\, \sin 3^0\, 41'\, 1'' =$$
$$= 21{,}57\ m \,.\, 0{,}06424 = \quad 1{,}386\ m$$
$$\text{vorhanden ist } a = \quad 1{,}38\ \ m$$
$$\varnothing\, a = +\, 0{,}006\ m = +\, 0{,}43\%$$
$$\varnothing\, b = -\, \varnothing\, a = -\, 0{,}006\ m = -\, 0{,}08\%.$$

Da die gesamte Fläche der Ansicht das Doppelte der Fläche der Säulenstellung ausmacht, wird

$$F = 2 \,.\, f_b = 2 \,.\, A \,.\, b = 2 \,.\, 10 \,.\, 4 = 80 \text{ Quadratmoduli.}$$

Und daraus ist anzunehmen, daß die Fläche des Unterbaues

$$\frac{f_a}{F} = \frac{A \,.\, a}{F} = \frac{10 \,.\, 2}{80 \,.\, 3} = {}^{1}/_{12} \text{ der gesamten Fläche ist.}$$

4. Apollotempel zu Bassae.

Die Summe der Abstände aller Säulenachsen an der Hauptansicht beträgt 13,222 m.

Der Abstand der Ecksäulenachsen vom Stylobatrande macht $E/2 = 0{,}707$ m.

Daraus wird:

$$\frac{S}{E} = \frac{13{,}222}{1{,}414} = 9{,}35, \text{ das liefert } A = 10 \text{ Moduli,}$$

da der Betrag von 0,707 m kleiner sein muß als ein durchschnittlicher halber Modul an der Stylobatkante.

Die drei Stufen des Unterbaues messen von oben nach unten:

$$a = 0{,}26 + 0{,}25 + 0{,}24 = 0{,}75\ m = {}^{1}/_{2}\ M.$$

Auffällig ist die stetige Abnahme der Stufenhöhen von oben nach unten, was darauf hindeuten kann, daß die Augenhöhe nicht am Fuße des Tempels, sondern höher, etwa in Stylobathöhe, liegt.

Die Höhe der Säulen beträgt 5,95 bis 5,96 m, was 4 M. bedeutet.

Vom Gebälke sind zwar Teile vorhanden, doch wird die Höhe damit nicht faßbar.

Die Giebelhöhe ist nicht bekannt.

Mit R identisch A und dem Horizont in Stylobathöhe wird

$$\frac{b}{A} = \sin 4\,\alpha = \frac{5{,}95\ \ m}{14{,}636\ m} = 0{,}407$$
$$4\,\alpha = 24^0$$
$$\alpha = \ 6^0 \text{ und damit } \varnothing\, b = 0$$

Die Höhe des Unterbaues wird damit:

$$a = A \,.\, \sin \alpha/2 = A \,.\, \sin 3^0 =$$
$$= 14{,}636\ m \,.\, 0{,}0523 = \quad 0{,}765\ m$$
$$\text{vorhanden ist } a = \quad 0{,}75\ \ m$$
$$\varnothing\, a = +\, 0{,}015\ m = +\, 2\%.$$

Aus der besonderen Genauigkeit, mit der hier der ideale Wert für den Einheitswinkel aus b erhalten wird, kann man die Anregung nehmen, überall dort, wo mit R identisch A ein Winkelwert um ein weniges kleiner als der ideale erhalten wird, an die Möglichkeit zu denken, den Horizont zu heben. Das wäre unter den bisher behandelten Beispielen, welche den Stylobat in A = 10 M. teilen und daher $\alpha = 6^0$ als idealen Winkelwert haben, beim ersten und dritten Beispiel der Fall, da diese kleine Abgänge bei der Berechnung der Säulenhöhe zeigen (⌀ b ist negativ). Doch sind die dortigen Fehler derart klein, daß eine Verbesserung ohne Wert bleiben muß.

Aus den errechneten Höhen für Unterbau und Säulen läßt sich mit Sicherheit folgende Anlage des Tempels entnehmen.

Höhen in Moduli	Flächenanteile (unbenannt)
a = $^1/_2$	$^1/_{16}$
b = 4	$^1/_2$
c = ($1^1/_2$) geschätzt	$^3/_{16}$
d = ($1^4/_5$) geschätzt	$^1/_4$
H = $7^4/_5$ M.	$^1/_1$

Die Flächenzahl wird wie bei den beiden vorhergehenden Beispielen F = 80 Quadratmoduli.

Die originalen Ausrechnungen waren nun folgende:

Zur Ermittlung der Höhe des Unterbaues:

$$a = \frac{F \,.\, 1}{A \,.\, 16} = \frac{80}{10 \,.\, 16} = {}^1/_2 \text{ M.}$$

Zur Ermittlung der Säulenhöhe:

$$b = \frac{F \,.\, 1}{A \,.\, 2} = \frac{80}{10 \,.\, 2} = 4 \quad \text{M.}$$

Zur Ermittlung der Gebälkhöhe:

$$c = \frac{F \,.\, 3}{A \,.\, 16} = \frac{80 \,.\, 3}{10 \,.\, 16} = 1\tfrac{1}{2} \text{ M.}$$

Zur Ermittlung der Giebelhöhe:

$$d = \frac{F \,.\, 1}{(A + 1) \,.\, 4} = \frac{80}{11 \,.\, 4} = 1{,}8\dot{1}\dot{8}, \text{ soll } 1^4/_5 \text{ M.}$$

Dieser Bau war im Altertum schon als sehr wohlgeraten berühmt. Von unserem Standpunkte ist vor allem die feine Harmonie der Flächenunterteilung

$$f_a : f_b : f_c : f_d = 1 : 8 : 3 : 4 \text{ zu merken.}$$

5. Cerestempel zu Paestum.

Die Stylobatbreite mißt A = 14,527 bis 14,525 m an der Ost- beziehungsweise Westansicht. In der Mitte des Tempels beträgt diese A′ = 14,60 m, welcher Umstand eher für einen Fehler, etwa Auseinanderweichen des Unterbaues während des Arbeitsvorganges, denn für Absicht zu nehmen ist. Jedenfalls reicht das hier zur Verfügung stehende Material nicht aus, um die Frage nach der Kurvatur zu behandeln.

Abb. 44. Cerestempel zu Paestum (Bildarchiv der Österreichischen Nationalbibliothek).

Der Abstand der Achsen der Ecksäulen vom Stylobatrande beträgt:

E/2 = 0,6925 M., eine halbe kleinste Einheit in Stylobathöhe.

$$\frac{A}{\frac{E}{2}} = \frac{14{,}527\ \text{m}}{0{,}6925\ \text{m}} = 20{,}98,\ \text{es ist daher}$$

A = 10 Moduli und durchschnittlich

A/10 = 1,453 m = E_A, die Einheit der Stylobatkante.

Der Unterbau hat eine Höhe von 1,185 m, das bedeutet ¾ M.

E_a = 1,185 m : ³/₄ M. = 1,58 m.

Die Säulenhöhe macht nach Koldewey-Puchstein 5,89 m
und nach Laprouste 6,01 m

Da sich die durchschnittlichen Modulwerte der Säulenhöhe und der Stylobatkante annähern, kann näherungsweise mit diesem Wert gerechnet werden:

$$\frac{b}{E_A} = 5{,}89 : 1{,}453\ \text{m} = 4{,}05.$$

Die Säulenhöhe macht also $b = 4$ M. aus.

Die Koten von Gebälk und Giebelhöhe stehen mir nicht zur Verfügung, aus den Rekonstruktionen herausgemessen betragen sie etwa

$$c = 2{,}20\ \text{m} \quad \text{und} \quad d = 2{,}50\ \text{m}.$$

Der Berechnung der Verjüngung haftet hier wegen der divergierenden Angaben der verschiedenen Aufnahmen schon bei der Säulenhöhe eine Unsicherheit an. Gewiß ist, daß der Medianschnitt durch die Referenzfläche keine durchaus stetige Linie liefert.

Unter der Annahme von R identisch $A = 14{,}525$ m wird der Einheitswinkel:

$$\frac{a+b}{A} = \sin 4{,}75\,\alpha = \frac{7{,}075\ \text{m}}{14{,}525\ \text{m}} = 0{,}48716 \qquad \text{oder}$$

$$= \frac{7{,}195\ \text{m}}{14{,}525\ \text{m}} = 0{,}49543$$

$$4{,}75\,\alpha = 29^0\,9'\,15'' \qquad \text{oder}$$

$$= 29^0\,41'\,52''$$

$$\alpha = 6^0\,8'\,16'' \qquad \text{oder}$$

$$= 6^0\,15'\,7{,}8''$$

Damit wird die Höhe des Unterbaues:

$$a = A \,.\, \sin {}^3\!/\!_4\, a = A \,.\, \sin 4^0\,36'\,12'' \quad = \text{oder}$$

$$= A \,.\, \sin 4^0\,41'\,21'' \quad =$$

$$= 14{,}525\ \text{m} \,.\, 0{,}08026 \quad = 1{,}166\ \text{m} \ \text{oder}$$

$$= 14{,}525\ \text{m} \,.\, 0{,}08175 \quad = 1{,}187\ \text{m}$$

$$\text{vorhanden ist } a = \underline{1{,}185\ \text{m}}$$

$$\varnothing\, a = -\,0{,}019 \text{ bis } +\,0{,}002\ \text{m} = -\,1{,}6\% \text{ bis } +\,0{,}17\%$$

$$\varnothing\, b = -\,\varnothing\, a = +\,0{,}019 \text{ bis } -\,0{,}002\ \text{m} = +\,0{,}3\% \text{ bis } -\,0{,}03\%$$

Die Gebälkhöhe mit etwa 2,20 m muß $1^3/_5$ M. betragen, woraus ihre Einheit $E_c = \dfrac{2{,}20\ \text{m}}{1{,}6\ \text{M.}} = 1{,}375$ m wird, was bedeutend größer ist als der sonst im Gebälke als Vergleich brauchbare Wert des unteren Säulendurchmessers $D_u = 1{,}25$ m. Es findet hier eine Unstetigkeit der Verjüngung statt, wie es weiter unten bei besser erhaltenen Exemplaren genauer analysiert werden konnte und wie auch Vitruv andeutet.

Immerhin reichen die Zahlenangaben aus, um mit aller Wahrscheinlichkeit darzulegen, welcher Konstruktionsvorgang stattfand. Es wird nämlich der oberste Modul an der Säule:

$$M' = A \,.\, (\sin 4{,}75\,\alpha - \sin 3{,}75\,\alpha) = A \,.\, (\sin 29^0\,9'\,15'' - \sin 23^0\,0'\,59'')$$

$$= 14{,}525\ \text{m} \,.\, 0{,}09616 = 1{,}3966\ \text{m}$$

und damit wohl identisch mit E_c.

Das heißt, es wurde die oberste Einheit an der Säule nun weiter nach oben aufgetragen, oder moderner ausgedrückt: der Medianschnitt durch die Referenzfläche, bis zur Architravunterkante eine Kreislinie, setzt sich nun als Tangente an diesen Kreis fort.

Da die gesamte maßgebliche Höhe des Tempels maximal 8 Moduli, wahrscheinlich aber etwas weniger ausmacht, wird die Giebelhöhe in Moduli nicht mehr als die Gebälkhöhe betragen haben. Es wird damit

$$E_d = 2{,}50\ \text{m} : 1{,}6\ \text{M.} = 1{,}57\ \text{m},$$

was an $E_a = 1{,}58$ m herankommt.

Es besteht also zwischen Giebel und Gebälk eine weitere Unstetigkeit, und zwar ein Knick, indem im Schnitt die bisherige Tangente sich zur Lotrechten oder nahezu Lotrechten wendet.

Ein solcher Gedankengang findet selbstverständlich am einzelnen, und noch dazu hier sehr schadhaften Beispiel zu wenig Beleg, wird aber durch bessere Parallelbeispiele und durch ein literarisches Zeugnis gestützt.

Die Anlage der Hauptansicht des Cerestempels ist also wohl folgende gewesen:

Höhen in Moduli	Flächenanteile (unbenannt)
$a = {}^3/_4$	$^1/_{10}$
$b = 4$	$^1/_2$
$c = 1\,^3/_5$	$^1/_5$
$d = (1\,^3/_5)$	$^1/_5$
$H = (7{,}95)$ M.	$^1/_1$,

damit wird die Fläche der ganzen Ansicht gleich

$$F = \left(\frac{A + H}{2}\right)^2 = 8{,}975^2 = 80{,}55 \text{ soll } 80\,\text{QM und}$$

$$n = \frac{H}{A - H} = 3{,}878\ \text{K.}$$

Die Höhe des Unterbaues wird bei diesem Tempel wieder mit einer rechnerischen Breite größer als A gewonnen, indem beiderseits je $^1/_3$ M. noch zur Stylobatbreite hinzugenommen wird.

$$a = \frac{F\,.\,1}{(A + {}^2/_3)\,.\,10} = \frac{80}{10{,}66\,.\,10} = 0{,}7500 \cong {}^3/_4\ \text{M.}$$

Zur Ermittlung der Säulenhöhe:

$$b = \frac{F\,.\,1}{A\,.\,2} = \frac{80}{10\,.\,2} = 4\ \text{M.}$$

Zur Ermittlung der Gebälkhöhe:

$$c = \frac{F\,.\,1}{A\,.\,5} = \frac{80}{10\,.\,5} = 1\,^3/_5\ \text{M.}$$

und in einer ähnlichen verglichenen Weise dann die Giebelhöhe.

Zweite Gruppe.

Tempel, welche die Stylobatbreite in $A = 11$ Moduli teilen.

6. Heratempel E. — Selinus.

Dieses ist ein sehr schadhaftes Bauwerk, das von den Einheimischen bereits als Steinbruch benützt wurde. Dank dem Umstande, daß dieser Tempel den beiden folgenden Beispielen sehr ähnlich ist, gelingt doch ein völlig überzeugendes und sehr genaues Erfassen des Monuments. Die Hauptansichten dieser drei Beispiele sind auch in den absoluten Maßen recht ähnlich. Von den dreien stellt der Heratempel gewiß die älteste Art dar und soll deshalb den beiden anderen vorangestellt werden, entgegen der sonstigen Einordnung auf Tabelle 4 nach steigenden Flächenzahlen.

Die Breite im Stylobat beträgt nach Koldewey-Puchstein $A = 25{,}324$ m, nach einer Berechnung von M. Theuer $A' = 25{,}434$ m.

Der untere Durchmesser der Säulen mißt

nach Koldewey-Puchstein $D_u = 2{,}28$ m und
nach Hittorf $D_u = 2{,}229$ m, $\sim E_o$,

einer oberen Einheit.

$$\frac{A}{D_u} = \frac{25{,}324 \text{ m}}{2{,}28 \text{ m}} = 11{,}11; \text{ daher } A = 11 \text{ Moduli.}$$

$$\frac{A \text{ m}}{A \text{ M.}} = \frac{25{,}324 \text{ m}}{11 \text{ M.}} = 2{,}302 \text{ m} = E_A \text{ oder auch}$$

$$\frac{A' \text{ m}}{A \text{ M.}} = \frac{25{,}434 \text{ m}}{11 \text{ M.}} = 2{,}312 \text{ m} = E_A.$$

Die drei Stufen des Unterbaues betragen zusammen $a = 1{,}55$ m, das bedeutet $^2/_3$ M.

$$\frac{a \text{ m}}{a \text{ M.}} = 1{,}55 \text{ m} \cdot {}^3/_2 = 2{,}325 \text{ m} = E_a.$$

Die Säulenhöhe mißt $b = 10{,}11$ m, was $4^1/_3$ M. ausmacht.

$$\frac{b \text{ m}}{b \text{ M.}} = \frac{10{,}11 \text{ m}}{4{,}33\dot{3} \text{ m}} = 2{,}33 \text{ m} = E_b.$$

Die Höhe des Gebälkes bis zur Scotia beträgt 3,68 m, das bedeutet $1^5/_8$ M.

$$\frac{c \text{ m}}{c \text{ M.}} = \frac{3{,}68 \text{ m}}{1{,}625 \text{ M.}} = 2{,}27 \text{ m} = E_c \sim D_u.$$

Zur Berechnung der Verjüngung wird ein Kreis mit dem Radius gleich der doppelten Stylobatbreite angenommen. Damit wird aus dem Grundriß

$$\sin {}^{11}/_2\, \alpha = \tfrac{1}{4} \text{ und } \alpha = 2^0\, 37'\, 56''.$$

Daraus der zugehörige Radius:

$$R = \frac{a + b + c}{\sin 6{,}625\, \alpha} = \frac{15{,}34 \text{ m}}{\sin 17^0\, 26'\, 19''} = \frac{15{,}34 \text{ m}}{0{,}299685} = 51{,}20 \text{ m} \cong 2\, A,$$

woraus A = 25,600 m gegenüber vorhandenen

etwa A′ = 25,434 m

$= + 0{,}166\ \text{m} = + 0{,}65\%$.

Somit wird

$$a = R \,.\, \sin {}^2\!/_3\, \alpha = R \,.\, \sin 1^0\, 45'\, 17{,}3'' = 51{,}20 \,.\, 0{,}03062 = 1{,}5677\ \text{m}$$

vorhanden ist a = 1,55 m

$$\varnothing\, a = + 0{,}0177\ \text{m} = + 1{,}14\%$$

$$b = R \,.\, \begin{pmatrix} \sin 5\,\alpha \\ - \sin {}^2\!/_3\, \alpha \end{pmatrix} = R \,.\, \begin{pmatrix} \sin 13^0\, 9'\, 40'' \\ - \sin 1^0\, 45'\, 17{,}3'' \end{pmatrix} = R \,.\, \begin{pmatrix} 0{,}22769 \\ - 0{,}03062 \end{pmatrix}$$

$$= 51.20\ \text{m} \,.\, 0{,}19707 = 10{,}09\ \text{m}$$

vorhanden ist b = 10,11 m

$$\varnothing\, b = - 0{,}02\ \text{m} = - 0{,}19\%$$

$$c = R \,.\, \begin{pmatrix} \sin 6 \,.\, {}^5\!/_8\, \alpha \\ - \sin 5\,\alpha \end{pmatrix} = R \,.\, \begin{pmatrix} \sin 17^0\, 26'\, 19'' \\ - \sin 13^0\, 9'\, 40'' \end{pmatrix} = R \,.\, \begin{pmatrix} 0{,}299685 \\ - 0{,}22769 \end{pmatrix}$$

$$= 51{,}20\ \text{m} \,.\, 0{,}071995 = 3{,}686\ \text{m}$$

vorhanden ist c = 3,68 m

$$\varnothing\, c = + 0{,}006\ \text{m} = + 0{,}16\%$$

Die Anlage dieses Tempels ist folgende:

Höhen in Moduli	Flächenanteile (unbenannt)
$a = {}^2\!/_3$	$f_a = {}^4\!/_{49}$
$b = 4\,{}^1\!/_3$	$f_b = {}^{24}\!/_{49}$
$c = 1\,{}^5\!/_8$	$f_c = {}^9\!/_{49}$
$d = 2$	$f_d = {}^{12}\!/_{49}$
$H = 8\,{}^5\!/_8$	${}^1\!/_1$

Die Flächenzahl der gesamten Ansicht ist zu gewinnen aus

$$F = {}^{49}\!/_{24} \,.\, b \,.\, A \,. = {}^{49}\!/_{24} \,.\, 4{,}333 \,.\, 11 = 97{,}319 \cong 98\ \text{QM.};$$

eine andere Berechnungsweise liefert zu wenig.

Daraus sind die Höhen der selbständigen Teilflächen wie folgt zu gewinnen.

Zur Ermittlung der Höhe des Unterbaues:

$$a = \frac{F \,.\, 4}{(A + 1) \,.\, 49} = \frac{98 \,.\, 4}{12 \,.\, 49} = {}^2\!/_3\ \text{Moduli.}$$

Zur Ermittlung der Säulenhöhe:

$$b = \frac{F \,.\, 24}{A \,.\, 49} = \frac{98 \,.\, 24}{11 \,.\, 49} = 4{,}36\dot{3}\dot{6} \cong 4\,{}^1\!/_3\ \text{M.}$$

und zur Ermittlung der Gebälkhöhe:

$$c = \frac{F \,.\, 9}{A \,.\, 49} = \frac{98 \,.\, 9}{11 \,.\, 49} = 1{,}6\dot{3}6\dot{3} \cong 1\,{}^5\!/_8\ \text{M.,}$$

schließlich zur Ermittlung der Giebelhöhe:

$$d = \frac{F \,.\, 12}{(A+1) \,.\, 49} = \frac{98 \,.\, 12}{12 \,.\, 49} = 2\,\text{M}.$$

Abweichend von der großen Mehrzahl aller anderen Tempel wird hier um der Teilung willen

$$fa : fb : fc : fd = 4 : 24 : 9 : 12$$

vom sonst üblichen

$$fb = F/2$$

abgegangen.

Der Vergleichswert n wird

$$n = \frac{H}{A - H} = \frac{8{,}625}{2{,}375} = 3{,}6316\,\text{K},$$

und damit

$$\pi = \left(\frac{2n+1}{n+1}\right)^2 = 3{,}1829$$

Ob wegen des verwendeten Teilers 49 diese Art als besonders alt bezeichnet werden soll oder nur als extremer Einzelfall aufzufassen ist, bleibe vorsichtigerweise unentschieden. Auch eine kultische Bindung an die 49 ist nicht ausgeschlossen.

Die Austeilung ist als architektonisch vollwertig anzusehen, wenn auch ihre Verwendung an einem Beispiel von übersichtlicheren Umrißlinien nicht empfohlen werden kann.

7. Zeustempel zu Olympia.

Die Breite des Tempels im Stylobat beträgt $A = 27{,}68$ m und der Abstand der Säulenachsen vom Stylobatrand 1,21 bis 1,22 m.

$$A/E_0 = \frac{27{,}68\ \text{m}}{2{,}44\ \text{m}} = 11{,}345, \text{ daher } A = 11 \text{ Moduli.}$$

$$\frac{A\,\text{m}}{A\,\text{M}} = \frac{27{,}68\ \text{m}}{11\ \text{M.}} = 2{,}516\ \text{m} = E_A,$$

der durchschnittliche Modulwert in der Stylobatkante.

Die drei Stufen des Unterbaues betragen $0{,}55 + 0{,}55 + 0{,}54 = 1{,}64$ m, was $a = {}^2/_3$ M. bedeutet.

$$\frac{a\,\text{m}}{a\,\text{M.}} = 1{,}64 \,.\, {}^3/_2 = 2{,}46\ \text{m} = E_a.$$

Der Umstand $E_a < E_A$ kann verschiedene Erklärungen finden, doch ist eine Entscheidung wegen allzugroßer Ruinenhaftigkeit ausgeschlossen. Jedenfalls bleibt die ganze Unstimmigkeit noch unter der Grenze des Zulässigen, auch wenn man sie als Fehler betrachtet.

Die Höhe der Säulen mißt $b = 10{,}42$ bis 10,44 m, was $4^1/_3$ M. bedeutet.

$$\frac{b\,\text{m}}{b\,\text{M.}} = \frac{10{,}42\ \text{m}}{4{,}3\dot{3}\ \text{M.}} = 2{,}405\ \text{m} = E_b\,.$$

Die Gebälkhöhe beträgt wahrscheinlich etwas über 4 m.

Zur Berechnung der Verjüngung sei wie beim Beispiel vorher angenommen R = 2 A mit dem aus dem Grundriß genommenen Einheitswinkel von $\alpha = 2^0\,37'\,56''$ und damit wird:

$$R = \frac{a + b}{\sin 5\,\alpha} = \frac{1{,}64 + 10{,}44}{\sin 13^0\,9'\,40''} = \frac{12{,}08}{0{,}22769} = 53{,}10\,\text{m}.$$

Tatsächlich vorhanden ist nach obiger Aufnahme 2 A = 55,36 m.

$$a = R\,.\,\sin {}^2/_3\,\alpha = 53{,}10\,\text{m}\,.\,0{,}03062 = 1{,}626\,\text{m}$$

$$\text{vorhanden ist } a = 1{,}64\ \text{m}$$

$$\varnothing\,a = -\,0{,}014\,\text{m} = -\,0{,}86\,\%$$

$$\varnothing\,b = -\,\varnothing\,a = +\,0{,}014\,\text{m} = +\,0{,}13\,\%.$$

Abb. 45. Zeustempel zu Olympia (Bildarchiv der Österreichischen Nationalbibliothek).

So weit ist der Zeustempel zu Olympia gleich mit dem vorhergehenden Beispiel, dem Heratempel E.-Selinus und dem nachfolgendem Beispiel, dem Herkulestempel zu Akragas.

Da die Gebälkhöhe verhältnismäßig gleich oder größer als beim Heratempel ist, gleicht er weiters eher diesem als dem folgenden Herkulestempel.

8. Herkulestempel zu Akragas.

Die Summe der unteren Säulenabstände an der Hauptansicht beträgt

$S_u = 22{,}89$ m und der untere Säulendurchmesser

$D_u = 2{,}08$ m

$$S_u/D_u = \frac{22{,}89\ \text{m}}{2{,}08\ \text{m}} = 11{,}005, \text{ es ist daher } A = 11\ \text{M.}$$

$$E_A \cong S_u/10 = 2{,}289\ \text{m}$$

Die anrechenbaren drei obersten Stufen des Unterbaues betragen:

$$a = 0{,}63 + 0{,}48 + 0{,}435 = 1{,}545\ \text{m},$$

was wieder wie vor $^2/_3$ Moduli gleichkommt.

$$\frac{a\ \text{m}}{a\ \text{M.}} = 1{,}545 \cdot {}^3/_2 = 2{,}32\ \text{m} = E_a$$

Die Höhe der Säulen mißt 10,07 m, was wie vor $4^1/_3$ M. bedeutet.

$$\frac{b\ \text{m}}{b\ \text{M.}} = \frac{10{,}07\ \text{m}}{4{,}3\dot{3}\ \text{m}} = 2{,}32\ \text{m} = E_b$$

Die Höhe des Gebälkes bis zur Scotia beträgt 3,375 m, was $1^1/_2$ Moduli ausmacht.

$$\frac{c\ \text{m}}{c\ \text{M.}} = \frac{3{,}375}{1{,}5} = 2{,}25\ \text{m} = E_c$$

Zur Berechnung der Verjüngung wird wie in den vorhergehenden Fällen angenommen $R = 2\ A$ mit $\alpha = 2^0\,37'\,56''$ und damit wird

$$R = \frac{a + b + c}{\sin 6{,}5\,\alpha} = \frac{14{,}990}{\sin 17^0\,6'\,34''} = \frac{14{,}990}{0{,}29420} = 50{,}955\ \text{m}$$

$$a = R \cdot \sin {}^2/_3\,\alpha = R \cdot \sin 1^0\,45'\,17{,}3'' = 50{,}955\ \text{m} \cdot 0{,}03062 = $$

$$= 1{,}560\ \text{m}$$

$$\text{vorhanden ist } a = 1{,}545\ \text{m}$$

$$\varnothing\ a = +\ 0{,}015\ \text{m} = +\ 0{,}99\,\%$$

$$b = R \cdot \begin{pmatrix} \sin 5\,\alpha \\ -\sin {}^2/_3\,\alpha \end{pmatrix} = R \cdot \begin{pmatrix} \sin 13^0\,9'\,40'' \\ -\sin 1^0\,45'\,17{,}3'' \end{pmatrix} = R \cdot \begin{pmatrix} 0{,}227690 \\ -0{,}03062 \end{pmatrix} =$$

$$= 50{,}955\ \text{m} \cdot 0{,}19707 = 10{,}042\ \text{m}$$

$$\text{vorhanden ist } b = 10{,}07\ \text{m}$$

$$\varnothing\ b = -\ 0{,}028\ \text{m} = -\ 0{,}27\,\%$$

$$c = R \cdot \begin{pmatrix} \sin 6{,}5\,\alpha \\ -\sin 5\,\alpha \end{pmatrix} = R \cdot \begin{pmatrix} 0{,}29420 \\ -0{,}22769 \end{pmatrix} = 50{,}955\ \text{m} \cdot 0{,}06651 =$$

$$= 3{,}389\ \text{m}$$

$$\text{vorhanden ist } c = 3{,}375\ \text{m}$$

$$\varnothing\ c = +\ 0{,}014\ \text{m} = +\ 0{,}41\,\%$$

Somit ist die Anlage des Tempels folgende:

Höhen in Moduli	Flächenanteile (unbenannt)
$a = {}^2/_3$	$f\,a = {}^1/_{12}$
$b = 4^1/_3$	$f\,b = {}^1/_2$
$c = 1^1/_2$	$f\,c = {}^1/_6$
$d = 2$	$f\,d = {}^1/_4$
$H = 8^1/_2$	${}^1/_1$

Aus A = 11 M. und H = $8^1/_2$ M. wird die Flächenzahl für die gesamte Ansicht

$$F = \left(\frac{A+H}{2}\right)^2 = \left(\frac{19{,}5}{2}\right)^2 = 95{,}0625 \text{ QM. oder auch}$$

$$F = 2 \,.\, b \,.\, A = 2 \,.\, 4{,}3\dot{3} \,.\, 11 = 95{,}3\dot{3} \text{ QM., beabsichtigt ist}$$

$$F = 96 \text{ QM.}$$

Die Ausrechnung der Höhen der selbständigen Teilflächen ist diese:

Zur Ermittlung der Höhe des Unterbaues:

$$a = \frac{F \,.\, 1}{(A+1) \,.\, 12} = \frac{96}{12 \,.\, 12} = {}^2/_3 \text{ M.}$$

Zur Ermittlung der Säulenhöhe:

$$b = \frac{F \,.\, 1}{A \,.\, 2} = \frac{96}{11 \,.\, 2} = 4{,}\dot{3}\dot{6}36 \cong 4^1/_3 \text{ M.}$$

Zur Ermittlung der Gebälkhöhe:

$$c = \frac{F \,.\, 1}{A \,.\, 6} = \frac{96}{11 \,.\, 6} = 1{,}4545 \cong 1^1/_2 \text{ M.}$$

Endlich zur Ermittlung der Giebelhöhe:

$$d = \frac{F \,.\, 1}{(A+1) \,.\, 4} = \frac{96}{12 \,.\, 4} = 2 \text{ M.}$$

Aus obigen Größen wird der Vergleichswert n

$$n = \frac{H}{A-H} = \frac{8 \,.\, 5}{2 \,.\, 5} = 3{,}4 \text{ K, und damit}$$

$$\pi = \left(\frac{2\,n+1}{n+1}\right)^2 = \left(\frac{7{,}8}{4{,}4}\right)^2 = 1{,}\dot{7}\dot{2}7^2 = 3{,}1426$$

Diese Lösung ist bezüglich ihrer Theorie höher einzuschätzen als die vom Heratempel E zu Selinus und stellt möglicherweise in der Entwicklung eine Verbesserung jener dar.

9. Junotempel zu Akragas.

Die Breite in der Stylobatkante beträgt hier A = 16,895 bis 16,96 m, der untere Säulendurchmesser D_u = 1,41 m, und damit:

$$\frac{A}{D_u} = \frac{16{,}895 \text{ m}}{1{,}41 \text{ m}} = 11{,}98$$

$$\text{oder} = \frac{16{,}96 \text{ m}}{1{,}41 \text{ m}} = 12{,}03, \text{ daher}$$

A = 11 Moduli.

A m : A M. = 16,96 : 11 = 1,54 m = E_A

Im Unterbau sind fünf Stufen vorhanden, und zwar von oben nach unten:

$$0{,}52 + 0{,}49 + 0{,}51 + 0{,}51 + 0{,}61 = 2{,}64 \text{ m.}$$

Abb. 46. Tempel der Juno Lacinia zu Akragas von Westen gesehen (Bildarchiv der Österreichischen Nationalbibliothek).

Abb. 47. Tempel der Juno Lacinia zu Akragas von Osten gesehen (Bildarchiv der Österreichischen Nationalbibliothek).

Auffällig ist die große Abweichung der Höhe der untersten Stufe von den übrigen Stufenhöhen, was darauf hindeutet, daß diese unterste Stufe nicht mehr zum eigentlichen Unterbau, sondern zur Ausgleichsschicht gehört.

Es sei daher hier angenommen, der Unterbau habe vier Stufen mit $a = 2{,}03$ m betragen, was $^5/_4$ M. bedeutet.

$$\frac{\text{a m}}{\text{a M.}} = \frac{2{,}03}{1{,}25} = 1{,}63\ \text{m} = E_a.$$

Die Höhe der Säulen mißt $b = 6{,}44$ m, was $4^1/_3$ M. bedeutet.

$$\frac{\text{b m}}{\text{b M.}} = \frac{6{,}44}{4{,}33\dot{3}} = 1{,}49\ \text{m} = E_b,$$

Vom Gebälk ist nicht genügend vorhanden, um dessen Höhe erkennen zu lassen.

Zur Berechnung der Verjüngung sei der Einheitlichkeit halber wieder R identisch A angenommen, obwohl ein solcher Kreis als etwas zu flach erscheint.

$$\sin 5{,}58\dot{3}\,\alpha = \frac{a+b}{A} = \frac{8{,}47\ \text{m}}{\sim 16{,}90\ \text{m}} = 0{,}501$$

$$5{,}58\dot{3}\,\alpha = 30^0\,4'$$

$$\alpha = 5^0\,23'\,6{,}7''$$

$$a = A\,.\,\sin {}^5/_4\,\alpha = A\,.\,\sin 6^0\,43'\,53{,}4'' =$$

$$= 16{,}90\ \text{m}\,.\,0{,}11721 = \quad 1{,}98\ \text{m}$$

$$\text{vorhanden ist } a = \quad \underline{2{,}03\ \text{m}}$$

$$\varnothing\,a = -\,0{,}05\ \text{m} = -\,2{,}5\%$$

$$\varnothing\,b = -\,\varnothing\,a = +\,0{,}05\ \text{m} = +\,0{,}8\%$$

Mit dem Winkelwert aus dem Grundriß von $\alpha' = \frac{60^0}{11} = 5^0\,27'\,16{,}4''$, welcher von dem oben errechneten nur um $4'\,10''$ unterschritten wird, würde $\varnothing\,a = -\,2{,}2\%$.

Einen noch stärker gekrümmten Verjüngungskreis, etwa mit $R = H\,.\,\sqrt{2}$, zu versuchen, hat in Anbetracht der fehlenden Höhen von Gebälk und Giebel keine Beweiskraft.

Wenn diese Annahme mit vier Stufen im Unterbau richtig ist, so war dieser Tempel wohl so angelegt wie der folgende Concordiatempel zu Akragas. Bei der Annahme von fünf Stufen im Unterbau, hätte $f\,a = {}^1/_5$ oder $^1/_6$ der gesamten Schmalansicht betragen, was für einen Sechssäuler ganz einzig dastehen würde.

10. Concordiatempel zu Akragas.

Die Breite der Schmalansicht im Stylobat mißt $A = 16{,}912$ bis $16{,}93$ m und die Summe aller Abstände der Säulenachsen unten beträgt:

$(A - 1)$ M. $= 15{,}425$ bis $15{,}395$ m, daher ein Modul gleich

etwa $16{,}915 - 14{,}425 = 1{,}490$ m

oder $16{,}93 \quad - 15{,}395 = 1{,}535\ \text{m} \cong E_A$; damit wird weiter

$A = 16{,}93 : 1{,}535 = 11$ Moduli.

Der untere Säulendurchmesser mißt $D_u = 1{,}41$ m, dieser kommt etwa einer Einheit in Gebälkhöhe nahe (siehe weiter unten).

Der Unterbau mißt im ganzen sechs Stufen, nämlich von oben nach unten $0{,}525 + 0{,}495 + 0{,}475 + 0{,}515 + 0{,}54 + 0{,}56 = 3{,}11$ m.

Abb. 48. Tempel der Concordia zu Akragas von Osten gesehen (Bildarchiv der Österreichischen Nationalbibliothek).

Anrechenbar sind die obersten vier Stufen, welche auch um den ganzen Tempel herumlaufen, während die beiden untersten nur die talseitige Auffütterung der Euthynteria, der Ausgleichsschicht, darstellen.

Diese oberen vier Stufen messen zusammen: $a = 2{,}010$ m, das sind $1\frac{1}{4}$ M. am : aM. $= 2{,}010 \text{ m} \cdot {}^4/_5 = 1{,}608 = E_a$, der größte am ganzen Bau vorkommende Modulwert.

Die Säulenhöhe beträgt: $b = 6{,}74$ m, was $4^1/_3$ M. gleichkommt.

$\frac{bm}{bM.} = \frac{6{,}74}{4{,}333} = 1{,}56 \text{ m} = E_b$, die durchschnittliche Einheit an der

Säule; diese kommt zumeist dem durchschnittlichen Modulwert in der Stylobatkante nahe.

Die Gebälkhöhe bis zur Scotia macht c = 2,495 m, was $1\frac{3}{4}$ M. bedeutet.

$$\frac{\text{cm}}{\text{cM.}} = \frac{2{,}495}{1{,}75} = 1{,}426 = E_c$$

Zu beachten ist die Ähnlichkeit des Modulwertes im Gebälke mit dem unteren Säulendurchmesser D_u (siehe die Spalten 17 und 18 der Tabelle 4).

Wie auf der Abb. 48 gut sichtbar ist, wäre die Höhe des Giebels bei diesem Tempel unmittelbar abzumessen; ebenso der Giebelwinkel. Doch ist dies innerhalb der mir zugänglichen Literatur nicht verzeichnet. Dies ist ein sehr charakteristischer Umstand. Man hat eben bisher immer in der Hauptsache die sogenannte „Ordnung“ vermessen, eine Ansicht als optische Einheit und damit eigentlichen Träger der Architektur hat, soweit dies schriftlich festgelegt worden ist, noch niemand betrachtet. Es ist daher trotz des guten Erhaltungszustandes und der bequemen Zugänglichkeit des Bauwerks und trotz der zahlreichen, merkwürdigerweise stark differierenden Aufnahmen auch hier für mich einstweilen keine andere Möglichkeit als eine Berechnung der Giebelhöhe gegeben.

Wie schon erwähnt, ist eine näherungsweise Berechnung der Giebelhöhe aus der Stellung der Schrägen ⌈‾ mit einem Fehler von etwa 10%, wenn auch nicht in allen Fällen, möglich.

Das Verhältnis von Höhe zu Breite der Triglyphe beträgt:

$$\frac{h}{b} = \frac{1{,}425\ \text{m}}{0{,}64\ \text{m}} = 2{,}227 = \frac{A_M}{4\,.\,G}$$ und daraus wird die so angenäherte Höhe G = 1,235 M.; wie weiter unten sichtbar, ist eine Giebelhöhe von c = $1^1/_5$ M. erforderlich.

Die Berechnung der Verjüngung ist bei diesem Tempel mit einer derartigen Genauigkeit möglich, daß mit der Annahme R identisch A zugleich die Überbestimmung von $\alpha = \frac{60^\circ}{11} = 5^\circ\,27'\,16{,}3\dot{6}''$ erfüllt wird.

Damit wird die Höhe des Unterbaues:

$$\begin{aligned} a &= A\,.\,\sin {}^5/_4\,\alpha = A\,.\,\sin 6^\circ\,49'\,5{,}45'' = \\ &= 16{,}915\ \text{m}\,.\,0{,}118714 = 2{,}0080\ \text{m oder} \\ &= 16{,}930\ \text{m}\,.\,0{,}118714 = 2{,}0098\ \text{m} \\ &\text{vorhanden ist } a = \underline{2{,}0100\ \text{m}} \\ &\varnothing\, a = 0{,}002\ \text{m oder} \\ &= 0{,}0002\ \text{m} \\ &= -\,0{,}1\% \text{ oder } -\,0{,}01\% \end{aligned}$$

Ein solcher Abgang ist gewiß überhaupt kein Fehler mehr. Weiter wird die Säulenhöhe (Aughöhe in Stylobathöhe):

$$\begin{aligned} b &= A\,.\,\sin 4^1/_3\,\alpha = A\,.\,\sin 23^\circ\,38'\,10{,}9'' = \\ &= 16{,}915\ \text{m}\,.\,0{,}400928 = 6{,}782\ \text{m oder} \\ &= 16{,}93\ \text{m}\,.\,0{,}400928 = 6{,}788\ \text{m} \\ &\text{vorhanden ist } b = \underline{6{,}74\ \text{m}} \\ &\varnothing\, b = +\,0{,}042\ \text{m} = +\,0{,}62\% \text{ oder} \\ &= +\,0{,}048\ \text{m} = +\,0{,}71\% \end{aligned}$$

Abb. 49. Tempel der Concordia zu Akragas von Nordwesten gesehen (Bildarchiv der Österreichischen Nationalbibliothek).

Abb. 50. Tempel der Concordia zu Akragas von Südosten gesehen (Bildarchiv der Österreichischen Nationalbibliothek).

Schließlich soll die Gebälkhöhe betragen:

$$c = A \cdot \begin{pmatrix} \sin 6^{1}/_{12}\,\alpha \\ -\sin 4^{1}/_{3}\,\alpha \end{pmatrix} = A \cdot \begin{pmatrix} \sin 33^\circ\, 10'\, 54{,}53'' \\ -\sin 23^\circ\, 38'\, 10{,}9'' \end{pmatrix} =$$

$$= A \cdot 0{,}146370 \qquad = -2{,}476\ \text{m oder}$$
$$= 2{,}478\ \text{m}$$
$$\text{vorhanden ist } c = 2{,}49\ \ \text{m}$$
$$\varnothing\ c = -0{,}014\ \text{m oder}$$
$$= 0{,}012\ \text{m}$$
$$= -0{,}56\,\%\ \text{oder}\ -0{,}48\,\%$$

Die Höhe des Giebels ist, wie schon gesagt, nicht aufgenommen.

Die Hauptansicht des Concordiatempels war daher folgendermaßen angelegt:

Höhen in Moduli	Flächenanteile (unbenannt)
$a = 1^{1}/_{4}$	$f\,a = {}^{3}/_{20}$
$b = 4^{1}/_{3}$	$f\,b = {}^{1}/_{2} = {}^{10}/_{20}$
$c = 1^{3}/_{4}$	$f\,c = {}^{1}/_{5} = {}^{4}/_{20}$
$d = 1^{1}/_{5}$	$f\,d = {}^{3}/_{20}$
$H = 8^{32}/_{60} = 8^{8}/_{15}$	${}^{1}/_{1}$

Die Fläche der Ansicht wird:

$$F \cong \left(\frac{A + H}{2}\right)^2 = \left(\frac{11 + 8{,}5\dot{3}\dot{3}}{2}\right)^2 = 95{,}388 \text{ soll } 96 \text{ QM.}$$

Damit war die Ermittlung der Höhen der selbständigen Teilflächen:

Zur Ermittlung der Höhe des Unterbaues:

$$a = \frac{F \cdot 3}{(A + \frac{1}{2}) \cdot 20} = \frac{96 \cdot 3}{11{,}5 \cdot 20} = 1{,}25217 \cong 1\tfrac{1}{4}\ \text{M.}$$

Dabei wurde als maßgebliche Breite zur Stybolatbreite noch beiderseits je eine Stufenbreite zugezählt.

Den vier zählbaren Stufenhöhen entsprechen die drei Stufenbreiten

0,44, 0,43, 0,45 m oder
0,49, 0,50, 0,46 m,

woraus zu ersehen ist, daß eine Stufenbreite etwa ¼ M. mißt.

Zur Ermittlung der Säulenhöhe:

$$b = \frac{F \cdot 1}{A \cdot 2} = \frac{96}{22} = 4{,}36\dot{3}\dot{6} \cong 4^{1}/_{3}\ \text{M.}$$

Zur Ermittlung der Gebälkhöhe:

$$c = \frac{F \cdot 1}{A \cdot 5} = \frac{96}{11 \cdot 5} = 1{,}745\dot{4}\dot{5} \cong 1^{3}/_{4}\ \text{M.}$$

Und zur Ermittlung der Giebelhöhe:

$$d = \frac{F \cdot 3}{(A + 1) \cdot 20} = \frac{96 \cdot 3}{12 \cdot 20} = 1^{1}/_{5}\ \text{M.}$$

Zu erwähnen ist noch, daß für diesen Tempel

$$n = \frac{H}{A - H} = \frac{8,53\dot{3}}{2,46\dot{6}} = 3,\dot{4}\dot{5}\dot{9}\ K$$

wird, und daraus weiter:

$$\pi = \left(\frac{2n+1}{n+1}\right)^2 = \left(\frac{7,9\dot{1}\dot{8}}{4,\dot{4}59}\right)^2 = 1,77\dot{5}\dot{7}^2 = 3,1533,$$

welcher Wert einen Überschuß von 0,37% enthält.

Es ist ein vorzüglicher Umstand, daß gerade die Tempel, welche am besten erhalten sind, zugleich auch von alters her berühmte Lösungen darstellen. Daß auch diese es sind, welche meiner Theorie am besten entsprechend, die kleinsten Fehler aufweisen, ist ein starker Beweis. Mit Concordia-Akragas, Aphaia-Aegina und dem Parthenon sind für uns Heutige die gesamte Architekturtheorie der hellenischen Klassik darstellbar, alles übrige beweißt nur, daß es Varianten, aber keine Ausnahmen gibt.

11. Athenatempel auf Ortygia.

Dieser Bau ist leider sehr zerstört, er wäre mit dem Platz, der ihm in Tabelle 4 zukommt, vermutlich recht interessant gewesen.

Die Summe aller Säulenabstände unten beträgt: 20,06 m.

Der untere Säulendurchmesser ist nach Koldewey-Puchstein

$D_u = 1,92$ m und nach Serrodifalco $D_{\hat{u}} = 2,01$ m.

$$\frac{A - 1\,m}{D_u m} = \frac{20,06}{1,92} = 10,45\ M.\ \text{oder}$$

$$= \frac{20,06}{2,01} = 9,98\ M.;$$

daraus ist zu entnehmen, daß der ganze Stylobat eine Breite von A = 11 Moduli hatte.

$$\frac{A - 1\,m}{A - 1\,M.} = \frac{20,06}{10} = 2,006\ m = E_A,$$

womit die Aufnahme von Koldewey-Puchstein als die bessere erscheint.

Die Höhe des Unterbaues ist mir unbekannt.

Die Säulenhöhe beträgt nach Serrodifalco b = 8,612 m, was aus der Stellung des Tempels in der Tabelle als $4^1/_3$ M. aufzufassen ist.

$$\frac{b\,m}{b\,M.} = \frac{8,612}{4,333} = 1,987\ m = E_b,$$

ein sehr wahrscheinlicher Wert. Koldewey-Puchstein bezweifeln die Säulenhöhe nach Serrodifalco, ohne selbst einen anderen Wert zu nennen.

Vom Gebälk sind nur Bruchstücke vorhanden, welche die Höhe nicht zu messen gestatten.

12. Theseustempel zu Athen.

Die Breite im Stylobat beträgt nach verschiedenen Aufnahmen:

nach Stuart-Revett	13,787 m
nach Penrose	13,719 m
nach Graef	13,72 m

Die Entfernung der Achsen der Ecksäulen vom Stylobatrande macht:

$$E/2 = 0{,}577 \text{ m},$$

$$A/E = \frac{13{,}787}{1{,}154} = 11{,}949, \text{ woraus } A = 11 \text{ M. zu ersehen ist.}$$

$$\frac{A\,m}{A\,M.} = \frac{13{,}787}{11} = 1{,}2533 \text{ m} = E_A \text{ oder}$$

$$= \frac{13{,}72}{11} = 1{,}2472 \text{ m} = E_A.$$

Der Unterbau hat zwei Stufen aus pentelischem Marmor und eine aus piräischem Kalkstein. Der heutige Bau aus pentelischem Marmor hatte an derselben Stelle einen Vorgänger aus Kalkstein und hat von diesem den Stereobat übernommen. M. Theuer will die unterste Stufe auch nicht als zum Tempel gehörig anerkennen, da der neue Bau auch in der neuen Fuge kommensurabel angelegt wurde (s. S. 112). Nach meiner nun folgenden Berechnung ist auch die dritte unterste Stufe zur Ansicht gehörig, was den Umstand, daß möglicherweise aus kultischen Gründen der neue Tempel seine eigene Kommensurabilität im Grundriß besitzt, nicht berühren muß. Zwei Stufen würden auch den Begriff des Emporsteigens zur geistig erhabenen Stätte kaum darstellen können. Erst wenn mindestens einer der beiden Füße zum wiederholten Male aufgesetzt wird, kann von Bewegung gesprochen werden. Die Zahl zwei stellt keine Bewegung dar, wiewohl sie den Keim des Beweglichen in sich trägt, sondern ist ein Gegeneinanderstellen, Zeugung, Korrelation, Polarität, sie enthält kein Merkmal kontinuierlichen Ablaufens, sondern, wenn schon ein Geschehnis, so stellt sie ein plötzliches, gewissermaßen zeitloses Geschehnis dar.

Die Stufenhöhen betragen von oben nach unten:

$$a = 0{,}36 + 0{,}34 + 0{,}345 = 1{,}045 \text{ m}, \text{ das macht } {}^4/_5 \text{ M.}$$

$$\frac{a\,m}{a\,M.} = \frac{1{,}045}{0{,}8} = 1{,}3063 = E_a.$$

Die Säulenhöhe beträgt b = 5,702 und 5,71 m, was 4½ M. bedeutet.

$$\frac{b\,m}{b\,M.} = \frac{5{,}702}{4{,}5} = 1{,}267 \text{ m} = E_b \sim E_A = 1{,}2533 \text{ m}.$$

Die Gebälkhöhe mißt ∼ 1,706 m; das macht 1½ M.

$$\frac{c\,m}{c\,M.} = \frac{1{,}706}{1{,}5} \cong 1{,}137 \text{ m} = E_c, \text{ ist ähnlich der Abakusbreite mit } 1{,}134 \text{ m}.$$

Schließlich mißt die Giebelhöhe etwa $d \cong 1{,}833$ m, das ist $1^5/_6$ M.

$$\frac{d\,m}{d\,M.} \cong \frac{1{,}833}{1{,}833} \cong 1{,}00\,m = E_d.$$

Aus dem Verhältnis der obigen Einheitswerte zueinander, $E_a : E_b : E_c : E_d$ ist zu erkennen, daß der Kreis der Verjüngungskonstruktion weniger

Abb. 51. Theseustempel zu Athen von Südwesten gesehen (Bildarchiv der Österreichischen Nationalbibliothek).

gekrümmt ist als bei den meisten der voraufgeführten Beispiele. Durch Probieren kommt man zu der Annahme, daß die Höhe des Tempels vom Fußpunkt bis zur Spitze des Tympanon unter 45 Grad gesehen worden sei.

Damit wird der Radius des Verjüngungskreises gleich

$$R = H \,.\, \sqrt{2};$$

der Beschauer ist also ebenso weit vom Tempel stehend angenommen, als der Tempel maßgeblich hoch ist.

Daraus wird:

$$8{,}6\dot{3}\,\alpha = 45^\circ$$
$$\alpha = 5^\circ\,12'\,44{,}5'', \text{ und}$$

$$R = \frac{a+b}{\sin 5{,}3\alpha} = \frac{6{,}747}{\sin 27^\circ\,37'\,31{,}8''} = \frac{6{,}747}{0{,}463695} = 14{,}552\,m.$$

Tatsächlich vorhanden ist etwa eine Höhe von $H \cong 10{,}286$ m, und $H.\sqrt{2} = 10{,}286\,\text{m} . 1{,}4142 = 14{,}546\,\text{m}$, was sich der Annahme auf $-0{,}6\,\text{cm} = -0{,}04\%$ nähert.

Aus der Annahme wird:

$$a = R . \sin {}^4/_5\,\alpha = R . \sin\ 4^\circ\, 10'\, 11{,}6'' =$$
$$= 14{,}552\,\text{m} . 0{,}072716 = \quad 1{,}058\,\text{m}$$
$$\text{vorhanden ist } a = \quad \underline{1{,}045\,\text{m}}$$
$$\varnothing\, a = +\,0{,}013\,\text{m} = +\,1{,}25\%$$
$$\varnothing\, b = -\,\varnothing\, a = -\,0{,}013\,\text{m} = -\,0{,}23\%$$

Die Gebälkhöhe wird:

$$c = R . \begin{pmatrix} \sin 6{,}8\,\alpha \\ -\sin 5{,}3\,\alpha \end{pmatrix} = R . \begin{pmatrix} \sin 35^\circ\, 26'\, 38{,}6'' \\ -\sin 27^\circ\, 37'\, 31{,}8'' \end{pmatrix} =$$
$$= 14{,}552\,\text{m} . 0{,}11622 = \quad 1{,}691\,\text{m}$$
$$\text{vorhanden ist } c \cong \quad \underline{1.706\,\text{m}}$$
$$\varnothing\, c \cong -\,0{,}015\,\text{m} = -\,0{,}9\%.$$

Und schließlich die Giebelhöhe:

$$d = R . \begin{pmatrix} \sin 8{,}6\dot{3}\,\alpha \\ -\sin 6{,}8\,\alpha \end{pmatrix} = R . \begin{pmatrix} \sin 45^\circ \\ -\sin 35^\circ\, 26'\, 38{,}6'' \end{pmatrix} =$$
$$= 14{,}552\,\text{m} . 0{,}1272 = \quad 1{,}851\,\text{m}$$
$$\text{vorhanden ist } d \cong \quad \underline{1{,}833\,\text{m}}$$
$$\varnothing\, d \cong +\,0{,}018\,\text{m} = +\,0{,}98\%$$

Die Hauptansicht dieses Tempels war somit wie folgt angelegt:

Höhen in Moduli	Flächenanteile (unbenannt)
$a = {}^4/_5$	$f\,a = {}^1/_9$
$b = 4^1/_2$	$f\,b = {}^1/_2$
$c = 1^1/_2$	$f\,c = {}^1/_6$
$d = 1^5/_6$	$f\,d = {}^2/_9$
$H = 8^{38}/_{60} = 8{,}6\dot{3}$ M.	${}^1/_1$

Dasselbe Verhältnis der selbständigen Teilflächen $f\,a : f\,b : f\,c : f\,d$ findet sich bei den beiden in Tabelle 4 folgenden Beispielen, dem Nemesistempel zu Rhamnus und dem Tempel bei Segesta. Ein sehr ähnliches Verhältnis, nämlich ${}^1/_9 : {}^1/_2 : {}^2/_9 : {}^1/_6$, ist beim Tempel C und beim Tempel A zu Selinus anzutreffen.

Die gesamte Fläche der Ansicht wird $F = 2 . b . A = 99$ QM., näherungsweise zu ermitteln nach

$$F \cong \left(\frac{A+H}{2}\right)^2 \cong \left(\frac{19.6\dot{3}}{2}\right)^2 \cong 96{,}37 \text{ soll } 99 \text{ QM.}$$

Daraus ergeben sich die Höhen der selbständigen Teilflächen:

Die Höhe des Unterbaues:

$$a = \frac{F . 1}{(A + 2^3/_4) . 9} = \frac{99}{13{,}75 . 9} = {}^4/_5\,\text{M.}$$

Und die Säulenhöhe:

$$b = \frac{F . 1}{A . 2} = \frac{99}{11 . 2} = 4^1/_2 \text{ M.}$$

Weiter die Gebälkhöhe:

$$c = \frac{F . 1}{A . 6} = \frac{99}{11 . 6} = 1^1/_2 \text{ M.}$$

Schließlich die Giebelhöhe:

$$d = \frac{F . 2}{(A + 1) . 9} = \frac{99 . 2}{12 . 9} = 1^5/_6 \text{ M.}$$

Die Verhältniszahl n wird hier

$$n = \frac{H}{A - H} = \frac{8 . 6\dot{3}}{2 . 3\dot{6}} = 3{,}648 \text{ K, und damit}$$

$$\pi = \left(\frac{2\,n + 1}{n + 1}\right)^2 = \left(\frac{8 . 296}{4 . 648}\right)^2 = 3{,}1857.$$

Hiemit ist gezeigt, daß dieser Bau durchaus noch im Rahmen der alten Theorie bleibt.

13. Nemesistempel zu Rhamnus.

Die Breite des Stylobats beträgt: $A = 10{,}02$ m.

Der Abstand einer Ecksäulenachse vom Stylobatrande macht:

$$E/2 = 0{,}427 \text{ m}$$

$$A/E = \frac{10{,}02 \text{ m}}{0{,}854 \text{ m}} = 11{,}74, \qquad A = 11 \text{ Moduli}$$

$$\frac{A\,m}{A\,M.} = \frac{10{,}02 \text{ m}}{11 \text{ M.}} = 0{,}911 \text{ m} = E_A$$

Die drei Stufenhöhen des Unterbaues betragen:

$$a = 0{,}329 + 0{,}297 + 0{,}305 = 0{,}931 \text{ m} = E_a.$$

Die Höhe der Säulen ist $b = 4{,}099$ m, was $4^1/_2$ M. bedeutet.

$$\frac{b\,m}{b\,M.} = \frac{4{,}099}{4{,}5} = 0{,}9109 \text{ m} = E_b.$$

Und die Gebälkhöhe mißt: $c = 1{,}1856$ m, das macht $1^1/_2$ M.

$$\frac{c\,m}{c\,M.} = \frac{1{,}1856}{1{,}5} = 0{,}790 \text{ m} = E_c.$$

Die Giebelhöhe ist nicht bekannt.

Zur Berechnung der Verjüngung sei wieder angenommen $R = A$ und zugleich der Einheitswinkel aus dem Grundriß genommen:

$$\alpha = \frac{60^\circ}{11} = 5^\circ\, 27'\, 16{,}3''$$

Daraus wird die Höhe des Unterbaues:

$$a = A \,.\, \sin\alpha = A \,.\, \sin 5^\circ\, 27'\, 16{,}3'' =$$
$$= 10{,}02\text{ m} \,.\, 0{,}0950 = \quad 0{,}952\text{ m}$$
$$\text{vorhanden ist } a = \quad \underline{0{,}931\text{ m}}$$
$$\varnothing\, a = +\,0{,}021\text{ m} = +\,2{,}2\%$$

Weiters die Säulenhöhe:

$$b = A \,.\, \begin{pmatrix} \sin 5{,}5\,\alpha \\ -\sin\alpha \end{pmatrix} = A \,.\, \begin{pmatrix} \sin 30^\circ \\ -\sin 5^\circ\, 27'\, 16{,}3'' \end{pmatrix} =$$
$$= 10{,}02\text{ m} \,.\, 0{,}4050 = \quad 4{,}058\text{ m}$$
$$\text{vorhanden ist } b = \quad \underline{4{,}099\text{ m}}$$
$$\varnothing\, b = -\,0{,}041\text{ m} = -\,1\%$$

Schließlich die Höhe des Gebälkes:

$$c = A \,.\, \begin{pmatrix} \sin 7\,\alpha \\ -\sin 5{,}5\,\alpha \end{pmatrix} = A \,.\, \begin{pmatrix} \sin 38^\circ\, 10'\, 54{,}1'' \\ -\sin 30^\circ \end{pmatrix} =$$
$$= 10{,}02\text{ m} \,.\, 0{,}118156 = \quad 1{,}1839\text{ m}$$
$$\text{vorhanden ist } c = \quad \underline{1{,}1856\text{ m}}$$
$$\varnothing\, c = -\,0{,}0017\text{ m} = -\,0{,}14\%$$

Der Umstand, daß $\varnothing\,\alpha = +\,2{,}2\%$ hart an der Grenze des Zulässigen liegt, während im Gebälk so gut wie kein Fehler vorkommt, könnte zu einer Vergrößerung des Radius des Verjüngungskreises veranlassen. Tatsächlich werden die Fehler mit einem Radius von $R = H \,.\, \sqrt{2}$ gleich: $\varnothing\, a = +\,1{,}5\%$, $\varnothing\, b = -\,1\%$ unverändert, und $\varnothing\, c = +\,1{,}6\%$. Die Verbesserung ist aber nicht so bedeutend. Ich bleibe daher bei der Darstellung mit $R = A$ und erwähne nebstbei die immerhin auch denkbare Möglichkeit $R = H \,.\, \sqrt{2}$ (vergleiche das Beispiel vorher: 12. Theseustempel zu Athen).

Die Anlage dieses Tempels an der Hauptansicht war daher folgende:

Höhen in Moduli	Flächenanteile (unbenannt)
$a = 1$	$f\,a = {}^1/_9$
$b = 4\,{}^1/_2$	$f\,b = {}^1/_2$
$c = 1\,{}^1/_2$	$f\,c = {}^1/_6$
$d = 1\,{}^5/_6$	$f\,d = {}^2/_9$
$H = 8\,{}^5/_6$	${}^1/_1$

Die Gesamtfläche der Ansicht wird daraus:

$$F \cong \left(\frac{A+H}{2}\right)^2 = \left(\frac{19{,}8333}{2}\right)^2 = 98{,}340 \text{ soll } 99 \text{ QM.}$$

Daraus werden die Höhen der selbständigen Teilflächen in Moduli gewonnen:

Die Höhe des Unterbaues:

$$a = \frac{F \,.\, 1}{A \,.\, 9} = \frac{99}{11 \,.\, 9} = 1\text{ M.}$$

Das darauffolgende Beispiel, der Tempel bei Segesta, bildet die Anlage der Hauptansicht wie dieser hier, der Nemesistempel, mit Ausnahme, daß die rechnerische Breite für den Unterbau als (A + 1) genommen wird.

Ferner beträgt die Säulenhöhe:

$$b = \frac{F \,.\, 1}{A \,.\, 2} = \frac{99}{11 \,.\, 2} = 4\tfrac{1}{2}\ \text{M.}$$

Die Höhe des Gebälkes wird:

$$c = \frac{F \,.\, 1}{A \,.\, 6} = \frac{99}{11 \,.\, 6} = 1\tfrac{1}{2}\ \text{M.}$$

Und schließlich die Höhe des Giebels:

$$d = \frac{F \,.\, 2}{(A+1) \,.\, 2} = \frac{99 \,.\, 2}{12 \,.\, 9} = 1\tfrac{5}{6}\ \text{M.}$$

Die Verhältniswerte n und π werden hier:

$$n = \frac{H}{A - H} = \frac{8{,}8\dot{3}\dot{3}\dot{3}}{2{,}166\dot{6}} = 4{,}0769\ \text{K, und daraus}$$

$$\pi = \left(\frac{2\,n + 1}{n + 1}\right)^2 = 3{,}2509,$$ das ist mit einem Überschuß von 3,5% bestimmt ein Wert, den ein zeitgenössischer Mathematiker als zu groß erkennen konnte. Für architektonisch halte ich diesen Fehler an der Stelle für nicht bedenklich. Ihn aufzuzeigen, hat aber einen systematischen Wert, da dies erkennen läßt, ob und wie weit der Erbauer die theoretischen Annahmen einhält oder abändert. Mag Vitruv in seinen „Zehn Büchern über die Architektur" auch bloß von ihm selbst nur halbverstandene Bruchstücke der Architekturtheorie aus der Zeit des Hermogenes bieten, die alte und die hochklassische Theorie muß in jene späten Faustregeln münden, und es wird ihr Prüfstein sein, endlich nach bald zwei Jahrtausenden des Nacherzählens diese Fragmente einmal zu klären. Das aber können jene, welche dem Trug des sogenannten „Goldenen Schnittes" nachjagen, und die Sternezeichner nicht leisten.

14. Tempel bei Segesta.

Abgesehen davon, daß dieser Bau in den absoluten Maßen etwas mehr als doppelt so groß ist, und abgesehen von Unterschieden in den anderen Rissen, ist die Hauptansicht dieses Beispieles gleich der des vorhergehenden Beispieles, nur daß, wie schon erwähnt, die Fläche des Unterbaues nicht aus $f\,a = a \,.\, A$, sondern wie ein Trapez aus

$f\,a' = a \,.\, (A + 1)$ gebildet wird.

Dieser Nachweis ist sehr nützlich, da sonst die wechselnde Annahme der beiden Berechnungsarten als eine Ausflucht angesehen werden könnte. Denn die architektonische Begründung (S. 161) wird bei der argen Fremdheit unserer Zeitgenossen gegenüber der Baukunst nicht jedermann zugänglich sein.

Ich stellte den Tempel bei Segesta in der Tabelle 4 nach dem Nemesistempel, obwohl sonst die einzelnen Beispiele nach steigendem n geordnet sind, weil mir die Auffassung f a′ als die spätere erscheint. Sie muß nicht immer die architektonisch bessere sein, die theoretisch bessere ist sie, vom rechnerischen Standpunkt gesehen.

Die Breite im Stylobat beträgt: A = 23,177 bis 23,185 m.

Der Abstand der Säulenachsen vom Stylobatrande ist:

$$E/2 = 1{,}05 \text{ bis } 1{,}102 \text{ m, und daraus}$$
$$A/E = 23{,}177 : (1{,}05 \,.\, 2) = 11{,}037 \text{ oder}$$
$$= 23{,}185 : (1{,}102 \,.\, 2) = 10{,}52$$

Diese Ausrechnung läßt die bei vorangeführten Beispielen angetroffene Deutlichkeit vermissen. Für das zutreffende A = 11 M. erscheinen die erhaltenen Quotienten etwas gering; der zweite muß überhaupt als unverwertbar gelten. Zu bedenken ist, daß in der späten Zeit der Unterschied der Säulenabstände verschliffen wird (s. S. 81), was zum Teil die Verringerung obiger Quotienten erklären kann. Naheliegend wäre noch, aus A m/A M. ≅ b m/b M. die Verhältnisse klären zu wollen, doch ein Vergleich mit dem Athenatempel auf Sunion (Beispiel 24) zeigt, daß dies für die späte Zeit unverläßlich wird. Tatsächlich läßt obige Rechnung bis hieher die Möglichkeiten A = 10, 10½ oder 11 M. zu. Die erste dieser drei Möglichkeiten wird durch

$$\frac{c}{D_u} \cong \frac{3{,}057 \text{ m}}{1{,}943 \text{ m}} = 1{,}573 \text{ Moduli oder}$$

$$\cong \frac{3{,}057 \text{ m}}{1{,}96 \text{ m}} = 1{,}56 \text{ M. ausgeschlossen, denn}$$

b = 9,302 m, also mit Berücksichtigung der Verjüngung dreimal so hoch wie das Gebälke, was bedeutet, daß die Säulenhöhe mindest

b = 4½ M. sein muß, welcher Betrag zu A = 10 M. nicht mehr passen kann. Auch durch das Verhältnis b/c = 3 wird schon klar, daß F eine durch drei teilbare Zahl sein muß, was ebenfalls A = 10 ausschließt, weil dann F = 80 sein müßte.

Die zweite Möglichkeit mit A = 10½ M. auszuschließen, weiß ich kein anderes Verfahren als Durchprobieren aller, sich aus einer solchen Annahme ergebenden Varianten der Aufteilung in selbständige Teilflächen; ein Verfahren[1], welches hieherzusetzen unnütz ist, da ich wohl mich selber, nie aber andere von der Vollzähligkeit der erfaßten Möglichkeiten überzeugen kann. Ich kann nur dem Leser empfehlen, es selbst zu versuchen und sich bei dieser Gelegenheit von der Empfindlichkeit der Rechnung ein Bild zu erarbeiten.

Es sei also gesetzt: A = 11 Moduli

$$\frac{\text{Am}}{\text{AM.}} = \frac{23{,}177}{11} = 2{,}107 \text{ m, oder}$$

[1] Als Hinweis mag dienen: A/10,5 = 23,18/10,5 = 2,208 m = EA und b/EA = 9,302/2,208 = 4,213 M. ≅ b, innerhalb des Bereiches von F = 2 . A . b ist nun nur F = 90 QM. brauchbar und dieses liefert keine Möglichkeit für b/c = 3.

oder $= \frac{23,185}{11} = 2,1077$ m

Die drei Stufen des Unterbaues betragen von oben nach unten:

$$a = 0,71 + 0,65 + 0,55 = 1,91 \text{ m, was } ^{11}/_{12} \text{ M. macht.}$$

$$\frac{am}{aM.} = \frac{1,91}{0,91\dot{6}} = 2,09 \text{ m} = E_a$$

Abb. 52. Tempel zu Segesta (Bildarchiv der Österreichischen Nationalbibliothek).

Die Höhe der Säulen beträgt b = 9,302 m, das sind $4^1/_2$ M.

$$\frac{bm}{bM.} = \frac{9,302}{4,5} = 2,067 \text{ m} = E_b$$

Der untere Durchmesser der Säulen ist an den unfertigen Schäften mit $D_u = 1,943$ bis 1,96 m angerissen.

Die Höhe des Gebälkes bis zur Scotia mißt 3,057 m, was $1^1/_2$ M. ausmacht.

$$\frac{cm}{cM.} = \frac{3,047}{1,5} = 2,031 \text{ m} = E_c$$

Obige Einheitswerte lassen sofort erkennen, daß der Verjüngungskreis verhältnismäßig flach anzunehmen ist, daher: R = 2 . A

$$\frac{a+b}{R} = \sin 5,41\dot{6}\,\alpha = \frac{11,212 \text{ m}}{46,354 \text{ m}} = 0,24189$$

$$5,41\dot{6}\,\alpha = 13^\circ\, 59'\, 52,8''$$

$$\alpha = 2^\circ\, 35'\, 4''$$

Aus dem Grundriß entwickelt sich der Wert für den Einheitswinkel:

$$\sin {}^{11}/_{2}\,\alpha = \frac{A}{4\,A} = 0{,}25$$
$$ {}^{11}/_{2}\,\alpha = 14^\circ\, 28'\, 39''$$
$$\alpha = 2^\circ\, 37'\, 56{,}2''$$

Der geringe Abgang läßt den Schluß, daß die absoluten Abmessungen aus dem Grundriß gewonnen wurden, noch zu.

Daraus wird die Höhe des Unterbaues:

$$a = R \,.\, \sin {}^{11}/_{12}\,\alpha = R \,.\, \sin 2^\circ\, 22'\, 9'' =$$
$$= 46{,}354\ \mathrm{m} \,.\, 0{,}041334 = 1{,}916\ \mathrm{m}$$
$$\text{vorhanden ist } a = 1{,}91\ \mathrm{m}$$
$$\varnothing\, a = +\, 0{,}006\ \mathrm{m} = +\, 0{,}3\%$$

und $\varnothing\, b = -\, \varnothing\, a = -\, 0{,}006\ \mathrm{m} = -\, 0{,}06\%$

Endlich die Gebälkhöhe:

$$c = R \,.\, \left(\begin{array}{r} \sin 6{,}91\dot{6}\,\alpha \\ -\sin 5{,}416\,\alpha \end{array} \right) = R \,.\, \left(\begin{array}{r} \sin 17^\circ\, 52'\, 28{,}8'' \\ -\sin 13^\circ\, 59'\, 52{,}8'' \end{array} \right) =$$
$$= 46{,}354\ \mathrm{m} \,.\, 0{,}065045 = 3{,}015\ \mathrm{m}$$
$$\text{vorhanden ist } c = 3{,}047\ \mathrm{m}$$
$$\varnothing\, c = -\, 0{,}032\ \mathrm{m} = -\, 1{,}05\%$$

Die Anlage der Hauptansicht war daher bei diesem Tempel folgende:

Höhen in Moduli	Flächenanteile (unbenannt)
$a = {}^{11}/_{12}$	$f\,a = {}^{1}/_{9}$
$b = 4^{1}/_{2}$	$f\,b = {}^{1}/_{2}$
$c = 1^{1}/_{2}$	$f\,c = {}^{1}/_{6}$
$d = 1^{5}/_{6}$	$f\,d = {}^{2}/_{9}$
$H = 8^{3}/_{4}$	${}^{1}/_{1}$

Die selbständigen Teilflächen werden wie beim vorigen Beispiel gewonnen, mit Ausnahme der Unterbaufläche; deren Höhe wird:

$$a = \frac{F \,.\, 1}{(A + 1) \,.\, 9} = \frac{99}{12 \,.\, 9} = {}^{11}/_{12}\ \mathrm{M.}$$

Diesem Unterschiede entsprechend, verminderte sich die Höhe der Ansicht vom Werte beim Nemesistempel zu Rhamnus von $H = 8^{5}/_{6}$ M.
zum Wert beim Tempel bei Segesta auf $H = 8^{3}/_{4}$ M.,
wodurch selbstredend die Gültigkeit der Formel

$$F = \left(\frac{A + H}{2} \right)^2 \text{ berührt wird.}$$

Wahrscheinlich war das Bestreben, das Verhältnis von Breite zu Höhe der Ansicht nach der Seilregel zu ermitteln, bestimmend für die auch in der reifsten Zeit immer noch anzutreffende Auffassung von $f_a = a \,.\, A$.

Aus den Daten dieses Baues würde nach der Seilregel:

$$F \cong \left(\frac{A + H}{2} \right)^2 = \left(\frac{19{,}75}{2} \right)^2 = 97{,}52 \text{ soll } 99\ \mathrm{QM.},$$

gegenüber dem rechenmäßigen $F = 98{,}34$ soll 99 QM. beim Nemesistempel (s. S. 190).

Hingegen nehmen die Verhältniszahlen n und π infolge der Verringerung der Höhe bessere Werte als beim Nemesistempel an:

$$n = \frac{H}{A - H} = \frac{8{,}75}{2{,}25} = 3{,}8\dot{8} = K, \text{ und daraus}$$

$$\pi = \left(\frac{2n+1}{n+1}\right)^2 = \left(\frac{8{,}\dot{7}}{4{,}\dot{8}}\right)^2 = 3{,}2237.$$

Diese beiden Beispiele, der Nemesistempel zu Rhamnus und der Tempel bei Segesta, zeigen bei gleichen Verhältnissen der Flächenanteile in den Hauptansichten zwei verschiedene Auffassungsweisen, welche durch die Überbestimmung in den Regeln ermöglicht wird.

Dritte Gruppe:

Tempel, welche die Stylobatbreite in $A = 12$ M. teilen.

15. Tempel C. — Selinus.

Die Breite im Stylobat beträgt $A = 23{,}93$ m, der untere Säulendurchmesser hat 1,70 m bis 1,84 m $= D_u$.

$$\frac{Am}{D_u m} = \frac{23{,}93}{1{,}84} = 13{,}00 \text{ und damit, weil}$$

$D_u < E_A$, wird $A = 12$ Moduli.

$$\frac{Am}{AM.} = \frac{23{,}93 \text{ m}}{12 \text{ M.}} = 1{,}994 \text{ m} = E_A,$$

der durchschnittliche Einheitswert in der Stylobatkante.

Die vier Stufenhöhen am Unterbau betragen

$$0{,}49 + 0{,}49 + 0{,}47 + 0{,}57 = 2{,}02 \text{ m} = E_a.$$

Die Höhe der Säulen mißt 8,76 m, was $4\frac{1}{2}$ M. bedeutet.

$$\frac{bm}{bM.} = \frac{8{,}76 \text{ m}}{4{,}5 \text{ M.}} = 1{,}948 \text{ m} = E_b.$$

Die Gebälkhöhe bis zur Scotia beträgt 3,563 m, das sind 2 Moduli.

$$\frac{cm}{cM.} = \frac{3{,}563 \text{ m}}{2 \text{ M.}} = 1{,}7815 \text{ m} = E_c \sim D_u = 1{,}70 \text{ bis } 1{,}84 \text{ m}.$$

Zur Berechnung der Verjüngung wird $R = A$ mit dem Horizont in der Stylobatkante angenommen.

$$\sin 6{,}5\,\alpha = \frac{b + c}{A} = \frac{12{,}323 \text{ m}}{23{,}93 \text{ m}} = 0{,}51499$$

$$6{,}5\,\alpha = 30^\circ\, 59'\, 47{,}2''$$

$$\alpha = 4^\circ\, 46'\, 7{,}27''$$

$$a = R \,.\, \sin\alpha = 23{,}93 \text{ m} \,.\, 0{,}083135 = 1{,}9894 \text{ m}$$

$$\text{vorhanden ist } a = 2{,}02 \text{ m}$$

$$\varnothing\, a = -\,0{,}0306 \text{ m} = -\,1{,}5\%$$

$$b = R \,.\, \sin 4{,}5\,\alpha = R \,.\, \sin 21^\circ\, 27'\, 32{,}7'' = 23{,}93\text{ m} \,.\, 0{,}365837 = 8{,}7545\text{ m}$$

vorhanden ist $b = 8{,}76$ m

$\varnothing b = -0{,}0055\text{ m} = -0{,}06\%$

$\varnothing c = -\varnothing b = +0{,}0055\text{ m} = +0{,}15\%$

Danach ist die Anlage der Hauptansicht dieses Tempels folgende:

Höhen in Moduli	Flächenanteile (unbenannt)
$a = 1$	$f\,a = 1/9$
$b = 4^1/_2$	$f\,b = 1/2$
$c = 2$	$f\,c = 2/9$
$d = 1^1/_2$	$f\,d = 1/6$
$H = 9$	$1/1$

Die Gesamtfläche der Ansicht wird hier aus $F = A \,.\, H = 108$ QM. gebildet. Mit diesen Werten wird:

$$n = \frac{H}{A - H} = \frac{9}{12 - 9} = 3\text{ K.}$$

Die Ermittlung der Höhen in Moduli der selbständigen Teilflächen ist diese:

Zur Ermittlung der Höhe des Unterbaues:

$$a = \frac{F \,.\, 1}{A \,.\, 9} = \frac{108}{12 \,.\, 9} = 1\text{ M.}$$

Zur Ermittlung der Säulenhöhe:

$$b = \frac{F \,.\, 1}{A \,.\, 2} = \frac{108}{12 \,.\, 2} = 4\tfrac{1}{2}\text{ M.}$$

Zur Ermittlung der Gebälkhöhe:

$$c = \frac{F \,.\, 2}{A \,.\, 9} = \frac{108 \,.\, 2}{12 \,.\, 9} = 2\text{ M.}$$

Und schließlich zur Ermittlung der Giebelhöhe:

$$d = \frac{F \,.\, 1}{A \,.\, 6} = \frac{108}{12 \,.\, 6} = 1\tfrac{1}{2}\text{ M.}$$

Im Zusammenhange mit der Auffassung $F = A \,.\, H$ kann auch die Fläche des Giebels nur mehr ein Vielfaches von A sein. Wie später erwähnt (s. S. 211), kommt diese Auffassung noch beim Tempel der Aphaia auf Aegina und beim Athenatempel auf Sunion vor.

16. Tempel A. — Selinus.

Die Breite der Hauptansicht im Stylobat beträgt $A = 16{,}235$ m.

Der untere Säulendurchmesser macht nach

Koldewey-Puchstein $D_u = 1{,}32$ m und nach
Hittorf $D_u = 1{,}342$ m.

$$\frac{A}{D_u} = \frac{16{,}235\text{ m}}{1{,}32\text{ m}} = 12{,}3, \qquad A = 12\text{ M.}$$

$$\frac{A\,m}{A\,M.} = \frac{16{,}235\ m}{12} = 1{,}353\ m = E_A.$$

Der Unterbau weist vier Stufen auf, nämlich

$a = 0{,}44 + 0{,}29 + 0{,}30 + 0{,}30 = 1{,}33$ m, was wahrscheinlich $^{24}/_{25}$ M. betragen dürfte.

$$\frac{a\,m}{a\,M.} = \frac{1{,}33}{0{,}96} = 1{,}39\ m = E_a.$$

Die Höhe der Säulen beträgt: $b = 6{,}0013$ m, was $4^1/_2$ M. bedeutet.

$$\frac{b\,m}{b\,M.} = \frac{6{,}0013}{4{,}5} = 1{,}334\ m = E_b.$$

Und die Höhe des Gebälkes: $c = 2{,}306$ m, das sind 2 M.

$$\frac{c\,m}{c\,M.} = \frac{2{,}306}{2} = 1{,}153\ m = E_c.$$

Zur Berechnung der Verjüngung wird wieder angenommen: R identisch A.

$$\sin 5{,}46\,\alpha = \frac{a+b}{A} = \frac{7{,}3313\ m}{16{,}235\ m} = 0{,}45158$$

$$5{,}46\,\alpha = 26^\circ\ 50{,}7'$$

$$\alpha = 4^\circ\ 55'$$

$$a = A\,.\,\sin {}^{24}/_{25}\,\alpha = A\,.\,\sin 4^\circ\ 43{,}2' = 16{,}235\ m\,.\,0{,}082286 =$$

$$= 1{,}3359\ m$$

$$\text{vorhanden } a = \underline{1{,}33\ \ m}$$

$$\varnothing a = +\,0{,}0059\ m = +\,0{,}44\%$$

$$\varnothing b = -\varnothing a = -\,0{,}0059\ m = -\,0{,}1\%$$

$$c = A\,.\left(\begin{array}{l}\sin 7{,}46\,\alpha\\ -\sin 5{,}46\,\alpha\end{array}\right) = A\,.\left(\begin{array}{l}\sin 36^\circ\ 40{,}7'\\ -\sin 26^\circ\ 50{,}7'\end{array}\right) =$$

$$= 16{,}235\ m\,.\,0{,}14574 = 2{,}366\ m$$

$$\text{vorhanden ist etwa } c \simeq \underline{2{,}306\ m}$$

$$\varnothing c \cong +\,0{,}060\ m = +\,2{,}6\%$$

Danach war der Tempel wie folgt angelegt:

Höhen in Moduli	Flächenanteile (unbenannt)
$a = {}^{24}/_{25}$	$f\,a = {}^1/_9$
$b = 4^1/_2$	$f\,b = {}^1/_2$
$c = 2$	$f\,c = {}^2/_9$
$d = (1^1/_3)$ oder $(1^1/_2)$	$f\,d = {}^1/_6$
$H = (8{,}793)$ oder $(\cong 9)$ M.	${}^1/_1$

Rechnerisch würde aus $F = \left(\frac{A+H}{2}\right)^2 = 108$ QM. mit $A = 12$ M.

$$H = 8{,}7846\ M. \text{ oder}$$

$$F = A\,.\,H = 108 = 12\,.\,9\ M.$$

$$H = 9\ M.$$

Die Ermittlung der Höhen der selbständigen Teilflächen in Moduli ist diese:

Zur Ermittlung der Höhe des Unterbaues:

$$a = \frac{F.1}{(A + \frac{1}{2}).9} = \frac{108}{12,5.9} = {}^{24}/_{25}\ M.$$

Und zur Ermittlung der Säulenhöhe:

$$b = \frac{F.1}{A.2} = \frac{108}{12.2} = 4\frac{1}{2}\ M.$$

Weiter zur Ermittlung der Gebälkhöhe:

$$c = \frac{F.2}{A.9} = \frac{108.2}{12.9} = 2\ M.$$

Schließlich zur Ermittlung der Giebelhöhe:

$$d = \frac{F.1}{(A + 1).6} = \frac{108}{13.6} = 1,3846 \cong 1^{1}/_{3}\ M.\ \text{oder}$$

$$d' = \frac{F.1}{A.6} = \frac{108}{12.6} = 1\frac{1}{2}\ M.$$

Aus obigen Daten wird der Verhältniswert

$$n = \frac{H}{A - H} = \frac{8,7933}{3,2066} = 2,7422\ K\ \text{oder}\ n = \frac{9}{12 - 9} = 3\ K.$$

Ob dieses oder das vorhergehende Beispiel, der Tempel C.-Selinus, die ältere Lösung darstellt, kann nicht gesagt werden. Beide enthalten Schwerfälligkeiten und erfahren keine Nachahmung oder Variation.

Das nun folgende Beispiel, das dritte und, soweit bisher erforscht, letzte mit A = 12 M., versucht die übliche theoretische Auffassung vom Sechssäuler überhaupt zu verlassen und die Proportionen der Achtsäuler anzunehmen.

17. Tavole Paladine zu Metapont.

Dieser Tempel erlitt bereits zwei Adaptierungen. Im Mittelalter diente er als Zusammenkunftsort dem örtlichen Adel; daher der Name Tavole Paladine. Später wurde eine katholische Kirche daraus gemacht, und seither trägt er auch den Namen Chiesa di Sansone.

Die Summe der Säulenabstände an der Hauptansicht beträgt:

(A — 1) Moduli = 14,78 m, und der Abstand der Säulenachsen vom Stylobatrande:

$E/2 = 0,64$ m;

$\frac{14,78}{0,64} = 23,1$ halbe Moduli, woraus zu erkennen ist, daß

A = 12 M. ist.

$$\frac{A\ m}{A\ M.} = \frac{16,06}{12} = 1,338\ m = E_{A}.$$

Die drei Stufenhöhen des Unterbaues betragen:

$$a = 0{,}37 + 0{,}35 + 0{,}325 = 1{,}045\ \mathrm{m} = {}^4/_5\, E_a,$$
$$E_a = 1{,}306\ \mathrm{m}.$$

Soweit sind die Proportionen dieses Tempels mit denen der vorhergehenden Beispiele ähnlich. Kein Sechssäuler hat jedoch verhältnismäßig so kurze Säulen wie dieser Bau. Mit Berücksichtigung der Verjüngung ist das Maß der Säulenhöhe der dritte Teil der Stylobatbreite:

$$\frac{A\,M.}{b\,M.} = \frac{12}{4} = 3,$$ ein Verhältnis, welches sonst nur noch bei dem Achtsäuler-Tempel G.-Selinus mit

$$\frac{b\,M.}{A\,M.} = \frac{18}{6} = 3$$ zu finden ist.

Die Verwandtschaft der beiden Bauten ist schon Semper[1] („Der Stil", Bd. II, S. 404) bemerkenswert gewesen: *„Er* (Tavole Paladine) *tritt durch den Charakter seiner Formen in die Verwandtschaft des ... großen Zeustempels zu Selinus."* Dabei sind die altertümlichen Detailformen gemeint. Aus seinen „Normen" geht die Verwandtschaft weniger deutlich hervor.

Hier tritt die Unzulänglichkeit der Semperschen Norm zutage. Die Zahl im Zähler des Bruches stellt *„Drei mittlere Säulenabstände"* dar, was, da die Anzahl der Säulen mit der Anzahl der Moduli in der Stylobatbreite nichts zu tun hat, die Säulenabstände und ihre Regelung aber so ziemlich das Ungenaueste am ganzen Tempel sind, für ein richtiges Erfassen der Proportionen nicht tauglich ist.

Bei Semper ist, entsprechend Vitruv, ein Modulus gleich dem halben unteren Säulendurchmesser, was gerade beim Tempel G.-Selinus zu Unsicherheiten führt, da $D_u = 2{,}60$ m, bei einigen Säulen jedoch 3,50 m ist. Bei einer Säulenhöhe von $16{,}30\ \mathrm{m} = b$ wird damit:

$$\frac{b}{D_u/2} = \frac{16{,}30}{1{,}30} = 12{,}54 \text{ oder}$$
$$= \frac{16{,}30}{1{,}75} = 9{,}32.$$

Semper gibt den Wert dieses Verhältnisses, wie unten zu sehen, mit

$$\frac{b}{D_u/2} = 9{,}5$$ an.

Überdies ist für Tavole Paladine die Höhe des Gebälkes nicht bekannt, wie Semper überhaupt noch in anderen Fällen mit Schätzungen von Gebälkhöhen sehr rasch ist. Semper besitzt ein ungemein scharfes und treffendes Urteil für stilistische Eigenheiten, hat die meisten dorischen Tempel selbst gesehen; darin liegt seine Stärke. Hiezu ist das Bilden seiner

---

[1] Er gibt die Norm der Tavole P. mit: $\frac{13{,}24}{(9 + 4) = 13}$ und die Norm des „Zeustempels zu Selinus" mit $\frac{12}{(9{,}5 + 4{,}33) = 13{,}83}$ an.

Norm eine beifügende Bemerkung, daraus bekommt sie ihre Sicherheit, die sie aus ihren eigenen mathematischen Qualitäten nie hätte.

Die Höhe der Säulen beträgt b = 5,135 m, was, wie erwähnt, 4 M. ausmacht.

$$\frac{\text{b m}}{\text{b M.}} = \frac{5{,}135}{4} = 1{,}284 \text{ m} = \text{Eb.}$$

Zur Berechnung der Verjüngung wird wiederum R identisch A angenommen.

$$\sin 4{,}8\,\alpha = \frac{a + b}{A} = \frac{6{,}180}{16{,}06} = 0{,}38481$$

$$4{,}8\,\alpha = 22^\circ\, 37'\, 55{,}6''$$

$$\alpha = 4^\circ\, 42'\, 54'', \quad {}^4/_5\,\alpha = 3^\circ\, 46'\, 19{,}2''$$

$$a = A \,.\, \sin {}^4/_5\,\alpha = 16{,}06 \text{ m} \,.\, 0{,}06578 = 1{,}056 \text{ m}$$

$$\text{vorhanden ist } a = \underline{1{,}045 \text{ m}}$$

$$\varnothing\, a = +\, 0{,}011 = +\, 1{,}1\,\%$$

$$\varnothing\, b = -\, \varnothing\, a = -\, 0{,}011 \text{ m} = -\, 0{,}2\,\%.$$

Die gesamte Fläche der Hauptansicht ist als das Doppelte der Fläche der Säulenstellung:

$$F = 2 \,.\, b \,.\, A = 2 \,.\, 4 \,.\, 12 = 96 \text{ QM.}$$

Die Höhe des Unterbaues in Moduli gewinnt man daraus:

$$a = \frac{F \,.\, 1}{A \,.\, 10} = \frac{96}{12 \,.\, 10} = {}^4/_5 \text{ M.}$$

Die gesamte Höhe des Baues hat entweder H = 8 M. betragen, was der Form

$$F = A \,.\, H = 12 \,.\, 8 = 96 \text{ QM.}$$ entspräche, oder sie wurde aus

$$F = \left(\frac{A + H}{2}\right)^2 = 96 \text{ QM., zu } H = 7{,}596 \text{ M.} \cong 7^3/_5 \text{ M.}$$

Wahrscheinlicher ist wohl der erstere Fall, da dieser auch den einfachen und noch altertümlichen Wert von

$$n = \frac{A}{2\,H - A} = \frac{12}{16 - 12} = 3 \text{ K} \text{ bildet.}$$

Diese Form der Seilregel kommt sonst nur bei Achtsäulern vor. Sie bedingt die besonders breite, niedrige Gestalt der Hauptansicht. (Näheres siehe Parthenon, S. 214 und G.-Selinus, S. 226.)

Vierte Gruppe:

Tempel, welche die Stylobatbreite in A = 13 M. teilen.

18. Tempel D. — Selinus.

Die Breite im Stylobat beträgt für diesen Bau A = 23,64 m,
der untere Säulendurchmesser = D_u = 1,67 m.

Die Entfernung der Achse der Ecksäule vom Stylobatrand ist schätzungsweise E/2 = 0,90 m.

$$\frac{A\,m}{E/2\,m} = \frac{23{,}64}{\sim 0{,}90} = 26{,}267, \text{ und damit } A = 13\,M.$$

$$\frac{A\,m}{A\,M.} = \frac{23{,}64}{13} = 1{,}818\,m = E\,A.$$

Die vier Stufenhöhen am Unterbau betragen:

$a = 0{,}305 + 0{,}30 + 0{,}32 + 0{,}30 = 1{,}225$ m, was $^2/_3$ M. bedeutet.

$$\frac{a\,m}{a\,M.} = \frac{1{,}225}{0{,}666} = 1{,}837\,m = E_a, \text{ oder es}$$

sind nur 3 Stufen anrechenbar, was ich für wahrscheinlicher halte, dann ist $a = \frac{1}{2}$ M,

$$\frac{a'\,m}{a'\,M.} = \frac{0{,}925}{0{,}5} = 1{,}85\,m = E_{a'}.$$

Mit Sicherheit können die beiden Möglichkeiten nicht unterschieden werden, da der Tempel zu ruinös ist und damit die Aufnahmen zu unsicher sind. Die letztere der beiden Möglichkeiten hat den Vorteil, daß sie den größeren Giebel bedingt und damit die Gebälkfläche der Giebelfläche mehr annähert, was schon Semper als Tendenz der früheren Lösungen erkannte.

Die Höhe der Säulen mißt

nach Koldewey-Puchstein $b = 8{,}355$ m

und nach Hittorf $= 7{,}512$ m

Aus der Ähnlichkeit $E_A \sim E_b$ ist ersichtlich, daß der zweite Wert ganz ausgeschlossen ist, die Säulenhöhe würde nicht einmal den dritten Teil der Stylobatbreite erreichen. Es ist daher $b = 4^3/_5$ M. und

$$\frac{b\,m}{b\,M.} = \frac{8{,}355}{4{,}6} = 1{,}816\,m = E_b$$

Die Höhe des Gebälkes bis zur Scotia beträgt 3,294 m = 2 Moduli,

$$\frac{c\,m}{c\,M.} = \frac{3{,}294\,m}{2\,M.} = 1{,}647\,m \sim D_u$$

Zur Berechnung der Verjüngung sei wieder angenommen: R identisch A.

$$\sin 5{,}1\,\alpha = \frac{a+b}{A} = \frac{9{,}280\,m}{23{,}64\,m} = 0{,}392555$$

$$5{,}1\,\alpha = 23^\circ\,6'\,50''$$

$$\alpha = 4^\circ\,31'\,55{,}7'' \text{ und } 13\,\alpha = 58^\circ\,55'\,4{,}1''$$

Unter der Annahme, daß die Referenzfläche eine Kugelschale gewesen ist, muß die Differenz von 58° 55′ auf 60° wohl als eine graphische Ungenauigkeit betrachtet werden, entweder der Winkelausteilung oder, worauf auch die folgende Verjüngungsberechnung hindeuten könnte, der gemessene Wert für die Stylobatbreite ist um ~ 1% zu groß geraten.

$$a = A\,.\,\sin\alpha/2 = A\,.\,\sin 2^\circ\,15'\,57{,}8'' = 23{,}64\,m\,.\,0{,}039535 =$$
$$= 0{,}9346\,m$$
$$\text{vorhanden ist } a = \underline{0{,}925\ \ m}$$
$$\varnothing\,a = +\,0{,}0096\,m = +\,1\%$$

$$\varnothing\, b = -\varnothing\, a = -0{,}0096\ \mathrm{m} = -0{,}11\,\%$$

$$c = A\,.\left(\begin{matrix}\sin 7{,}1\,\alpha\\ -\sin 5{,}1\,\alpha\end{matrix}\right) = A\,.\left(\begin{matrix}\sin 32^\circ\ 10'\ 41{,}5''\\ -\sin 23^\circ\ \ 6'\ 50''\end{matrix}\right) =$$

$$= 23{,}64\ \mathrm{m}\,.\,0{,}1400 = 3{,}3096\ \mathrm{m}$$

$$\text{vorhanden ist } c = \underline{3{,}294\ \ \mathrm{m}}$$

$$\varnothing\, c = +0{,}0156\ \mathrm{m} = +0{,}47\,\%$$

Damit ist die Anlage dieses Tempels folgende:

Höhe in Moduli	Flächenanteil (unbenannt)
$a = 1/2$	$1/18$
$b = 4\,3/5$	$1/2$
$c = 2$	$2/9$
$d = (1\,9/10)$ oder (2)	$2/9$
$H = (9)$ oder $(9\,1/10)$	$1/1$

Die Fläche wird berechnet mit

$$F = 2\,.\,b\,.\,A = 119{,}6\ \text{QM. oder mit}$$

$$F = \left(\frac{A+H}{2}\right)^2 = 121\ \text{QM. oder } F = A\,H = 13\,.\,9{,}1 = 118{,}3\ \text{QM.};$$

der beabsichtigte Wert ist wohl 120 QM.

Die Ermittlung der Höhen der selbständigen Teilflächen ist diese:

$$a = \frac{120 \quad .\ 1}{(13 + 1/3)\,.\,18} = 1/2\ \mathrm{M.},$$

$$b = \frac{120 \quad .\ 1}{13 \quad .\ 2} = 4{,}6154 \cong 4\,3/5\ \mathrm{M.},$$

$$c = \frac{120 \quad .\ 2}{13 \quad .\ 9} = 2{,}051 \cong 2\ \mathrm{M.}$$

$$d = \frac{120 \quad .\ 2}{(13+1) \quad .\ 9} = 1{,}9048 \cong 1\,9/10\ \mathrm{M.} \qquad \text{oder}$$

$$d' = \frac{120 \quad .\ 2}{13 \quad .\ 9} \cong 2\ \mathrm{M.},$$

Soweit ist die Ausrechnung zufriedenstellend, doch stellt mit

$$n = \frac{H}{A-H} = \frac{9}{13-9} = 2{,}25\ \mathrm{K}$$

$$\text{oder} = \frac{9{,}1}{13-9{,}1} = 2{,}\dot{3}\dot{3}\ \mathrm{K}$$

und damit vom rein theoretischen Standpunkt

$$\pi = \left(\frac{2n+1}{n+1}\right)^2 = \left(\frac{5{,}5}{3{,}25}\right)^2 = 2{,}864$$

$$\text{oder} = \left(\frac{5{,}\dot{6}\dot{6}}{3{,}\dot{3}\dot{3}}\right)^2 = 2{,}89$$

einen Grenzfall dar, da $\pi = 3$ der historisch bekannte Minimalwert ist.

Es ist die geringe Säulenhöhe, welche eine andere Auffassung nicht zuläßt und so die Proportionierung als etwas unbeholfen und primitiv kennzeichnet. Durchaus möglich ist es, daß Lösungen mit so einfachen Maßzahlen auf ein besonders hohes Alter der Tradition blicken können und den Mathematikern, welche jene aufstellten, der Mangel unerheblich erschien. Mit fortschreitender Zeit werden dann die Lösungen exakter, aber auch komplizierter, und verlieren damit auch in manchen Fällen an Sinnfälligkeit.

19. Tempel F. — Selinus.

Die Stylobatbreite mißt A = 24,25 bis 24,43 m, und der untere Säulendurchmesser D_u = 1,82 m.

$$\frac{A\,m}{D_u\,m} = \frac{24,25}{1,82} = 13,32 \text{ und damit } A = 13\,M.$$

$$\frac{A\,m}{A\,m} = \frac{24,25}{13} = 1,865\,m = E_A.$$

Er sind wahrscheinlich vier Stufen am Unterbau vorhanden gewesen, welche zusammen nicht ganz 1,00 m betragen haben. Das hat a = ½ M. bedeutet.

Die Höhe der Säulen ist die einzige eindeutige Maßangabe an der Hauptansicht und macht b = 9,11 m, das bedeutet 5 M.

$$\frac{b\,m}{b\,M} = \frac{9,11}{5} = 1,82\,m$$

Die Gebälkhöhe beträgt: 3,285 m, das macht c = 2 M.

$$\frac{3,285}{2} = 1,6425\,m = E_c.$$

Zur Berechnung der Verjüngung sei wieder angenommen: R id. A.

$$\sin 5\tfrac{1}{2}\,\alpha = \frac{a+b}{A} \cong \frac{10,11\,m}{24,40\,m} = 0,4143$$

(wegen des Maximalwertes für a im Zähler wird in den Nenner auch ein überdurchschnittlicher Wert für A gesetzt.

Werden für die Stylobatbreite mehrere Werte genannt, so sind immer die kleineren die wahrscheinlicheren, da bereits beim Bauvorgang infolge der eigentümlichen Fundamente ein Auseinanderweichen dieser Konstruktion und damit eine Vergrößerung der Stylobatbreite möglich ist.)

$$5\tfrac{1}{2}\,\alpha = 24^\circ\,28'\,32''$$

$$\alpha = 4^\circ\,27', \qquad 13\,\alpha = 57^\circ\,51'\,5''$$

$$a = A \,.\, \sin \alpha/2 = A \,.\, \sin 2^\circ\,13'\,30'' = 24,40\,m \,.\, 0,038825 = 0,947\,m$$

vorhanden ist $a \leq 1,00$ m

$$b = A \,.\, \left(\begin{matrix} \sin\ 5\tfrac{1}{2}\,\alpha \\ -\sin\ \tfrac{1}{2}\,\alpha \end{matrix}\right) = 24,40\,m \,.\, 0,3755 = 9,162\,m$$

vorhanden ist b = 9,11 m

$\varnothing$ b = +0,052 m = +0,57%

$$c = A \cdot \begin{pmatrix} \sin 7\tfrac{1}{2}\,\alpha \\ -\sin 5\tfrac{1}{2}\,\alpha \end{pmatrix} = A \cdot \begin{pmatrix} \sin 33^\circ\, 22'\, 33'' \\ -\sin 24^\circ\, 28'\, 32'' \end{pmatrix} =$$

$$= 24{,}40\ \text{m} \cdot 0{,}13583 = \quad 3{,}314\ \text{m}$$

$$\text{vorhanden } c = \quad 3{,}285\ \text{m}$$

$$\varnothing\, c = +0{,}029\ \text{m} = +0{,}9\,\%$$

Hiemit wird die Anlage der Hauptansicht dieses Tempels folgende gewesen sein:

Höhen in Moduli	Flächenanteile (unbenannt)
$a = \tfrac{1}{2}$	$fa = {}^1/_{20}$
$b = 5$	$fb = {}^1/_2$
$c = 2$	$fc = {}^1/_5$
$d = (2^1/_3)$ od. $(2\tfrac{1}{2})$	$fd = {}^1/_4$
$H = 9^5/_6$ od. 10	${}^1/_1$

$F = 2 \cdot b \cdot A = 2 \cdot 5 \cdot 13\ M = 130\ QM.$

Damit wird wie beim folgenden Aphaiatempel auf Aegina die Gesamtfläche der Hauptansicht gewonnen aus:

$$F = A \cdot H = 13 \cdot 10\ M = 130\ QM. \text{ oder aus}$$

$$F = \left(\frac{A + H}{2}^2\right) = \left(\frac{13 + 9^5/_6}{2}\right)^2 = 130{,}3403 \cong 130\ QM.$$

Es ist daher nicht unterscheidbar, ob der erstere Fall mit $H = 10$ oder der letztere mit $H = 9^5/_6$ M. zutrifft.

Die Ermittlung der Höhen in Moduli der selbständigen Teilflächen ist diese:

Zur Ermittlung der Höhe des Unterbaues:

$$a = \frac{F \cdot 1}{A \cdot 20} = \frac{130}{13 \cdot 20} = \tfrac{1}{2}\ M.$$

Und zur Ermittlung der Säulenhöhe:

$$b = \frac{F \cdot 1}{A \cdot 2} = \frac{130}{13 \cdot 2} = 5\ M.$$

Weiter zur Ermittlung der Gebälkhöhe:

$$c = \frac{F \cdot 1}{A \cdot 5} = \frac{130}{13 \cdot 5} = 2\ M.$$

Schließlich zur Ermittlung der Giebelhöhe:

$$d = \frac{F \cdot 1}{A \cdot 4} = \frac{130}{13 \cdot 4} = 2\tfrac{1}{2}\ M., \text{ was } H = 10\ M. \text{ ergibt, oder}$$

$$d = \frac{F \cdot 1}{(A+1) \cdot 4} = \frac{130}{14 \cdot 4} = 2{,}3214 \cong 2^1/_3\ M.,$$

was $H = 9^5/_6$ macht.

Der Tempel besitzt sogenannte Metakonienverschlüsse, das sind von Säule zu Säule rund um die ganze Peristase gezogene Schranken, welche wohl eine nachträglich vorgenommene Adaptierung zur Bergung einer großen

Menge von Weihgeschenken oder Vorräten darstellen. Diese Metakonienverschlüsse haben eine Höhe von nicht ganz 4,60 m, was $h = 2\frac{1}{2}$ M. bedeutet.

$$\frac{< 4.60}{2.5} = 1{,}84 \text{ m} > E_h.$$

Das stimmt mit dem durchschnittlichen Einheitswert für die Säulenhöhe von $E_b = 1{,}822$ m überein.

20. Aphaiatempel auf Aegina. (Maße nach F u r t w ä n g l e r.)

Dieser Bau ist neben dem Parthenon und dem Concordiatempel zu Akragas eines der besten Stücke des Dorismus, die zugleich von einem ebenso seltsamen wie seltenen Geschick behütet, auch am besten erhalten

Abb. 53. Tempel der Aphaia auf Aegina von Südosten (Bildarchiv der Österreichischen Nationalbibliothek).

sind. Die Abb. 53 zeigt den heutigen Zustand, in welchen der Tempel durch Erdbeben geriet. Die einsame Lage über der Steilküste am kaum besiedelten Ostrande der Insel verhinderte eine Verschleppung der herabgestürzten Stücke. So gehört der Tempel der Aphaia, obwohl verfallen, zu den am besten überlieferten und vermessenen Objekten. Darüber hinaus stellt er eine theoretisch sehr entschiedene Anlage dar, so daß der Aphaiatempel ein ebenso interessantes als beweiskräftiges Forschungsobjekt bietet.

Die Architravbreite beträgt $A_o = 13{,}62$ m
und die Stylobatbreite beträgt $A_u = 13{,}80$ m. Diese beiden Maße sind Varianten voneinander und nur wegen der verschiedenen Höhenlage auch von verschiedener Länge; der Anzahl ihrer Moduli nach gleich, infolge der Verjüngung aber unterschiedlich im absoluten Maß.

Die Summe aller Säulenabstände ist

oben gleich: $S_o = 12{,}65$ m, und
unten gleich: $S_u = 12{,}70$ m.

$A_o - S_o = 13{,}62 - 12{,}65 = 0{,}97$ m und

$A_u - S_u = 13{,}80 - 12{,}70 = 1{,}10$ m, was jeweils etwas weniger als die durchschnittliche Einheit in der betreffenden Höhenlage ausmacht, sofern die Austeilung der Säulen keinem anderen Prinzip als der Kreisfunktion gehorcht. Das aber ist gerade beim Aphaiatempel nicht der Fall; es treten bei diesem Bau bereits jene grundrißlichen Bindungen auf, welche, wie M. Theuer nachgewiesen hat, bei den späteren Peripteroi dann vorherrschen, nämlich Lagebeziehungen zwischen der zweiten Säule und der dahinter stehenden Cellaante; in diesem Falle die Konkordanz der zweiten Säulenachse mit der Außenkante der aufgehenden Cellamauer.

Ein unterer Säulendurchmesesr hat $D_u = 0{,}99$ m und kommt so einer Einheit im oberen Bereiche der Säulen gleich. Dies ist eine Erscheinung, welche im dorischen Stil durchgehends zu beobachten ist. Erst in späterer Zeit, welche auch in den Vitruvschen Regeln ihren Niederschlag gefunden hat, wird der untere Säulendurchmesser, beziehungsweise ein einfacher Teil davon, zur absoluten Baueinheit, was bedeutet, daß höchstens an Einzelheiten, jedoch nicht mehr am gesamten Bau eine Verjüngung nachweisbar bleibt; mathematisch gesagt, der Krümmungsradius des betreffenden Verjüngungskreises unendlich wird.

$$\frac{A\ m}{D_u m} = \frac{13{,}80}{0{,}99} = 13{,}94, \text{ und damit } A = 13\ M.$$

da ja die Einheit in Höhe der Stylobatkante größer ist als D_u, und somit A gleich der benachbarten niedrigeren ganzen Zahl sein muß [1]. Die Höhen der am Unterbau vorhandenen drei Stufen betragen: $a = 0{,}40 + 0{,}356 + + 0{,}359 = 1{,}115\ m = E_a$, welcher Modulwert größer ist als

$$\frac{A\ m}{A\ M.} = \frac{13{,}80}{13} = 1{,}0615\ m = E_A,$$

woraus zu ersehen ist, daß der Horizont am Fuße des Tempels liegt.

Die Höhe der Säulen mißt $b = 5{,}27$ m, was 5 M. bedeutet.

$$\frac{b\ m}{b\ M.} = \frac{5{,}27}{5} = 1{,}054\ m = E_b.$$

Die Ähnlichkeit $E_A \sim E_b$ ist durchwegs für den ganzen dorischen Stil an Sechs- und Achtsäulern zu beobachten.

Die Höhe des Gebälks von der Architravunterkante bis zur vorderen

[1] Erst in späterer Zeit kommen Werte von halben Einheiten, beziehungsweise Hälftungen der Einheit bei Sechssäulern vor; vergl. Athena Sunion S. 229.

Geisonblockunterkante — maßgeblich sind also immer jene Kanten, welche Schlagschatten werfen, da sie Licht und Schatten trennen — mißt: c = 1,767 m, was 2 M. bedeutet

$$\frac{c\ m}{c\ M.} = \frac{1{,}767}{2} = 0{,}8835\ m = E_c.$$

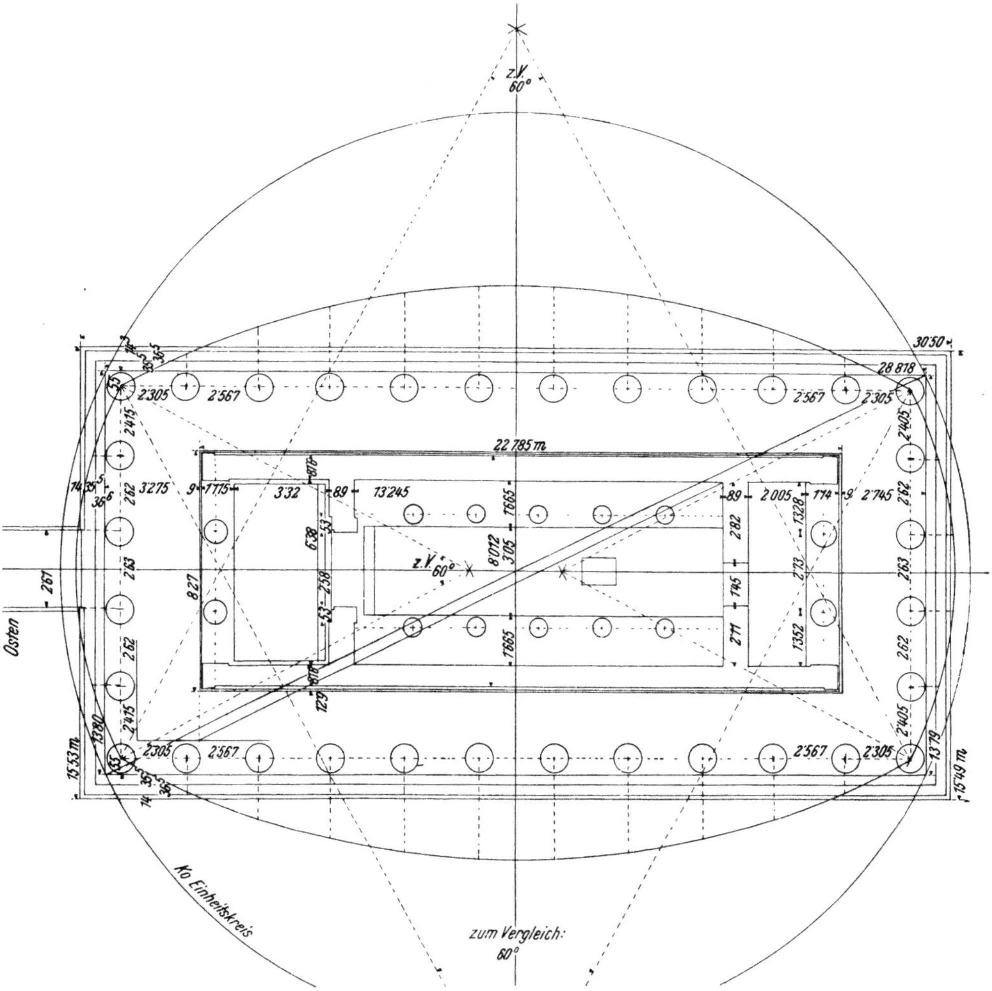

Abb. 54. Tempel der Aphaia auf Aegina, Grundriß.

Die Giebelhöhe, gerechnet bis zum höchsten Punkt im Tympanon, mißt d = 1,813 m, was ebenfalls 2 M. heißt.

$$\frac{d\ m}{d\ M.} = \frac{1{,}813}{2} = 0{,}9065\ m = E_d.$$

Es zeigt sich, daß die Trennung von Giebel und Gebälk hier nicht der Verjüngung gehorcht, vielmehr, wie weiter unten gezeigt wird, die Summe dieser beiden Maße durch die Verjüngungskonstruktion gewonnen wird, beziehungsweise entsprechend Vitruv III. 5. 9 und dem Parthenon (s. S. 222) wegen eines Zuschlages zu den obersten Gliedern eine Unstetigkeit in der Architravkante besteht. Die übrige Austeilung von Giebel und Gebälk ist wegen der unmittelbar sichtbaren Lagebeziehungen (s. Abb. 55) von diesem bestimmt. Diese Lagebeziehungen sind folgende: Der Einheitskreis, das ist beim gewöhnlichen Sechssäuler der Kreis, dessen Fläche 16mal so groß ist wie die gesamte Fläche der Hauptansicht, hat zum Radius $R_0 = 2 . A =$ $=$ zwei Architrav- oder Stylobatbreiten. Der Giebelwinkel ist beim Aphaiatempel genau der Zwölfeckwinkel von 150°. Die Schrägen ⌈ 1,2 sind Radien dieses Kreises und stehen als Streckensymmetrale senkrecht zur Giebelsteigung. Sie treffen am geraden Geison die Architravbreite gleich Triglyphonbreite, die Gestalt der Triglyphe, welche sie an ihrer Unterkante halbieren, das Einschneiden der Säulenachse an der Architravunterkante[1]. Diese kommt hier in die Lage der Sechseckseite, entsprechend der Lage der Zwölfeckseiten für die Steigung des Tympanons. Diese geschilderten Lagebezeichnungen bedingen, daß die Höhe des Triglyphons die Hälfte der Giebelhöhe ist. Getrennt werden die beiden Teile durch eine architektonisch höchst sinnvolle Einrichtung. Als maßgeblich für Trennung von Giebel und Gebälk habe ich stets die Scotianase bezeichnet, denn sie wirft den Schlagschatten. Dies ist meßtechnisch praktisch richtig, läßt sich aber im besonderen Falle doch besser ausdrücken. Unterhalb der Scotianase befindet sich eine Taenie, 3,5 cm breit und etwa 2/3 dieses Betrages hinter der Scotianasenkante liegend. Nahezu bei jeder Beleuchtung von architektonischem Wert fängt diese Taenie den Schatten der Scotia. Die Taenie selbst wirft ihren Schlagschatten aufs Triglyphon, beziehungsweise auf die Mutulenplatten. Man könnte also schon einen Augenblick im Zweifel sein, welche der beiden um 3,5 cm verschieden hochliegenden Waagrechten die wichtigere sei. Erst die Beobachtung, daß die Schräge ⌈, die Tympanonsteigung, welche gleich ist der Schräggeisonunterkante, die Architravbreite und die Scotiakante, also 4 Gerade, sich in einem Punkte schneiden, entscheidet klar für diese, die den ersten Schatten wirft. Es wird also die helle breite Fläche am geraden Geison und der Schlagschatten am Triglyphon getrennt durch die Aufeinanderfolge eines schmalen Schattens und eines schmalen Lichtstreifens, welche doppelte Betonung der wichtigen Trennung die Breite von 1,9% der getrennten Teilflächenhöhen, so ziemlich also den größtmöglichen Betrag ausmacht[2].

Teilt man den Betrag von 3,5 cm zwischen Triglyphonhöhe und Giebelhöhe zu Hälften auf, so wird die doppelte Triglyphonhöhe:

$$2 . (0{,}927 - 0{,}035/2) = 1{,}819 \text{ m}$$

und die Giebelhöhe wird: $1{,}813 + 0{,}035/2 = 1{,}8305$ m.

Wenn man das Bedürfnis nach einer noch größeren Genauigkeit hat,

---

[1] S. S. 106 den Versuch, die Überbestimmungen aufzulösen.

[2] Diese bauliche, optische Einrichtung berührt sich mit einem Phänomen, welches unter dem Namen „M a c h sche Streifen" bekannt ist: Nach E r n s t M a c h tritt an der Grenze zwischen Schwarz und Weiß eine Kontrasterscheinung auf, indem das Schwarz an der Grenze einen noch dünkleren und das Weiß von einem noch helleren Saum begleitet erscheint.

so ist also zu sagen, daß die genaue Teilung etwas oberhalb der Hälfte der Taenie zu liegen kommt.

Wie Abb. 55 zeigt, befindet sich die Aughöhe und damit der Einsatzpunkt für die zunächst als kugelförmig angenommene Verjüngungsfläche oder Referenzfläche am Fuße des Tempels. Mehr aus einer rechnerischen Konsequenz als aus psychologischer Begründung ist in Übereinstimmung mit der Seilregel der Halbmesser dieser Kugelfläche ein Teil von $n + 1$. Bei Sechssäulern also am naheliegendsten die Stylobatbreite[1].

Es sei also angenommen, daß der Krümmungsradius identisch der Stylobatbreite ist: $R = A = 13{,}80$ m.

Da $A = 13$ Moduli ist, wird, eine Konstruktion aus dem Grundriß (Abb. 54) vorausgesetzt, der Einheitswinkel für einen Modul in Grund- wie Aufriß gleich

$$\alpha = 60^\circ/13 = 4^\circ\ 36'\ 55{,}4''.$$

Die maßgebliche Höhe des Tempels, von der Unterkante der untersten Stufe bis zur Spitze des inneren Giebelfeldes gemessen, beträgt:

$$H = 9{,}965 \text{ m} = 10 \text{ Moduli}.$$

Es muß daher folgende Kontrollrechnung stimmen:

$$R = \frac{H}{\sin 10\,\alpha} = \frac{H}{\sin 46^\circ\ 9'\ 14''} = \frac{9{,}965}{0{,}72120} = 13{,}817 \text{ m}$$

$$\text{vorhanden ist } A = 13{,}80 \text{ m}$$

Dieses ist der beste Beweis für die Richtigkeit meiner Theorie, den ich zu bieten vermag.

Danach wird für die Höhe des Unterbaues:

$$a = A \,.\, \sin \alpha = 13{,}80 \text{ m} \,.\, 0{,}0805 = 1{,}111 \text{ m}$$

$$\text{vorhanden ist } a = 1{,}115 \text{ m}$$

$$\varnothing\, a = -\,0{,}004 \text{ m} = -\,0{,}36\%$$

Weiters für die Höhe der Säulen:

$$b = A \,.\, \begin{pmatrix} \sin 6\,\alpha \\ -\sin \alpha \end{pmatrix} = A \,.\, \begin{pmatrix} \sin 27^\circ\ 41'\ 32{,}4'' \\ -\sin\ 4^\circ\ 36'\ 55{,}4'' \end{pmatrix} =$$

$$= 13{,}80 \text{ m} \,.\, \begin{pmatrix} 0{,}4647 \\ -\,0{,}0805 \end{pmatrix} = 13{,}80 \text{ m} \,.\, 0{,}3842 =$$

$$= 5{,}302 \text{ m}$$

$$\text{vorhanden ist } b = 5{,}27 \text{ m}$$

$$\varnothing\, b = +\,0{,}032 \text{ m} = +\,0{,}6\%$$

Wie schon erwähnt, bedürfen gerade bei diesem Tempel Gebälk- und Giebelhöhe einer gemeinsamen Berechnung bezüglich der Verjüngung.

---

[1] Stylobatbreite und Architravbreite sind nur durch ihre verschiedene Höhenlage bedingte unterschiedliche Varianten. Der Einheitlichkeit wegen nehme ich immer die Stylobatbreite als Maß, da bei etlichen Beispielen die oberen Bauteile zu schadhaft sind, um faßbar zu sein.

Es ist daher für beide Höhen:

$$c + d = A \, . \begin{pmatrix} \sin 10\,\alpha \\ -\sin\ 6\,\alpha \end{pmatrix} = A \, . \begin{pmatrix} \sin 46^\circ\, 9'\, 14'' \\ -\sin 27^\circ\, 41'\, 32{,}4'' \end{pmatrix} =$$

$$= 13{,}80\,\text{m} \; . \; (0{,}72120 - 0{,}46470) = \quad 3{,}540\,\text{m}$$

$$\text{vorhanden ist } c + d = \quad \underline{3{,}580\,\text{m}}$$

$$\varnothing\, c + d = -\,0{,}04 \quad \text{m} = -\,1{,}1\,\%$$

Auf Abb. 55 ist rechts noch eine andere Auffassung, die rechnerisch nicht unterschieden werden kann, eingezeichnet; nämlich wegen E d > E c eine rückläufige Verjüngung, das ist ein Zuschlag, wie Vitruv in III. 5. 9, S. 245, erwähnt und S. 221 fürs Parthenon nachgewiesen ist; dieser liefert eine Unstetigkeit der Referenzfläche in der Architravkante.

Die Anlage der Hauptansicht des Aphaiatempels ist also diese:

Höhen in Moduli	Flächenanteile (unbenannt)
$a = 1$	$f\,a = {}^1/_{10}$
$b = 5$	$f\,b = {}^1/_2$
$c = 2$	$f\,c = {}^1/_5$
$d = 2$	$f\,d = {}^1/_5$
$H = 10$	${}^1/_1$

Und es wird $n = \dfrac{H}{A - H} = 3{,}\dot{3}\dot{3}\,K$ und damit weiter:

$$\pi = \left(\frac{2n + 1}{n + 1}\right)^2 = 3{,}13018.$$

Die gesamte Fläche der Hauptansicht wird gefunden aus:

$$F = A \, . \, H = 13 \, . \, 10 = 130\ \text{QM}.$$

Es ist ein günstiger Umstand, daß unter jenen Tempeln, welche auf diese weniger häufige Weise die Fläche der Ansicht bilden, ein in dieser Hinsicht vollständig erhaltenes Beispiel, wie der Aphaiatempel, sich befindet. Es wäre sonst kaum gelungen, ein solches Verfahren zu beweisen. Daraus muß man lernen; es wird mancherlei denkbar, möglich und auch gut sein, was nicht an vorhandenen Beispielen aufgezeigt oder genügend bewiesen werden kann. Die theoretische Architektur ist trotz ihres hohen Alters diesbezüglich im Zustande einer jungen Naturwissenschaft und ist als solche noch völlig an das sich selbst darbietende Objekt gewiesen. Wenn sie sich einmal hinreichend Vertrauen erworben haben wird, wird sie, auf äußere Objekte verzichtend, sich allein auf Optik und Psychologie stützen.

Die Ermittlung der Höhen der selbständigen Teilflächen in Moduli ist nun diese:

Zur Ermittlung der Höhe des Unterbaues:

$$a = \frac{F \, . \, 1}{A \, . \, 10} = \frac{130}{13 \, . \, 10} = 1\ \text{M}.$$

Dann zur Ermittlung der Säulenhöhe:

$$b = \frac{F \, . \, 1}{A \, . \, 2} = \frac{130}{13 \, . \, 2} = 5\ \text{M}.$$

Weiters zur Ermittlung der Gebälkhöhe:

$$c = \frac{F \,.\, 1}{A \,.\, 5} = \frac{130}{13 \,.\, 5} = 2\,M.$$

Zur Ermittlung der Giebelhöhe in Moduli ist das Verfahren nach der Faustregel f d = d . (A + 1) Moduli nicht anwendbar, da es wegen F = A . H zuviel liefert. Es bleibt nichts anderes übrig als f d = d . A.

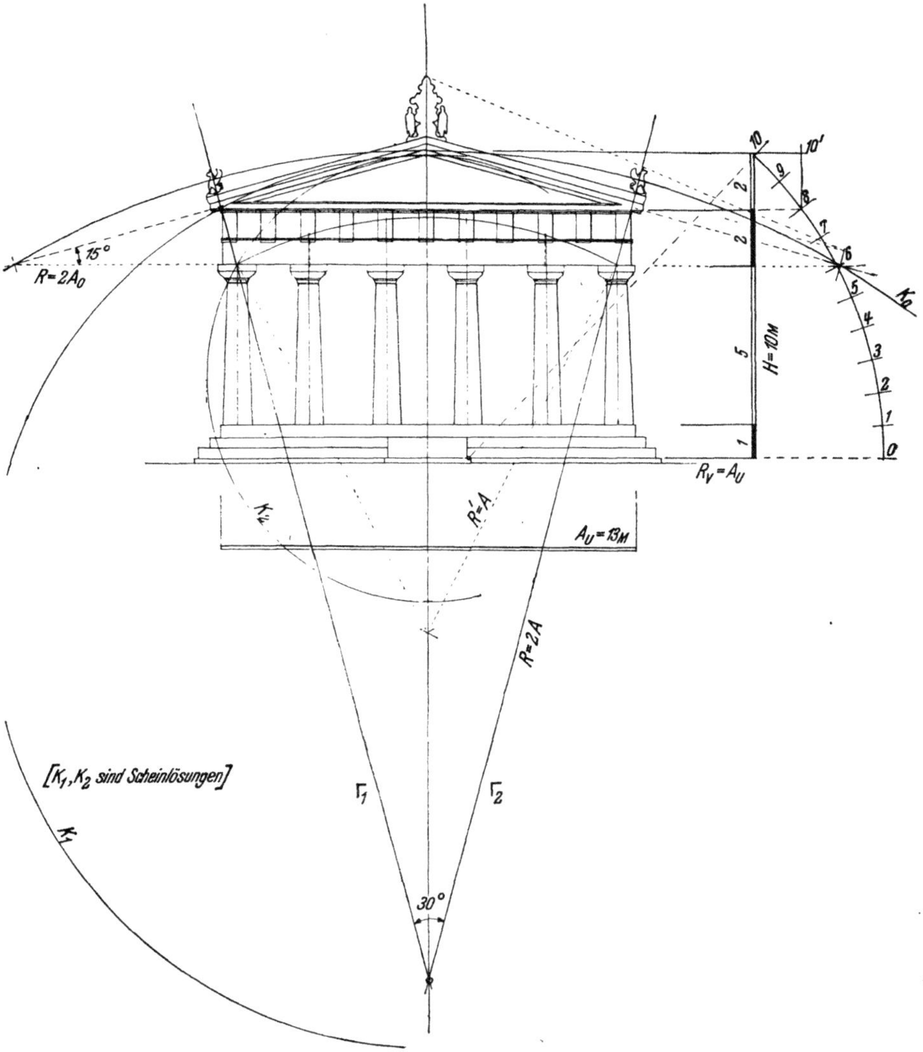

Abb. 55. Tempel der Aphaia auf Aegina, Schmalansicht.

Dies ist gerade hier beim Aphaiatempel empirisch überprüfbar, da die Akroterien in durchaus glaubhafter Weise von F u r t w ä n g l e r nach den erhaltenen Bruchstücken rekonstruiert werden konnten.

Es mißt das Tympanon mit dem darunterliegenden geraden Geison gleich	$= 2 . A/2 = 13$
Ferner das Schräggeison mit seiner Länge von etwa $16\frac{1}{2}$ M. und einer Stärke von $\frac{1}{2}$ M. gleich	$= 8\frac{1}{4}$
Die beiden Eckakrotere zusammen gleich	$= 1$
Und das Firstakroter gleich	$= 3\frac{3}{4}$
Das ergibt zusammen gleich	$= 26$ QM.,

womit auch die Fläche des Giebels ein Fünftel der gesamten Ansicht ist.

21. Heraion zu Olympia.

Eine spätere Darstellung, welcher es vielleicht gelungen sein wird, einige archaische Beispiele in die Untersuchung mit aufzunehmen, wird diesen Tempel nicht an dieser seiner jetzigen Stelle in der Tabelle 4 belassen, sondern in eine vor allen den übrigen nun behandelten Beispielen zu stellende Gruppe einreihen.

Solange das nicht möglich ist, hat es zumindest einen didaktischen Wert, diesen Tempel gerade nach dem Aphaiatempel zu behandeln, da das sehr ruinöse Beispiel nur durch Gleichheit und Gegensatz mit dem eindeutigen überhaupt verständlich wird.

Klar ist, daß in jener Periode, welche Semper als vordorischen Stil bezeichnet, die Fläche der Säulenstellung wegen der vorkommenden hohen Gebälke und Giebel zumindest bei manchen Beispielen geringer gewesen sein muß als die Hälfte der gesamten Hauptansicht — und damit naheliegenderweise ein Drittel oder zwei Fünftel dieser betragen haben wird.

Mag eine solche Anlage auch später noch ausgeführt worden oder, was wahrscheinlicher ist, trotz Erneuerungen und Umbauten erhalten geblieben sein, jedenfalls ist, wenn schon nicht der Bau, so doch die Lösung der Anlage der Hauptansicht des Heraions zu Olympia das älteste, was in dieser Untersuchung erfaßt wurde.

Solche Hexastyloi sind gleich an dem Umstande kenntlich, daß die Höhe der Säulen weitaus geringer ist als ein Drittel der Stylobatbreite[1].

Die Breite im Stylobat beträgt $A = 18{,}75$ m.

Der Abstand der Säulenachsen vom Stylobatrande ist 0,68 bis 0,72 m.

$$\frac{A\,m}{E/2\,m} = \frac{18{,}75}{0{,}72} = 26{,}04;\ A = 13\text{ M. oder auch } A = 12\text{ M.,}$$

welche beiden Möglichkeiten mit den mir zur Verfügung stehenden Maßen und Einsichten nicht zu unterscheiden sind.

$$\frac{A\,m}{A\,M.} = \frac{18{,}75}{13} = 1{,}442\text{ m} = E_A \text{ oder}$$

$$\frac{A'\,m}{A'\,M.} = \frac{18{,}75}{12} = 1{,}563\text{ m} = E_{A'}.$$

[1] Beim Tempel D.-Sel. (s. S. 201) ist ein solcher Gedanke historisch unangebracht, da dort weder stilistisch noch technisch ein Anzeichen, daß irgendein Teil von so hohem Alter wäre, vorhanden ist. Doch ist auch rechnerisch dort keine solche Möglichkeit.

Ein unterer Säulendurchmesser beträgt 1,02 bis 1,29 m = D_u, was zur Klärung obiger Frage nicht verwendbar ist, solange nicht weitere ähnliche Beispiele erfaßt worden sind.

Die Höhe der Säulen macht b = 5,20 bis 5,22 m:

$$\frac{b\ m}{E_A\ m} = \frac{5{,}20}{1{,}44} = 3{,}61 \cong 3^3/_5 \text{ oder } 3^2/_3 \text{ M. oder}$$

$$\frac{b\ m}{E_{A'}\ m} = \frac{5{,}20}{1{,}56} = 3{,}33 = 3^1/_3 \text{ M.}$$

Die Höhe des Unterbaues ist mir nicht bekannt und sonst ist von diesem Bau nichts erhalten.

Mit diesen Werten ergeben sich folgende Möglichkeiten:

$$F_1 = {}^5/_2 \,.\, b \,.\, A = {}^5/_2 \,.\, 3^2/_3 \,.\, 13 = 119{,}16\dot{6} \quad \text{soll } 120 \text{ QM. oder}$$

$$F_2 = 3 \,.\, b \,.\, A = 3 \,.\, 3^2/_3 \,.\, 13 = 143 \quad \text{soll } 144 \text{ QM. oder}$$

$$F_3 = 3 \,.\, b \,.\, A' = 3 \,.\, 3^1/_3 \,.\, 12 = 120 \text{ QM.}$$

Die zu F_1 passende Höhe ist zu ermitteln aus

$$F_1 = A \,.\, H = 13 \,.\, 9{,}233 = 120 \text{ QM. oder}$$

$$F_1 = \left(\frac{A+H}{2}\right)^2 = \left(\frac{13+9}{2}\right)^2 = 121 \text{ QM. soll } 120 \text{ QM.}$$

für H = 9¼ M. wird n = 2,466 K,
für H = 9 M. wird n = 2,25 K.

Weiters:

$$F_2 = \left(\frac{A+H}{2}\right)^2 = \left(\frac{13+11}{2}\right)^2 = 144 \text{ QM.}$$

für H = 11 M. wird n = 5,5 K.

Und endlich:

$$F_3 = \left(\frac{A'+H}{2}\right)^2 = \left(\frac{12+10}{2}\right)^2 = 121 \text{ soll } 120 \text{ QM.}$$

für H = 10 M. wird n = 5 K.

Die volle Geltung der Seilregel zur Zeit des Entwurfes dieses Tempels vorausgesetzt, sind die erste und zweite Lösung am wahrscheinlichsten. Eine Entscheidung kann nur durch die Kenntnis weiterer Maße dieses Tempels oder durch weitere ähnliche Beispiele getroffen werden (vergl. auch D.-Selinus, S. 202). Das Verhältnis fa : fb : fc : fd wird in der archaischen Periode etwa die Formen:

$^1/_5 : {}^2/_5 : {}^1/_5 : {}^1/_5$,
$^1/_5 : {}^1/_3 : {}^1/_5 : {}^4/_{15}$,
$^1/_{10} : {}^2/_5 : {}^1/_5 : {}^3/_{10}$,
$^1/_6 : {}^1/_3 : {}^1/_4 : {}^1/_4$ gehabt haben.

Fünfte Gruppe:

Oktostyloi.

22. Parthenon zu Ahen.

Nach Penrose beträgt die Breite im Stylobat

$$A = 30{,}889\ \text{m}$$

und die Breite im Architrav an der Unterkante

$$A_o = 30{,}591\ \text{m}$$

einschließlich zweier Spalten zwischen den Architravblöcken von zusammen 0,0207 m.

Da solche Spalten nicht allein durch eine Senkung der Architravmitte, sondern auch durch ein Ausweichen nach vorne entstanden sein können, was aus den vorliegenden Aufnahmen nicht unterscheidbar ist, kann von hier aus nicht erkannt werden, ob diese von der obigen Angabe abzuziehen sind oder nicht.

Die Entfernung der Ecksäulen vom Stylobatrande beträgt 1,035 m, was, wie schon bekanntgemacht, einiges weniger als eine halbe untere Einheit ausmacht;

$$E/2 \cong 1{,}035\ \text{m}$$

$$\frac{A\ \text{m}}{E/2\ \text{m}} = \frac{30{,}889\ \text{m}}{1{,}035\ \text{m}} = 29{,}845;\ \text{und damit}\ A = 14^{1}/_{2}\ \text{M.}$$

$$\frac{A\ \text{m}}{A\ \text{M.}} = \frac{30{,}889\ \text{m}}{14{,}5\ \text{M.}} = 2{,}130\ \text{m} = E_A,$$

während die Einheit an der Architravunterkante im Durchschnitt wird:

$$\frac{A_o\ \text{m}}{A\ \text{M.}} = \frac{30{,}59\ \text{m}}{14{,}5\ \text{M.}} = 2{,}11\ \text{m} = E_{A_o};$$

und zum Vergleich macht der doppelte Randabstand der Säulenachsen unten

$$E = 2{,}07\ \text{m.}$$

Die Höhe des Unterbaues im Medianschnitt ergibt sich folgendermaßen:

Nach Collignon betragen die drei obersten Stufen an der Nordostecke von oben nach unten

$$0{,}55 + 0{,}52 + 0{,}52 = 1{,}59\ \text{m},$$

darunter folgen noch je nach dem anschließenden Gelände ein bis zwei Stufen mit

$$0{,}28 + 0{,}22 = 0{,}50\ \text{m},$$

und dazu kommt noch für den Medianschnitt eine Erhebung der Kurvatur von 0,065 m, das macht insgesamt a = 2,155 m; dieselbe Berechnung an der Südostecke macht a = 2,1566 m. Doch bleibt die tatsächliche Genauigkeit gegenüber diesen Maßangaben um einen nicht bestimmbaren Betrag zurück. Aus dem Vergleich mit oben errechneten Einheiten ist zu erkennen, daß

a = 1 Modul ausmacht.

Abb. 56. Parthenon zu Athen (Collignon), Westansicht.

Die Höhe der Säulen beträgt an der Nordostecke nach
Collignon b = 10,40 m, und an der Südostecke nach
Penrose b = 10,4376 m, und an der Südwestecke nach
Penrose b = 10,4409 m [1] und macht damit 5 Moduli aus.

$$E_b = \frac{b\ m}{b\ M.} = \frac{10{,}40\ m}{5\ M.} = 2{,}08\ m \text{ bis}$$

$$\frac{10{,}4409\ m}{5\ M.} = 2{,}0882\ m$$

für die durchschnittliche Einheit an der Säule.

Die Höhe des Gebälkes bis zur Scotianase beträgt nach Collignon c = 2,867 m, was 1½ M. ausmacht.

$$E_c = \frac{c\ m}{c\ M.} = \frac{2{,}867\ m}{1{,}5\ M.} = 1{,}911\ m$$

Nach Penrose beträgt die lichte Giebelhöhe gleich 3,456 m und der Giebelwinkel aus der Zeichnung gemessen 153°.

Aus diesen beiden Daten errechnet sich die maßgebliche Giebelhöhe mit 3,82 bis 3,83 m = d, was 2 Moduli ausmacht.

$$E_d = \frac{d\ m}{d\ M.} = \frac{3{,}83}{2} = 1{,}915\ m$$

Da die Einheit im Giebel der im Gebälke so gut wie gleich ist, ersieht man, daß eine Verjüngung im Giebel nicht mehr stattfindet, was an die Forderung bei Vitruv und im Sophistes [2] erinnert, wonach hochgelegene Bauteile Zuschläge erhalten sollen.

---

[1] Die vier Dezimalen ergeben sich aus der Umrechnung aus English feet mit 34,244 f . 0,3048 = 10,4376 m und 34,255 f . 0,3048 = 10,4409 m. Der letztere Wert wird von M. Theuer als nicht zutreffend betrachtet.

[2] Vitruv, L. III. Cap. 5, Ziffer 9. (s. S. 245 usw.) und Sophistes. Ausgehend von diesen beiden Stellen haben Pennethorne in seinem „The geometry and the optics of ancient architecture" und auch andere ganz im Gegenatz zu den Monumenten allein eine Vergrößerung der Einheitswerte von unten nach oben angenommen. Eine Konstruktion also, welche ein vornehmlich verstandesmäßiges Entgegenwirken der linearen Perspektive bedeutet. Es handelt sich aber in der Architektur gar nicht darum, ob zwei Glieder gleich lang sind oder als solche genommen werden, sondern daß sie harmonisch wirken. Die Stelle im Sophistes bezieht sich überhaupt wohl mehr auf Malerei und Plastik, insbesondere auf Reliefs, bei welchen um der Deutlichkeit der Darstellung willen von der strikten Linearperspektive abgegangen und das Entferntere verhältnismäßig vergrößert wurde, die Tiefe des Raumes also mehr durch Hintereinander und Übereinander als durch Verkleinerung dargestellt wurde, mit welcher Methode insbesondere eine Änderung der Anspannung des Auges und der Aufmerksamkeit innerhalb eines Bildes ziemlich vermieden wurde.

Das Sonderbare bei Pennethorne ist, daß er die perspektivische Übereckansicht für die vornehmste und maßgebliche nimmt. Dem widerspricht der Umstand, daß ein Tempel zwei genaue Spiegelebenen hat, welche ja für die Eckansicht ohne Bedeutung sind. Hätte Pennethorne recht, so müßten die Tempel viel häufiger polygonale und runde Bauten sein, um so die nach ihm ausschlaggebende Eckansicht von möglichst vielen Seiten zu bieten. Die vorzügliche Wirkung der alten Bauten beruht aber gar nicht auf jenen „refinements", welche aufzulösen Pennethorne am allerwenigsten gelang, sondern auf den guten Proportionen, deren Fassung jene lediglich sind. Allein um diese Proportionen nachzuweisen, ist es notwendig, die refinements aufzulösen, denn die Baukunst der Zukunft wird die refinements kaum verwenden können, die Proportionen hat sie aber bitter nötig.

Abb. 57. Parthenon zu Athen, nördlicher Teil der Westansicht (Collignon).

Der Wichtigkeit des Monumentes entsprechend, sei hier der Untersuchungsgang in einer vollständigeren Weise vorgetragen, zunächst empirisch der Einheitswinkel aufgesucht und dann erst auf das Originalverfahren geschlossen.

Es sei also mit einem Radius gleich der Stylobatbreite:

$$\sin 7{,}5\,\alpha_1 = \frac{a+b+c}{R} = \frac{=2{,}1566 + 10{,}4376 + 2{,}867\ \mathrm{m}}{30{,}889\ \mathrm{m}} =$$

$$= \frac{15{,}4612}{30{,}889} = 0{,}500543,$$

$$7{,}5\,\alpha_1 = 30^\circ\ 2'\ 10''\ \text{und}$$
$$\alpha_1 = \ 4^\circ\ 0'\ 17{,}3'';$$

daraus wird dann für die Höhe des Unterbaues:

$$a = R\,.\,\sin\alpha_1 = 30{,}889\ \mathrm{m}\,.\,0{,}069843 =$$
$$= \ 2{,}1574\ \mathrm{m}$$
$$\text{vorhanden ist } a = \ \underline{2{,}1566\ \mathrm{m}}$$
$$\varnothing\, a = +\ \ 0{,}0008\ \mathrm{m}$$

Weiter für die Säulenhöhe:

$$b = R\,.\,(\sin 6\,\alpha_1 - \sin\alpha_1) = R\,.\,(\sin 24^\circ\ 1'\ 43{,}8''$$
$$- \sin 4^\circ\ 0'\ 17{,}3'') =$$
$$= R\,.\,(0{,}4071967 - 0{,}069843) = 30{,}889\ \mathrm{m}\,.\,0{,}3373537 =$$
$$= 10{,}4205\ \mathrm{m}$$
$$\text{vorhanden ist } b \ \cong\ \underline{10{,}4376\ \mathrm{m}}$$
$$\varnothing\, b \cong -0{,}0171\ \mathrm{m} \cong -0{,}15\%$$

Schließlich für die Höhe des Gebälkes als Rest:

$$c = 15{,}4612 - 2{,}1574 - 10{,}4205 = 2{,}883\ \mathrm{m}$$
$$\text{vorhanden ist } c \qquad = \underline{2{,}867\ \mathrm{m}}$$
$$\varnothing\, c = 0{,}016\ \mathrm{m} = +\ 0{,}56\%$$

Nimmt man die durchschnittliche Einheit im Giebel gleich der im Gebälke an, so wird

$$d = 2{,}883\ \mathrm{m}\,.\,\frac{2}{1{,}5} = 3{,}843\ \mathrm{m},$$

vorhanden ist etwa d $\cong$ 3,83 m.

Aus dem Umstande, daß diese Berechnung eher einen Überschuß zeigt, ist zu erkennen, daß tatsächlich nur der durchschnittliche Einheitswert aus c für d verwendet wurde. Wäre nach einer exakteren Überlegung im Punkte C auf Abb. 59 eine Tangente an den Mediankreis gelegt worden, so hätte sich die umgekehrte Tendenz zeigen müssen.

Obige Ausrechnung muß als eine vorzügliche Näherungsrechnung betrachtet werden, von welcher sich das Originalverfahren nur um Geringes unterschieden haben kann. Der Schluß auf das Originalverfahren erfolgt auf die Frage, wie obige Ausrechnung durch ein graphisches Verfahren mit recht einfachen Zirkelschlägen ausgetauscht werden könne.

Es sind ganz unübersehbar viele Möglichkeiten denkbar über den eigentlichen Anfang des Entwurfsvorganges. Es gibt fast keine Abmessung auf dem ganzen Bau, welche nicht als Ausgangsmaß in Betracht kommen könnte. Aber alle diese Möglichkeiten können in nur zwei Gruppen geschieden werden, so daß die wirklich architektonische Frage schließlich ist, ob die Höhe aus der Breite oder die Breite aus der Höhe abgeleitet wurde. Eine

Abb. 58. Parthenon zu Athen, von der Westansicht (Collignon).

weitere Zuspitzung dieser Frage verläßt das eigentlich architektonische Gebiet und begibt sich aufs kultische und historische. Aus zwei Beobachtungen ist nun zu schließen, daß die Stylobatbreite beim Parthenon Ausgangsmaß im obigen, großzügiger architektonischen Sinne war.

Die erste Beobachtung ist die, daß der im Mediansnitt so gut passende Kreis $R = A$ zur Ermittlung der Stylobatbreite selbst viel zu krumm ist, beziehungsweise α_1 zu groß erscheint, die Referenzfläche beim Parthenon also keine Kugelkalotte darstellt, wie es bei den meisten griechisch-dorischen Tempeln mit Sicherheit erkannt wurde, sondern eine Art Torusfläche sein muß; gewissermaßen einen Astigmatismus enthält. Näherungsversuche führen zur Annahme $R^A = 2\,A$. Der Weg von der gegebenen Stylobatbreite zur Höhenteilung ist also in gewohnter Weise gangbar, umgekehrt aber ist es nicht so einfach.

Die zweite Beobachtung ist, daß bei $A = 14^1/_2$ Moduli (Abb. 30, 59)

$$\sin 7{,}25\,\alpha_0 = \frac{A/2}{2\,A} = 0{,}25 \text{ mit}$$

$$7{,}25\,\alpha_0 = 14^\circ\,28'\,38{,}8'' \text{ und}$$

$$\alpha_0 = 1^\circ\,59'\,48{,}8'' \text{ wird, was nur um } 19{,}85''$$

weniger ausmacht als die Hälfte des auf S. 218 errechneten Einheitswinkels. Da in den Maßangaben und in der Fehlerverteilung S. 214 usw. genügend Spielraum hiezu ist, wird angenommen, daß

$$R_1 = A \text{ mit } \alpha_1 = 2\,\alpha_0,$$

der Radius des Mediankreises identisch sei der Breite im Stylobat mit dem doppelten Winkel, welcher aus der Stylobatbreite gewonnen wurde.

Demnach wird für die Unterbauhöhe

$$a = A\,.\,\sin \alpha_1 = A\,.\,\sin\ 3^\circ\,59'\,37{,}6'' = 30{,}889\,.\,0{,}0696485$$
$$= 2{,}1514 \text{ m}$$
$$\text{vorhanden ist } a = 2{,}155 \text{ m}, \ \varnothing a = -0{,}0036 \text{ m} = -0{,}165\%$$
$$\text{bis } 2{,}1566 \text{ m}, \ \varnothing a = -0{,}0052 \text{ m} = -0{,}24\%.$$

Für die Säulenhöhe wird

$$b = A\,.\,(\sin 6\,\alpha_1 - \sin \alpha_1) = A\,.\,(\sin 23^\circ\,57'\,45{,}6'' - \sin\ 3^\circ\,59'\,37{,}6'') =$$
$$= A\,.\,(0{,}4061452 - 0{,}0696485) = 30{,}889\,.\,0{,}3364967 =$$
$$= 10{,}394 \text{ m},$$
$$\text{vorhanden ist } b = 10{,}40 \text{ m}, \ \varnothing b = -0{,}006 \text{ m} = -0{,}06\%$$
$$\text{bis} = 10{,}4376 \text{ m}, \ \varnothing b = -0{,}0436 \text{ m} = -0{,}42\%$$

Schließlich wird für die Gebälkhöhe

$$c = A\,.\,(\sin 7{,}5\,\alpha_1 - \sin 6\,\alpha_1) = A\,.\,(\sin 29^\circ\,57'\,12{,}0'' - \sin 23^\circ\,57'\,45{,}6'' =$$
$$= A\,.\,(0{,}4992996 - 0{,}4061452) = 30{,}889\,.\,0{,}0931544 =$$
$$= 2{,}877 \text{ m}$$
$$\text{vorhanden ist } c = 2{,}867 \text{ m}$$
$$\varnothing c = +0{,}010 \text{ m} = +0{,}35\%.$$

In die bis hieher errechneten Werte müssen nun alle übrigen Breitenabmessungen in einer mit Zirkel und Lineal konstruierbaren Weise eingebunden werden. Wie dies geschehen kann, ist auf Abb. 59 dargestellt.

Eine solche Konstruktion kann nicht so genau und damit auch nicht so genau überprüfbar sein, daß die aufzusuchenden Radien auf einen halben Meter bestimmbar wären. Es vergrößert sich ja der Winkel mit Verkleinerung des zugehörigen Radius und umgekehrt, entsprechend dem unumstößlichen Grundsatz, daß die Bogenlängen auf der Referenzfläche, wie immer diese gestaltet sein mag, konstant bleiben müssen, solange diese stetig ist[1].

[1] S. S. 218, Berechnung der Giebelhöhe.

Bei der Größe der hier in Betracht kommenden Radien ergibt eine Längenänderung von einem halben Meter eine Änderung der zu errechnenden Tempelbreite um etwa einen halben Zentimeter; bleibt also unter jeder Kritik.

Eine solche Unbestimmbarkeit innerhalb gewisser Grenzen ist aber architektonisch kein Mangel, sondern im Gegenteil geradezu ein Vorteil, welcher erst gestattet, an Stelle der mannigfach plastischen Fassade verfahrensmäßig mit einer viel einfacheren Referenzfläche zur Ermittlung der Abmessungen auszukommen.

Die Abb. 59 zeigt nun den Medianschnitt durch die Referenzfläche, aus welchem sämtliche Krümmungsradien mit dem Zirkel herausgegriffen, beziehungsweise herausgemessen werden können.

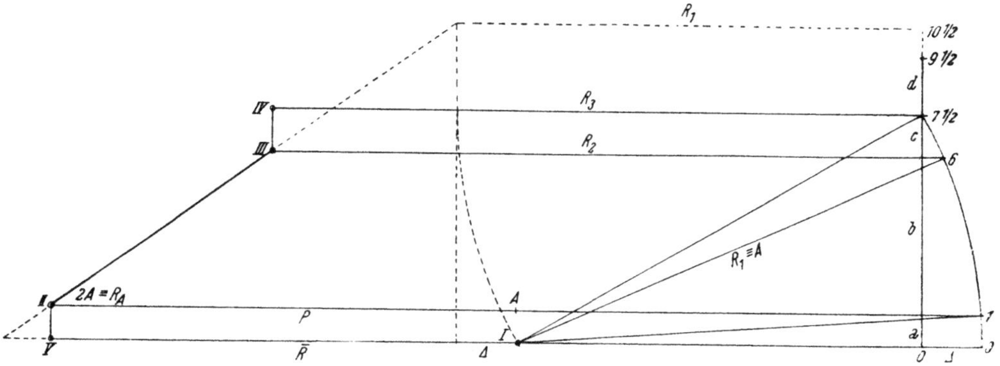

Abb. 59. Parthenon zu Athen, Medianschnitt durch die Referenzfläche.

Es wird darin bezeichnet mit

0—a—b—c—d der schematische Schnitt durch die Hauptansicht; mit

0′—1—6—7½ der Kreisbogen mit dem Radius $R_1 = A$, gleich der Breite im Stylobat, gezogen vom Einsatzpunkt I; dies ist der Austeilungsbogen für den Mittelschnitt 0—a—b—c.

II—1 bezeichnet die Gerade von der Länge 2 A, dies ist der Austeilungsradius für die Stylobatkante mit dem Einsatzpunkt II.

III—6 bezeichnet den Radius R_2 des Austeilungsbogens für die Architravunterkante.

IV—7½ bezeichnet den Radius R_3 des Austeilungsbogens für die Kante der Scotianase, welche Gebälk und Giebel trennt.

V—0′ bezeichnet den Austeilungsradius für die Stereobatkante; In dieser liegt der Horizont.

Δ, P bezeichnen zwei Größen ohne architektonische Bedeutung, welche sich aus dem Rechnungsgang ohne weiteres erklären.

Ausgehend von der Überlegung, daß jene Aberration, der „Astigmatismus“, welcher sich in dem Umstande $2 . R_1 = R_A = 2 . A$ ausspricht, noch innerhalb der Tempelansicht, also spätestens an der Spitze des Mittelakroters, gleich Null werden muß, wird, um obengenannte Unbestimmtheit auf eine annehmbare Weise zu überwinden, jener Punkt der Geraden II—III gesucht, für welchen die Aberration Null ist, das heißt welcher von der Referenzfläche um $R_1 = A$ absteht. Dieser Punkt wurde durch Probieren in der Höhe von 10½ Moduli, also im Mittelakroter gelegen, als passend ausgesucht.

Diese Hypothese erzeugt eine Referenzfläche, aus welcher sämtliche Erscheinungen mit Ausnahme der Kurvatur mit mehr als zufriedenstellender Genauigkeit errechnet werden können. Da die Kurvatur aber auch bei einfacheren Fällen, zum Beispiel beim Theseustempel zu Athen, wo die Referenzfläche eine Kugelschale darstellt, von dieser sich löst, bildet dies kein Argument dagegen. Obige Hypothese muß also in Anbetracht der hohen Überbestimmtheit, welche aus der nun unten folgenden Ausrechnung klarwerden wird, als nahe dem Originalverfahren und mit diesem gleichwertig angesehen werden.

Übereinstimmend mit S. 220 oben wird die gesamte Konstruktion als von der Stylobatbreite ausgehend aufgefaßt, und so werden mit Ausnahme dieses einen gemessenen Maßes nur errechnete Maße zur weiteren Rechnung verwendet und neben die Resultate dann die Abweichungen in Metern und Prozenten von der Aufnahme gesetzt. Es wird daher der Radius für die Architravunterkante

$$R_2 = \sqrt{R_1^2 - (a + b)^2} + \Delta + P \,.\, \frac{c + d + 1\,\text{M.}}{b + c + d + 1\,\text{M.}},$$

worin 1 M. den obersten Modulwert bezeichnet.

$$P = 2 \,.\, A - \Delta - \sqrt{R_1^2 - a^2},$$

$$\Delta = R_1 - \sqrt{R_1^2 - (a + b + c)^2} = R_1 - \sqrt{954{,}11 - 237{,}85} =$$

$$= R_1 - \sqrt{716{,}26} = 30{,}889 - 26{,}763 = \underline{4{,}126\text{ m,}}$$

$$P = 61{,}778 - 4{,}126 - \sqrt{954{,}11 - 4{,}63} =$$

$$= 57{,}652 - \sqrt{949{,}48} = 57{,}652 - 30{,}8136 = \underline{26{,}868\text{ m,}}$$

$$R_2 = \sqrt{30{,}889^2 - (2{,}1514 + 10{,}394)^2} + 4{,}126 +$$

$$+ 26{,}868 \,.\, \frac{2{,}877 + 3{,}83 + 1{,}915}{10{,}394 + 2{,}877 + 3{,}83 + 1{,}915} =$$

$$= \sqrt{954{,}11 - 157{,}39} + 4{,}126 + 26{,}868 \,.\, \frac{8{,}622}{19{,}016} =$$

$$= \sqrt{796{,}72} + 4{,}126 + 26{,}868 \,.\, 0{,}4534 =$$

$$= 28{,}226 + 4{,}126 + 12{,}182 = \underline{44{,}534\text{ m.}}$$

Der zugehörige Einheitswinkel ergibt sich aus der Proportion

$$R_1\,\alpha_1 = R_2\,\alpha_2{}^{1} \text{ als } \alpha_2 = \frac{R_1}{R_2} \,.\, \alpha_1 = \frac{30{,}889}{44{,}534} \,.\, \alpha_1 =$$

$$= 0{,}69365 \,.\, 3^\circ\, 59'\, 37{,}6'' = \underline{2^\circ\, 46'\, 13{,}0''.}$$

[1] Das exakte arc $\alpha_1 \,.\, R_1 = \text{arc}\,\alpha_2 \,.\, R_2$ ist verfahrensmäßig nicht wahrscheinlich, und da der größte Einheitswinkel noch unter 4^0 bleibt, wird der dadurch bedingte Fehler

Daraus wird die Länge der Architravunterkante gleich

$$A' = 2 \,.\, R_2 \,.\, \sin 7\tfrac{1}{4}\,\alpha_2 = 2 \,.\, 44{,}534\ \text{m} \,.\, \sin\ 20^\circ\, 5'\, 4{,}25'' =$$
$$= 89{,}068\ \text{m} \,.\, 0{,}3434055 = \underline{30{,}588\ \text{m}}$$

vorhanden ist $A' = \underline{30{,}59\ \ \text{m}}$, wovon vermutlich noch ein Teil der Spalten von 0,0207 m abzuziehen ist.

Der Radius R_3 für die Breitenabmessung in Höhe der Scotianase hat seinen Einsatzpunkt IV lotrecht über III. Daher wird

$$R_3 = R_2 - \sqrt{R_1^2 - (a+b)^2} + \sqrt{R_1^2 - (a+b+c)^2} =$$
$$= 44{,}534 - 28{,}226 + 26{,}763 = 43{,}071\ \text{m}$$

und der zugehörige Winkel

$$\alpha_3 = \frac{R_1}{R_3} \,.\, \alpha_1 = \frac{30{,}889}{43{,}071} \,.\, \alpha_1 = 0{,}71717 \,.\, 3^\circ\, 59'\, 37{,}6'' =$$
$$= 2^\circ\, 51'\, 51{,}18''$$

Daraus wird die Gebälkbreite in Höhe der Scotianase

$$A'' = 2 \,.\, R_3 \,.\, \sin 7\tfrac{1}{4}\,\alpha_3 \quad = 2 \,.\, R_3 \,.\, \sin 20^\circ\, 45'\, 56{,}06'' =$$
$$= 2 \,.\, 43{,}071 \,.\, 0{,}35454 = 30{,}544\ \text{m};$$

vorhanden ist unterhalb der Mutulenplatten das Maß von 30,546 m, wovon noch einige Millimeter abzuziehen sind, um das vorhandene A'' zu erreichen, also schätzungsweise 30,535 bis 30,54 m.

Der Dachüberstand, in der gleichen Höhe gerechnet, wird

$$D = R_3 \,.\, (\sin\ 7\ 7/12\ \alpha_3 - \sin\ 7\tfrac{1}{4}\ \alpha_3) = R_3 \,.\, (\sin 21^\circ\, 43'\, 13{,}12'' - \sin 20^\circ\, 45'\, 56{,}06'')$$
$$= R_3 \,.\, (0{,}370079 - 0{,}35454) = 43{,}071 \,.\, 0{,}015539 =$$
$$= 0{,}66927\ \text{m} = 1/3\ \text{Modul};$$

vorhanden ist in dieser Höhe etwa $= 0{,}661$ m.

Schließlich sei die Austeilung für den Horizont, das ist in der Stereobatlinie, berechnet.

Die Stufenführung rings um den Parthenon weist bedeutende Unregelmäßigkeiten auf, was schon S. 214 ausgedrückt wurde. Maßhaltig ist jedenfalls die vierte Steigung von oben, jene schmälere Stufe, indem sie von der Stylobatkante ¾ Moduli absteht. Sie kann als Anhalt zur Schätzung der entsprechenden Breite in Horizonthöhe dienen. In dieser Stufe hat der Tempel die Breite von

$$30{,}889 + 2 \,.\, 1{,}5184 = 33{,}9258\ \text{m},$$

dasselbe Maß in Horizonthöhe hat dann schätzungsweise mindestens 33,97 m.

Der Einsatzpunkt V liegt lotrecht unter II und damit wird

$$\overline{R} = 2 \,.\, A + R_1 - \sqrt{R_1^2 - a^2} = 92{,}667 - 30{,}8136 = 61{,}8534\ \text{m}$$

höchstens 0,015%, also nicht kritisierbar. Graphisch ist dabei so zu verfahren, daß, solange es sich um einfache Werte handelt, Winkel und Radius für sich geteilt, beziehungsweise vervielfacht werden; nicht teilsame Werte müßten durch Interpolation aus einer vorher gezeichneten Spirale gestochen werden. Möglich ist auch die Verwendung des Tangens an Stelle des Arcus. Die dabei zu erwartenden Abweichungen betragen $\tan 4^0 - 2.\ \tan 2^0 = 0{,}06993 - 0{,}06984 = 0{,}00009 = 0{,}132\%$. Auch dieses ist architektonisch tauglich und nicht kritisierbar. Rechnerisch wurde das erstere Verfahren vorgezogen, da es der theoretischen Auffassung näherliegt.

mit dem zugehörigen Winkel

$$\alpha_4 = \frac{R^1}{\overline{R}} \cdot \alpha^1 = \frac{30{,}889}{61{,}8534}\ \alpha_1 = 0{,}49941 \cdot \alpha_1 = 1^\circ\, 59'\, 40{,}3''$$

$$\overline{A} = 2 \cdot \overline{R} \cdot \sin 8\,\alpha_4 = 2 \cdot 61{,}8534 \cdot \sin 15^\circ\, 57'\, 22{,}4'' =$$

$$= 2 \cdot 61{,}8534 \cdot 0{,}274907 = 34{,}0078 \text{ m}$$

$$\text{vorhanden ist etwa} = 33{,}97 \text{ m}$$

$$= +\ 0{,}0378 \text{ m} = +\ 0{,}11\,\%$$ [1]

Die Anlage der Hauptansicht des Parthenons ist daher diese:

Höhen in Moduli	Flächenanteile (unbenannt)
$a = 1$	$f\,a = 1/10$
$b = 5$	$f\,b = 1/2$
$c = 1\frac{1}{2}$	$f\,c = 3/20$
$d = 2$	$f\,d = 1/4$
$H = 9\frac{1}{2}$	$1/1$

Die beiden Werte $A = 14\frac{1}{2}$ M. und $H = 9\frac{1}{2}$ M. gehorchen dieser Form nach der Seilregel:

$$2\,H = A + \frac{A}{n} = 19 = 14{,}5 + \frac{14{,}5}{n}$$

und daraus wird $n = 14{,}5 : 4{,}5 = 3{,}\dot{2}\dot{2}$ K und

$$\pi = \left(\frac{2n+1}{n+1}\right)^2 = \left(\frac{7{,}\dot{4}\dot{4}}{4{,}22}\right)^2 = 3{,}109$$

Der Gestalt nach ist daher das Rechteck AH beim Achtsäuler die Hälfte des um 90° geschwenkten gleichnamigen Rechtecks beim gewöhnlichen Sechssäuler. (Von den erfaßten Sechssäulern bildet, wie oben erwähnt, eine Ausnahme Tavole Paladine, welcher Bau der Gestalt nach der eben erläuterten Form der Achtsäuler gleicht.) Dementsprechend wird die Fläche des maßgeblichen Kreises

$$Q^2 = (4 \cdot H)^2 \cdot \pi = (4 \cdot 9{,}5)^2 \cdot 3{,}109 = 4{,}489{,}4 \text{ QM.}$$

War die Fläche der Hauptansicht beim gewöhnlichen Sechssäuler der sechzehnte Teil von Q^2, so wird nun die entsprechende Fläche des Achtsäulers verhältnismäßig die Hälfte davon, also ein Zweiunddreißigstel.

$$F = Q^2/32 = 4{,}489{,}4 : 32 = 140{,}3 \text{ QM,}$$

welche näherungsweise Berechnung natürlich nicht genau die maßgebliche Flächenzahl liefert. Diese ist vielmehr wie üblich einfacher zu finden:

$$F = \left(\frac{A+H}{2}\right)^2 = \left(\frac{14{,}5 + 9{,}5}{2}\right)^2 = 12^2 = 144 \text{ Q M.}$$

$$\text{oder } F = 2 \cdot b \cdot A = 2 \cdot 5 \cdot 14{,}5 = 145 \text{ Q M.}$$ [2]

[1] Da die Kurvatur sich von der Referenzfläche ablöst, wird über diese S. 249 usw. abgesondert gehandelt.

[2] Die Variante $F = 144$ QM. läßt an eine Möglichkeit mit $A = 14{,}4$ M. und $H = 9{,}6$ M. denken, wobei das hinzukommende Zehntel Modul auf die Giebelhöhe zu legen wäre. Soweit wäre das recht wahrscheinlich. Dem widerspricht jedoch vor allem, daß von der besonderen Teilbarkeit der 144 kein Gebrauch gemacht ist, ferner, daß mit

Die Ermittlung der Höhen in Moduli der selbständigen Teilflächen der Hauptansicht ist nun folgende:

Zur Ermittlung der Höhe des Unterbaues:

$$a = \frac{F \,.\, 1}{A \,.\, 10} = \frac{145}{14{,}5 \,.\, 10} = 1 \text{ M.}$$

Weiters zur Ermittlung der Höhe der Säulen:

$$b = \frac{F \,.\, 1}{A \,.\, 2} = \frac{145}{14{,}5 \,.\, 2} = 5 \text{ M.}$$

Ferner zur Ermittlung der Gebälkhöhe:

$$c = \frac{F \,.\, 3}{A \,.\, 20} = \frac{145 \,.\, 3}{14{,}5 \,.\, 20} = 1\tfrac{1}{2} \text{ M.}$$

Die Ermittlung der Giebelhöhe ist wie beim Aphaiatempel nach dem sonst angewandten Näherungsverfahren nicht mit genügender Genauigkeit möglich, denn $d \,.\, (A + {}^2/_3) = 2 \,.\, 15{,}16$ M. $= 30{,}3$ QM.[1] (der Dachüberstand beträgt beim Parthenon 0,66 m $= {}^1/_3$ M.). Erforderlich sind jedoch

$$F/4 = 144/4 = 36 \text{ QM.}$$

Das innere Giebelfeld und das darunter liegende gerade Geison bilden ein Dreieck von der Fläche

$$2 \,.\, A/2 = 14{,}5 \text{ QM.}$$

Das Schräggeison mit seiner Stärke von ${}^1/_3$ M. bedeckt eine Fläche von etwa

$$(A/\cos 13^\circ\, 30' + 1{,}5) : 3 = (14{,}5 : 0{,}9724 + 1{,}5) : 3 = 5\tfrac{1}{2} \text{ QM.}$$

Die beiden Eckakroterien betragen schätzungsweise je 4 QM. und das Firstakroter schätzungsweise 8 QM. Womit ein Maß von 36 QM. für den ganzen Giebel erklärlich erscheint[2].

Es ist eines der besten Beweisstücke für die Richtigkeit meiner Theorie, daß es gelungen ist, Gleichheit und Gegensatz zwischen Sechssäuler und Achtsäuler darzustellen. Gleich sind sie bezüglich des Verhältnisses der Fläche der Säulenstellung zur gesamten Fläche der Schmal- und Hauptansicht von ½, soweit die eigentlich klassische Periode betrachtet wird. Gleich sind sie

solchen Werten $n = 3$ K würde, welcher Wert in der Perikleischen Zeit schon unwahrscheinlich ist; und schließlich, daß damit die auftretenden Fehler bei der Berechnung der Verjüngungswerte fast doppelt so groß würden als die oben hingenommenen. Eine Störung der Bildung des Formats durch den Schritt von 144 auf 145 ist nicht denkbar, da die Differenz nur 0,7% beträgt und noch lange im nützlichen Bereich von brauchbaren n-Werten liegt.

[1] Dieses Näherungsverfahren ist auf eine Beobachtung bei Bauten mit kleiner Modulzahl der Tempelbreite, kräftigem Schräggeison und einem Dachüberstand von ½ M. begründet. Der Parthenon ist diesbezüglich wohl der zarteste Bau gewesen und wird deshalb gleich dem Aphaiatempel sehr große Akrotere getragen haben.

[2] M. Praschniker hat 1911 die beiden Mittelakrotere vom Parthenon zu rekonstruieren versucht. Er schätzt beide auf etwa 2,80 m hoch, zeichnet das vom Ostgiebel um etwa ein Drittel breiter als hoch, das vom Westgiebel aber schmäler. Diese Rekonstruktion widerspricht keineswegs meiner Annahme, da sie nur den aus Ranken betehenden Mittelteil betrifft, und also offen läßt, ob etwa, wie andere Rekonstruktionen zeigen, noch beiderseits eine Figur gestanden haben mag, wie zum Beispiel beim Aphaiatempel auf Aegina erwiesen ist. Münzen, auf denen die Ansicht des Parthenon wiedergegeben ist, sind als winzige Abbreviationen weder maßstäblich noch fürs Detail verläßlich.

ferner grundsätzlich bezüglich der Giebelwinkel, da, wie schon bemerkt, deren Werte beim Aphaiatempel wie beim Parthenon nicht wesentlich verschieden sind. Gegensätzlich sind sie bezüglich des Formates, des Rechteckes aus A und H. Doch wird dieser Gegensatz durch einen gemeinsamen zusammenfassenden Gedanken, der sogenannten Seilregel, erklärt.

Diese Beobachtungen sind bisher nicht bekannt gewesen, noch ist irgendein Gedanke bekanntgeworden, der architektonisch besser als die Sempersche Norm und die Bemerkungen von Thiersch wäre. Der Fortschritt ist durch die Einführung psychologischen Denkens erzielt worden. Dieses aber nicht allein, vielmehr war es auch die Beachtung zeitgenössischen mathematischen Denkens, das den Mangel zeitgenössischer fachlicher oder allgemeinliterarischer Behandlung architektonischer Fragen noch am ehesten zu beheben verspricht.

23. Tempel G. — Selinus.

Leider ist dieser Achtsäuler in einem sehr schlechten Zustand erhalten und als eine Folge hievon gehen die Aufnahmen sehr weit auseinander in der Angabe der Abmessungen.

Die Breite im Stylobat mißt
nach Koldewey-Puchstein $A = 50{,}10$ m
nach Hittorff $= 50{,}59$ m
und nach Serrodifalco $= 49{,}86$ m

Mehr Klarheit zeigt schon: $D_u = 2{,}60$ m für den unteren Säulendurchmesser und das Maß für den Dachüberstand von 1,25 bis 1,30 m, woraus sich zeigt, daß wie beim gewöhnlichen Sechssäuler der Dachüberstand in Moduli beiderseits ½ beträgt.

Damit wird es wahrscheinlich, daß $A = 18$ Moduli ist, denn:

$\frac{Am}{AM.}$ wird je nach den Aufnahmen gleich

$$= \frac{50{,}10}{18} = 2{,}783 \text{ m oder}$$

$$= \frac{50{,}59}{18} = 2{,}810 \text{ m oder}$$

$$= \frac{49{,}86}{18} = 2{,}77 \text{ m für } E_A.$$

Damit werden die ersteren beiden Maße die wahrscheinlicheren. Es stehen auch einige Säulen mit einem unteren Durchmesser von $D_u = 3{,}50$ m in der Peristase.

Die Höhe der Säulen beträgt nach Koldewey-Puchstein 16,27 m
nach Hittorff 16,30 m
nach Serrodifalco 17,66 m

$$\text{Aus } 2.H = A + \frac{A}{n} \text{ wird für } n = 3 \text{ K,}$$

welcher Wert wegen des Alters des Tempels angemessen erscheint,

H = 12 M., womit eine Säulenhöhe von 6 M. oder etwas mehr zu erwarten ist.

$$\frac{b\,m}{b\,M.} = \frac{16{,}27}{6} = 2{,}71 \text{ m oder}$$
$$= \frac{16{,}30}{6} = 2{,}717 \text{ m oder}$$
$$= \frac{17{,}66}{6} = 2{,}943 \text{ m für } E_b.$$

Abb. 60. Tempel bei Korinth (Bildarchiv der Österreichischen Nationalbibliothek).

Die Höhe des Unterbaues ist nicht bekannt, was zur Unsicherheit für die Erforschung der Ruine besonders beiträgt.

Wegen der guten Teilbarkeit der Zahlen ist recht wahrscheinlich, daß

$$F = 2 . b . A = 2 . 6 . 18 = 216 \text{ QM. gesetzt wurde.}$$

Das Gebälke bis zur Scotia mißt $c = 5{,}67 \text{ m} \geq 2$ M.

$E\,c \leq 2{,}835$ m.

$$\text{Aus } c = \frac{F . 1}{A . 6} = \frac{216}{18 . 6} = 2 \text{ M.}$$

Weitere Mutmaßungen anzustellen hat keine Beweiskraft und ist daher von meinem Standpunkt unnütz.

Mit Ausnahme des Athenatempels auf Sunion sind nun alle Tempel, von denen ich Maße erreichen konnte und deren Erhaltungszustand dazu ausreichte, bezüglich ihrer Anlage an der Hauptansicht beschrieben.

Der gerade erwähnte Athenatempel auf Sunion tritt kompositorisch aus dieser Reihe. Er stellt das dem Forscher hochwillkommene Bindeglied zu jener Art des Entwerfens dar, welche in den Vitruvschen Bruchstücken einen Niederschlag gefunden hat.

Abb. 61. Tempel bei Korinth (Bildarchiv der Österreichischen Nationalbibliothek).

Andere als diese, in diesem Kapitel dargestellte griechisch-dorische Peripteraltempel habe ich nicht untersucht. Es ist überhaupt nichts mit Absicht umgangen oder ausgelassen. Ich bin in meinen Untersuchungen noch auf keinen Bau gestoßen, der meiner Theorie widersprochen hätte.

Gottfried Semper gibt von acht weiteren Peripteroi, die ich also in dieser Schrift nicht behandelt habe, seine Norm an. Das gibt den Anschein, als hätte ich mit Absicht das Forschungsmaterial beschränkt oder eine zu meiner Theorie passende Auslese getroffen. Dies ist nicht der Fall. Abgesehen davon, daß auch ich vier Tempel behandle, welche Semper nicht in seinem Material aufzuweisen hat, ist Semper von einer Freizügigkeit in der Aufstellung seiner Normen, welche vom Standpunkt meiner Theorie als zu wenig kritisch bezeichnet werden muß. Dies gilt besonders für das Abschätzen der Gebälkhöhe (Artemision-Syrakus, Tempel zu Korinth).

Immerhin ist noch zu hoffen, daß es gelingen mag, von einigen Beispielen die erforderlichen Maße in Erfahrung zu bringen.

24. Athenatempel auf Sunion.

Die Breite im Stylobat beträgt nach D o e r p f e l d $A = 13{,}48$ m
und nach B l o u e t $= 13{,}34$ m

Der Abstand der Ecksäulen vom Stylobatrand macht 0,58 m ~ E. Das ist eine Maßnahme, welche die Ähnlichkeit mit den Vitruvschen Faustregeln sichtbarer machen soll. Bei den Vitruvschen Regeln wird nämlich, wie weiter unten gezeigt wird, der halbe untere Säulendurchmesser gleich einem Modulus gesetzt. Es ist nun also bei diesem Beispiele der Modul verhältnismäßig halb so groß angenommen als bei allen vorauf angeführten Beispielen.

$$\frac{A\,m}{E\,m} = \frac{13{,}48}{0{,}58} = 23{,}24 \text{ oder}$$

$$= \frac{13{,}34}{0{,}58} = 23{,}00, \text{ woraus zu ersehen ist, daß}$$

$$A = 21 \text{ Moduli mißt.}$$

$$\frac{A\,m}{A\,M.} = \frac{13{,}48}{21} = 0{,}642\text{ m} = E_A \text{ oder}$$

$$= \frac{13{,}34}{21} = 0{,}635\text{ m} = E_{A'}.$$

Am Unterbau sind drei Stufen vorhanden, von oben nach unten:

$$0{,}37 + 0{,}36 + 0{,}36 = 1{,}09\text{ m} = a, \text{ was für } 1\tfrac{1}{2}\text{ M. gilt:}$$

$$\frac{a\,m}{a\,M.} = \frac{1{,}09}{1{,}5} = 0{,}727\text{ m} = E_a.$$

Die Höhe der Säulen beträgt $b = 6{,}14$ m, was 9 M. macht.

$$\frac{b\,m}{b\,M.} = \frac{6{,}14}{9} = 0{,}682\text{ m} = E_b; \text{ Variante } E_A.$$

Die Gebälkhöhe macht $c = 1{,}788$ m, das sind 3 M.

$$\frac{c\,m}{c\,M.} = \frac{1{,}788}{3} = 0{,}596\text{ m} = E_c.$$

M. T h e u e r hält den kleineren Wert für die Stylobatbreite für eher zutreffend, was auch baulich zumeist das wahrscheinlichere ist. Aus der Ähnlichkeit $E_b \sim E_A$ würde jedoch der größere Wert wahrscheinlicher. Zur Berechnung der Verjüngung sei zunächst der größere Wert verwendet, da er einen Umstand, den ich zu demonstrieren wünsche, deutlicher erkennen läßt als der kleinere.

Anschließend wird dann die Fehlerverteilung auch für den kleineren Wert als Radius gegeben werden.

Mit der Annahme $R = A = 13{,}48$ m wird

$$\sin 10{,}5\,\alpha = \frac{a + b}{A} = \frac{7{,}23}{13{,}48} = 0{,}537$$

$$10{,}5\,\alpha = 32^\circ\,28'\,46''$$

$$\alpha = 3^\circ\,5'\,35{,}8''$$

Name des Tempels	1 Alter Ost- od. West-Griechenland	2 n K	3 A M	4 H M	5 a M	6 b M	7 c M	8 d M	9 F QM
1 *Olympeion zu Syrakus*	nach 580 W	(2,75)	10	$7^1/_3$	$^3/_4$	$3^3/_4$	$(1^1/_2)$	$(1^1/_3)$	75
2 *Poseidontempel zu Peastum*	440 W	(3,286)	10	$(7^2/_3)$	$^2/_3$	$3^3/_4$	$1^1/_2$	$(1^3/_4)$	75
3 *Apollotempel auf Ortygia*	580 W	$(3{,}\dot{5}\dot{4})$	10	$(7^4/_5)$	$^2/_3$	4	—	—	80
4 *Apollotempel zu Bassae*	430 O	$(3{,}\dot{5}\dot{4})$	10	$(7^4/_5)$	$^1/_2$	4	$(1^1/_2)$	$(1^4/_5)$	80
5 *Cerestempel zu Paestum*	500 W	$(3{,}8\dot{7}\dot{8})$	10	(7,95)	$^3/_4$	4	$1^3/_5$	$(1^3/_5)$	80
6 *Heratempel E.-Selinus*	580 W	3,6316	11	$8^5/_8$	$^2/_3$	$4^1/_3$	$1^5/_8$	2	98
7 *Zeustempel zu Olympia*	560—450 O	(3,6316)	11	$(8^5/_8)$	$^2/_3$	$4^1/_3$	—	—	(98)
8 *Herkulestempel zu Akragas*	W	3,4	11	$8^1/_2$	$^2/_3$	$4^1/_3$	$1^1/_2$	2	96
9 *Junotempel zu Akragas*	vor 440 W	—	11	—	$1^1/_4$ (od. $1^2/_3$)	$4^1/_3$	—	—	(96)
10 *Concordiatempel zu Akragas*	440 W	$3{,}\dot{4}\dot{5}\dot{9}$	11	$8^{32}/_{60}$	$1^1/_4$	$4^1/_3$	$1^3/_4$	$1^1/_5$	96
11 *Athenatempel auf Ortygia*	nach 440 W	—	11	—	—	$4^1/_3$	—	—	(96)
12 *Theseustempel zu Athen*	nach 440 O	3,648	11	$8^{38}/_{60}$	$^4/_5$	$4^1/_2$	$1^1/_2$	$1^5/_6$	99
13 *Nemesistempel zu Rhamnus*	nach 440 O	4,077	11	$8^5/_6$	1	$4^1/_2$	$1^1/_2$	$1^5/_6$	99
14 *Tempel bei Segesta*	430—420 W	$3{,}8\dot{8}$	11	$8^3/_4$	$^{11}/_{12}$	$4^1/_2$	$1^1/_2$	$1^5/_6$	99
15 *Tempel C.-Selinus*	581 W	3	12	9	1	$4^1/_2$	2	$1^1/_2$	108
16 *Tempel A.-Selinus*	500—480 W	(2,742) (3)	12	(8,793) (9)	$^{24}/_{25}$	$4^1/_2$	2	$(1^1/_3)$ $(1^1/_2)$	108
17 *Tavole Paladine, Metapont*	nach 580 W	(3)	12	(8)	$^4/_5$	4	—	—	96
18 *Tempel D.-Selinus*	570—554 W	(2,25) (2,33)	13	(9) (9,1)	$^1/_2$	$4^3/_5$	2	$(1^9/_{10})$ (2)	120
19 *Tempel F.-Selinus*	W	(3,166) (3,3)	13	$(9^5/_6)$ (10)	$^1/_2$	5	2	$(2^1/_3)$ $(2^1/_2)$	130
20 *Aphaiatempel auf Aegina*	490—480 O	$3{,}\dot{3}$	13	10	1	5	2	2	130
21 *Heraion zu Olympia*	450 O (1000)	—	(13) (12)	—	—	$(3^2/_3)$ $(3^1/_3)$	—	—	(120) (144)
22 *Parthenon zu Athen*	440 O	$3{,}2\dot{2}$	$14^1/_2$	$9^1/_2$	1	5	$1^1/_2$	2	145
23 *Tempel G.-Selinus*	nach 580 W	—	18	—	—	(6)	2	—	(216)
24 *Athenatempel auf Sunion*	O	5,63	21	(18)	$1^1/_2$	9	3	$(4^1/_2)$	378

( ) Nicht durch Berechnung, sondern durch Schätzung gewonnene

10 fa/F	11 fb/F	12 fc/F	13 fd/F	14 R	15 Ea m ∅ a	16 Eb m ∅ b	17 Ec m ∅ c	18 Du m	19 Am/AM m
1/10	1/2	1/5	1/5	A	2,24 + 0,36%	2,16 — 0,07%	— —	1,81	2,227
1/10	1/2	1/5	1/5	A	2,533 — 2,19%	2,37 + 0,41%	2,127 + 0,6%	2,07	2,43
1/12	1/2	—	—	A	2,07 + 0,43%	(2,00) — 0,08%	— —	1,885 bis 2,02	2,157
1/16	1/2	(3/16)	(1/4)	A	1,50 + 2,0%	1,49 0%	—	—	~ 1,46
1/10	1/2	1/5	1/5	A	1,58 + 0,17%	1,502 — 0,03%	~ 1,375	1,25	1,453
4/49	24/49	9/49	12/49	2 A	2,325 + 1,14%	2,33 — 0,19%	2,27 + 0,16%	2,28	2,31
(~ 1/12)	(~ 1/2)	—	—	2 A	2,46 — 0,86%	2,405 + 0,13%	≧ 2,00	2,21 bis 2,25	2,516
1/12	1/2	1/6	1/4	2 A	2,32 + 0,99%	2,32 — 0,27%	2,25 + 0,41%	2,08	~ 2,29
3/20	1/2	—	—	A	1,63 — 2,5%	1,49 + 0,8%	— —	1,41	1,54
3/20	1/2	1/5	3/20	A	1,608 — 0,01%	1,56 + 0,62%	1,426 — 0,48%	1,41	1,539
—	—	—	—	—	— —	1,987 —	— —	(1,92) (2,01)	~ 2,006
1/9	1/2	1/6	2/9	$\sqrt{2}$.H	1,306 + 1,25%	1,267 — 0,23%	1,137 — 0,9%	1,00 bis 1,034	~ 1,25
1/9	1/2	1/6	2/9	A od. $\sqrt{2}$.H	0,931 + 2,2%	0,9109 — 1,0%	0,790 — 0,14%	0,712	0,911
1/9	1/2	1/6	2/9	2 A	2,09 + 0,3%	2,067 — 0,06%	2,031 — 1,05%	1,943÷ 1,96	2,107
1/9	1/2	2/9	1/6	A	2,02 — 1,5%	1,948 — 0,06%	1,78 + 0,15%	1,70÷ 1,84	1,994
1/9	1/2	2/9	1/6	A	1,39 + 0,44%	1,334 — 0,1%	1,153 + 2,6%	(1,32)÷ (1,342)	1,353
1/10	1/2	—	—	A	1,306 + 1,056%	1,284 — 0,29%	—	—	1,338
1/18	1/2	2/9	2/9	A	1,85 + 1,0%	1,816 — 0,11%	1,647 + 0,47%	1,67	1,818
1/20	1/2	1/5	1/4	A	—	1,82 + 0,57%	1,6425 + 0,9%	1,82	1,865
1/10	1/2	1/5	1/5	A	1,115 — 0,36%	1,054 + 0,6%	0,8835 — 1,1%*	0,99	1,0615
—	(2/5) (1/3)	—	—	—	—	(1,423) (1,565)	— —	1,02÷ 1,29	(1,442) (1,563)
1/10	1/2	3/20	1/4	A	2,156 — 0,16%	2,088 — 0,06%	1,911 + 0,35%	1,904÷ 1,97	2,130
—	1/2	1/6	—	—	~ 2,80	2,71	—	2,60 3,50	(2,78) (2,81)
1/12	1/2	1/6	1/4	A	0,727 0,0%	0,682 0,0%	0,596 — 2,80%		(0,642) (0,635)

Werte und unsichere Werte stehen in Klammern.

* aus c+d.

Tafel 5.

Name des Tempels	1 Trh	2 Trb	3 Mb	4 Trh/Trb $= \frac{\text{cotg}\ \beta}{2}$	5 Trb/Mb	6 Abakus-breite	7 Dach-überstand bis Scotia
1 *Olympeion zu Syrakus*							
2 *Poseidontempel zu Peastum*	(1,69)	0,90		1,88		2,60 Du . $^5/_4$	(0,93) $^2/_5$ M
3 *Apollotempel auf Ortygia*							
4 *Apollotempel zu Bassae*		0,532	0,81		0,6568 ~ $^5/_8$ o. $^2/_3$	1,194	0,368 $^1/_4$ M
5 *Cerestempel zu Paestum*		0,49	0,85		0,5765	1,76 Du $^7/_5$	0,895 $^2/_5$ M
6 *Heratempel E.-Selinus*	(1,94)	0,95	1,41	(2,04)	0,673 ~ $^2/_3$	2,765 Du o. Ec . $^6/_5$	0,81 $^2/_5$ M
7 *Zeustempel zu Olympia*		1,06	1,545		0,686 ~ $^2/_3$	2,61 Du . $^6/_5$	
8 *Herkulestempel zu Akragas*	1,775	1,01	1,31	1,757	0,77 ~ $^3/_4$	2,68 Ec . $^5/_4$	0,835 ($^2/_5$) M
9 *Junotempel zu Akragas*		0,615	0,92		0,669 ~ $^2/_3$	1,73 Ec . $^6/_5$	
10 *Concordiatempel zu Akragas*	1,405 ≅ 1 M	0,64	0,96	2,195	0,6666 = $^2/_3$	1,74 Ec . $^6/_5$	0,55 $\leqq$ $^2/_5$ M
11 *Athenatempel auf Ortygia*							
12 *Theseustempel zu Athen*	0,914	0,4974	0,772	1,842	0,6443 ~ $^5/_8$ o. $^2/_3$	1,1345 Ec . 1	(0,425) $^1/_3$ M
13 *Nemesistempel zu Rhamnus*	0,5133	0,375		1,369		0,749 Eo . 1	
14 *Tempel bei Segesta*	1,60	0,85	1,326	1,88	0,648 ~ $^5/_8$ o. $^2/_3$		(0,65) $^1/_3$ M
15 *Tempel C.-Selinus*	1,888	0,905		2,086		2,34 Ec . $^4/_3$	
16 *Tempel A.-Selinus*	(1,18)	0,639	0,845	1,85 = cotg 15° 6′	0,7564 ~ $^3/_4$	1,635 Ec . $^7/_5$	
17 *Tavole Paladine, Metapont*						1,49 Du . $^5/_3$	
18 *Tempel D.-Selinus*	1,709	1,05		1,627 = cotg 17° 6′		2,28 Du . $^4/_3$	(0,60) $^1/_3$ M
19 *Tempel F.-Selinus*	1,765	1,03		1,714 = cotg 16°16′		2,42 Du . $^4/_3$	0,71 $^2/_5$ M
20 *Aphaiatempel auf Aegina*	0,927	0,51	0,81 0,80	1,86 = cotg 15°	0,63—0,54 ~ $^5/_8$ o. $^2/_3$	1,22 Eo . $^4/_3$	0,386-0,40 $^1/_2$ M
21 *Heraion zu Olympia*							
22 *Parthenon zu Athen*	1,625	0,8412 0,8630	1,2386 1,3167	1,932 } = 1,86 } cg 14°30′–15°	0,679—0,6556 ~ $^2/_3$		0,661 $^1/_3$ M
23 *Tempel G.-Selinus*	2,79	1,34		2,089		3,91 Du . $^3/_2$	1,23 $^1/_2$ M
24 *Athenatempel auf Sunion*	0,945	0,51	0,74	1,852	0,703 ~ $^2/_3$ o. $^3/_4$	1,133 Ec . 2	(0,439) $^4/_5$ M
Zeustempel zu Nemea	1,251	0,733	1,137	1,707	0,646 ~ $^5/_8$ o. $^2/_3$	1,765	0,645

und damit weiter für die Höhe des Unterbaues

$$a = A \,.\, \sin 1{,}5\,\alpha = A \,.\, \sin 4^\circ\, 38'\, 23{,}7'' = 13{,}48\ \text{m} \,.\, 0{,}08089$$

$$= 1{,}0903\ \text{m}$$

$$\text{vorhanden ist } a = \underline{1{,}09\ \ \text{m}}$$

$$\varnothing\, a = +\, 0{,}0003\ \text{m} = 0{,}0\,\%$$

Daraus wird der Fehler an der Säulenhöhe:

$$\varnothing\, b = -\, \varnothing\, a = -\, 0{,}0003\ \text{m} = 0\,\%$$

Abb. 62. Athenatempel auf Kap Sunion (Bildarchiv der Österreichischen Nationalbibliothek).

Schließlich wird die Gebälkhöhe:

$$c = A \,.\, \begin{pmatrix} \sin 13{,}5\,\alpha \\ -\sin 10{,}5\,\alpha \end{pmatrix} = A \,.\, \begin{pmatrix} \sin 41^\circ\, 45'\, 33{,}4'' \\ -\sin 32^\circ\, 28'\, 46'' \end{pmatrix} =$$

$$= 13{,}48\ \text{m} \,.\, \begin{pmatrix} 0{,}6660 \\ -\,0{,}537 \end{pmatrix} = 1{,}739\ \text{m}$$

$$\text{vorhanden ist } c \cong \underline{1{,}788\ \text{m}}$$

$$\varnothing\, c = -\, 0{,}049\ \text{m} = -\, 2{,}8\,\%$$

Während es also gelungen ist, Unterbau und Säulenhöhe ganz genau zu fassen, zeigt die Gebälkhöhe eine bedeutende Abweichung. Wird als Verjüngungskreis der gekrümmtere, mit dem kleineren Radius von der Größe $R = A = 13{,}34$ m angenommen, so fällt naturgemäß die Gebälkhöhe kleiner aus. Es wird dann $c = 1{,}734$ m $\div$ $1{,}738$ m und

$\varnothing c = -0{,}05\ m = -2{,}8\%$, $\varnothing a = +0{,}0\%$ und $\varnothing b = +0{,}8\%$.

Es besteht also eine Unstetigkeit der Verjüngung an der Architravkante, eine Erscheinung, die schon überzeugend beim Aphaiatempel auf Aegina nachgewiesen werden konnte. Hier fehlt der Giebel, und damit kann hier eine so überzeugende Darstellung nicht geboten werden. Weiter unten (S. 243) wird gezeigt werden, daß auch Vitruv von einer Verjüngungskonstruktion spricht, die keine stetige Funktion ist und sehr wahrscheinlich an der Architravkante eine Unstetigkeit besitzt.

Der Einheitswinkel steht in keinem Zusammenhang mit dem Grundriß. Möglicherweise deutet auf eine Ableitung aus dem Aufriß hin

$60^\circ : 19{,}5 = 3^\circ\, 4'\, 37''$, indem in Höhe von 19,5 M. etwa die Mitte des Firstakroters gelegen haben mag, welcher als der höchste bedeutsame Punkt des Bauwerkes unter dem Winkel von 60° vom Fußpunkt des Tempels gemessen sichtbar wurde.

Die Anlage der Hauptansicht dieses Tempels war folgende:

Höhen in Moduli	Flächenanteile (unbenannt)
$a = 1\frac{1}{2}$	$fa = \frac{1}{12}$
$b = 9$	$fb = \frac{1}{2}$
$c = 3$	$fc = \frac{1}{6}$
$d = (4\frac{1}{2})$	$fd = \frac{1}{4}$
$H = (18)$	$\frac{1}{1}$

Die gesamte Fläche der Ansicht ist $F = 2 . b . A = 2 . 9 . 21 = 378$ QM, gebildet aus $F = A . H = 18 . 21 = 378$ QM oder

$$\text{aus } F = \left(\frac{A + H}{2}\right)^2 = 378 = \left(\frac{21 + 17{,}88}{2}\right)^2.$$

Aus letzterem Werte würde $d = 4\frac{1}{3}$ M. und $H = 17\frac{5}{6}$ M.
oder $d = 4\frac{3}{8}$ M. und $H = 17\frac{7}{8}$ M.

Der Vergleichswert n wird daraus:

$$n = \frac{H}{A - H} = \frac{18}{21 - 18} = 6\ K \text{ oder}$$

$$= \frac{17{,}8\dot{3}}{21 - 17{,}8\dot{3}} = 5{,}63\ K.$$

Und $\pi = 3{,}448$ oder 3,42, womit die alte Theorie durchbrochen erscheint.

Die Ermittlung der Höhen in Moduli der selbständigen Teilflächen ist diese:

Zur Ermittlung der Höhe des Unterbaues:

$$a = \frac{F . 1}{A . 12} = \frac{378}{21 . 12} = 1\tfrac{1}{2}\ M.$$

Weiters zur Ermittlung der Höhe der Säulen:

$$b = \frac{F . 1}{A . 2} = \frac{378}{21 . 2} = 9\ M.$$

Und zur Ermittlung der Gebälkhöhe:

$$c = \frac{F.1}{A.6} = \frac{378}{21.6} = 3\ \text{M.}$$

Schließlich zur Ermittlung der Giebelhöhe:

$$d = \frac{F.1}{A.4} = \frac{378}{21.4} = 4\tfrac{1}{2}\ \text{M., oder}$$

$$= \frac{F.1}{(A+1).4} = \frac{378}{22.4} = 4{,}2955 \cong 4\tfrac{1}{3}\ \text{M.}$$

Es ist recht interessant, zu sehen, wie die Einschätzung dieses Tempels je nach der Betrachtungsweise sich veränderte. Semper, der die Monumente nach historisch-geographischem Gesichtspunkt ordnet, behandelt ihn nach dem Parthenon und schreibt:

„Tempel auf Cap Suniun, Erbauungszeit unbekannt. Dieser merkwürdige Bau, dessen Verhältnisse an Leichtigkeit die des Parthenon überbieten, zeigt daneben in gewissen Details archaisches Wesen, was Ross veranlaßte, ihn für hochaltertümlich (sogar vorhomerisch!) zu halten. In diesem Falle müßte sein Charakter durch die Darstellung gänzlich gefälscht worden sein, was sehr möglich ist.“

Theuer datiert den Tempel „nach 440“ und schreibt:

„Der Athenatempel von Sunion, mit dem wir unsere Untersuchungen an den einzelnen Monumenten beschließen wollen, weist in seiner Abkehr von den Normen des kanonischen Stiles und durch die Verlegung der ausschlaggebenden Leitlinien in die Säulenachsen unverkennbar auf jene Kompositionsmethoden hin, welche in der Zeit des Hermogenes die üblichen gewesen zu sein scheinen und die uns durch Vitruvs Überlieferung allein erhalten geblieben sind. Darauf deuten auch die von Doerpfeld an diesem Tempel festgestellten keilförmigen, etwa 5 mm hohen Abarbeitungen des Stylobates hin, die dazu dienten, die Säulen auf dem wegen der Entwässerung nach außen zu abfallenden Stylobate wieder waagrecht zu stellen, eine Anordnung, die zweifellos mit den vielumstrittenen scamilli impares des Vitruv in Zusammenhang steht.“

Auch meine unhistorische Betrachtungsweise stellt diesen Athenatempel an das Ende der untersuchten Reihe griechisch-dorischer Monumente. Daß diese Stellung zur nun folgenden historischen Betrachtung einen günstigen Übergang bietet, ist ein willkommener Umstand. Ich denke, es ist im allgemeinen so, daß die Wissenschaft von der Kunst solange historisch ist, und wieder historisiert, als ihr die eigene Methode fehlt. Auch Mathematik und Medizin waren einstmals historische Wissenschaften. Wahrscheinlich war jede Weitergabe von Wissen einst historisierend, das heißt, statt sachlicher Beweise wurden Autoritäten geboten. Auch besteht bei einer jungen Wissenschaft, und theoretische Architektur steht trotz ihrem hohen Alter als völlig neue und damit wieder junge Wissenschaft da, eine Unsicherheit, wenn nicht gar ein Mißtrauen in der Entgegennahme von Beweisen. Schwer läßt sich der Mensch auf Wege neuer Gedanken führen. Daher muß nach allen sachlichen Beweisen nun gezeigt werden, daß die Angaben der historischen Autorität Vitruv aus den von mir entwickelten Gedanken über die klassische, griechische Theorie glaubhaft historisch hervorgehend gedacht werden können.

Ergänzende Bemerkungen zum III. und IV. Kapitel.

Proportion im Grundriß.

Soweit Grundrisse begangen werden können, gibt es keine Eurythmia, oder, anders ausgedrückt: der beliebig bewegliche Standpunkt kommt mathematisch einem unendlich entfernten gleich. Daher löst sich auch das Verhältnis von Breite zu Länge des Stylobates von der Modulteilung beim griechisch-dorischen Tempel ab. In den Regeln Vitruvs ist dann dieses Auseinandertreten, das übrigens rein rechenmäßig ist, erledigt, da auch die Eurythmia dort im Aufriß erledigt ist, indem der Standpunkt allgemein unendlich weit entfernt angenommen zu denken ist und dabei aufkommende Schwächen lediglich mit empirischen Zuschlägen in den obersten Baugliedern kompensiert werden.

Es gelang mir, nachzuweisen, daß auch die Unterteilung des Grundrisses flächenhaft proportioniert ist. Da jedoch eine Reihe von Problemen darin noch ungeklärt ist und überdies der Raum mangelt, ist derzeit eine Veröffentlichung nicht möglich.

Proportion an den Langseiten.

Die Proportion an den Langseiten kann flächenmäßig nicht die gleiche sein wie an den Hauptfronten, da ein Glied, nämlich das oberste, von jedem endlich entfernten Standpunkt viel kleiner ausfällt als in der Hauptansicht. Es findet eine Degeneration der Proportionen vom Flächenhaften zum scheinbar Linearen statt, indem lediglich die Höhenteilung bestimmend wirkt, die Breite aber unbestimmt wird.

Schmale, lange, also streifenförmige Flächen verlieren bei zunehmender Schlankheit an Selbständigkeit. Da die allgemeine Selbständigkeitsgrenze nach S. 161 bei etwa 25 Winkelminuten liegt, wird für die kleinere Abmessung eines völlig selbständigen Baugliedes mindestens 2°, also etwa das Vierfache, erforderlich sein.

Um beim Parthenon die Höhe des Unterbaues noch unter einem Gesichtswinkel von 2° zu sehen, steht man in der Spiegelebene so weit vom Monument ab, daß an den Langseiten die Stylobatlänge mit etwas über 65° gesehen wird; also gerade angemessen, um im einfachen Blickfeld zu betrachten. Vom selben Standpunkt ist aber das oberste Glied bereits an der allgemeinen Selbständigkeitsgrenze angelangt. Der Beschauer, der nun auch dieses betrachten will, wird veranlaßt, näherzutreten, und verliert so rechts und links die äußersten Begrenzungen aus dem einfachen Blickfeld; steht er also so nahe am Monument, daß er die einzelnen Glieder betrachten kann, so wird die zugehörige Breite kleiner als die bauliche Breite der Glieder und damit unbestimmt. Alle Glieder haben nun die gemeinsame unbestimmte Breite X, welche man gleich 1 setzen kann; so wird ihre flächenhafte Proportion numerisch gleich der Höhenteilung.

Dieser psychologische Vorgang mag den historischen Vorgang zum Verluste des Wissens um die Flächenhaftigkeit jeder Proportion bewirkt haben. Auf diese Weise wird die von der Renaissance bis auf heute vererbte Lehre von den sogenannten Ordnungen wenigstens verfahrensmäßig verständlich.

Dieses ist eine Erklärung; kein Beweis. Eines solchen bedarf es auch nicht, da die Sache genügend Evidenz hat. Andererseits ist eine Nachrechnung an den Monumenten auch dort, wo noch einigermaßen die Größe und Anzahl der abschließenden Teile, zumeist Palmetten, feststellbar wäre, kaum stichhältig, da der scheinbare Flächenwert eines so ausgezackten Randes selbst, und das wohl mit Absicht, durch seine Weichheit unbestimmbar wird.

Proportion von aufeinanderfolgenden Räumen.

Da die Proportion aufeinanderfolgender Räume zueinander auch nur flächenhafter Art sein kann, so können nicht eigentlich diese selbst, sondern nur deren sichtbare Teile, begrenzende Flächen, zueinander proportional sein. Dieses, soferne mathematische Proportionen, welche etwa sonst noch vorhanden, aber architektonisch unwirksam sind, außer Betracht bleiben.

Zwei oder mehrere Räume sind zueinander proportional im architektonischen Sinne, wenn der jeweils verlassene mit dem jeweils betretenen Raum mindestens ein Paar proportionaler, korrespondenter Flächen besitzt. Korrespondent sind die beiden Fußböden, die beiden Decken und Wände, welche zum Eingang gleiche Lage haben.

Der Vorgang erhebt sich über das rein Sinnliche mehr als die Betrachtung einer Fassade, weil er das Formengedächtnis eine merkbare Zeitspanne beansprucht. Dem soll daher durch eine einprägsame Gliederung in Form und Farbe nachgeholfen werden, welche vom jeweils folgenden Raum in wesentlichen Elementen aufzunehmen ist.

V. Über Vitruvii L. III. und L. IV.

Über den Zusammenhang von Vitruvii Liber III., Cap. 5, und Liber IV., Cap. 3, mit meiner Darstellung von der Anlage der Hauptansichten der griechisch-dorischen Peripteroi im Kapitel IV.

Es sei zunächst die zweite der beiden bezüglichen Stellen bei Vitruv besprochen, weil darin der Aufbau von römisch-dorischen Tempelansichten behandelt wird, also der Anschluß an die eben abgeführte Untersuchung gegeben ist, und weil auch die Angaben dieser zweiten Stelle durchsichtiger sind, als bei der ersten.

1. Lesart nach Io. Gottlob Schneider, Lipsiae anno MDCCCVII.

A. „Liber IV., Caput 3. De ratione Dorica."

Nonnulli antiqui architecti negaverunt Dorico genere aedes sacras oportere fieri, quod mendosae et disconvenientes in his symmetriae conficiebantur: itaque negavit Tarchesius, item Pytheus, non minus Hermogenes.

Einige alte Architekten bestritten, daß es angängig sei, Tempel nach dorischer Art zu errichten, weil diese sich als voller Fehler und Ungereimtheiten erweisen: so bestritt dies Tarchesius, so auch Pytheus und nicht weniger Hermogenes.

Nam is, cum paratam habuisset marmoris copiam in Doricae aedis perfectionem, commutavit ex eadem copia et eam Ionicam Libero Patri fecit: sed tamen non quod invenusta est species aut genus aut formae dignitas, sed quod impedita est distributio et incommoda in opere triglyphorum et lacunariorum. Namque [in]distributione necesse est triglyphos constitui contra medios tetrantes columnarum, metopasque, quae inter triglyphos fient aeque longas esse quam altas; contraque in angulares columnas triglyphi in extremis partibus constituuntur et non contra medios tetrantes.

Als dieser schon den Marmor zum Bau eines dorischen Tempels vorgerichtet hatte, änderte er die Steine um und schuf daraus den jonischen Tempel dem Pater Liber; aber nicht etwa weil diese Art oder das Herkommen oder die Würde der Formen nicht entsprochen hätten, sondern weil die Austeilung des Triglyphons und der Kassettendecke nicht ausgeht. Es ist nämlich erforderlich, daß die Triglyphen über den mittleren Vierteln der Säulen stehen und die Metopen, welche zwischen die Triglyphen kommen, ebenso lang seien als hoch. Dem entgegen werden die Triglyphen über den Ecksäulen an die äußersten Orte versetzt und nicht über die mittleren Viertel.

Ita metopae, quae proxime ad angulares triglyphos fiunt, non exeunt quadratae, sed oblongiores triglyphi dimidia latitudine. At qui metopas aequales volunt facere, intercolumnia extrema contrahunt triglyphi dimidia latitidine.

So werden die Metopen, welche an die Ecktriglyphen anschließen, nicht quadratisch, sondern um eine halbe Triglyphenbreite länglicher. Und jene, welche die Metopen gleichmachen wollen, raffen die äußersten Säulenzwischenräume um die halbe Triglyphenbreite.

Hoc autem sive in metoparum longitudinibus sive intercolumniorum contractionibus efficiatur, est mendosum. Quapropter antiqui vitare visi sunt in aedibus sacris Doricae symmetriae rationem.

Ob man das nun in den Metopenbreiten oder mit Raffung der Säulenzwischenräume richten will, es ist abwegig. Deshalb sieht man auch, daß die Alten bei Tempelbauten das dorische Verfahren des Anlegens vermieden.

Nos autem exponimus, uti ordo postulat, quemadmodum a praeceptoribus accepimus; uti si quis voluerit his rationibus attendens ita ingredi, habeat proportiones explicatas, quibus emendatas et sine vitiis efficere possit aedium sacrarum Dorico more perfectiones.

Wir nun tragen vor, wie es die Ordnung erheischt, wie wir es von unseren Vorgängern empfangen haben, damit jener, welcher diese Regeln beachtet und so vorgeht, klare Verhältnisse besitzt, durch diese verbesserten Verhältnisse auch ohne Fehler Tempel auf dorische Art aufführen kann.

Frons aedis Doricae in loco, quo columnae constituuntur, dividatur, si tetrastylos erit, in partes XXVII, si hexastylos XXXXII: ex his pars una erit modulus, qui graece ἐμβάτης *dicitur, cuius moduli constitutione ratiocinationibus efficiuntur omnis operis distributiones. Crassitudo columnarum erit duorum modulorum; altitudo cum capitulo XIV; capituli crassitudo unius moduli; latitudo duorum et moduli sextae partis. Crassitudo capituli dividatur in partes tres, e quibus una plinthus cum cymatio fiat altera echinus cum anulis, tertia hypotrachelion.*

Die Ansicht wird beim dorischen Tempel, dort wo die Säulen aufgerichtet werden, eingeteilt, wenn es ein Viersäuler wird in 27 Teile, wenn ein Sechssäuler in 42 Teile. Ein Teil davon wird zum Modulus, was griechisch ἐμβάτης *heißt; diese so entstandenen Moduli ermöglichen die Austeilung des ganzen Bauwerkes auf Grund vernünftiger Überlegung. Die Dicke der Säulen wird von 2 Modul sein, die Höhe samt Kapitell 14, die Stärke der Kapitelle von einem Modul, die Breite von 2 und* 1/6. *Die Stärke (Höhe) der Kapitelle wird in drei Teile eingeteilt, wovon einer Plinthe und Cymateon, der andere den Echinus mit den Ringen, der dritte den Säulenhals ausmacht.*

Contrahatur columna ita, uti in tertio libro de Ionicis est scriptum.

Verjüngt wird die Säule so, wie es im dritten Buch über das jonische Verfahren beschrieben ist.

Epistylii altitudo unius moduli cum taenia et guttis: taenia moduli septima; guttarum longitudo sub taenia

Die Architravhöhe ist von einem Modul samt Band und Tropfen, das Band von contra triglyphos alta cum regula parte sexta moduli praependeat: item epistylii latitudo ima respondeat hypotrachelio summae columnae.

einem Siebentel Modul, die Länge der Tropfen unterm Band je nach den Triglyphen (,) die Höhe(n) samt der Platte hängt um ein Sechstel Modul herab. Gleicherweise folgt die Architravbreite in der Unterkante dem Maß am Hals der Säule ganz oben.

Supra epistylium collocandi sunt triglyphi cum suis metopis alti unius et dimidiati moduli, lati in fronte unius moduli, ita divisi, ut in angularibus columnis et in mediis contra tetrantes medios sint collocati, et intercolumniis reliquis bini, in mediis pronao et postico terni.

Ita relaxatis mediis intervallis, sine impeditionibus aditus accedentibus erit ad deorum simulacra.

Über dem Architrav sind die Triglyphen mit ihren Metopen angebracht von 1½ Modul Höhe und einer Breite in der Ansicht von 1 Modul. Sie werden so ausgeteilt, daß sie sowohl über den Ecksäulen als über den Mittelsäulen in den mittleren Vierteln sitzen, daß in den Säulenzwischenräumen je zwei, in den Mitten am Vor- und Hinterschiff je drei kommen. Durch diese Erweiterung der mittleren Abstände wird der Zutritt zu den Götterbildern ohne Behinderung sein.

B. Über den römisch-dorischen Tetrastylos nach Vitruv L. IV., C. 3.

Beim Viersäuler soll gemäß obiger Stelle die Ansicht in 27 M. geteilt werden. Dabei bezieht sich dieses Maß nicht auf die Breite im Stylobat (das war nur bei der basenlosen Säule angebracht. Ist eine Säulenbasis vorhanden, so bedingt diese einen bedeutenden architektonischen Unterschied), sondern nur auf die Breite der Säulenstellung, gemessen von der Kante des scheinbaren Umrisses einer Ecksäule zur anderen. Das ist etwas weniger als die Stylobatbreite, bietet aber keinen Anlaß zur Abänderung des Untersuchungsverfahrens oder der zahlenmäßigen Darstellung. Ich sehe in diesem Umstande vielmehr eine andere Fassung des Verjüngungsprinzips, als es die von mir festgestellte Konstruktion nach einem Kreise darstellt. Darauf wird später noch zurückgekommen.

Das Maß A = 27 M. wird gebildet aus

4 unteren Säulenstärken	= 4 . 2 M.	= 8 M.
2 kleinen Intercolumnien, bestehend aus 2 ganzen, 2 halben Triglyphen und 3 Metopen minus $2 . D_u/2$	= 2 . 5,5 M.	= 11 M.
1 großen Intercolumn in der Mitte, das um 1 Triglyphe und 1 Metope breiter ist wie vor	= 1 . 8 M.	= 8 M.
	A	= 27 M.

Es wird weiter gebildet aus

11 Triglyphenbreiten	$= 11 \cdot 1$ M. =	11 M.
10 Metopenbreiten	$= 10 \cdot 1{,}5$ M. =	15 M.
2 Abständen der Ecktriglyphe von der seitlichen Architravkante etwa	$= 2 \cdot \sim 0{,}25$ M. =	0,5 M.
		26,5 M.

Der fehlende Rest ist durch die Verjüngung der Säulen bedingt, da ja in unteren halben Säulendurchmessern als Moduli gerechnet wird.

Soweit ist das Zustandekommen der Anzahl 27 leicht erkennbar und längst erkannt. Doch ist in der 27 noch anderes enthalten, nämlich

$A = 27 = 3^3 = 2 \cdot 3 \cdot 4{,}5$ M.

Darin deutet der Faktor 4,5 auf zwei Möglichkeiten.

1. $4{,}5 = n + 1$ K oder
2. $4{,}5 = n$ K

Da Viersäuler oft schmale, schlanke Bauten sind[1] im Vergleich mit Sechs- oder gar Achtsäulern, so ist wahrscheinlich, daß wie bei den meisten Sechssäulern ein Teil oder Vielfaches des Halbmessers in der Waagrechten aufscheint und nicht wie bei den Achtsäulern in der Lotrechten. Es ist also der Fall 1 anzunehmen mit $n = 3{,}5$ K.

Damit wird die Höhe des Tempels aus

$$A = 27 = H + \frac{H}{3{,}5}, \text{ zu } H = 21 \text{ M.}$$

Von der Teilung der Lotrechten ist nur die Höhe der Säulen mit

$b = 14$ M.

und die Höhe von Architrav und Triglyphon mit zusammen $2\frac{1}{2}$ M. gegeben.

Aus dieser Säulenhöhe ist zu ersehen, daß die gesamte Fläche der Ansicht des Tempels nach der Formel

$F = A \cdot H = 27 \cdot 21 = 567$ QM.

gefunden wurde, da die Säulenhöhe ein einfacher Teil der ganzen Höhe ist und beide daher Faktoren der Fläche sein müssen. Ferner ist daraus noch zu sehen, daß

$f\,b/F = b/H = 2/3$ ist.

Welches Verhältnis bei griechisch-dorischen Viersäulern, beziehungsweise Antentempeln, nach dem Augenmaße geschlossen — Aufnahmen von Viersäulern hatte ich noch nie zur Verfügung —, häufig ist.

Da die Breite der Säulenstellung in Moduli gleich ist der Gebälkbreite in Moduli und deren Flächen als proportional vorausgesetzt werden, müssen ihre Höhen einander proportional sein, das heißt, die Gebälkhöhe ist ein einfacher Teil von 14 M.

Die Gebälkhöhe besteht aus der Höhe des Architravs, des Triglyphons und der Strecke von der Oberkante der zum Triglyphon gehörigen Taenie bis zur Scotianase. Sie ist also größer als $2\frac{1}{2}$ M. und höchstens etwa 3 M. Proportional zu 14 ist 5 mal 2,8 M.

Nach diesen Überlegungen denke ich mir die Anlage des Vitruvschen Viersäulers wie folgt:

[1] Die breiten Typen sind hier ausgeschlossen.

Höhen in Moduli	Flächenanteile (unbenannt)
a = $1^2/_5$	f a = $^1/_{15}$
b = 14	f b = $^2/_3$
c = $2^4/_5$	f c = $^2/_{15}$
d = $2^4/_5$	f d = $^2/_{15}$
H = 21	$^1/_1$

Angaben für Höhen der Unterbauten sind bei Vitruv nirgends zu finden. Ebenso auch keine Angaben über Gesamthöhen, wovon jene als verbleibende Reste aufgefaßt werden könnten.

Über die Höhe des Giebels beim jonischen Tempel schreibt Vitruv III. 5. 12 (s. S. 246). Im vorhergehenden Kapitel war zu sehen, daß die Giebelhöhen von einer Anlage auf die andere nicht übertragbar sind, obwohl die Giebelwinkel nur um geringe Werte sich unterscheiden. Es besteht also keine Veranlassung, diese Konstruktion jonischen Stiles hier anders als zum ungefähren Vergleich zu gebrauchen.

Die Gleichheit von Gebälk und Giebelhöhe ist durchaus angemessen.

C. Über den römisch-dorischen Hexastylos nach Vitruv L. IV., C. 3.

In gleicher Weise wie beim Tetrastylos wird hier die Stylobat-, beziehungsweise Architravbreite von A = 42 M. gebildet aus

6 unteren Säulenstärken	= 6 . 2	=	12 M.
4 kleinen Intercolumnien	= 4 . 5,5	=	22 M.
1 großes Intercolumn in der Mitte	= 1 . 8	=	8 M.
		A =	42 M.

Oder weiter gebildet aus

17 Triglyphenbreiten	= 17 . 1	=	17 M.
16 Metopenbreiten	= 16 . 1,5	=	24 M.
2 Abständen der Ecktriglyphen von der seitlichen Architravbreite	= 2 . 0,25	=	0,5 M.
			≅ 41,5 M.

Der hier fehlende Rest auf A = 42 M. wird wieder, wie vor erklärt, als durch die Verjüngung der Säulen bedingt.

Da die Anzahl von A = 42 = 12 . 3,5 oder
= 42 = 14 . 3 ist, so ist anzunehmen, daß mit
n = 3,5 K oder
n = 3 K, jene Form der Seilregel, welche bei den beiden griechisch-dorischen Achtsäulern und unter den untersuchten Sechssäulern nur bei Tavole Paladine gefunden wurde, Geltung hat, nämlich

$$2 . H = A + \frac{A}{n} = 42 + \frac{42}{n} = 54 \text{ oder } 56 \text{ M.}$$

und damit H = 27 oder 28 M.

Vom Aufbau sind wie vor nur die beiden Maße der Säulenhöhe mit b = 14 M. und von Architrav- plus Triglyphonhöhe gleich 2½ M. gegeben.

Unter der Voraussetzung, daß

$$F = 2 \,.\, b \,.\, A = 2 \,.\, 14 \,.\, 42 = 1176 \text{ QM.},$$

ist die gesamte Fläche der Hauptansicht gleich

$$F = A \,.\, (H + 1) \text{ oder}$$
$$F = A \,.\, H$$

Erstere Berechnungsart wäre ein Novum und durchaus hypothetisch. Sie sei aber wegen ihrer Brauchbarkeit, sie stellt einen Mittelwert zwischen den beiden bisher dargestellten Berechnungsarten vor, hier erwähnt.

Aus den vorhandenen Angaben und obigen Überlegungen stellte ich mir die Anlage der Hauptansicht eines solchen Sechssäulers wie folgt vor:

Höhen in Moduli	Flächenanteile (unbenannt)
$a = 5$ bis $5^1/_2$	$f\,a = ^1/_5$
$b = 14$	$f\,b = ^1/_2$
$c = 2^4/_5$	$f\,c = ^1/_{10}$
$d = 5^1/_5$ bis $5^1/_2$	$f\,d = ^1/_5$
$H = 27$ oder 28	$^1/_1$

Die beiden Werte für b und c sind dieselben wie beim Tetrastylos, die Flächenanteile, welche dazu gehören, sind um ihr Viertel kleiner geworden. So verbleibt für Unterbau und Giebel zusammen

$$f\,a + f\,d = ^2/_5.$$

Benützt man das jonische Verfahren, welches Vitruv angibt (L. III. 5. 12), nur um überhaupt ein Bild zu bekommen, so erhält man für das Tympanon eine Höhe von 5 M. Die maßgebliche Giebelhöhe muß daher über diesem Wert betragen haben. Auch die am griechisch-dorischen Tempel entwickelte Näherungsformel kann vergleichsweise herangezogen werden:

$$d \cong \frac{F \,.\, 1}{(A + 2) \,.\, 5} = \frac{1176}{44 \,.\, 5} = 5{,}3\dot{4}\dot{5} \text{ M.}$$

(selbstverständlich nur unter der Voraussetzung $H < 2 \,.\, b$).

Die Höhe des Unterbaues muß in gleicher Weise mindestens betragen:

$$a = \frac{F \,.\, 1}{(A + 5) \,.\, 5} = \frac{1176}{47 \,.\, 5} \cong 5 \text{ M.}$$ unter der Annahme, daß der Unterbau beiderseits $2^1/_2$ halbe untere Säulendurchmesser vorspringe.

Die angekündigte Ähnlichkeit mit dem Athenatempel auf Sunion besteht nun erstens in der Modulanzahl der Breitenteilung; beim Athenatempel $A = 21$ M. und beim Vitruvschen römisch-dorischen Sechssäuler $A = 42$ M.

Beim ersten ist der untere Säulendurchmesser Variante von 2 Moduli, beim zweiten gleich 2 Moduli. Die zweite Ähnlichkeit ist diese, daß die Verjüngung in der Höhe der Architravunterkante eine Unstetigkeit besitzt. Beim Athenatempel wurde dies rechnerisch nachgewiesen (s. S. 234). Beim Vitruvschen römisch-dorischen Tempel ist Stylobat- und Architravbreite von der Verjüngung der Säule abhängig. Einzig diese ist ausdrücklich verjüngt. Vom Unterbau wird nicht gesprochen und die Glieder im Gebälke haben als Einheit den unteren halben Säulendurchmesser. Derselbe Wert wurde ja im griechisch-dorischen Stile, als etwa dem Modulwert in Höhe der Architravkante entsprechend, festgestellt. In diesem Sinne besteht also beim Vitruvschen Tempel eine Unstetigkeit in der Architravkante.

D. Über den Eustylos nach Vitruv, Liber III., Caput 3. 7. 8.

In den voraufgehenden Ziffern des C. 3 werden von den fünf von Vitruv genannten Arten von Tempeln alle abgelehnt, weil die Säulenzwischenräume zu eng[1] oder zu weit seien. Nur der Eustylos, welcher einen Zwischenraum von 2¼ Säulenstärken zeigt, habe die richtige Austeilung. Und allein diese wird in der Folge nun auch näher erklärt.

7. Huius autem rei ratio explicabitur sic. Frons loci, quae in aede constituta fuerit, si tetrastylos dacienda fuerit, dividatur in partes undecim semis praeter crepidines et proiecturas spirarum: si sex erit columnarum, in partes decem et octo: si octastylos constituetur, dividatur in XXIIII et semissem. Item ex his partibus, sive tetrastyli sive hexastyli sive octastyli, una pars sumatur, eaque erit modulus: cuius moduli unius erit crassitudo columnarum. Intercolumnia singula praeter mediana modulorum duorum et moduli quartae partis; mediana in fronte et postico singula ternum modulorum. Ipsarum columnarum altitudo erit modulorum octo et dimidiae moduli partis. Ita ex ea divisione intercolumnia altitudinesque columnarum habebunt, iustam rationem.

Diese Verfahrensweise stellt sich folgendermaßen dar. Die Hauptansicht, die der Bau erhält, wird eingeteilt, falls ein Viersäuler zu entwerfen ist in 11½ Teile ohne Unterbau- und Basenvorsprünge; falls 6 Säulen kommen, in 18 Teile; falls ein Achtsäuler gebaut werden soll, in 24½ Teile. Wieder wird von diesen Teilen, sei es ein Viersäuler, Sechs- oder Achtsäuler, einer genommen und wird zum Modulus. Von diesen Moduli wird einer zur Säulenstärke. Die einzelnen Säulenabstände, mit Ausnahme der mittleren, betragen zwei ein Viertel Moduli, die mittleren an der Stirn und Rückseite messen allein drei Moduli. Die Höhe der Säulen selbst wird achteinhalb Moduli. Derart erlangen aus dieser Teilung die Säulenabstände und die Höhen der Säulen das richtige Verhältnis.

8. Huius exemplar Romae nullam habemus, sed in Asia Teo hexastylon Liberi Patris. Eas autem symmetrias constituit Hermogenes, qui etiam primus hexastylum[2] Pseudodipterive rationem invenit.

Ein solches Beispiel haben wir zu Rom nicht, jedoch in Asien zu Teos den Sechssäuler des Liber Pater. Diese Maßverhältnisse hat nun Hermogenes aufgestellt, der auch als erster die Anlage eines[2]... von der Art eines Pseudodipteros erfand.

---

[1] Der dicksäuligste, der Pyknostylos, der also die verhältnismäßig schmälsten Intercolumnien mit 1½ Säulenstärken hat, kommt etwa einem griechisch-dorischen Sechssäuler mit A = 13 M., also mit verhältnismäßig den breitesten Intercolumnien, diesbezüglich gleich.

[2] Nach S c h n e i d e r geben alle Schriften einschließlich Ciseranus (= Cesariano) diese Lesart; allein Iocundus bringe *„octastylum"*, was durch keine Quelle belegbar und nur, weil offenbar naheliegend, eingesetzt worden sei. Nach einer Randbemerkung von T h e u e r ist *„e x o s t y l u m"* zu lesen.

E. Über jonische Säulen und anschließende Glieder. Vitruv, Liber III. Caput 5, De columnis Ionicis atque earum ornatu.

8 ... Capitulis perfectis deinde columnarum, [et] non ad libellam sed ad aequalem modulum collocatis; ut quae adiectio in stylobatis facta fuerit, in superioribus membris respondeat, [Symmetria epistyliorum[1]] epistyliorum ratio sic est habenda, ut si columnae fuerint a minimo XII pedum ad XV pedes, epistylii sit altitudo dimidia crassitudinis imae columnae: item ab XV pedibus ad viginti columnae altitudo dimetiatur in partes tredecim, et unius partis altitudo epistylii fiat: item si a XX ad XXV pedes, dividatur altitudo in partes duodecim et semissem, et eius una pars epistylium in altitudine fiat: item si a XXV ad XXX, dividatur in partes XII, et eius una pars altitudo fiat: item rata parte ad eundem modum ex altitudine columnarum expediendae sunt altitudines epistyliorum.

9. Quo altius enim scandit oculi species, non facile persecat aeris crebritatem; dilapsa itaque altitudinis spatio et viribus extrita incertam modulorum renuntiat sensibus quantitatem. Quare semper adiiciendum est rationis supplementum in symmetriarum membris, cum fuerint aut altioribus locis opera, aut etiam ipsa colossicoteram habeant magnitudinem rationem. Epistylii latitudo in imo quae supra capitulum erit, quanta crassitudo summae columnae sub capitulo erit, tanta fiat; summum, quantus imus scapus.

8 ... Nach der Fertigstellung der Kapitelle folgt die der Säulen, nicht nach der Waage, sondern nach der Modulteilung, so daß die Ankeilung am Stylobat in den oberen Gliedern sich ausgleicht, erhält man die Anlage des Architravs folgendermaßen: Wenn die Säulenhöhe 12 bis 15 Fuß beträgt, sei die Architravhöhe die Hälfte der unteren Säulenstärke. Desgleichen von 15 bis 20 Fuß Säulenhöhe, ist diese in 13 Teile zu teilen, wovon ein Teil Architravhöhe wird. Ebenso von 20 bis 25 Fuß, teilt man die Höhe in 12½ Teile, und ein Teil wird Architravhöhe. Weiters, wenn die Säulenhöhe 25 bis 30 Fuß hat, wird sie in 12 Teile geteilt, wovon einer zur Höhe wird. Nach dieser Teilungsrechnung und diesem Verfahren ist aus der Säulenhöhe die Architravhöhe zu ermitteln.

9. Je höher nämlich der Blick des Auges sich richtet, desto weniger leicht durchschneidet er die Dichte der Luft. Durch den Abstand wird der Blick über die Höhe getäuscht, seine Kraft ermüdet und bringt so unsichere Modulwerte zum Bewußtsein.

Daher ist immer auf die Maße der symmetrischen Austeilung noch ein Zuschlag hinzuzufügen, seien es Bauglieder an erhöhten Orten oder auch selbst von bedeutenden großen Ausmaßen. Die Breite des Architravs an der Unterkante über dem Kapitell richtet sich nach der obersten Säulenstärke unterhalb des Kapitells, die Architravbreite an der Oberkante nach der Schaftstärke unten.

---

[1] Eine in den Text eingedrungene Randnotiz.

10. Cymatium epistylii septima parte suae altitudinis est faciendum, et in proiectura tantundem: reliqua pars praeter cymatium dividenda est in partes XII, et earum trium prima fascia est facienda, secunda quatuor, summa quinque. Item zophorus supra epistylium quarta parte minus, quam epistylium: sin autem sigilla designari oportuerit, quarta parte altior, quam epistylium, uti auctoritatem habeant scalpturae. Cymatium suae altitudinis partis septimae; proiectura cymatii, quanta eius crassitudo.

10. Das Cymatium des Architravs ist $^1/_7$ von dessen Höhe zu machen und von gleicher Ausladung. Der übrige Teil ohne das Cymatium ist in 12 Teile einzuteilen, und hievon ist das erste Band drei, das zweite vier, das oberste fünf Teile hoch zu machen. Der Fries nun oberhalb des Architravs wird um ein Viertel weniger als der Architrav; ist es aber erforderlich, Bildnisse anzuordnen, um ein Viertel höher, damit die Plastiken an Wirkung gewinnen. Das Cymatium mit seiner Höhe von einem Siebentel hat soviel Ausladung, als es hoch ist.

11. Supra zophorum denticulus est faciendus tam altus, quam epistylii media fascia: proiectura eius, quantum altitudo. Intersectio quae graece μετόπη *dicitur, sic est dividenda, uti denticulus altitudinis suae dimidiam partem habeat in fronte, cavus autem intersectionis huius frontis e tribus duas partes: huius cymatium altitudinis eius sextam partem. Corona cum suo cymatio praeter simam quantum media fascia epistylii. Proiectura coronae cum denticulo facienda est, quantum erit altitudo a zophoro ad summum coronae cymatium: et omnino omnes ecphorae venustiorum habent speciem, quae quantum altitudinis, tantundem habeant proiecturae.*

11. Oberhalb des Frieses ist ein Zahnschnitt anzuordnen, ebenso hoch wie das mittlere Band am Architrav. Seine Ausladung ist gleich seiner Höhe. Der Einschnitt, griechisch μετόπη, *ist so zu teilen, daß der Zahn in der Breite die Hälfte seiner Höhe hat, die Höhlung des Einschnittes zwei Drittel dieser Ansicht. Das zugehörige Cymatium hat zur Höhe ein Sechstel davon. Die Bekrönung mit ihrem Cymatium, ohne Sima ist so hoch wie das mittlere Architravband. Die Ausladung der Bekrönung mit dem Zahnschnitt wird soviel wie die Höhe, gemessen vom Fries bis zur Oberkante des Cymatiums. Und überhaupt haben alle auskragenden Glieder ein anmutiges Aussehen, bei denen die Höhe gleich ist der Ausladung.*

12. Tympani autem, quod est in fastigio, altitudo sic est facienda, uti frons coronae ab extremis cymatiis tota dimetiatur in partes novem, et ex eis una pars in medio cacumine tympani constituatur, dum contra epistylia columnarumque hypotrachelia ad perpendiculum respondeat. Coronae quae supra [tympanum sunt], aequaliter imis praeter simas sunt collo-

12. Die Höhe des Giebelfeldes endlich ist derart zu ermitteln, daß die Ansicht der Bekrönung, an den Spitzen des Cymatiums gemessen, in neun Teile geteilt wird, und davon ein Teil zur Höhe des inneren Giebelfeldes genommen wird, während es mit der Architravkante und den Säulenhälsen in einer Vertikalebene liegt. Die Bekrönung, welche über candae; insuper coronas simae, quas Graeci ἐπωτίδας dicunt, faciendae sunt altiores octava parte coronarum altitudinis.

Acroteria angularia tam alta, quantum est tympanum medium; mediana altiora octava parte, quam angularia.

dem Giebelfeld zu versetzen ist, gleicht der unterhalb ohne Sima. Die Sima oberhalb der Bekrönung, welche die Griechen ἐπωτίδας nennen, ist um ein Achtel höher zu machen als die Höhe der Bekrönung. Die Eckakrotere werden so hoch, als das Giebelfeld in der Mitte ist, die Mittelakrotere um ein Achtel höher als die an den Ecken.

13. Membra omnia, quae supra capitula columnarum sunt futura, id est epistylia, zophori, coronae, tympana, fastigia, acroteria, inclinanda sunt in frontis suae cuiusque altitudinis parte XII, ideo quod cum steterimus contra frontes, ab oculo lineae duae si extensae fuerint, et una tetigerit imam operis partem, altera summam, quae summam tetigerit longior fiet. Ita quo longior visus lineae in superiorem partem procedit resupinatam facit eius speciem. Cum autem, uti supra scriptum est, in fronte inclinata fuerint, tunc in aspectu videbuntur esse ad perpendiculum et normam.

13. Alle Glieder, welche oberhalb der Säulenkapitelle anschließen, das sind Architrav, Fries, Bekrönungen, Giebelfeld, schräge Bekrönungen und Akroterien, neigen sich in ihrer Front ein Zwölftel ihrer Höhe, deshalb, weil, indem wir die Ansicht betrachten, vom Auge zwei einen Winkel bildende Gerade ausgehen, von denen eine den Fuß, die andere die Spitze des Bauteiles berührt. Jene, die die Spitze berührt, wird länger. So wird um das, was der Sehstrahl zum oberen Teil länger wird, dieser zurückgeneigt erscheinen. Weshalb, wie oben beschrieben, jene Teile nach vorne geneigt werden, worauf sie im Anblick lotrecht erscheinen.

Waren beim römisch-dorischen Stile die Angaben Vitruvs insofern unvollständig, als von den lotrechten Abmessungen der selbständigen Teilflächen nur die Säulenhöhe genau angegeben war, so ermöglichte dort das klare Verhältnis von Breite der Säulenstellung zu ihrer Höhe immerhin eine logische Spekulation. Das ist hier bei der zweiten Stelle leider nicht der Fall. Während nämlich im Absatz 7 (s. S. 244) die Säulenhöhe mit 8½ M. angegeben wird, steht wenig weiter, im Absatz 10, zu lesen: „Eustyli autem aedis columnae ut Systili in novem partes altitudo dividatur et dimidiam ...“; also $9^1/_2$ M. für die Säulenhöhe. Die Meinung der Kommentatoren über die Lesarten ist verschieden, doch hat die Argumentation, daß der Eustylos Werte zwischen denen des Araeostylos und Diastylos haben solle, und damit mehr als $8^1/_2$ M. für die Säulenhöhe fordere, viel für sich. Einige Autoren geben auch 9 M. für die Säulenhöhe an, und was die Breite der Säulenstellung, an den Schäften der Ecksäulen gemessen, betrifft, werden neben 23 M. auch 22 und 25 M. für den Oktostylos genannt. Da mir eine Kritik des Textes von meinem Standpunkte nicht ratsam erscheint, begnüge ich mich im Anschluß an die Darstellung von Joh. Gottlieb Schneider, einige mir sichtbare Möglichkeiten in umstehender Tabelle zu erwähnen, worin die Stylobatbreiten um mindest beiderseits $^1/_4$ M. größer als die im Text angeführten Maße an den Schäften gesetzt sind.

	n	A_M.	H_M.	a	b	c	d	F	fa/F	fb/F	fc/F	fd/F	
Tetrastylos	$5,\dot{3}$	12	$14\frac{1}{4}$	$1\frac{7}{12}$	$9\frac{1}{2}$	$1\frac{7}{12}$	$1\frac{7}{12}$	171	$\frac{1}{9}$	$\frac{2}{3}$	$\frac{1}{9}$	$\frac{1}{9}$	$H - A + \frac{A}{n}$
	3,261	12	$15\frac{5}{6}$		$9\frac{1}{2}$			190	$\frac{1}{10}$	$\frac{3}{5}$			
	3	12	16	$2\frac{1}{6}$	$8\frac{1}{2}$	$2\frac{5}{6}$	$2\frac{1}{2}$	196	$\frac{1}{6}$	$\frac{1}{2}$	$\frac{1}{6}$	$\frac{1}{6}$	
Hexastylos	3,353	$18\frac{1}{2}$	$14\frac{1}{4}$	$\frac{3}{4}$	$9\frac{1}{2}$	$1\frac{7}{12}$	$2\frac{5}{12}$	264	$\frac{1}{18}$	$\frac{2}{3}$	$\frac{1}{9}$	$\frac{1}{6}$	$A = H + \frac{H}{n}$
Oktostylos	$3,\dot{3}$	25	19	$1\frac{9}{10}$	$9\frac{1}{2}$	$3\frac{4}{5}$	$3\frac{4}{5}$	475	$\frac{1}{10}$	$\frac{1}{2}$	$\frac{1}{5}$	$\frac{1}{5}$	

Es darf nicht verlangt werden, Vitruv vom Standpunkt der Kenntnis griechisch-dorischer Baukunst restlos interpretieren zu können, denn er selbst steht dieser Epoche ohne Verständnis gegenüber und lehnt sie ab (L. IV., C. 3.). Er stimmt jedoch in ganz wesentlichen Punkten mit der von mir vorgetragenen Auffassung vom griechisch-dorischen Stil überein. Er stimmt jedoch in keiner Weise überein mit den Sternezeichnern und auch nicht mit dem sogenannten „Goldenen Schnitt".

1. Das, was das Auge fordert und womit der Entwerfer arbeitet, ist ein Raster gleichwertiger Strecken der Breite und der Höhe nach. Das sind die Moduli, welche (L. IV., C. 3. 3.) durch Beisetzen des griechischen Ausdruckes ἐμβάτης auch betont als griechisch legitimiert werden sollen.

2. Dieser Raster bildet keine Quadrate: L. III., C. 5. 8.: „*... non ad libellam sed ad aequalem modulum ...*" Er weicht zunächst aus optischen Gründen von der Quadratgestalt ab, eben um als Quadratraster zu wirken. Schließlich wird aber die Art der konstruierten oder gedachten Rasterung zu einem Kunstmittel. Offenbar ist die Ankeilung der Säulen, das Übereinstimmen von Säulenhals mit der Architravbreite Ausdruck desselben Verjüngungsprinzips, wie es mit der größten Klarheit beim griechisch-dorischen Tempel nachgewiesen werden konnte. Von der Architravkante aufwärts wird jedoch das gerade Gegenteil gefordert (L. III., C. 5. 8 und 9), die oberen Glieder sollen einen Zuschlag erfahren. Wobei es nicht ganz klar ist, ob es sich um eine gewissermaßen umgekehrte Verjüngung oder nur um den Rat handelt, bei hohen Objekten schwerere Verhältnisse zu wählen, das Zierliche also auch dem Kleinen vorzubehalten [1].

3. Verläßt und vergißt man die Forderung oder doch die Möglichkeit, die Säulenabstände wie die Verjüngung nach einem Kreise auszuteilen, wird der Giebelwinkel auch nicht mehr dem Gedanken nach aus dem Einheitskreis K_0 entwickelt, so verlieren die Schrägen ⌈ ihren Sinn, die Ortstellung der Ecktriglyphe wird unverständlich, der „Triglyphenkonflikt" ist geboren.

4. Dieser von Vitruv schriftlich festgelegte „Triglyphenkonflikt" lebt so lange, als man — obwohl es allgemeine Überzeugung ist, daß der griechisch-dorische Stil um vieles höher steht als alle nachfolgenden griechischen und römischen Variationen — nicht von dem Vitruvschen Standpunkt abrückt.

[1] Ein solches Prinzip ist beim Aphaiatempel, S. 210 ff., und beim Parthenon, S. 216 ff., nachgewiesen, wo die Referenzfläche beide Male eine Unstetigkeit in der Architravkante besitzt.

VI. Über die Kurvatur.

Die Erscheinung, welche darin besteht, daß bedeutende Längen an Bauwerken, welche in den allermeisten und gewöhnlichen Fällen gerade Linien darstellen, bei einigen besonderen Bauwerken der Antike mit einer leichten Krümmung versehen wurden, wird Kurvatur genannt.

Die Debatte, ob Kurvaturen beabsichtigt seien oder vielmehr bloße Senkungen darstellten, wurde durch die Grabungen und den Bericht von E. Ziller „Über die ursprüngliche Existenz der Kurvaturen des Parthenon" im Jahre 1864 abgeschlossen. Damit war die Kurvatur als ursprüngliche Absicht erwiesen, da gerade an den tiefsten Stellen des Parthenon, im Westen, der Bau auf gewachsenem Fels gegründet ist. Die genauen Aufnahmen der Kurvaturen vom Parthenon und vom Theseustempel durch Penrose zeigen jedoch, daß Senkungen und Verwerfungen einerseits und Ungenauigkeiten in der Ausführung anderseits doch in einem solchen Maße vorhanden sind, daß eine Bestimmung des Charakters der Kurven, ob sie nämlich Kreisbogen, Hyperbeläste oder dergleichen seien, nicht möglich ist[1]. Will man schon beim Parthenon den Umstand, daß die Westfront durchschnittlich etwa 58 mm tiefer liegt als die Ostfront, als Absicht hinnehmen und deshalb nach einer entsprechenden Erklärung suchen, so kann dafür, daß jede der vier Stylobatecken ein anderes Niveau aufweist, keine halbwegs architektonische Erklärung gefunden werden. Es muß vielmehr wegen der Bedeutung der Schmalfronten angenommen werden, daß zumindest für diese die Kurvaturen die Spiegelebene der Schmalfront auch als Spiegelebene besitzen. Auf diese Weise müssen Niveaudifferenzen innerhalb der Westfront von 19 bis 21,6 mm und an der Ostfront von 0 bis 1,83 mm als Fehler angesehen werden. Der größte dieser Fehler beträgt etwa 0,1% der gesamten Tempelhöhe und bleibt so weit unter jeder bedenklichen Größe. Nach meiner Meinung ist mit dieser Überlegung auch die Niveaudifferenz von 58 mm an den Langfronten architektonisch uninteressant geworden, zumal die Länge im Stylobat 64,50 m beträgt, also auch ein solcher Fehler bei weitem nicht sichtbar ist[2]. Nun sind die Verhältnisse beim Parthenon so, daß, wie immer man die Niveaudifferenzen zur Korrektur nehmen mag, die Kurvatur der Stylobatkante größer ist als die höher gelegener Kanten. Nach Penrose trifft dies auch für den Theseustempel zu. Dem kann ich

---

[1] Pennethornes Versuche in „The geometry and the optics of ancient architekture" entbehren also auch hier einer überzeugungskräftigen Grundlage.

[2] Collignon vertritt den Gedanken einer Senkung der Stylobatplattform von Ost nach West mit der gewiß sympathischen Begründung, daß dadurch die Mittelschnitte an Längs- und Schmalfront in ein Niveau kommen sollten. Nach Theuer ist dieses nicht haltbar

aber nicht beipflichten, denn dies ist wohl an der Nordseite erweislich, an der Südseite ist aber einwandfrei das Gegenteil der Fall. Was aber die beiden Schmalseiten betrifft, welche ja die eigentlichen Hauptansichten bilden, so entziehen sich die Verhältnisse überhaupt einer Beurteilung, da die größte Niveaudifferenz mit 17,7 mm im Triglyphon an der Westseite das Maß der Kurvatur erreicht oder fast erreicht, je nachdem man die Korrekturen auffaßt und überdies die Kanten des Stylobates derart abgeschlagen sind, daß die äußersten und damit wichtigsten Koten gar nicht meßbar sind.

Die Propylaeen haben allein im Gebälke Kurvatur, in der Stylobatkante jedoch nicht, welchen Umstand Penrose ebenso treffend wie keineswegs erschöpfend mit der Unterbrechung des Stylobates durch den Fahrweg begründet findet.

Alle übrigen Tempel mit Kurvatur, nach Penrose der Zeustempel zu Nemea, der Tempel bei Segesta, der Neptuntempel zu Paestum, sind in einem solchen Zustande, daß wohl das Vorhandensein einer Kurvatur, nicht aber deren Maße feststellbar sind.

Keine Kurvatur haben nach demselben Autor der Tempel der Nemesis zu Rhamnus, der Jupitertempel auf Aegina [1], der Apollotempel zu Bassae und der Tempel zu Corinth.

Nach meiner Theorie müßte, ganz streng genommen, jedes Bauglied Kurvatur besitzen; sogar die Säulenachsen müßten gekrümmt sein. Ebenso wäre gemäß Abb. 25 eine Trennung von Verjüngung und Kurvatur nicht vorhanden [2]. Tatsächlich werden aber beide Erscheinungen in der Praxis getrennt, derart, daß bei allen Tempeln wohl Verjüngung erweislich und berechenbar ist, die Kurvatur aber nur bei einzelnen Monumenten erweislich ist, niemals aber der Theorie vom starren Auge genau folgt und deshalb auch nicht genau rechnerisch fixierbar ist.

Rechnerisch ergibt sich nämlich für die Stylobatkante niemals ein Wert der Kurvatur, der groß genug wäre, um auch nur die normalen Genauigkeitsgrenzen einer Bauausführung zu erreichen, da so nahe am Horizont die Erhebung innerhalb des nützlichen Bereiches maximal etwa 2 mm ausmachen würde. Will man doch hier Kurvatur zeigen, so muß man sie reichlich übertreiben. Anderseits wird die rechnerische Kurvatur für die obersten, langen, subjektiv Waagrechten sehr kraß und wäre nur vom theoretischen Standpunkt aus bei mäßig bewegtem Auge erträglich. Auf diese Weise kommt es zu einem Ausgleich, indem in den unteren Gliedern die Kurvatur übertrieben, in den oberen aber abgeschwächt wird; dementsprechend ist die tatsächlich ausgeführte Kurvatur ein Mittelwert, und dieses läßt sich rechnerisch beweisen.

Daß beim Parthenon, nach Penrose auch beim Theseustempel, die Kurvatur im Unterbau größer ist als im Gebälke, muß wegen der Geringfügigkeit des Unterschiedes subjektiv gar nicht wirksam sein. Ob es objektiv tatsächlich beabsichtigt ist, kann nicht mit Sicherheit angegeben werden, da wohl die Längenabmessungen des Parthenon ganz genau überprüfbar

[1] Frühere Bezeichnung für den Aphaiatempel.

[2] Daß die scamilli impers mit der Modulteilung zusammenhängen, geht schon aus Vitruv L. III., C. 5. 8., s. S. 245, hervor.

sind, nicht aber die Niveauverhältnisse; dazu ist der Bau zu sehr aus dem Winkel geraten. Angenommen, es wäre tatsächlich Absicht gewesen, so finde ich eine einzige Begründung hiefür denkbar, nämlich diese, daß im gröberen Unterbau mit seiner gröberen Umgebung auch mehr Deutlichkeit erforderlich ist, das Charakteristische zu zeigen; ein objektives Mehr auch noch kein subjektives zu sein braucht. Solche Zugaben aber entziehen sich der rechnerischen Überprüfung genau so, wie etwa die Verstärkung der Ecksäulen gegenüber den laufenden Säulen aus Gründen der Lichtbeugung schon jenseits der Grenze des rechnungsmäßig Erweislichen liegt. Penrose begründet die Kurvatur damit, daß die beiden Giebelschrägen auf die Linie des geraden Geisons und weiter auf alle darunterliegenden Geraden ebenso wirken wie ein Kreisbogen auf die Sehne, nämlich scheinbar nach unten verkrümmend. Dies aber halte ich nicht für eine Begründung, sondern für ein Parallelbeispiel zur Kurvatur. Penrose muß auch für die Langseiten zu einer gesonderten Begründung greifen und erklärt, daß lange Gerade, wie schon Vitruv sagt, ausgehöhlt erscheinen, wenn nicht dagegen eben Vorkehrung getroffen wird.

Erwähnenswert ist noch der Umstand, daß Penrose ganz entschieden gegen die Meinung Pennethornes auftritt, wonach die Kurvatur doppelt gekrümmte Kurven darstelle. Nach Penrose sind die Kurven bestimmt eben. Deren Ebene stand ursprünglich lotrecht, beziehungsweise in der allgemeinen geringen Neigung der Verjüngung und wurde erst durch Erdbeben und die Explosion des gelagerten türkischen Pulvers verdreht.

Um nun die Höhenlage rechnerisch aufzusuchen, in welcher eine vorgegebene Kurvatur ihren theoretisch zugehörigen Platz hat, ist der Parthenon nicht das geeignete Objekt, da seine Referenzfläche (s. Abb. 59) im beliebigen senkrechten Schnitt [1] zu kompliziert ist, als daß ihr rechnerisch überzeugend zu folgen wäre. Es gäbe keine Gewähr, daß mit einer rechnerisch zutreffenden Weise auch das graphische Originalverfahren annähernd getroffen sein könnte.

Beim Theseustempel aber ist die Referenzfläche eine Kugelschale, und wenn auch die Ausrechnung der Längenabmessungen (s. S. 186) an Genauigkeit weit hinter der des Parthenon zurückbleibt, so kann doch, wenn errechnete Werte mit errechneten Werten verglichen werden, hinreichend genau gezeigt werden, wo der theoretische Ort des dann für den ganzen Bau ausgeführten Kurvaturwertes gelegen ist.

Nach Penrose beträgt die Kurvatur an den Schmalseiten des Theseustempels, wie aus unten angeführter Tabelle ersichtlich ist, 19 mm.

Unter der Annahme wie S. 187 usw. einer Referenzfläche in Gestalt einer Kugelschale mit $R_1 = H . \sqrt{2} = 14{,}552$ m wird analog Abb. 59 ein senkrechter Schnitt in einer Entfernung vom Zentrum gleich

$$A/2 = 6{,}8935 \text{ m},$$

gleich der halben Stylobatbreite gelegt. Dieser Schnitt durch die Kugelschale R_1 erzeugt den Kreis mit dem Radius R_2. Damit wird

[1] Von den senkrechten Schnitten ist allein der Mittelschnitt ein Kreis, alle anderen aber sind Spiralen, welche punktweise gezeichnet werden müßten.

$$R_2^2 = R_1^2 - (A/2)^2 = 211{,}76 - 47{,}52 = 164{,}24 \text{ m}^2, \text{ und}$$

$R_2 = 12{,}817$ m, und der zugehörige Winkel

$$\alpha_2 = \frac{R_1}{R_2} . \alpha_1 = \frac{14{,}552}{12{,}817} . \alpha_1 = 1{,}1354 . 5^\circ\, 12'\, 44{,}5'' =$$

$$= 5^\circ\, 55'\, 5{,}21''$$ (s. Fußnote S. 222).

Durch Probieren ist nun feststellbar, daß der gegebene Kurvaturwert etwa in Höhe von 3,4 ∸ 3,3 Moduli über dem Horizont seinen theoretischen Ort hat.

Es wird nämlich im Mittelschnitt

$$k_1 = R_1 . \sin 3{,}4\ \alpha_1 = R_1 . \sin 17^\circ\, 43'\, 19{,}3'' =$$

$$= 14{,}552 \text{ m} . 0{,}304403 = 4{,}42967 \text{ m}$$

und im Schnitt im Abstand A/2 hievon

$$k_2 = R_2 . \sin 3{,}4\ \alpha_2 = R_2 . \sin 20^\circ\, 7'\, 17{,}71'' =$$

$$= 12{,}817 \text{ m} . 0{,}3440175 = 4{,}40927 \text{ m}$$

woraus das Maß der Kurvatur sich ergibt aus

$$k_1 - k_2 = 0{,}0204 \text{ m}$$

vorhanden ist 0,019 m

Um den vorkommenden Wert noch von unten her einzuschließen, sei die Kurvatur in einer Höhe von 3,3 Moduli, das ist also 2 Moduli unterhalb der Architravkante berechnet:

$$k_1' = R_1 . \sin 3{,}3\ \alpha_1 = R_1 . \sin 17^\circ\, 12'\, 2{,}85'' =$$

$$= 14{,}552 \text{ m} . 0{,}295723 = 4{,}30335 \text{ m und}$$

$$k_2' = R_2 . \sin 3{,}3\ \alpha_2 = R_2 . \sin 19^\circ\, 31'\, 47{,}19'' =$$

$$= 12{,}817 \text{ m} . 0{,}334303 = 4{,}28476 \text{ m, woraus}$$

$$k_1' - k_2' = 18{,}59 \text{ mm}$$

Innerhalb dieses Streifens zwischen 3,3 und 3,4 Moduli vom Fußpunkt des Tempels befindet sich also die gemessene Kurvatur vom Maße 19 mm.

Um nun zu zeigen, wie veränderlich nach der theoretischen Annahme die Funktion der Kurvatur ist, sei nun dieselbe Berechnung in Höhe von 3 und von 4 Moduli über dem Horizont vorgeführt.

$$k_1'' = R_1 . \sin 3\ \alpha_1 = R_1 . \sin 15^\circ\, 38'\, 13{,}5'' =$$

$$= 14{,}522 \text{ m} . 0{,}2695435 = 3{,}922396 \text{ m und}$$

$$k_2'' = R_2 . \sin 3\ \alpha_2 = R_2 . \sin 17^\circ\, 45'\, 15{,}6'' =$$

$$= 12{,}817 \text{ m} . 0{,}304938 = 3{,}90808 \text{ m, woraus}$$

$$k_1' - k_2' = 0{,}0140 \text{ m}$$

$$k_1''' = R_1 . \sin 4\ \alpha_1 = R_1 . \sin 20^\circ\, 50'\, 58{,}0'' =$$

$$= 14{,}552 \text{ m} . 0{,}355911 = 5{,}17921 \text{ m und}$$

$$k_2''' = R_2 . \sin 4\ \alpha_2 = R_2 . \sin 23^\circ\, 40'\, 20{,}84'' =$$

$$= 12{,}817 \text{ m} . 0{,}401504 = 5{,}14607 \text{ m woraus}$$

$$k_1''' - k_2''' = 0{,}03314 \text{ m}$$

Schließlich ist es noch nützlich zum Vergleich mit anderen Bauten, insbesondere mit dem Parthenon, an welchem eine Nachrechnung nicht gelingt, die theoretische Kurvatur des Theseustempels in Höhe der Architravunterkante zu betrachten.

Vorhanden ist im Mittelschnitt Unterbauhöhe plus Säulenhöhe gleich

$$a_1 + b_1 = 5{,}3 \text{ Moduli} = 6{,}747 \text{ m} \quad \text{(s. S. 186 usw.)}.$$

Im Schnitt in der Entfernung A/2 wird

$$a_2 + b_2 = R_2 \,.\, \sin 5{,}3\, \alpha_2 = R_2 \,.\, \sin 31^\circ\, 21'\, 57{,}61'' =$$
$$= 12{,}817 \text{ m} \,.\, 0{,}520502 = 6{,}671 \text{ m}, \text{ woraus}$$
$$a_1 + b_1 - a_2 - b_2 = 0{,}076 \text{ m},$$

ein Kurvaturwert, welcher im Verhältnis niemals ausgeführt wurde.

Damit ist gezeigt, daß, vom Standpunkte meiner Theorie gesehen, die ausgeführten Kurvaturen immer Durchschnittswerte darstellen.

Penrose gibt folgende Aufstellung der von ihm aufgenommenen athenischen Tempel.

Name des Tempels	Wirkliche Länge in der Ansicht m	Wirkliche Erhebung über die Bogensehne zwischen den äußersten Enden mm	Verhältnismäßige Erhebung über eine Länge von 100 E. feet mm
1. Jupiter Olympius			
Schmalseite	107,96	7,6	2,13
2. Fundament vom Parthenon[1]			
Schmalseite	31,76	46	44,2
Langseite	66,92	70	32
3. Theseustempel			
Schmalseite	13,72	19	42,7
Langseite	31,76	31	30,5
4. Parthenon			
Schmalseite	30,876	69,5 = Langs. 1/1006	68,6 = 3/2 × 44,2
Langseite	69,952	107	47,5 = 3/2 × 32 nahezu
Triglyphon			
Ostfront	30,54	52,1	52,1
Langseiten (restauriert)	69,19	93,6	41,1
5. Propylaeen			
Triglyphon des Ostportikus	18,60	36,3	53,3

Dazu schreibt Penrose:

„*Aus obiger Tabelle ist zu ersehen, daß die Kurvatur des Theseustempels etwa dieselbe ist wie die des früheren Parthenon. Während sie beim perikleischen Tempel um die Hälfte größer ist. Die Wirkung der Kurvatur im Falle des Theseustempels mag gezeigt haben, daß eine Vergrößerung derselben mit Vorteil angewandt werden könnte. Es gab unmittel-*

[1] Als Teil des früheren, sechssäuligen Parthenon.

bar vor den Augen der Erbauer des Theseustempels diesbezüglich kein Vorbild, denn das frühere Parthenon lag damals in Trümmer."

Ich möchte bei dieser Tabelle einwenden, daß der Jupitertempel unter Nr. 1 wohl eine zu geringe Kurvatur zeigt, als daß sie als solche mit Sicherheit erkannt werden könnte; ferner zu Nr. 4, daß die Anmerkung Erhebung an der Schmalseite des Parthenon gleich 69,5 mm gleich $^{1}/_{1000}$ der Länge der Langseite ein Zufallsergebnis ohne architektonische Bedeutung ist. Hingegen ist der Hinweis, daß die Kurvatur des bestehenden Parthenons $^{3}/_{2}$ der des früheren ist, gewiß interessant.

Um einen besseren Vergleich der von mir vorauf gezeigten Berechnung der theoretischen Kurvaturwerte am Theseustempel mit der Tabelle von Penrose zu ermöglichen, seien noch die errechneten Werte auf eine Ansichtslänge von 100 E. feet reduziert:

In	Höhe	von	3	Moduli	30,95 mm auf 100 E. feet.
„	„	„	3,3	„	41,10 mm
„	„	„	3,4	„	45,10 mm
„	„	„	4	„	73,27 mm
„	„	„	5,3	„	168,04 mm

Wie in Kapitel V. zu sehen war, hat der Theseustempel die am stärksten gekrümmte Referenzfläche. Bei allen anderen Beispielen, insbesondere beim Parthenon, welcher die am wenigsten gekrümmte Referenzfläche besitzt, wird die Funktion der Kurvatur nicht so rasch divergieren.

Ziel der Untersuchung war es, zu zeigen, daß die vorkommenden Kurvaturen architektonisch keineswegs so verschieden voneinander sind, als es auf den ersten Blick zahlenmäßig erscheint. Sie haben alle ihren theoretisch-konstruktiven Ort über der halben Säulenhöhe und unterhalb des Säulenhalses.

Schluß.

Keine andere Bauepoche als die der griechisch-dorischen Tempel liefert uns eine gleich umfangreiche, homogene Gruppe von Objekten, welche ein ebenso selbständiges Durchforschen ihres Bereiches ermöglichte, wie es hier geschehen konnte.

Schon die Erforschung jonischer Verfahren, also von Objekten, die zum Teil gleichzeitig, zum Teil zeitlich unmittelbar anschließend errichtet wurden, muß unselbständig bleiben, das heißt wird sich darauf beschränken müssen, festzustellen, inwiefern Einzelbefunde sich an die griechisch-dorische Art oder an die Vitruvschen Überlieferungen anschließen, weil nicht ein einziges Objekt typischer Art in einem hinreichenden Erhaltungszustand ist, um ein vollständiges Bild gewinnen zu können.

Ein ähnliches Bild bietet sich von allen vorgriechischen Bauten mit Ausnahme der ägyptischen, die in Folge ihrer kräftigen Konstruktion die Jahrtausende besser überstanden haben. Auch sind historische Hinweise in dem Relief vom Hathortempel und im Rechenbuche des Ahmes vorhanden, die anzeigen, in welcher Richtung die Lösungen zu suchen sind. Mit Sicherheit kann gesagt werden, daß auf noch nicht erkannten Wegen die ägyptische Theorie in den Besitz der frühchristlichen Bauleute gelangt ist. Vermutlich ist Byzanz der Ort und geistige Umschlagplatz solcher Vermittlung gewesen.

Die Versuche von Dehio, P. Odilo Wolff und anderen, diese Theorie aufzulösen, sind an dem Verzicht auf jede Sinndeutung gescheitert; sie stellen einfach ein Herumprobieren mit Sechsecken, beziehungsweise gleichseitigen Dreiecken dar.

Doch werden die Verfahren der vermutlich durchgängigen Entwicklung vom alten Ägypten bis zum Ende der Gotik wohl nur von historischem, nicht aber von aktuell praktischem Interesse sein, da eine Loslösung von den kultisch-astrologischen Bindungen den Gotikern selbst nicht oder doch nicht hinreichend (vergl. meine „Betrachtung über Bauhüttengeheimnisse, 1941“) gelang. Jedenfalls gelingt die Ablösung erst durch die völlige Aufgabe der Gotik selbst, und die Renaissancetheoretiker bringen mit Ausnahme des Cesare Cesariano keine gotischen Theorien mehr, sondern greifen auf Vitruv zurück, vermessen die Bauten der Römer und bleiben dabei Empiristen, auch wenn sie ihren Empirien System geben wollen. Ein geschlossenes System, von dem Inhalt und Grenzen auch nur andeutungsweise genannt würde, ist zumindest schriftlich nicht niedergelegt worden. Daß aber solche Gedanken bestanden haben, beweist die auf Abb. 3 wiedergegebene Skizze Dürers. Woraus abzunehmen ist, daß die für groß erachteten Theoretiker der Renaissance in ihren Mitteilungen nur ein unvollständiges Bild der damaligen Kenntnisse bieten und nicht ohne weiteres angenommen werden darf, daß Bramante, dessen Schrift verlorengegangen, und Michelangelo, der sich nicht theoretisch geäußert hat, nicht doch mehr gewußt haben, als etwa Alberti uns bietet.

Ich kenne Beweise, daß dies in weitem Umfange der Fall war. Und es ist auch einleuchtend, daß die literarischen Belege dies nicht aufzeigen. Hatten doch die Schriftsteller der Renaissance, und vielleicht trifft das auch auf Vitruv zu, gar nicht die Absicht, eine umfassende Darstellung zu liefern, mit der man wohl kaum hätte Ehre einlegen können, sie wollten vielmehr immer nur das jeweils bringen, was allein ihnen bekanntgeworden, um was sie über die allgemeinen Kenntnisse hinausgelangt waren. Alle diese Schriften haben einen höchst persönlichen Ehrgeiz zum Antrieb, wissenschaftliche Vollständigkeit war auf diesem Gebiete gar kein Bedürfnis.

Die Renaissance greift also, indem sie von der gotischen Theorie abweicht, mittelbar über die römische Baukunst und Vitruv auf Reste der griechischen Theorie zurück und vererbt diese bis in die Barocke.

Wirklich produktiv in bezug auf die Theorie waren demnach nur zwei Epochen, sofern Kulturen, welche nicht auf die unsere unmittelbar einwirkten, außer Betracht bleiben; nämlich eine in grauer Vorzeit, als auch das Hexagesimalsystem entwickelt wurde und die zur Zeit der ältesten ägyptischen Monumentalbauten möglicherweise schon abgeschlossen war, und dann die Epoche des griechisch-dorischen Stiles. Diese zweite Epoche ist geistig auch ein Zweig der ersten, wie oben gezeigt worden ist, und erscheint, gemessen an einer anderen geistigen Erscheinung, mit der Polemik des Aristoteles gegen die Auffassung Platons über Idealzahlen bereits überschritten. Aristoteles verwirft (Metaphysik M 6 usw.) das platonische und ältere Zahlendenken mit der Begründung, daß die Zahlen addierbar, vereinbar (σύμβλητος) sein sollen (vergl. Jul. Stenzel a. a. O.), entsprechend auch der Definition nach Theon v. Smyrna und Nikomachus, wonach jede Zahl die Hälfte der Summe ihrer Nachbarn ist. Stenzel weist, um zu zeigen, daß Aristoteles extrem urteilt, darauf hin, daß die Zahlen zwei Eigenschaften haben, nämlich kontinuierlich zählbar sind, aber auch besondere Haltepunkt beim Zählen haben. Platon betont mehr das zweite: die Idealzahl, Aristoteles das erstere: die additive Zahl.

Tatsächlich wird durch den aristotelischen Zahlbegriff der Architekturtheorie kein Abbruch getan; dennoch fällt er nicht ohne Beziehung mit dem Ende des griechisch-dorischen Baustiles zusammen. Äußerlich sind es der peloponnesische Krieg und das Aufkommen der mazedonischen Macht, die die geistige Veränderung bezeichnen und wohl auch beschleunigen. Ohne diese kriegerischen Ereignisse wäre der griechisch-dorische Stil vielleicht nicht auf seiner Höhe abgebrochen, obwohl schon zu Perikles Zeit auf der Akropolis zu Athen mit dem Niketempel[1] jonisch zu bauen begonnen worden war. Weist schon die kompakte Gruppe griechisch-dorischer Tempel der-

[1] Der Niketempel wurde von den Türken abgebrochen und erst wieder im Jahre 1836 rekonstruiert. Dieses Monument ist daher nicht analysierbar.

artige Verschiedenheiten auf, daß man wie beim periodischen System der chemischen Elemente so auch in Tafel 4 mathematische Möglichkeiten in etliche Lücken hineindenken könnte, so sind die wenigen, in analysierbarem Zustand erhaltenen Monumente bis zum Ende der Völkerwanderung zu sporadisch, als daß irgendein Befund an ihnen sich vom Zufall sicher entkleiden ließe.

Hatten die Theoretiker der Renaissance den Vorteil, noch viele erhaltene Monumente auf italischem Boden zu sehen, so sind wir aber nun in dem Vorteil, das wenige Erhaltene nicht allein nur an Vitruv, sondern unmittelbar an den besten griechischen Stücken messen zu können. Jede Forschung an zeitlich späteren Monumenten muß unselbständig, das heißt auf die Erkenntnisse an den griechischen Monumenten bezogen bleiben, und das ist auch angemessen, da jene wirklich oder vermeintlich auch aus griechischen Quellen getränkt wurden, sofern nicht eine unmittelbar ägyptische Tradition stärker wirkte.

Historische Monumente sind also ungeeignet, zwischen den griechischen theoretischen Gedanken, wie ich sie gefaßt habe, und modernen psychologischen Überlegungen jenes überzeugende tertium comparationis abzugeben, das erforderlich ist, um zu einer verläßlichen praktischen Wertung einander bedrängender Gedanken zu kommen. Zwei reichlich komplizierte Gebiete, der griechische Tempel und das menschliche Schauen, letzteres möglicherweise nicht einmal von gleichbleibender Funktion, sind miteinander, wie ich glaube, recht glücklich verglichen worden.

Doch muß man, wie Platon sagt, auch den Kebes überzeugen. Viele feine Gedankenfäden mögen haltbar sein, doch bedarf die soziale Funktion des Überzeugens festerer Elemente. Zu solchem Zwecke sind neue Forschungsgebiete zu erschließen, und zwar solche, die mit Sicherheit frei von theoretischer Einseitigkeit, im guten wie im schlechten Sinne, sein müssen. Gerade in Österreich und der Schweiz bietet sich ein solches Forschungsgebiet in überreicher Fülle; es ist dies das alpenländische Bauernhaus. An hundert bis zweihundert Beispielen wohlgelungener, naiver Objekte, unter möglichster Vermeidung städtischen und grundherrschaftlichen Einflusses, wird es gelingen, jedermann zu überzeugen. Ein weiteres taugliches Gebiet ist die Untersuchung guter Entwürfe von Architekten im Original, sofern man weiß, daß diese ohne bewußte Anlegung entstanden sind. Originalzeichnungen haben den besonderen Vorteil, frei von baulichen Zufälligkeiten zu sein. Ein durchschlagendes Beispiel letzterer Art bietet das Denkmal der Arbeitsgefallenen auf der Glocknerstraße von Cl. Holzmeister, welches im Anhang hieher gesetzt wird.

Anhang.

Analyse des Entwurfes zum Gedenkzeichen auf der Großglocknerstraße von Clemens Holzmeister, 1935.

Meinem Meister gewidmet und überreicht 1947.

Die theoretische Untersuchung historischer Monumente hat einen verfahrensmäßigen Mangel anhaften, der darin besteht, daß solche Analyse immer Theorie über eine Theorie bleibt, wodurch der Wert solcher Nachweise für die lebendige Kunst unbestimmt ist. Gleicherweise liefern Anatomie und Psychologie nur Analoga, aber keinen zwingenden Beweis. Auf solche muß man in unserem Gebiete wohl überhaupt verzichten, sich mit der Anhäufung von Wahrscheinlichkeiten begnügen oder als nicht zu befriedigender Amathematikus beiseite bleiben.

Nachdem nun in der Untersuchung historischer Monumente und im Beibringen psychologischer Analoga einiges geleistet worden, wendet sich der Forscher, dem schließlich nur ein Bruchteil seines eigenen Menschenlebens zur Verfügung steht, dem dritten nutzbaren Arbeitsgebiete zu, nämlich der Untersuchung von Objekten, bei denen keine oder nur minimale theoretische Überlegungen wirksam gewesen sein können.

Als ich im April 1938 erfuhr, daß nach der Beschlagnahme der Korrespondenzen Holzmeisters auch dessen Planarchiv bedroht sei, beeilte ich mich, die Unterlagen eines Objektes, das mir schon vor lang meinen Zwecken nützlich schien, in meinen Besitz zu bringen. Ich fand den Grundriß in zwei Exemplaren und eignete mir eines an und machte mir vom Aufriß eine Rotpause. Beiliegende Zeichnungen sind Durchschläge nach jenen; alle theoretischen Einzeichnungen stammen von mir.

Bei der Entstehung des Entwurfes war ich teilweise Zeuge. Der Vorgang war im großen folgender: Vom Meister stammte zunächst eine Skizze in weichem Bleistift, von der ich nicht sagen kann, wie weit sie freihand oder mit Lineal und Zirkel angefertigt war. Diese Skizze wurde von einem Mitarbeiter aufgetragen, vom Meister besehen und korrigiert; die Koten wurden schließlich aus den Zeichnungen herausgemessen und additiv in Übereinstimmung gebracht. Eine zeichnerische Differenz zwischen Grund- und Aufriß von etwa 1 mm dürfte durch den Vorgang des wiederholten Durchschlagens und Pausens verursacht sein. Wie überhaupt auf diese Weise bei einem Objekt von solcher Größe im Maßstab 1 : 50 Fehler von natura 5 cm bald akkumuliert werden können; was auch einen Hinweis für die Wichtigkeit theoretischen Denkens beim Kotieren abgibt.

Bringt man solche Papierfehler in Abzug, die übrigens hier unter der psychologisch zulässigen Grenze bleiben, so ist dieser Entwurf ein taugliches Beispiel und Beweisstück für die Nützlichkeit, auch moderne Entwürfe und

Bauten zu analysieren, und für den Dienst, den die Theorie auch dem Architekten, der sie persönlich wohl entbehren könnte, zu leisten vermag.

Es ist nicht die Aufgabe der Analyse, zu überlegen, wie ein Problem noch anders hätte aufgefaßt werden können, solches bleibe der Synthese, dem Entwurf vorbehalten; immerhin wird man oft gedrängt nicht allein mit „warum" zu fragen, sondern auch mit „warum denn nicht".

Sobald man die überraschend straffe Modulteilung an diesem Objekt eingesehen hat, kommt man aus dem Erstaunen, daß so etwas unbewußt geleistet werden kann, gleich zu der zugespitzten Frage, warum bei einem Bau, der den Beschauer so eindeutig in die Achse an den Fahrbahnrand weist, die Modulatio eine lineare Funktion ist, wie Vitruv sie fordert, und nicht etwa nach griechisch-dorischer Art eine Funktion zweiten Grades zeigt, da doch die Entfernung des Beschauers wenigstens in dieser wichtigsten Richtung durch die gegenüberliegende Felswand so sehr beschränkt ist.

Auf diese Frage gibt es eine negative und zwei positive Antworten: Zunächst ist negativ zu sagen, daß bei einer Zeichnung, die kaum größer als eine Spanne ist, während der Entwurfsarbeit die Referenzfläche mit der Zeichenebene identifiziert wird, da der Sehstrahl so gut wie lotrecht über jeden Punkt der Zeichnung geführt wird. Sicherlich ist dieser Umstand hier von Wirksamkeit gewesen, da das Augenmaß sich so gut bewährt hat. Negativ ist diese Begründung deshalb, weil sie allein von der Wirkung auf dem Papier spricht und nicht auf das beabsichtigte Objekt selbst eingeht.

Zweitens ist positiv anzuführen, daß, wiewohl das Objekt in dieser, seiner wichtigsten Ansicht nur von geringer Entfernung gesehen werden kann, es von verschiedenen anderen Seiten auf sehr große Entfernungen beabsichtigt wurde. Und drittens ist bei aller Empfindsamkeit des Entwurfes eine erhaben trotzige Wirkung beabsichtigt, zu welcher, wie ich a. O. dargelegt habe, die lineare Modulation ein taugliches Kunstmittel liefert.

In diesem Falle ist also die lineare Modulation durchaus gerechtfertigt. Ob eine andere beim Entwerfen ohne bewußte theoretische Überlegung jemals vorgekommen ist, erscheint mir, soweit eine Arbeit auf dem Papier oder Reißbogen maßgeblich der Bauausführung vorausgegangen, zu verneinen.

Ein Modul hat im vorliegenden Falle zumeist die Länge von 80 cm, schwankt in zulässigen Grenzen bis etwa zwei Prozent mit einer Ausnahme, welche weiter unten besprochen wird.

Die Ansicht zeigt drei selbständige Teilflächen. Diese Anzahl ist neben der vier die glücklichste in der Baukunst, denn jeder Teil von dreien ist den beiden übrigen ein tertium comparationis. Diese drei sind folgende:

1. Der Unterbau, im Aufriß ein Rechteck von 1 Modul = 80 cm Höhe und einer Breite, welche im Grundriß mit $9\frac{3}{4}$ M. = 7,90 m mit 1 M. = 81,02 cm abzulesen ist. Im Aufriß gezeichnet, ist dieses Maß mit $9^7/_8$ M. = 9,875 M., was auch dem Erfordernis, wie unten zu sehen sein wird, besser entspricht. Dieses Maß kann auch aus den Lagebeziehungen errechnet werden; es bildet die Hälfte dieser Breite ein rechtwinkeliges Dreieck mit dem Radius des Einheitskreises zur Hypotenuse und der Höhe der trapezförmigen Dachpyramide zur größeren Kathete, also:

$$B = 2 \,.\, \sqrt{9^2 - 7{,}5^2} = 9{,}94 \text{ M.}$$

2. Der Mittelteil, ein Rechteck von 9 M. Breite und $5\frac{1}{2}$ M. Höhe. 1 M. = 80 ÷ 81,1 cm.

3. Die Dachpyramide, ein Trapez, unten 9 M., oben $1\frac{1}{2}$ M. breit und 8 M. hoch. 1 M. = 80 cm.

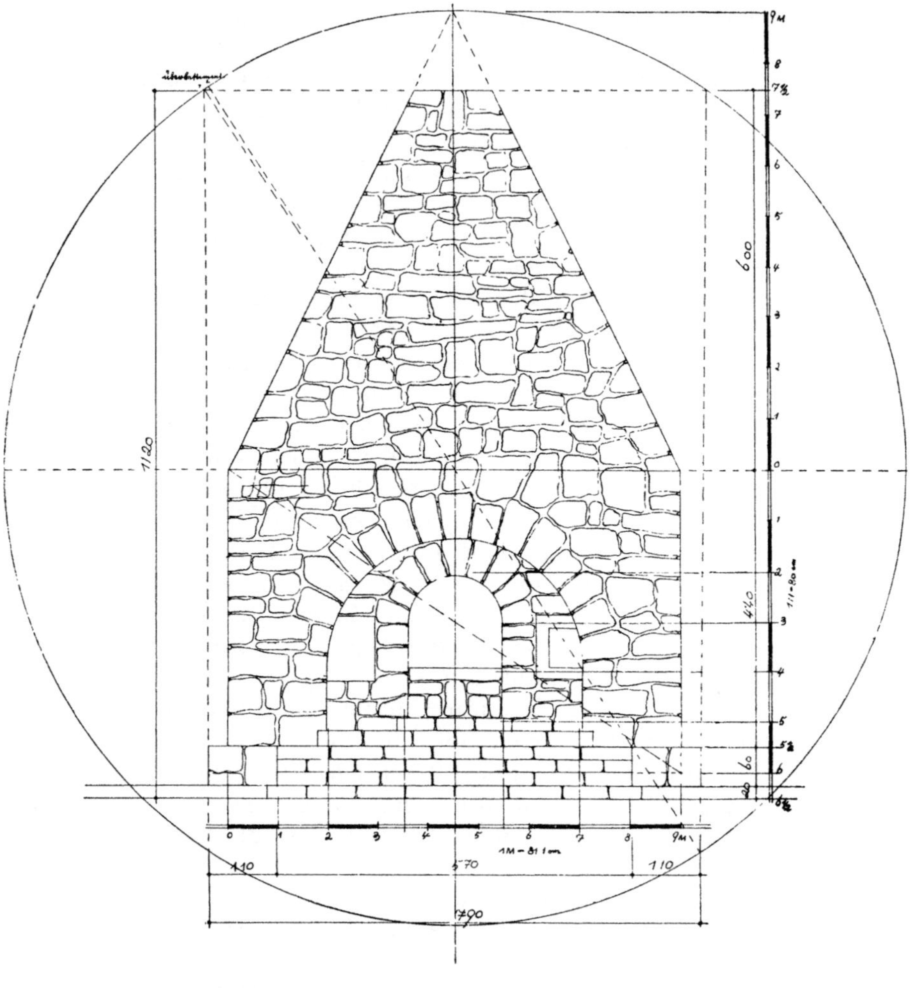

Abb. 63. Denkmal an der Glocknerstraße, Hauptansicht, nach dem Originalplan von Clemens Holzmeister.

Daraus ergeben sich die Flächeninhalte der selbständigen Teile im Aufriß:

Unterbau:	$f_1 = 1 \cdot 9^9/_{10} =$	$9^9/_{10}$ QM.	$= {}^1/_{10} =$	1 T
Mittelteil:	$f_2 = 5^1/_2 \cdot 9 =$	$49^1/_2$	$= {}^1/_2 =$	5 T
Dachteil:	$f_3 = \frac{1}{2} \cdot (9 \cdot 9 - 1{,}5 \cdot 1{,}5) =$	$39^3/_8$ soll $39^3/_5$	$= {}^4/_{10} =$	4 T
	Summe:	98,775 soll 99 QM.	$= {}^1/_1 =$	10 T

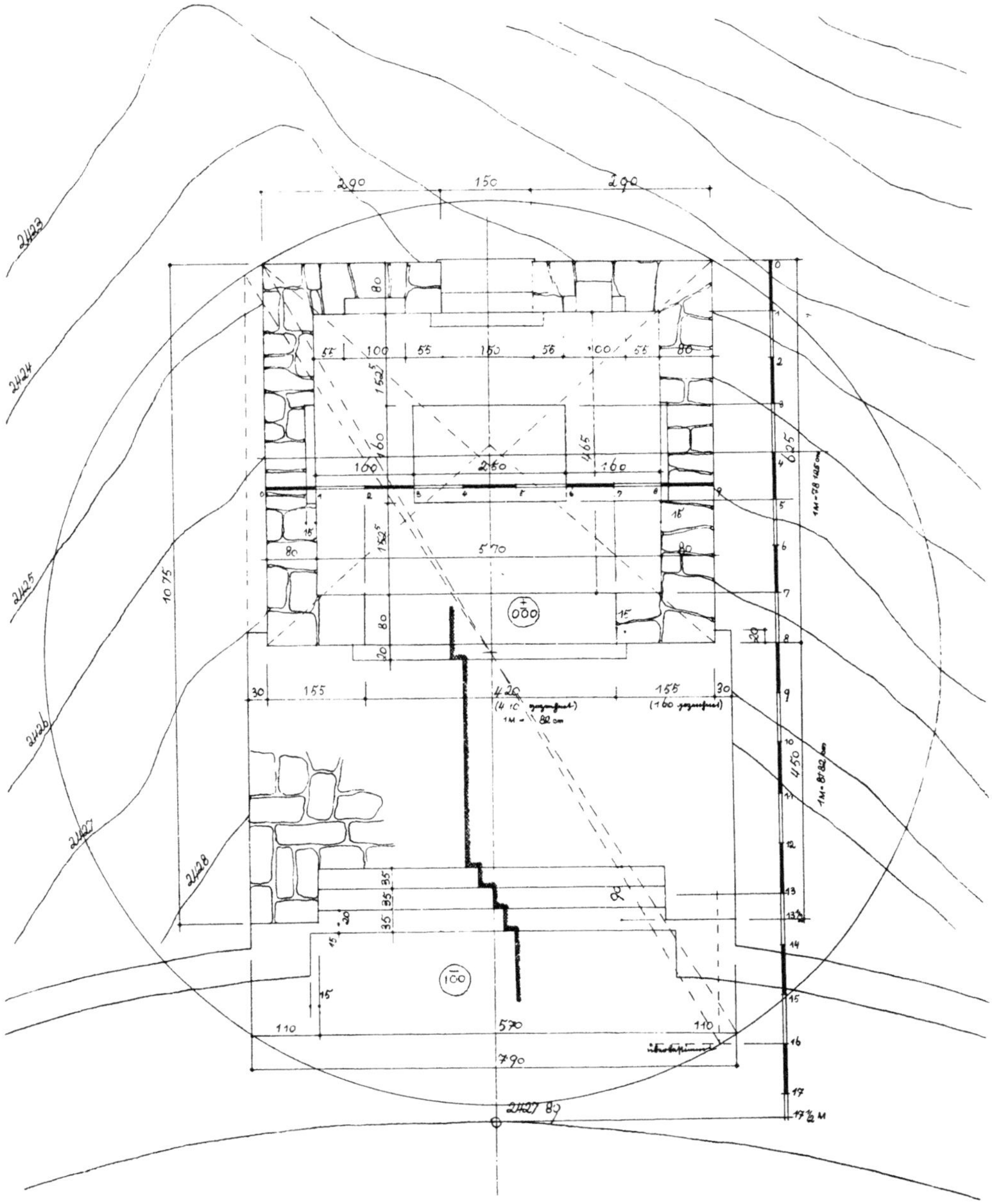

Abb. 64. Denkmal an dei Glocknerstraße, Grundriß, nach dem Originalplan von Clemens Holzmeister.

Abgesehen davon, daß die griechisch-dorischen Tempel vier selbständige Teilflächen in der Ansicht zeigen, ist diese Proportionierung bei solchen Tempeln häufig; fast durchgehend macht dort der mittlere Hauptteil, nämlich die Säulenstellung, die Hälfte der ganzen Ansicht aus und bei sechs solchen Tempeln ist auch die Fläche des Unterbaues $1/10$, Gebälk und Giebel zusammen daher $4/10$ der Hauptansicht. Die vornehmsten hievon sind der Aphaiatempel auf Aegina und der Parthenon zu Athen. Die Thematik in der Baukunst ist in dieser Hinsicht noch enger als die der Musik, wenn auch die mathematisch möglichen Variationen unzählbar sind.

Eine Teilfläche minder selbständigen Grades, die Öffnung des Tores, stellt offensichtlich den dritten Teil von f_2 vor; soll daher 16½ QM. groß sein. Tatsächlich vorhanden ist mindestens 16,07 QM. mit einem Abgang von 4,2% und höchstens 16,32 QM., mit einem Abgang von 1,12% je nach Auffassung der nicht ganz eindeutigen Modulteilung.

Eine sehr bedeutsame Frage, die an diesem Objekt nicht beantwortet werden kann, ist, ob der große Tiefenunterschied zwischen Ansicht des Unterbaues und der übrigen Ansicht, der ja auf der Zeichenfläche fortfällt, am Bau selbst eine ganz verschiedene Wirkung bedingt, oder ob doch durch Akommodation und Verstandesarbeit der Zusammenhang genügend gesichert ist. Eine solche Beantwortung wäre einwandfrei nur durch Versuch mit einem unbefangenen Modellierer zu erreichen, der nach einer unkotierten Zeichnung, die er nur mit den Blicken messen dürfte, ein Modell anzufertigen hätte.

Bei den griechisch-dorischen sechssäuligen Tempeln ist der Radius des Einheitskreises gleich der doppelten Architravbreite; auch bei dem hier untersuchten Objekt findet ein Ähnliches statt: Radius des Einheitskreises ist die wichtigste Breitenabmessung, die des Mittelteiles mit 9 Modul. Der Zirkelschlag ist daher derselbe, wie es das Relief vom Hathortempel zeigt und wie ihn Cesariano anwendet, nur daß er hier unbewußt stattfindet, oder besser gesagt: der Entwerfende fand in der reinen Anschauung seiner Zeichnung so bald Genüge, daß eine weitere Abstraktion überflüssig erschien, vielleicht sogar den Arbeitsgang störend unterbrochen hätte; welche Möglichkeit die Frage, in welcher Arbeitsphase weiter zu abstrahieren sei, aufwirft.

Bemerkenswert ist noch, daß $R = 9$ M. schon im Rechenbuch des Ahmes erwähnt wird und noch früher den ägyptischen Pyramiden zugrunde gelegen ist.

Den Flächenwert des Einheitskreises schätzte ich als das Dreifache der Ansicht oder das Vierfache des Baues ohne Vorplatz im Grundriß. Aus der Konstruktion mit dem Radius gleich der wichtigsten Breitenabmessung sollte nach bekannter Weise $\pi = \sqrt{12}$ folgen, doch so genau die Lagebeziehungen aus der bloßen Anschauung getroffen wurden, die Flächenwirkung des Einheitskreises blieb unbestimmter; sie schwankt von

$$F_0 = R^2 . \sqrt{12} = 280{,}6 \text{ QM. und}$$
$$F_0' = 4 . 72 \text{ QM.} = 288 \text{ QM. bis}$$
$$F_0'' = 3 . 99 \text{ QM} = 297 \text{ QM.}$$

mit einem Wert für $\pi = 3{,}46$ bis $3{,}66$, was bis 16,6% überschießt.

Die psychologische Tatsache, daß Lagebeziehungen vor Flächenbeziehungen gehen, wenn beide einander widersprechen, wurde schon bekanntgemacht, auch gezeigt, daß sich Systeme entwickeln lassen, welche den Widerspruch auf ein Minimum bringen.

Das mathematisch Logische deckt sich nicht immer mit dem psychologisch Wirksamen. Wie schon dargelegt, ist die Denkform der Sinnenform nicht identisch, sondern lediglich affin; deckt sich doch nicht einmal der Sehraum mit dem Tastraum, das Erlebte weicht daher vom kontinuierlichen geometrischen Raum ab. Der reflektierende Mensch neigt immer zu Identifikationen, welchen Fehler zu verhüten eben Versuche angestellt werden müssen, wie schon Goethe[1] empfohlen. Abgesehen von dieser Unwirksamkeit des Einheitskreises in flächenhafter Beziehung, ist die Treffsicherheit im Aufriß durch kein bewußtes Raffinement zu überbieten.

Im Grundriß findet sich etwas, das zunächst als eine Unsicherheit bezeichnet werden soll, wobei es noch ausbleibt, zu beurteilen, ob diese dem Entwurfe oder der theoretischen Analyse anhaftet:

Eine Unsicherheit muß dies vorsichtigerweise so lange genannt werden, als der psychologische Vorgang der Flächenzerlegung noch nicht hinreichend erforscht ist. Die Wirksamkeit der Seilregel konnte beim griechisch-dorischen Tempel durch eine Fülle einander ergänzender Beispiele gesichert werden. Sie hier zu supponieren, wäre wissenschaftlich unexakt. Sie ist eine Möglichkeit, vielleicht sogar die denkbar beste, aber ob sie dem optischen Organ im weitesten Sinne eingeboren ist oder der psychischen Funktion nur nahe kommt, dazu bedarf es noch vieler Untersuchungen. Die Renaissance, besonders Alberti, nennt ganz andere Verfahren. Hier wird man wegen $8 + 1 = 9$ angeregt, das Beispiel nach der Seilregel durchzurechnen:

Aus

$$8 . \frac{n . (n + 1)}{2} + 1 = (2 n + 1)^2 \text{ wird die Fläche}$$

$$F_0 = 4 . 8 . 9 + 1 = 17^2 = 289 \text{ QM.}$$

Im Grundriß macht der geschlossene Baukörper 8 mal 9 M. aus und bedeckt $\frac{1}{4}$ der Einheitsfläche. Allerdings ist die Schwelle größer als 1 QM., nämlich $\frac{1}{4} . 5^3/_8 = 1^{11}/_{32}$ QM.

Genau wie beim griechisch-dorischen Tempel ist der Radius des Vergleichskreises ein Vielfaches von $(n + 1) = 9$ M.; hier identisch. Die empirisch so brennend erscheinende Frage, wie groß eigentlich der Vergleichswert π werde, wird im Rahmen einer solchen Systematik entkräftet. Logisch aber erscheint der Rat, von kleineren Zahlen als $n = 8$ auszugehen.

Im Aufriß findet sich, nachdem im Grundriß mit den Primzahlen 2 und 3 das Auslangen gefunden wurde, noch die 5. Solches hätte Alberti mißbilligt. Doch strebt auch die Musik seit Generationen zum häufigen enharmonischen Wechseln der Tonarten. Gleichermaßen wird die Albertische Forderung, in einer Zahlenfamilie zu verbleiben, ein guter Rat, aber keine zwingende Regel.

---

[1] Goethe: „Der Versuch als Vermittler von Objekt und Subjekt", 1793.

Für den Aufriß wird

$$F_0 = 3 \,.\, 8 \,.\, 12 + 1 = 289 \text{ QM. Die 5 fügt sich gut ein:}$$

$$f_1 = \frac{8 \,.\, 12}{10} = 9{,}6 \text{ QM.} = 1 \,.\, 9^3/_5 = h_1 \,.\, b_1,$$

$$f_2 = \frac{8 \,.\, 12}{2} = 48 \qquad = 5^1/_3 \,.\, 9 = h_2 \,.\, b_2 \text{ und}$$

$$f_3 = \frac{8 \,.\, 12 \,.\, 4}{10} = 38{,}4 \qquad = {}^1/_2 \,.\, (9 \,.\, 9 - 2{,}05 \,.\, 2{,}05)$$

aber die Pläne weichen doch hier deutlich zu einer größeren Vergleichsfläche ab. Ich denke, es war die 5, welche, als die größte durch 3 teilbare Zahl unter 100, die 99 bewirkte, an Stelle der 8 . 12 = 96.

Der Mittelpunkt des Einheitskreises liegt mitten auf der Schwelle; das entspricht dem lebendigen Erlebnis, er muß also $9 \,.\, \sqrt{3}/2$ von der hintersten Kante des Baukörpers abstehen, was 7,79 Modul ausmacht, oder den Modul mit 80 cm berechnet, 6,232 m beträgt. Dem entgegen besteht aber die offenbare Absicht, den Baukörper selbst 8 M. tief zu gestalten, wofür nach Abzug der halben Schwelle nur 6,25 m zur Verfügung bleiben. Um dieses zu vereinbaren, wurde die Modulteilung gequetscht, die Koten lauten:

	80	152,5	160	152,5	80 cm
statt	80	160	160	160	80 cm.

Die Hauptkoten der Mauerstärken und der Tafel blieben bewahrt, die dazwischenliegenden, nebensächlicheren Koten wurden um die Diskrepanz verkürzt. Immerhin gibt es so für das, was einen Mangel bedeutet, hier eine psychologische Erklärung, nämlich das Herausziehen der Schwelle aus dem Baukörper, um den erlebnismäßigen Mittelpunkt der Anlage zu betonen. Hätte der Architekt, eine solche Parallaxe vermeidend, die Schwelle in den Bau hineingeschoben, so wäre viel von der herzlichen Offenheit, von der Einladung zum Betreten des Baues verlorengegangen und der Eindruck wäre mehr einer gähnenden Höhle ähnlich geworden. Der theoretisch geschulte Architekt hätte aber den Fehler anders untergebracht, ihn gleichmäßig auf alle Glieder verteilt, wie bei einer wohltemperierten musikalischen Skala die Fehler verteilt werden. Es bleiben nämlich 152,5 cm um 4,7% gegen die geforderten 160 zurück, was unbedingt sichtbar ist; verteilt man aber den Abgang gleichmäßig, so wird er nur 2,4% mit 1 M. = 78,125 cm, was im Bruchstein keinesfalls sichtbar ist. Auch hätte der Fehler auf die Mauerstärke geschoben werden können, welche wohl auf dem Papier in voller Deutlichkeit, in Natur aber nur in starker perspektivischer Verzerrung gesehen wird.

Das Entwurfsverfahren war ein rein graphisches und augenmäßiges; die Koten sind nachträglich aus der Zeichnung herausgemessen. Der Grundriß ist breiter gezeichnet als der Aufriß, wo die rechenmäßige Breite von 9 M. = 7,20 stimmt; die Koten sind aber aus dem Grundriß herausgenommen. Ein Fehler von 2% ist als psychologisch nicht vorhanden zu betrachten, unter Umständen, zum Beispiel bei grobem Bruchstein, mag nahezu das Doppelte noch hingehen.

An diesem Beispiel ist bewiesen, daß der gute Architekt unbewußt jene psychologischen Gesetze befolgt, welche ich in meinen „Grundlagen" entwickelt habe. Beim Auftragen des Entwurfes und beim Kotieren geht aber manches verloren, wenn man nicht bewußt die angestrebte Harmonie sichert. Vom bewußten Theoretisieren soll also Gebrauch gemacht werden, sobald die fertige Freihandskizze vorliegt, früher nicht; es sei denn, daß von einem früheren Entwurf etwas herübergenommen wird.

Sachverzeichnis.

GPSR Compliance

The European Union's (EU) General Product Safety Regulation (GPSR) is a set of rules that requires consumer products to be safe and our obligations to ensure this.

If you have any concerns about our products, you can contact us on ProductSafety@springernature.com

In case Publisher is established outside the EU, the EU authorized representative is:

Springer Nature Customer Service Center GmbH
Europaplatz 3
69115 Heidelberg, Germany

Batch number: 10816188

Printed by Printforce, the Netherlands